穴居的文化基因

The Cultural Genes of Cave Dwelling

王晓华　著

中国建筑工业出版社

图书在版编目（CIP）数据

穴居的文化基因 = The Cultural Genes of Cave
Dwelling / 王晓华著 .—北京：中国建筑工业出版社，
2021.8
ISBN 978-7-112-26232-8

Ⅰ.①穴⋯　Ⅱ.①王⋯　Ⅲ.①窑洞-民居-建筑文化
-研究　Ⅳ.①TU241.5

中国版本图书馆 CIP 数据核字（2021）第 111735 号

责任编辑：徐明怡　徐　纺
责任校对：王　烨

穴居的文化基因

The Cultural Genes of Cave Dwelling

王晓华　著

＊

中国建筑工业出版社出版、发行（北京海淀三里河路9号）

各地新华书店、建筑书店经销

北京科地亚盟排版公司制版

北京建筑工业印刷厂印刷

＊

开本：880毫米×1230毫米　1/16　印张：16½　字数：599千字

2021年9月第一版　2021年9月第一次印刷

定价：75.00元

ISBN 978-7-112-26232-8

（37784）

序

　　这部 30 余万字的《穴居的文化基因》，是作者继他的《生土建筑的生命机制》一书出版后，在建筑文化研究领域又一突破性成果。如果说他的前部专著主要在于研究和挖掘，以中国黄土高原生土窑洞民居为代表的各类传统生土建筑在物理环境方面潜在的生态价值，和在中国传统有机整体的生命文化思想机制影响下所形成和发展起来的，如何营造人与自然和谐共生的人居环境理念和建造智慧；那么这部即将出版的《穴居的文化基因》一书将会给读者一种非常宏大的时空张力和新颖观念，使读者领略到穴居时代对于人类自身的创造、文化心理图式的形成，以及对于各种物质与精神文化创造活动所产生的深远影响。这种影响成为一种强大的文化基因，永远存在于人类创造文化历史的全过程。

　　作者在书中将人类文化创造活动的起点放在了 300 万年前，人类远祖开始于更新世的穴居生活。从穴居对于人的创造、生命意识的觉醒、内与外空间概念的产生，在洞穴空间规划中所体现出的社会意识、大母神崇拜与洞穴空间文化心理的构合、天父地母自然伦理概念的产生，以原始洞穴空间为参照的宇宙时空文化图式的产生，以洞穴空间为模型的天地、人、神三界文化空间的创建，人类对于穴居生活的不同感悟所形成的东西方文化性格和思想体系，以及洞穴空间作为一种神圣文化记忆而成为人类创建各种建筑空间、居住文化理念，特别是以曲线形象征洞穴空间形态和大母神形体为语言形式的宗教建筑设计的灵感来源等。为此，作者通过分析和研究一系列的史前人类建筑、古代建筑、传统乡土建筑形式和文化思想动因，直至现代和当代著名建筑艺术创意设计的思维方式，试图打破各种文化价值体系间的地域界限，探索发现穴居时代形成和潜藏于人类灵魂深处的一种共同价值指向的宗教精神。这种原始宗教精神，便是在崇拜自然观念下诉求对于人的自然属性与心灵世界的全面关照。

　　本书研究的内容涉及知识面广，理论架构搭建起来有相当大的难度，需要作者在多领域的文化现象和大量不起眼的素材中提取相关有价值的文化信息，并进行多维度的比较研究和论证，使其上升为一种在文化哲学层面上的思考。本书在整体思想内容上体现出作者返璞归真的人文思想观念，在论述文化与各种关系的过程中，擅长将中国传统的有机文化思想与现代生态文明的主体观念相契合，并带有一定的文化反思倾向，着实为一部思想性较强的建筑文化学术著作。

　　作者是我毕业多年的博士生，他勤奋好学，专业发展较为全面，善于发现和思考问题，能一直潜心于学术研究，特别是在中国传统生土建筑和建筑文化研究方面形成了自己独特的学术观点。本书在写作的过程中，大部分内容已在西安美术学院环艺系研究生的公共课上试讲过，学生们表现出非常高的兴趣。由于作者在美术院校长期从事环境艺术设计专业的教学工作、理论研究和设计实践活动，在案例分析和理论研究中比较注重设计心理学和文化心理学方面的分析，因而对于从事环境艺术设计、建筑设计，以及相关专业的人士具有一定的学术参考价值。尤其希望对于环境艺术设计专业的在校大学生和研究生，在理论研究和空间设计的创意思维方面起到良好的启发作用。

张绮曼

2020 年 8 月 20 日

目录

绪论

■ 1　我与穴居研究

我的老家位于陕西省八百里秦川的中段，渭河北岸黄土高原的南缘地带。因其得天独厚的自然环境和优越的地理位置，而被赞誉为关中平原上的"白菜心"。这里土地肥沃，历来风调雨顺，很少发生大的自然灾害。它不但是中国农耕文明的发祥地，而且很早就已成为人类"凿穴而居"的理想栖息之地。《国语·晋语》讲："黄帝以姬水成，炎帝以姜水成。"指的就是我出生和成长的这片黄土地。姬水，又名漆水河，发源于陕西省麟游县境内，蜿蜒流经永寿县、乾县、扶风县后，最终在武功县白石滩汇入黄河最大支流渭河。

姜水在姬水的西面，位于相隔不远的岐山县周原一带。两条河都属于渭河中游的支流，相传上古时期的黄帝部落与炎帝部落就这样一东一西毗邻而居，栖息于此。炎帝部落因生活在姜水河畔而取姜姓，黄帝部落因赖以姬水河繁衍生息而取姬姓，而我们的王姓人家便是姬姓延续下来的一支血脉。

在中国原始社会之末的部落联盟时期，炎黄两支部落相互通婚，繁衍壮大，于是形成了中华民族的雏形。故此，华夏文明就是从姜水与姬水河之间的这片黄土地上走向了自己波澜壮阔的文明历史。

我所出生和成长的地方，抓一把黄土都是满满的文化，每一个村落的背后都隐藏着自己非凡的阅历和神奇传说，至今延续着三皇五帝时期形成的各种节日风俗。例如，在每年春节一系列的庆典中，5000年前炎黄部落共同庆祝战胜蚩尤部落的"黄帝平蚩尤"社火都会被后人们以社火的形式上演一次（图1）。作为五谷之神的后稷是继黄帝之后周人的始祖，他的"有邰国"距离我家仅半个多小时的车程，也可以说我们家乡本身就属于这个上古时期著名的邦国领地，而雄才大略的李世民就出生在我们家不远的武功镇武塔村。

我们老家在乾县，年纪大的人和外地人一直称呼它为乾州，历史上曾是周边永寿县、礼泉县和武功县的州府所在地。乾县最原始的地名为"好畤"，是5000多年前轩辕帝专设的祭天所在地。这一职能一直延续到秦汉时期，并在此继续祭祀五帝，而"好畤"作为一个村名延续至今。

乾县县城北面梁山上的乾陵，是盛唐时期女皇武则天与其丈夫唐高宗李治合葬的陵墓，"好畤"因奉祭乾陵而被朝廷改称为"奉天"。然而，我们老家人一般讲乾陵只叫姑奶奶陵，好像我们整个乾县人都曾是武则天的娘家人。

众所周知，中国历史上曾经由于汉唐时期的强盛，华夏族人被外邦称为"汉人"或"唐人"。然而，华夏民族真正的文化身份则来自西周人所创建的以礼仪治天下的文明价值体系。由于中国人传统

图1　陕西省陇县春节社火表演"黄帝平蚩尤"

的伦理道德、家庭观念，以及有关婚丧嫁娶的基本风俗均源自以这片土地为核心的西周农耕文明，因而姜水与姬水河流域是华夏民族黄土地文明的发源地。例如，我们家方圆二十公里范围内的周城镇和扶风县召公镇被记载为周公和邵公的城邑或城府。周公，指周公旦，乃西周杰出的政治家、思想家、教育家，儒家的鼻祖。此外，作为世界文化遗产经典的《易经》，也称《周易》，是承载华夏远古文明历史的活水源头，相传是由周文王姬昌所著。由此可见，这片土地也是《易经》的诞生地。

我于十六岁考进西安美术学院附中，这里曾是唐长安樊川八大寺庙之一兴国寺的旧址。从附中到大学，我在兴国寺里生活和学习了整整八年之久。樊川东西宽5km，南北长15km，直抵秦岭终南山脚下，是汉高祖刘邦分封给自己的爱将樊哙的食邑。樊川的东面是少陵塬，西面是神禾塬，而兴国寺就建于少陵塬与樊川错落的陡坡地上。

少陵塬上从西周开始就留下了六十多座大冢，安葬的不是帝王将相，就是皇后和妃子。附近的村落大多是由守护某一陵墓的单姓族人繁衍和发展起来的。据说，白居易的"离离原上草，一岁一枯荣"描写的就是少陵塬上的自然风光，而大文豪杜牧、柳宗元就出生在少陵塬上，诗仙李白和诗圣杜甫都曾在这里有过居所。

兴国寺至今让我记忆犹新的是漫山遍野郁郁葱葱的树木和花草、四季潺潺的溪水、蜿蜒曲折的砖砌台阶、附中山上和平堂前1500多年的古柏，以及少陵塬峭壁下一排供奉有彩绘神像的土窑洞（图2）。土窑洞冬暖夏凉，是我当年备战高考，背英语单词时的好去处。也许由于沾了这座著名古刹的灵气，或者是整日与土窑洞里的神像为伴，我一生在考学方面才显得一帆风顺，从未有过失手。

大学毕业后，我被分配到咸阳市西郊一家大型国营电子设备厂。它位于汉武帝刘彻金字塔式的茂

图2 西安美术学院附中（兴国寺老校区）的土窑洞

陵大冢的脚下，周围还有李夫人、卫青、霍去病等几十位汉唐著名历史人物的陵墓。

20世纪60年代，这些星罗棋布和大小不一的金字塔式陵墓群被美国人造卫星发现和拍摄到。70年代美国总统尼克松来华访问时，为此还专门派人来看个究竟。所以，在如此厚重的文化沃土上出生、成长和工作，令我为之着迷和自豪，并对此充满着无限遐想，从而使我从小养成了一种善于梳理记忆的老夫子性格，对于文化历史善于寻根问底的兴趣；我本人好像就是一件出自黄土地里的文物。

有两件事对我日后的学术兴趣影响很大，一是我们老家村庄的后面有一个深不见底的地洞，听大人讲里面空间很大，宽敞得足以行走马车，是古代战乱时期村里人挖凿的藏身之处。出于好奇，我曾试着下去过一次，但因胆量不足，没走多远就退缩回来了。时至今日，我为自己当时的莽撞行为感到后怕，但也为没能彻底看个究竟而感到有遗憾，那种充满神秘气息的昏暗洞穴一直让我浮想联翩。另一件事是，北山坡下的姨妈家是一种沿沟式的窑洞院落，窑洞里的土炕上有一孔凹进墙壁的用于放置被褥的小龛窑，那常常是我和表哥、表弟在晚上睡觉前争抢的，一个可供个人独享的小天地。而且，窑洞里那种经柴火烘烤后散发出的土腥味好

像一直留在了我的心肺里。

然而，真正让我从专业和学术层面去认知老家这种生土窑洞的起点，应该是我在20世纪90年代被中央工艺美术学院张绮曼教授编著的《环境艺术设计与理论》一书所吸引。书中对于我们老家地坑式窑洞院落进行了生动论述，并配有精美的手绘插图。从此以后，无论是外出办事，还是异地旅游，我对于各地的窑洞民居开始特别关注起来。

2003年，张教授带着自己一众博士弟子来陕西专程考察我们老家的地坑窑洞村落，我有幸成为他们的向导。不多久，我有机会参加了由费孝通先生主导的有关西北人文资源调研的国家重点课题，跟随中国艺术研究院建筑所所长和博导顾森先生跑遍了三秦大地，承担人文景观子课题的考察和调研，从而对于陕西境内的各种窑洞民居和风俗文化有了更深的了解。

2007年，我非常荣幸地成为张绮曼教授的博士研究生，她希望我能够在生土建筑研究方面有所建树，故以此为选题，我完成了博士学位论文。在张教授的辛勤指导和帮助下，在毕业答辩后不久，我的博士论文《生土建筑的生命机制》改编后由中国建筑工业出版社出版发行，当时也算是国内第一部系统研究生土建筑的专著。在博士论文的研究和写作中，由于涉及中国与世界各地穴居建筑形式和生土建筑的比较性研究，我意识到各民族建筑文化的起源和发展，均与人类原始的穴居生活有着普遍性联系。

这部书出版后，得到不少专业人士和在校研究生的好评，并被一些从事生土建筑的研究单位和建筑企业所收藏。此后，恩师张绮曼又多次建议和鼓励，认为我应该在此基础上继续深挖下去，因此本人从未停止过这方面的思考。历经数年的思绪酝酿、理论充实和资料储备，我逐渐将自己脑海中这些漫天飞舞的兴趣点和想法，最终归拢到了对于穴居文化本身的研究方面。

■2 穴居与文化

按照现代文明程度认知事物的结果，文化一词是对人类创造物质财富和精神财富的统称，尤其体现在精神财富方面的创造上。按照这一概念来理解，文化形成的前提应该是人性意识的觉醒。即人类将自己从天地万物的混沌关系中梳理出来，并形成"人与灵"的心理世界。

按照马克思"劳动创造人类自身"的观点来理解，人的本质在于劳动，是劳动改变了人类自己的生理结构，从而最终成为现代人类的样子。而且，面对弱肉强食的自然生境和竞争法则，身体不占优势和生产力水平低下的远古人类只有相互依靠，彼此配合，才能获得生存所需的物质资源。正是由于这种在劳动中的配合关系才逐渐构建起古人类的社会心理，并产生了通过语言进行思想交流的独特方式，从而使自己从一般动物中脱颖而出。

人性的概念包括两层含义，一是广义上的人与

其他动物一样共有的天然属性，对于自然环境的好坏变化能够做出生理上的本能反应，这便是我们常说的人的天性，文化哲学中所思考的"天人关系"。二是狭义上的那种区别于一般性动物的心理结构，古今中外先哲们为之争论不休的习性、社会性、阶级性、善性与恶性等"心性关系"，这种属性的定位取决于某一社会文明模式的价值观念。然而，无论是劳动创造人类本身，还是在不同文明模式下对于人的社会属性的价值评判，似乎都忽略了栖息方式和空间环境对于人性塑造所起的作用，特别是在人性觉醒之初和精神财富最初创造中的作用。因为，人作为一种自然生命首先得活着，除了参加劳动为了活着，选择适宜的栖息方式还可以更好地活着，两者同等重要。

20世纪70年代，考古学家在非洲埃塞俄比亚发现了一种属于南方古猿阿法种的古人类化石。经

研究认定，她是一位大约活动在320万年以前，并生过几个孩子的年近30岁的老母亲。按照当时远古人类一般寿命的标准，她已经算得上是位年迈老人了。

这位妇女被起名"露西"，并被科学家们尊称为"人类的始祖母"。专家们根据其膝关节和各个肢骨的状态分析认为，"露西老祖母"的身体状况已处于一种向直立行走的人体进化之中，但仍然保留着与猩猩一般适应于树居的肢体基本特征。她的左肩、左膝和盆骨类似断裂的各种迹象说明，这位"露西老祖母"可能是从一棵十多米高的大树上不小心跌落而死的，也许她当时正在这棵大树上为孩子们采摘水果。

"露西"生活的时期属于地球上新世的地质年代，当时的气候温暖湿润，所在地区草木茂盛，物产丰富。远古人类当时主要依靠采摘水果、植物种子，以及植物块茎来维持生命。然而，紧随上新世之后的便是更新世的到来。更新世是地球上第四纪冰川的开始，那是一种冰期与间冰期频繁交替的漫长过程。进入冰川期后的大地气温急剧下降，地球表面的大部分陆地被冰雪覆盖，大批无法适应的动植物因此遭遇灭种或消亡的厄运。因此，"露西老祖母"那些以往习惯在丛林树梢上"撒欢"的后代们，不得不尝试着在地面上开始一种新生活。在饥寒交迫之际，他们一方面学会了捕食动物用以充饥，另一方面不得不躲进一个个可以抵御寒冷的天然洞穴之中。此后，"露西"的子孙们进入到了一种300万年漫长的穴居时代。

谁也无法断定文化起源的具体时间，然而文化起源一定与古猿向人进化的进程同步。一方面，冰川期急剧变化的气候环境迫使古人类不得不改变以往谋取食物的劳动方式，而新的劳动方式又在不知不觉中改变着古人类自身的躯体结构和行为举止。所以，这一时期文化发展的最大成果应该体现在古人类生命机体的自我改造方面。新的劳动方式在引起古人类肌肉、韧带发生变化的基础上，终而导致了他们人体肢骨的变化。例如，手足功能的分化、胸腔的扩大、肺和喉器官的开放等。

与此同时，直立行走不但使远古人类的视野更加开阔，大脑发育加快，声道也进化得更加精致，从而产生了记忆文化中的一大载体——一种可以进行口头相传的语言形式。另一方面，穴居时代的到来使古人类的生活和劳动有了明显的女主内和男主外的内与外空间属性的意识之别。穴居时代的到来，使富有挑战和冒险性的野外狩猎活动需要身强力壮和勇敢的男性去承担，而料理"家务"，抚养小孩和赡养老人的责任落在了性格温柔和富有耐心的女人身上。

古人类从树居向穴居栖息方式的转变，完全出于自身生理机能对于自然环境变化所做出的本能反应和适应性选择。因为作为恒温体动物的古人类，一旦与外部环境的温度形成巨大落差，往往会从不舒适中逐渐丧失活力，并最终因细胞代谢停止而导致死亡，而具有一定恒温性微气候环境的洞穴有利于古人类维持身体机能的正常运行。因此，正是地球上存在的无数个天然洞穴，才使得古人类避免了

第四纪冰川带来的灭顶之灾，并且使人类文明的发展进入到了一个新纪元。即人类穴居时代的到来。

首先，进入穴居生活的古人类，在合理使用洞穴空间和食物分配中逐渐梳理出一种空间秩序和人际关系。洞穴中的生活在体现以血缘关系为纽带的氏族观念的基础上，首先需要建构一种长幼有序的空间伦理关系；其二，古人类自从学会捕猎动物来补充日益匮乏的采摘食物之后，他们的食品营养结构也随之发生了重大改变，并从中学会了利用兽皮御寒，用骨针缝制出简陋的服装；其三，火的发明和运用改变了古人类茹毛饮血的饮食方式，食用烧烤过的食品不但可以改变人体对于蛋白质的摄入量，增强人体免疫力，而且在使用火的过程中，他们发现了泥土经火烤后会发生硬化的物理现象，以此创造出各种各样的陶制容器，从而迎来了人类文明的陶器时代；其四，守候在栖息地的女人们在摸索如何保持肉食品新鲜的过程中，又逐渐学会了将捕捉来的活体动物暂时饲养起来的方法，继而开始了人类驯养动物的畜牧业活动。

文化涵盖了人类生活的全部内容，特别是精神方面的生活。在穴居时代的中晚期，古人类在洞穴中的群居生活已经由原来家族式的组织方式逐渐过渡到了母系氏族的社会形态。洞穴中的群居生活在培养他们敬畏生命和休戚与共的集体意识的基础上，情感的丰富又使她们涉及生者与逝者之间如何进行灵魂沟通的问题，从而产生了"人与灵"的宗教意识。例如，生活在欧洲一些地区的尼安德特人根据日常生活内容，将洞穴内部的功能区域规划得井井有条，已经懂得用鲜花来安葬死去的亲人，用某种动物的骨件或染色贝壳作为死者随身佩戴的饰物，并在洞穴中创造出人类最古老的壁画艺术。他们用绘画的方式，栩栩如生地记述了惊险刺激的狩猎场景，使洞穴成为一种储藏人类文化记忆的容器。再如，北京山顶洞的古人类在死者的遗体旁撒布红色矿石粉，并伴有穿孔的石珠和染有赤铁矿石粉贝壳的陪葬品，说明丧葬风俗早在数万多年前已经形成，起码也在人类穴居时代的后期已经产生了生命崇拜的原始宗教祭祀礼仪。

从文化发生学的视角来审视，穴居时代的古人类在洞穴空间内对于繁衍子孙、生活劳作、安葬死者三大功能区域所进行的空间规划，以及在选择适合穴居的洞穴中，他们对于周边自然环境所进行的综合分析和经验积累，逐渐成为人类居住环境营造理念和居住文化的起源，也由此构成了人类世界观思考的基本内涵。而且，古人类对于洞穴空间形态的长期体验和感想，成为他们思考和认知宇宙空间模式的基本参照。

昏暗幽深的洞穴是穴居时代古人类的第二宇宙，而从洞口进入的阳光成为他们渴望温暖，通往光明世界的神圣之门。例如，在埃及一处史前穴居遗址的洞口，考古学家发现有古人类希望用渔网捕捉太阳的岩画。由此说明，太阳崇拜是古人类在"人与天"意识觉醒之后很早形成的一种原始宗教。所以，太阳是生命之源，自己是太阳之子的生命崇拜信念是穴居时代人类普遍存在的一种原始宗教意识。此外，穴居中的古人类在经历与亲人们一

次次生离死别的情景中，促使他们开始了对于生命之源与生命彼岸的苦思冥想。即人类"灵与肉"二重性的形成。这是人类在识别人与自然对应关系的基础上，上升到了对于生命彼岸关怀的思哲问题。为此，他们祝愿亲人健康、长寿和孩子们茁壮成长，祈祷失去的亲人能够早日获得重生等。在围绕生命崇拜进行的一系列巫术礼仪中，音乐、舞蹈、雕塑和绘画艺术等应运而生。所以，洞穴不但是保护人类婴儿时期的襁褓，也是孕育人类文化艺术的摇篮。

穴居时代，氏族女首领享受着至高无上的拥戴。一位精明能干的氏族女首领，正是由于她对于洞穴空间的合理布局，将大家的日常生活安排得井然有序，并以慈爱、宽厚和包容之心公平善待氏族内部的每一位成员，特别是对于老人、小孩，以及残疾者的关照，母爱之心因而成为整个氏族文化的精神支柱。在此基础上，穴居时代的古人类又将追溯生命之源的文化心理与崇拜部落女首领的意识相结合，从而构建起了一种肥臀大乳，生育力超强，祈望能够保佑整个氏族人丁兴旺的大母神文化形象。故此，人类学家将这种由氏族女首领主导一切物质和精神文化生活的原始文明社会称之为大母神时代，而大母神崇拜成为人类穴居时代文化的核心价值，并以各种文化形式流传下来。

■3 穴居的文化基因

文化的本质应该是人类生命运动的足迹，它贯穿于人性形成、发展和丰富的全过程，因而像生物界的物种一样有着自己独特的基因组成和在新陈代谢中不断延展的方式。文化基因主要包括与生俱来的和后天在自觉与非自觉中所吸收的信息，它储存于人类的生存理念、文化习俗和价值观念的体系之中。文化基因虽然有物质性与非物质性之别，然而物质性基因也是在非物质观念主导下产生的结果，其中隐藏着文化系统中一系列的遗传密码。这种密码属于一种关联物质与意识形态之间的活性因子。所以，文化基因的概念借助了生物基因遗传的方式和规律，用以研究人类文化的传承和发展。

因此，在古人类潜ⅱ展⌷⌷⌷⌷⌷⌷⌷⌷的文化形态，形成了如今具有代表性的东西方文化体系。然而，这些多样性的文化形态在形成和演进之中，永远活跃着一些具有同等意义的原始因子，遵循着相同的运行模式。再者，文化基因的起源离不开一系列文化记忆的生成和积累，然而对于整个人类文化发展历史而言，莫过于令万物肃杀的第四纪冰川期对其产生的深远影响。由于巨变的气候环境，使古人类选择了能够遮风挡雨，冬暖夏凉的天然洞穴作为自己的栖身之所，从而结束了他们以往飘忽不定的树居生活，转而尝试起一种相对稳定的穴居生活方式。

穴居生活使古人类不再仅凭借自身矫健敏捷的身姿，整日在丛林中与威胁自己生命的猛兽进行永无休止的缠斗，而是有了一种笼罩式的，只要守住洞口，便可御敌和防范外族群侵犯的空间形式。穴居生活之初，古人类虽然对于这种空间功能的感受没有明确的语言表述和文字定义，但仅凭自己的肉体直觉和行为体验便可以从心理上获得诸如"安全""庇护""宜居""归属"等对于洞穴空间的情感认知。这种由洞穴生活积累起来的一系列感知记忆，便构成了我们后来称其为"家""房屋""建筑""居所"等概念及基本文化内涵。

另外，从一些具有几十万年连续性居住史的永久性穴居遗址中，古人类对于日常生活空间秩序的安排、人与人之间长幼关系的梳理、对于死者的安葬仪式等考古发现说明，漫长的穴居生活培育了人类居住文化的基本感念和原始的风俗文化。这些穴居文化记忆的积累，继而成为人类走出穴居之后，从事聚落和城市生活的胚胎或文化原形。

经过100多万年穴居生活的适应，"露西祖母"的后代们最终成为地球上近200种灵长动物中唯一一种进化成为挺胸，直立行走的直立人。直立人的骨盆逐渐向后突出，被塑造成半球形的臀部，脑袋置于脊椎柱的顶端，浑身上下光洁无毛，肌肤也随之润滑起来。然而，穴居时代的生存环境恶劣，人的寿命短暂，婴儿成活率低下，人的生命完全处于一种自生自灭的生存状态。故此，人口的繁殖和生产成为该时期最大的社会财富。正因如此，一副凹凸有致、丰乳肥臀、性感四溢的体形往往会成为ⅰⅰ女人仕民族中狭得尊重的主要资本。随着女性在穴居生活中地位的不断提升，富有弹性而又丰满的弧线或曲线演变成为人们颂扬女性之美的审美符号，生生不息的文化理念的象征。

在万物有灵的年代，人类为新生命的诞生而祈祷，为氏族的人丁兴旺而祈祷，为死去亲人的生命轮回而祈祷，为外出打猎的男人平安归来而祈祷，更为上天赐予食物而祈祷等，并通过一系列的祈祷仪式、巫术方式和神话传说等，给大家不断灌输"灵魂"存在的意识，以此加深人类对于生命崇拜的文化记忆。故此，穴居时代的到来，使人类首先从洞穴空间的内与外关系中萌生了家的概念，感悟到外出与回归的行为感受，然后从万物有灵的崇拜意识中萌生了人性与神性的意识、生命此岸与彼岸的深层次精神文化的思考，以及人界与神界的文化心理空间的构建，并由此展开了更加丰富的精神世界的创造。

长期在微气候环境中生活，穴居中的古人类逐渐失去了原本用于维持恒温性生命机体的体毛。赤身裸体的古人类面对寒冷的气候环境，在学会利用兽皮取暖的同时，也逐渐意识到自己身上过于突出的部位更需要一些遮掩。古人类这种因性别而产生的差意，进而促使他们形成了男女有别的空间伦理观念，并将其具体体现在对于洞穴内部空间生活区域的规划上。

穴居时代的末期，随着生产工具的不断改进，人与人之间语言表达水平的不断提高，洞穴内部空间的功能设置更为合理和人性化，并尝试着采用树木搭建、石块堆砌、植物编织等方法，开始对洞穴内部环境进行改造和完善。于是，他们在创造理想居住环境的同时，也随之注入了丰富的精神内涵。与此同时，古人类在穴居生活中日渐丰富的精神诉求，又进一步改变着穴居生活空间的环境样态。

人类穴居环境一步步的细微变化和居住质量的不断改善，充分展现出由女首领管理下的氏族社会充满着温柔、慈善的女人天性。那种在穴居时代形成的，对于氏族内部所有成员体贴入微的关爱和呵护之情的居住文化理念和生活风俗，彰显出大母神时期人类共同拥有的崇高品质。所以，穴居时代形成的人居环境经营理念是大母神精神的外化。穴居时代大母神在人们心灵深处形成的这种神圣地位，使大家将对于大母神的感激和崇拜之情与洞穴保护自己数百万年的生存历史相关联，从心理上合构为一种孕育生命、呵护生命的大母神崇拜的文化意象。故此，在原始的穴居文化的记忆里，洞穴与大母神一样是孕育人类生命的母体，孕育人类文明的"子宫"。

大冰期约终止于距今12000年前。随着地球气候温度的逐渐上升和万物复苏，在洞穴中"蜗居"近300万年的古人类终于一批批依依不舍地离开了天然洞穴的呵护，走向了阳光明媚和生机盎然的大自然，从而开始了一种崭新的生活方式。然而，人类童年时期最美好的记忆却一直留在了那种逐渐被神性化了的洞穴里，祖先曾经居住的洞穴因而被后人看作自己生命的原点，或者是安顿祖先神灵的圣所。所以，洞穴崇拜、祀奉洞穴、洞穴求子等，将洞穴视为生育女神的胴体而予以祭祀的风俗至今流传于世界许多民族的节日里。洞穴在人类文化记忆中的神圣地位，也使人们将死去的亲人送回洞穴之中予以安葬，认为是让死者回归到了生命再生的出发点。故此，在众多民族的心灵深处，洞穴是人类生命永久的栖息之所和灵魂的安居之处。

穴居时代在形成女主内、男主外空间文化心理的基础上，又因女人在物质和精神生活中的主导作用，故而使洞穴空间被赋予了女人的天性和文化意象。所以，在史前人类的群体意识中，洞穴普遍被人们看作大母神的化身，是人类生命的出处。随着穴居时代的结束，文化记忆中的洞穴在人们的心里又被上升为一种连接生命此岸与彼岸，实现生命轮回的中转站。所以，穴居时代传承下来的文化记忆是一种以洞穴为载体的大母神崇拜，并以此形成了正如德国学者扬·阿斯曼（Jan Assmann）所讲的文化体系中的"凝聚性结构"。人类穴居时代形成的这种文化"凝聚性结构"在不断的繁衍中，逐渐演变成为一种以"山"与"洞"为两大元素所构建起的主体文化意象。故此，后代人类文明创造了由"山"与"洞"文化意象构建起的古埃及金字塔、古希腊迈锡尼古墓、古代中国秦始皇陵，以及宗教建筑的文化理念等。

受恩于近300万年冬暖夏凉的洞穴呵护和启发，走出天然洞穴的先民们以山洞空间的形态和意象为原型，尝试着用石斧和石铲在山崖上开挖出一个个适合小家庭居住的土窑洞。例如，生存在黄土高原的华夏先祖挖掘出了既能取暖、又能防范野兽

的袋状竖穴，并进一步用树枝树叶搭建起一种能够遮风挡雨的茅草窝棚之类的居住空间，从而开始了人工创建生存空间的探索活动。而且，冬暖夏凉和便于自保的洞穴空间特征使有些地方的现代人类，在面对恶劣气候和遭遇动荡不安的社会环境时，又重新回到了一种用自己双手创造出来的穴居生活。所以，德国心理分析学家埃利希·诺伊曼（Erich Neumann）将人类所从事的建筑活动看作洞穴的延伸。

也许，正是由于洞穴在人类文化记忆中的神圣地位，人类古代文明史上许多先贤或圣人的诞生都与一些具有传奇性色彩的洞穴发生了联系，甚至在某一神秘的洞穴之中获得了"真知"或"天启"。也正因如此，人类又以洞穴为载体，不断创造出一个个新的神话和故事，甚至一些厌恶于现世社会的文化人将自己的理想生活放了一种与世隔绝的洞穴中去实现。

随着人类建筑结构和建造技术水平的不断提高，用各种材料模仿洞穴空间形体而建造的拱券结构、穹顶结构等房屋、宫殿、庙宇等相继出现。例如，遍布于非洲大陆的泥屋子、西亚两河流域湿地上的芦苇房、中国黄土高原上的生土窑洞，以及石箍窑等建筑形式，纷纷带有穴居文化的空间记忆。再如，由于洞穴在宜居和便于防御等方面给人类留下的深刻记忆，一些具备地质条件地区的现代人类又将自己的居住空间安顿在山体之中或地面以下，一代又一代地开凿出内部四通八达的洞穴式聚落。这种建筑文化现象尤其表现在，为了追溯原始宗教的精神境界和思想真谛，世界上许多著名的寺庙或教堂被建造在了一种远离现代文明和人迹罕至的山洞里。

走出原始洞穴之后，人类又以洞穴为生命之源的思维模式来进一步认识化育生命，承载万物的苍天与大地，乃至生生不息的宇宙世界。例如，古人类认为生命源自洞穴与射入洞穴的阳光相互作用的结果，继而产生了天父与地母的自然伦理观念。所以，追溯人类建筑文化之本源，建筑空间即大母神子宫的理念普遍存在于世界各地古代建筑空间文化意象的营造之中。例如，古印度佛教创造的象征宇宙原初的窣堵坡覆钵体、中国客家人土楼里的胎土（祖屋）、非洲喀麦隆毛斯哈姆人的蛋形泥屋等。而且，那种象征大母神文化形象的富有弹性而又充满活力的曲线形视觉语言，一直绵延于人类建筑文化形象的基因链里。在塑造建筑空间形态和建筑文化形象中，曲线成为一种体现人类原始居住文化精神和宗教关怀的神性符号。

作为体现大母神文化精神的视觉语言，曲线与弧线储存着原始大母神精神所蕴含的孕育、庇护、包容、慈爱等穴居时代的文化记忆，因而人类在探索创建建筑空间的形体语言中，曲线成为一种世界各民族普遍存在的潜意识和文化基因型符号。为此，后世人类在体现精神诉求的宗教建筑中，不惜穷尽智慧和物力，创造出了以曲线为主体表现语言的最辉煌的建筑艺术。正因如此，被称为"上帝的建筑师"的西班牙建筑大师高迪（Antonio Gaudi），发出了"曲线属于上帝"的无限感慨。在现代人类

的文化心理中，那种由曲线视觉语言共同编织和塑造的连续性和流动性的建筑空间形态和形体，往往给人一种打破理性世界约束，回归自我和远古宗教精神的心灵感受，一种能够穿越时空，跨越民族文化界限，充满幻想的文化意象。

虽然，现代文明让我们远离了真正的穴居生活，然而穴居时代给我们积累下来的生存智慧和所创造的物质财富，还在帮助着我们创造更加美好的生活。例如，由大母神和她手下的女人们一起驯养的各种动物一直还在供我们享用，她们所培育出来的各种植物种子至今还在维持着现代人类的一日三餐。此外，人类祖先在穴居时代形成的节日风俗和居住文化理念还在影响着我们现在的精神生活，绵延着人类文明在起源过程中的集体记忆。因此，每当联想于此，我们会顿时觉得自己的现实生活距离几十万年乃至上百万前的穴居时代和我们的大母神不算遥远，可能仅是一梦之遥。也许，这便是天体

物理学家们正在寻找的时空隧道，一种被生物中心主义者们正在探寻的"宇宙干细胞"。

故此，在没有文本记忆的年代和先于逻辑的文化现象中，人类文明就已开始孕育这种对于洞穴和大母神崇拜的文化意象。在一代代人的传承和流变中所形成的弧线形的拱券结构和曲线形建筑形体语言，早已成为一种能够唤醒人类对于穴居时代文化记忆的情感符号。所以，从原始建筑、古代建筑、现代建筑的传承发展中，甚至从当代建筑师对于未来建筑空间的设想中，我们都会从中体会到穴居文化基因所释放出的智慧能量和文化精神信息。那种富于激情和动感的曲线成为联系我们现代人类与大母神时代文化精神的神经纽带，成为一种关联天地、人、神之间的使者，甚至其本身就是一种永不枯竭的文化精神之源，一种潜藏在古今中外建筑设计师灵魂深处的宗教信念。

第一章

穴居文化的生成

文化源于人类物质生活和精神生活的活动足迹。人类祖先在没有将自己与世界万物区别开之前，不会存在任何文化迹象之说。故此，文化的生成只能以人类属性征兆的产生为前提。然而，在"人猿相揖别"的关键时期，地球迎来了第四纪冰川期。自然气候的剧烈变化迫使人类祖先改变以往居无定处、栖身于山林荒野之中的生存方式，进入到一种漫长的穴居时代。承蒙天然洞穴300万年的庇护和自身穴居生活的"修炼"，人类祖先完成了从南方古猿、能人、直立人，到智人的进化过程，文化随着他们人性的萌发和觉醒而悄然显出其种种迹象，洞穴从而成为酝酿和孕育人类文化的容器。

以天然洞穴为栖身之所，原本是人类祖先为适应气候变化和生态环境，在图谋生存和生命延续的过程中所做出的无奈之举和本能反应。然而，300万年的穴居生活帮助他们在大冰期间逃离惨遭覆灭厄运的同时，也使他们的生命机体发生了根本性变化，促使他们从人与自然世界的主客观意识中逐渐觉醒，并最终将自己从一般性动物中剥离了出来。

漫长的穴居生活首先使人类祖先形成了室内与户外在空间界面关系方面的意识，然后在万物有灵的自然崇拜中产生了人界与神界的心理结构，在虔诚的丧葬礼俗中继而产生了生命崇拜的原始宗教信念和对现世与来世的文化哲学层面的思考。与此同时，漫长的穴居生活也使人类祖先在认识自然、利用自然和改造居住环境的过程中不断总结经验，逐渐发展起了一系列有关如何选址、安居和合理规划生活空间的理念，为后世人类走出洞穴，创建新的生活方式和居住空间形式打下了基础。

■ 1　穴居与人的创造

在天地创造人类的关键时期，适逢环境学家所讲的距今300万～1万年期间所发生的第四纪大冰川。"在长达300万年的时间里，冰期和间冰期总是交替出现，但在冰期出现如此剧烈的降温，对于处在童年时期的人类无疑是一次严峻的考验。"[①]特别是发生了"11000年前的生物大灭绝"事件。这次地质突发事件使大量无法适应气候变化的哺乳动物惨遭灭亡，其损失占到了被灭绝动物种类的40%左右。庆幸的是，一个个伸向大地体内的冬暖夏凉的天然洞穴，为人类祖先提供了生息繁衍的庇护之所。否则，他们或许与当时的猛犸象、乳齿象、剑齿虎等哺乳动物一起销声匿迹，或已变成一具具古生物化石，而现今的世界或许呈现出另外一番无法想象的光景。

在"人猿相揖别"的关键时期，第四纪冰川期的到来迫使人类古猿从根本上告别了他们祖祖辈辈习以为常的栖息方式，使他们从披星戴月和居无定所的树居生活转向了一种以洞穴为栖身之所的生活。这一时期最具象征意义的例子便是1974年11月24日，美国人类学家唐纳德·约翰逊（Donald Johanson）带领他的考察组，在埃塞俄比亚阿法地区发现了一件距今约320万年的，迄今最为完整的阿法种南方古猿化石。

专家们通过对这件古猿骨骼化石的肢体形态进行研究认为，她是一位生过孩子的、年龄在25～30岁之间的妇女。为了庆祝这一伟大发现，考察队员们便以当晚欢庆时播放的甲壳虫乐队演奏的《钻石天空中的露西》歌词中的"露西"为名，给这位妇女起了一个美丽的名字。"露西"古人类化石的发现，对于人类起源的探索和世界古生物学的研究产生了里程碑式的意义，因而又被大家推崇为"人类的始祖母"。

320万年前"露西"所活动的地质年代属于第三纪晚期的上新世。上新世时期的气候特征和生物状况与现代地球上的生态环境十分接近。可以想象，埃塞俄比亚当时的阿法盆地气候宜人，草木茂盛，是万物生长的乐园，而"露西"和她的孩子们主要以水果、植物种子和植物草茎为食物来源。

专家们将这件遗骸化石进行复原后发现，这位"露西老祖母"个头矮小，脑容量小，正处于南方古猿向能人进化的关键阶段。"露西"的四肢骨骼和骨盆形状显示，她既可以站起来行走，又可以攀缘爬高，栖息方式应介于树居与穴居之间，这是古猿向人类进化过程中至关重要的一步（图1-1）。此外，专家们又根据她的上臂骨、髋骨、膝关节，以及其他肢骨损伤状况进一步分析，推测"露西"当时可能是从十几米高的大树上不小心跌落而亡的。

继上新世地质年代之后，地球便进入了逐渐变冷的更新世，而更新世的到来就意味着令万物肃杀的第四纪冰川期即将开始。在第三纪的末期，地球上的气温实际上已开始呈现出缓慢下降的趋势。在大冰川期降临之后，地球上高纬度地区和大部分山地最终普遍被发育成大冰盖或大冰川，而且寒冷的气候不断向低纬度地区蔓延。虽然在第四纪大冰川期间也曾发生数千或数万年短暂性回暖的亚冰期现象，然而最后阶段的大冰川期年平均气温相比上新世时期的平均温度降低了10～15℃，从而造成了

①　王星光. 中国全新世大暖期与黄河中下游地区的农业文明. 史学月刊，2005（4）。

图 1-1 人 类 的 进 化 示 意
图：原始古代猿类→南方古
猿→能人→直立人→尼安德
特人、智人（知乎网）

32% 的陆地面积被冰川覆盖的局面，由此发生了大批哺乳动物惨遭灭绝的重大事件。

虽然这次大冰川期持续长达 300 万年，摧残了古猿在传统意义上赖以生存的生态环境基础，然而正是这次大气环境发生的巨变，促使古猿彻底完成了向现代人类进化的全部过程。

首先，当大气环境平均气温下降到 10℃以下时，将会影响所有恒温动物细胞的正常新陈代谢，最终会使它们丧失身体运行机能而导致死亡。对于长期习惯在野外活动的古猿而言，寒冷的气候环境迫使他们不得不放弃在丛林树梢间攀缘跳跃式的活动方式，转而寻找那些能够为自己遮风挡雨且冬暖夏凉的洞穴用以庇护。其次，大冰川期干冷的气候环境又造成了大量森林萎缩和严重退化为灌木或草原，对地球高纬度地区森林的影响更大。

科学家们研究认为，地球上现存的大面积草原和沙漠主要是这次气候变化造成的影响，特别是在这次大冰川期的中期形成的。在这种植被严重衰减的情况下，那些传统上主要依靠采摘植物果实为生的森林人属古猿不得不从树上下来，走向地面，学会用石块、木棍捕食野兽充饥，凭借自己先进一步的智慧与其他动物斗智、斗勇，为子孙后代争取生存空间。

为适应新的生存环境，人类古猿不得不改变以往的生存和栖息方式，但也因此彻底改变了自己的生存面貌，最终以一种崭新的姿态将自己从一般动物中区别开来。

告别树居生活之后，长期因适应地面行走和追逐野兽的古猿形体逐渐发生了变化，越来越觉得自己的小腿肌肉变得发达有力。原先前臂与后肢的基本功能最终被分化和转型为：上肢用于掌握工具进行劳动，下肢用于奔走，进而形成半球形的臀部，并向后崛起等。这些变化都是他们需要直立行走和快步奔跑而造成的结果。

久而久之，古猿的脊椎骨逐渐变直了，头颅逐渐转移到脊椎柱的顶端，肩部也随之长出了锁骨，胸部缓慢地变得开阔了许多。如此一来，直接处于脊椎柱顶端的头颅更有利于他们抬头远望，在高度警觉的捕猎活动中能自由环顾周边环境。当人类古

猿的全身重量主要由下肢来支撑后，前臂被解放出来，他们的手指从而变得愈加灵巧，终而可以抓起一块大石头或握住一根木棒进行自卫或与野兽进行厮杀。到第四纪冰川期的中期，人类古猿最终从能人进化成了在陆地上用双足轻松奔跑的直立人。

在大冰川期期间，人类古猿的一大半时间都是在洞穴之中度过的，尤其是整日守候在洞穴里抚养小孩和伺候老人的妇女们。新型的生活方式在向智人的进化过程中起到了举足轻重的促进作用。人类古猿在向直立行走的进化过程中，穴居生活中的睡眠方式和日常生活行为显得极为重要。当劳累一天的古人类在休息时，他们不再像树居时候那样在树枝上随风飘曳、遭受风吹雨淋，而是踏踏实实地躺在洞穴地面上，全身可以放松下来，使自己迅速进入深度睡眠状态。况且，高质量的睡眠非常有助于大脑的发育。进入洞穴后，人类古猿可能从最初的蹲踞而眠、屈腿侧卧而眠，逐渐发展到平躺或仰卧等姿态的睡眠方式，而平躺对于拉直古人类的腰椎骨起着非常重要的作用。一些美国科学家通过近期多项实验研究证明，脊椎骨拉直和直立行走，非常有利于古人类的大脑发育和脑容量的快速增加。

美国亚利桑那大学的人类学家就相关问题，曾对人类与大猩猩进行对比性测试实验。在测试中，他们发现靠两条腿跑步的现代人类比大猩猩用四肢行走时所消耗的热量要节省四分之三。相应说明，人类比四条腿奔跑的大猩猩所需的食物热量少了许多，这一原理似乎与四驱汽车和两驱汽车在相同距离和路况下所消耗的油量有些类似。所以，18 世纪大哲学家约翰·赫尔德（Johann Herder）将人类在进化中出现的直立行走事迹看作人与兽根本性区别的标志。然而，人类古猿真正进化为现代人类的另一大因素还在于语言的产生和原本用于御寒、沥水的体毛最终脱落殆尽。

人类古猿长期在陆地上直立行走和奔跑，在造成胸腔不断扩大的同时，又使他们的肺和喉头得以解放，发声器官由此进化得高度精致。在众人相互配合的情况下与猛兽搏斗，情急之下人们之间发出了意思清晰的语音信号，逐渐形成了在同类之间可以进行思想交流的语言系统。语言的产生，不但加

强了同类之间的情感沟通，更重要的是古人类通过口头相传，可以将曾经发生的重大事件流传下来，形成一系列神话般的文化记忆。

能够促进脑容量增加和智慧增长的另一缘由是，古人类在适应新的生存环境中开始了渔猎生活。食用大量的肉食品，特别是经火烧熟了的肉食品，大大提高了古人类对于蛋白质的摄入量，而营养结构的巨大变化又相应促进了他们大脑的发育。从营养学角度，火的使用可以使肉类和植物类纤维变得柔软而便于人体吸收，它比重体力劳动更有助于人类对食物的消化和营养的有效吸收。一般而言，肉食品给人体提供的热量是同等质量水果的4倍以上，而大脑需要的热量是同等肌肉质量的16倍。故此，古人类自直立行走之后，他们的脑容量在200万年间竟增加了一倍。

从古猿进化为现代人类的另一显著特征是体毛的脱落殆尽，肌肤变得光洁润滑（图1-2）。因这一历史变迁，有学者给现代人类取了一个"裸猿"的绰号。英国著名学者德斯蒙德·莫利斯（Desmond Morris）曾以动物学家的视野来研究人类的起源，他的代表著作《裸猿》一经出版便畅销世界。虽然，造成古猿体毛的脱落来自多方面的原因；但是，其中的主要原因还在于人属古猿告别了以往蓝天白云下的丛林树居生活，在洞穴里过上了300万年的定居生活。

古人类在肢体结构发生重大变化的基础上，漫长的穴居生活使古人类在学会用骨针缝制兽皮以保暖的同时，又使自己浓密的原本用以御寒的体毛，因不利于人体与外部进行热量交换而逐渐失去功能，最终萎缩成为500万个皮下毛囊组织。根据考古发现推测，人类祖先大约在100万年前就已开始用火取暖、烧烤肉食品，以及用以防御野兽的偷袭等。由于他们每日在洞穴里生火取暖或做饭，体毛被火星点燃的不幸事故时常发生，也是造成类人猿体毛越来越稀少的一个原因。此外，长期定居于一种光照和通风较差的洞穴空间，居住面上的各种寄生虫繁殖猖獗，使古人类忍不住地频繁抓挠，也是造成体毛不断脱落的一个客观原因。与此同时，由于对肉食品脂肪的大量摄入，古人类的皮下脂肪逐渐起到了一定的保温作用，而体毛的保温作用也会随之下降。除了上述穴居生活对于古人类进化所产生的影响外，体毛脱落造成的另一生理变化就是人体汗腺系统的逐渐形成。当体毛消失后，汗腺系统便成为调控人体温度的主要途径。

图1-2 古生态学艺术家伊丽莎白·黛伊斯（Elizabeth Dauis）使用黏土和硅树脂制造的270万～210万年前的非洲南方古猿模型、生活在230万～120万年前鲍氏傍人模型、生活在70万～20万年前的北京猿人复原模型

■2 作为穴居的洞穴

在离开丛林栖息之地，进入穴居时代之后，古人类在适应新的生存环境中朦朦胧胧地有了自我存在的意识。在利用自然条件，谋求生存的道路上，他们逐渐将自己从浑然一体的天地万物中理出"人与天"的头绪来，并由此踏上了主动利用自然条件，制作劳动工具，创造物质文化与精神文化的进程。故此，古人类在穴居时代创造的文化包括两大方面。一是从人类学角度，人类祖先先后完成了从南方古猿、能人、直立人，向智人的进化过程。例如，处于能人阶段的埃塞俄比亚"露西老祖母"和中国重庆巫山人，直立人阶段出现的中国云南元谋人、陕西蓝田猿人、山西西侯度人和北京猿人，智人阶段出现的欧洲尼安德特人、山西丁村人、北京山顶洞人、陕西大荔人等。二是从技术文明角度，考古学家将这一漫长历程简单归纳为旧石器时代和新石器时代。虽然有人将其分别细化为早期、中期和晚期石器时代。

面对气候寒冷的冰川期，古人类首先需要寻找一种能够遮风挡雨、躲避寒冷侵袭、便于生存和繁衍子孙的栖身之处。然而，不是所有的天然洞穴都适合古人类长期居住，甚至还要与其他族类的古猿人和野兽争夺一处条件优越的洞穴。对此，中国旧石器考古学先驱裴文忠先生在分析研究人类旧石器时代穴居遗址过程中总结出四大条件：一是附近有水源，便于生活用水，有些穴居遗址的洞穴之内甚至本身就具备水源；二是洞口距离地面不高，便于自己出入；三是洞口朝阳，有利于洞内通风和保持空气干燥；四是依靠孤立的山麓，有利于安全防御（图1-3）。这些在大自然中摸索出的生存经验，成为后来人类在聚落选址和人居环境营造方面的宝贵经验。

旧石器时代的穴居生活是一种以母系血缘关系为纽带而构成的家族式组织或群居生活方式，一处适合长期集体定居生活的洞穴需要在各方面符合一定要求。除了上述裴文忠先生所总结的四大基本条件外，一处适合长期居住的洞穴附近还需要具备良好的生态环境，以便长期稳定地为居住者提供维持整个氏族狩猎和采摘食物的自然资源。正因如此，一处理想的洞穴栖息之所可能会被几支氏族人类所关注，或者早已被其他兽类捷足先登。为争夺这一

图 1-3 福建省三明市万寿岩旧石器穴居遗址洞口外观

图 1-4 重庆市巫山龙骨山玉米洞旧石器文化遗址挖掘现场

宝贵的生存空间，猿人与猿人族群、猿人与野兽之间常常为此发生残酷的武力冲突。甚至，当人口增长到洞穴空间无法承受时，一些表亲或堂亲族人也会被逐出山洞，他们不得不为自己寻找新的栖身洞穴，就像树大会自然分杈一样。

在穴居时代的后期，在一些洞穴分布密集的喀斯特地貌山区，还有可能形成一种以某一氏族最原始的洞穴为核心洞穴（相当于祖屋），附近周围若干个较小型洞穴为分支而构成的向心式穴居聚落，而这种向心式是一种由血缘关系构建起来的心理结构。

一处典型的旧石器穴居遗址竟有长达数万年或几十万年古人类持续生活的文化历史。例如，中国重庆市巫山龙骨山洞穴和北京周口店山顶洞遗址都有几十万年的居住史。考古学家曾经对重庆市巫山县龙骨山坡的旧石器居住遗址先后进行过多次发掘，证明该处作为古人类栖息地的时间，几乎贯穿了整个旧石器时代的早、中、晚期，穿越了 214 万年的光阴。其中，龙骨山坡遗址中的玉米洞穴居遗址至少经历了 40 万年连续而稳定的居住历史。

从地理环境来分析，玉米洞属于一种由喀斯特地貌发育而成的水平型石灰岩溶洞，洞内文化层堆积面达 1000 多平方米。巫山玉米洞位于一片盆地与山地的过渡区，处于峰丛地貌中的一座小山包山体内。根据周边植被覆盖状况和大量出土的动物化石来判断，这里的生态环境既适古人类居住，又可

以为他们提供充沛的食物资源。

玉米洞的内部空间形态呈西南—东北走向，洞内居住面呈缓坡状向内部略有倾斜。进入洞穴内 20 多米处的顶部发现有一个近似圆孔状的采光天井，也构成了洞内良好的通风条件，因而非常适宜古人类居住。玉米洞主体空间的剖立面基本呈三角形，居住面宽敞且平坦，纵深在 70m 左右，宽度从 12m 到 20m 不等，高度在 1.5m 到 7.5m 之间起伏变动。除此之外，该洞内的后部还有 100 多米纵深绵延的支洞空间（图 1-4）。

根据 2013 年发布的《重庆市巫山县玉米洞旧石器时代遗址发掘报告》，玉米洞内的文化堆积现已被发掘至 6m 的深度，包含有 15 个清晰的文化层，并从中出土了不同时期的石器、骨器、牙器、燧石、哺乳动物化石等，共计 5000 多件。如此之多的考古发现足以证明，巫山玉米洞是一处持续稳定的旧石器时代的穴居遗址，是古人类十分理想的栖息之所。此外，在主洞室内还发现有两处古人类使用过火的痕迹，类似于浅坑式火塘的遗存（图 1-5）。

穴居遗址有临时居住和永久性定居之别，临时性穴居遗址受气候变化和周边生态环境特征的影响，古人类会根据猎物活动规律和迁徙路线而采取一种因地制宜和灵活机动的居住方式，因而带有明显的季节性特征。一般而言，一个永久性居住的穴居遗址明显具备灰堆（燃火处、火塘、炉灶）、住宿区、工具修制区、垃圾堆（坑）和屠宰场等功能

图 1-5 重庆市巫山县玉米洞旧石器遗址洞穴形态及探方分布图（T1、T2 发掘于 2011 年，T3、T4 发掘于 2014 年，G1 发掘于 2015 年）

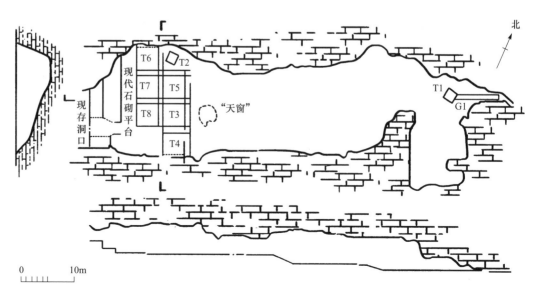

区设置[1]，能够比较完整地反映出当时历史背景下的生活环境样态（图1-6）。考古发现还证明，群体共处的生活逐渐使中晚期的穴居人类与海狸、蚂蚁之类的动物一样，为了生活之便，他们总会产生一些有目的性地改造洞穴空间环境状况的本能反应和举动。例如，采用树木隔挡、垒石、干草铺垫等措施，甚至出现了如福建省三明市帆船洞那样的，古人类开始采用卵石铺装地面和修建排水沟等的旧石器晚期穴居遗址的遗存现象（图1-7）。

尼安德特人属于智人与现代人种进化中的一个单独亚人种，是现代欧洲人祖先的近亲。自12万年前起，尼安德特人的足迹遍布欧洲、北非和西亚等地区，因其化石于1856年在德国尼安德特山谷的一处山洞里被发现而得此人属名称。据来自英国《每日邮报》2009年12月6日的报道，一些考古学家在意大利的西北部又发现了一处3万年前尼安德特人曾经生活过的穴居遗址，洞内发现的许多细节一改人们对于尼安德特人脏乱差的原始印象，而呈献在人们眼前的是一种整洁有序，与现代人类意识相近的居住空间意识。从残留的动物遗骸来断定，该洞穴的顶层空间是用作圈养和屠宰动物的场所。从发现的居住痕迹和灶火痕迹来判断，该洞的中层曾是供人们住宿和餐饮的区域，而底层光照条件好，因而被作为短暂停留、议事和石器打制的工作区域（图1-8）。

福建省三明市的万寿岩帆船洞属于旧石器晚期的古人类穴居遗址，距今约有4万年之久。万寿岩是一座背靠群山峻岭的石灰岩孤山包，洞口面向土地肥沃、林木茂盛的开阔盆地，且有一条溪水环绕而过，因而是一处适合古人类采集渔猎，长期栖息和繁衍子孙的风水宝地。万寿岩的旧石器时代穴居遗址由帆船洞和灵峰洞两个发育良好的溶洞组成，而灵峰洞历史更为久远。

根据从中发掘的打制石器和动物化石种类来判断，该洞穴遗址距今约有18万年的历史。帆船洞的洞口朝西，外洞口大，洞内过道变窄，洞内空间极为宽敞，内部还有数支小洞穴。形态各异和发育奇特的钟乳石使整个洞穴空间显得变幻莫测，有着别有洞天之感。据考证，曾经有两拨古人类在帆船

图1-6　北京周口店山顶洞人洞穴生活状况想象模型

图1-7　福建省三明市万寿岩旧石器穴居遗址洞内部

图1-8　古生态学艺术家伊丽莎白·黛伊斯使用黏土和硅树脂制造的生活在40万～10万年前洞穴里的尼安德特人模型

洞居住，堆积深厚的泥沙下面是年代久远，前拨居住者人工所做的石铺地面和排水沟槽等遗存。这一发现成为人类改造洞穴，美化装饰穴居空间环境的最早佐证。

此外，帆船洞的上部文化层还有后来者遗留下的石木结合的打制石器等物件。

■3　穴居与文化意识的觉醒

意识产生于生命机体内的神经细胞组织，是生命机体受外部世界刺激时所产生的一种本能反应。所以，任何生命物质都具有潜在的生命意识。然而，在生命万物的进化和"物竞天择，适者生存"的过程中，唯有人类成为地球上意识最为复杂的生命物种，形成了自己多方位主动性的意识和复杂的思考智能。从这一角度讲，当古人类转入全新的穴居生活方式后，首先给他们带来了两种类型的活动轨迹和空间体验，并由这些直觉和体验引发他们复杂的心理变化，产生了主动性的连锁反应。故

此，当古人类对于外界的反应意识形成一定程度的逻辑思维方式后，他们会逐渐通过肢体动姿、语音符号，以及所创造的文字、绘画、诗歌等一系列形式，将这些心理变化表达出来。

穴居时代的开始首先给古人类一种洞内与洞外截然不同的空间体验和心理感受。洞内：冬暖夏凉，可以躲避风雨，拒天敌于洞外，安全温馨，酝酿和储存着亲情与友情；洞外：披星戴月，寒风凛冽，虎啸狼嚎，经历着惊险和刺激等。于是，在古人类的行为意识中产生了两种心态：一是走向荒野的外出；二是重温亲情和修复疲惫身躯的回归。如此一来，洞穴成为人类生命运动轨迹中的圆心和精神上的归宿。

① 尤龙柱. 史前考古埋葬学概论. 文物出版社，1989。

古人类选择洞穴生活的首要目的是保障生命安全，洞穴于他们而言就等于有了一种安顿自己生命的庇护之所。所以，形成"定居"概念的前提是获得"安全"之感，而表述这一诉求的"安居"一词一直被中国人使用到现在。汉字作为世界上唯一一种延续使用至今的象形文字，储存着十分丰富的人类文化的原始记忆。例如，甲骨文中的"安"字给我们展示了一个女人静坐于洞穴之中的情景。远古时期由于野外环境凶险，女人只能留在洞穴里负责抚养小孩和照顾老人。"安"字中的"宀"部首，是从"穴"字演化而来的，它表达了《周易》中所讲的"上古穴居而野处"的原始居住空间。所以，"安"字的寓意保存着女人在洞穴里安静守候的人类穴居时代的原始记忆。

"安"字的含义极为丰富，如安静、安定、舒适、安抚、守候、奉养、敬养等。所以，"安"字不但表达了穴居时代的女人在洞穴里耐心守候的场景，还表述了洞穴空间具有安静、舒适等宜人居住的物理特性，以及女人在洞穴里一边耐心守望外出狩猎的男人的心情，一边从事抚养小孩、敬养老人的日常生活状况。

在《说文解字》中，"居"描述了一种类似于猿猴"蹲踞"的休息方式，一种沿袭着非常古老的人类作息习俗。当古人类告别树居生活，进入洞穴之后，由于他们在骨骼结构、肌肉组织等方面还没能完全进化到直立人的程度，因而在相当长的时期内仍然保持着树居时期的睡眠姿态。所以，蹲踞而眠可能成为穴居生活初期古人类所采取的最基本的睡眠方式。时至今日，蹲踞而眠也是人类在疲惫不堪、穷困潦倒之状时的一种休息之法，也是乞丐惯用的一种睡眠方式。因为，蹲踞而眠是一种被动式的节约身体热量的最基本方式。

穴居时代的"安居"环境主要由两大要素构成：一是一处可以用作躲避风雨，防范野兽进入和其他氏族侵犯的洞穴空间；二是围绕洞穴周边，有可持续性供人类采集渔猎所需的生态环境。即，有安全栖身之空间形式，有供养生命的食物资源。这便是经考古发现所证明的，古人类不愿离弃，将其作为永久性穴居环境的基本条件。所以，这种因为能够获得多方位生存保障而产生的依依不舍和不愿离去的意识，便构成了人类最原始的家园情结。然而，即使再良好的生态环境，也会受到季节性的气候影响，总会有食物资源青黄不接的时候。所以，学会驯养捕捉来的猎物，在保持肉食品鲜活的基础上，还能在淡季持续保障自己所需食品的安全供给，这便是我们在许多永久性穴居遗址中所见到的动物驯养区的遗存。

驯养动物的成功使古人类对于栖息地的理解上升到了"家"的概念，因为"家园"除了具备可供采集渔猎的生态环境、用于栖身的洞室、有女人在洞室中守候外，还有驯养成功和储存的活体动物。正因如此，《说文解字》对"家"的概念这样解释道："宀为屋也""豕为猪也"。即，家就是在洞穴中有头猪被圈养着。因为，猪作为人类最早成功驯养的动物之一，性格温顺，繁殖力强，脂肪丰厚，所以很早成为古人类予以崇拜的财富偶像。在远古中国，猪的意象甚至演变成为一种图腾崇拜。

洞穴的弊端在于缺少阳光照射和光明，古人类在获得洞穴庇护的同时却失去了温暖阳光的关照，因为对于阳光的渴望而产生了对太阳的崇拜，普遍成为一种原始宗教产生的文化心理。于是，人类祖先通过岩画或阴刻的方式将太阳图案刻画在自己居住的洞口或洞内，其心理需求如同现代文明人在房子里装电灯一样，希望光能够照亮洞穴空间的每一个角落。在此基础上，穴居时代的古人类将生命崇拜的原始宗教意识与太阳联系在一起，将太阳看作生命万物之源。例如，在中国辽宁省海城旧石器晚期的洞穴遗址中发现，3万年前的小孤山古人类就创造了"拜日骨盘"。

所以，古人类崇拜意识的形成，除了在他们心理上体验到了洞穴内与洞穴外的空间关系、自己内心与外界的对应关系外，又架设起了一层人界与神界的空间关系。

在旧石器时代的中、晚期，古人类越来越发现自己的生存质量和不幸遭遇可能与外界的各种自然现象关系重大。面对影响自己命运的各种现象，他们逐渐从无名状的恐惧和迷茫中转向了对于它们的敬畏和崇拜，从而演变成为一种对于自然崇拜的原始宗教，例如，古人类对于太阳、月亮、雷电、火、大风等的崇拜。

古人类在如何驱弊就利的苦思冥想中，他们又梳理着自己在一系列错综复杂的关系中所处的地位，构想着如何与自己的崇拜对象进行沟通和交流。在此情况下，部落里头脑灵光的人就站了出来，声称自己可以承担这种中介角色，并为此创造出各种巫术和祈祷仪式，世界上便有了巫师这一特殊职业和身份。

总的来说，在强大而神秘莫测的自然界面前，弱势的人类祖先普遍形成了万物有灵的思想意识，他们几乎是怕什么就视什么为神，祈求什么就祭拜什么，从而将自己所获得的一切收获都归功于各种自然之神的恩赐。在此基础上，他们进一步将自己的这种崇拜意识以岩画的形式表现在洞穴墙壁上。例如，考古学家在西班牙尼尔加洞穴中发现有4万多年前的鱼纹壁画（图1-9、图1-10）。

朝夕相处的洞穴群居生活，不断培养和加深着氏族成员之间的亲情，特别是目睹身边发生的生老病死事件时所产生的令人思绪万千的心理感受。然而，正是这些喜怒哀乐和五味杂陈的生活体验，才进一步促使古人类大脑的快速发育和文化意识的觉醒。每当万籁俱寂的夜晚，洞穴中的古人类躺在柔软舒适的兽皮垫子上，围着火苗窜动的篝火，便很快进入梦乡，而那些逝去的亲人的音容笑貌和一件件印象深刻的生前往事，一幕幕地浮现在他们的脑海之中，而且不仅仅是一次性地再现。于是，"灵

图1-9 西班牙尼尔加洞穴4.2万年前的鱼纹壁画

魂"一词的概念随着梦在古人类大脑中的不断出现而渐渐形成。大脑开始会做梦，这是古人类在进化历程中一次质的飞跃，尤其是"灵魂"一词的诞生使古人类的崇拜对象，有了存在和活动方式，从而成为关联生者与死者、人与天地、人与生命万物的使者。

能够说明"灵魂"概念形成的佐证便是旧石器时代后期出现的丧葬礼俗。旧石器时代之末，古人类不再像从前那样将死去的同伴弃之于荒野而漠然离去，或是草草掩埋后只做简单的标记；而是采取各种各样伴有陪葬品的礼仪形式予以郑重其事地安葬。例如，约7万年前生活在德国杜塞尔多夫河谷山洞里的尼安德特人，他们在安葬死者时开始撒布一种红色矿石粉。在伊拉克境内沙尼达尔的洞穴里发现有6万年前尼安德特人除了在死者身上撒布红色铁矿粉外，还有饰物、器具、食物等陪葬品，特别是他们别出心裁地在死者身上摆放鲜花，以表自己对死者的敬意。

对于古人类在安葬死者时撒布红色矿石粉这一普遍现象，中国著名哲学家和美学家李泽厚先生认为："原始人类之所以染红穿戴、撒抹红粉，已不是对鲜明夺目的红颜色的动物性的生理反应，而开始有其社会性的巫术礼仪的符号意义。"[①]

有学者认为，红色有"火"的寓意，象征生生不息和旺盛的生命力。然而笔者认为，古人类在平时屠宰动物时发现，"红色"呈现着鲜活的生命存在。因为当动物被屠杀后不久，红色的血液会逐渐变黑，且最终凝固。故此，古人类在死者身旁撒布

图 1-10 距今 1.5 万～1.7万年前的西班牙阿尔塔米拉洞穴壁画

红色粉末，具有呼唤生命、为死者招魂，使其魂归肉体的巫术性质，隆重的葬礼主要是为了安顿死者的灵魂。

再如，北京山顶洞人将自己所居住的洞穴规划为地势高的上洞室、地势低的下洞室和最下层的地窖三层空间。上洞室位于东面，残存的灰烬显示曾为居住空间；下洞室位于西面，存留的人体遗骸说明这里曾是安顿逝者遗骸的专属区域。地窖里堆积的动物遗骸说明，该处可能为活体动物的圈养处。同样，山顶洞人在死者遗骸的周围也是撒满了鲜红的颗粒状矿石粉末，以及由用红色矿石粉染色过的钻孔鱼骨和石珠。

由此可见，古人类对于灵魂概念的理解和思维模式有着出奇般的相似。在世界各地旧石器时代洞穴遗址中出现的这种用红色矿石粉安葬死者的礼仪风俗，成为一种普遍存在的宗教文化现象。

■4 成为聚落的穴居

显然，古人类在大冰川期降临时转入穴居生活，当时只是无奈于气候寒冷而做出的权宜之计，仅仅属于一种自我图存的本能反应。然而，如此遭遇却最终演变成为一种300万年漫长的穴居历史，并使他们在走出洞穴之时已经不再是自己原来的模样。漫长的穴居生活体验使古人类的文化意识逐渐得以觉醒，并从心灵深处将洞穴看作自己生命存在的本来方式。洞穴对于自己的呵护就如同母亲关爱自己的子女一样被逐渐演绎为一种神圣的伟大母亲形象。这位洞穴意象中的"母亲"不但教会了孩子如何说话、如何料理洞穴里的生活环境、如何生火做饭、如何打制工具、如何用兽皮御寒，进而让他们懂得生命如何以灵魂的方式存在于肉体，如何通过安顿"灵魂"使生命得以再生和永存。总之，300万年的穴居生活让古人类的人性彻底从一般动物的生命意识中苏醒过来，他们不但产生了主动性的反应意识，而且形成了丰富的情感想象意识。

古人类从最初将天然洞穴作为临时避难之所开始，逐渐学会了如何百般经营洞穴、改造洞穴，使其更加符合穴居生活的功能需要。然而，当洞内居

住人口数量达到一定极限时，或者因其周边食物资源无法填饱大家的肚腹时，洞穴族群就会像大树分权一样，寻找新的洞穴，形成一种以一个氏族始祖母生活过的原始洞穴为主体、其他近亲分支族群为从属，分洞而居的洞穴群落生活格局，而最早定居的洞穴成为一种象征整个氏族生息繁衍的生命之根的祭祀圣殿。

在旧石器时代的晚期，人类的穴居时代已经发展到了母系氏族社会，繁衍壮大的氏族部落形成了一种诸如以议事、祭祀为主要功能的公共精神空间，以打制工具或制作祭祀用品为功能的作坊空间，以睡眠和生儿育女为主的居住空间，以安顿死者亡灵的丧葬区域等，成为后来人类聚落空间功能模式的雏形或胚胎。例如，法国西南部多尔多涅地区画满壁画的拉斯考克斯洞穴和西班牙北部桑坦德地区的阿尔塔米拉岩洞就属于这种单纯的祭祀活动中心，而其他功能的洞穴可能分布在附近周围的山洞里。

距今大约12000年前后，地球上最后一次大冰期日渐消退，万物随之竞相复苏，洞穴之外呈现出一派生机盎然的诱人景象。从技术文明程度讲，人类历史由此进入到了新石器时代。

首先，丰沛的自然资源为人类的食物消费提供了更加宽裕的选择余地，人类活动可涉足的地域范

---

① 李泽厚. 美的历程. 天津社会科学院, 2001 年, 第10 页。

围不断得以拓展，生存空间从而日渐开阔起来。其二，历经300万年穴居生活的"修炼"，古人类的脑容量已与现代人类相差无几，精神上的诉求更加丰富。其三，经过女人们长期耐心观察和摸索，成功驯养出的许多种飞禽走兽，培育出的好多可以食用的植物种类，使人类开始了原始农业和畜牧业的生产活动。在此基础上，经过无数代人的经验积累和不断创新，各种用途的石器工具被加工得愈加精致和得心应手，从而为人类创建新的生活环境打下了物质和技术基础。至此，走出天然洞穴，或开辟新的生活方式成为一种必然趋势。

可以想象，先民们当时离开天然洞穴，走向新世纪时的一番复杂心情。那时，部落女首领双手捧着火种罐，带领全族男女老幼，赶着一群群鸡鸭牛羊，从山洞走到山下，从丛林迁徙到平原，一步一步地探索着新的生存方式。

大量考古资料显示，在旧石器时代末期，一些气候条件适宜的地区已经开始了半农业和半渔猎的生产活动，并在探索新的居住方式方面大致呈现出三种倾向的发展。一是地处地势低洼和气候潮湿地区的部落，在选择重新回归丛林树居生活的基础

图1-11　巴布亚新几内亚岛原始森林里的巢居原始部落

图1-12　19世纪末斯堪的纳维亚半岛和芬兰萨米人的兽皮窝棚

图1-13　中国六七千年前的西安市临潼区姜寨向心式仰韶文化聚落遗址想象图

上，发展起了巢居或架空于地面的干栏式巢居方式（图1-11）。二是利用地质条件优势而创造出新的穴居家园或继续改造曾经居住过的天然洞穴，以此来适应新的生活需要。中国战国时期的《孟子·滕文公》讲"下者为巢，上者为营窟"便是针对这两种状况的概说。三是适合游猎养畜的游牧部落用树枝搭建、外蒙树叶或兽皮的风篱或者窝棚，便于根据季节变化和兽群的活动踪迹而轻松迁徙，过着一种逐水草而居的帐篷生活（图1-12）。然而，无论哪一种居住形式的选择或创建，都明显受到穴居文化记忆和生活经验的直接影响和启发。

农耕文明的出现是新石器时代发展的重要成就。在地质年代上属于延续至今的全新世，现代人类每日三餐所吃的天然食物几乎都来自这一时期先民们的辛勤劳动和智慧创造。虽然，畜牧业和农耕生产在新石器时代几乎同时兴起和发展；然而，农耕业成为人类文明发展的主流方向，以聚落形式的定居生活成为人类采取的主要居住方式。19世纪美国著名的人类学家和民族学家路易斯·亨利·摩尔根（Lewis Henry Morgan）在他的《古代社会》一书中，将人类文明的发展历史概括为蒙昧社会、野蛮社会和文明社会三大阶段。摩尔根所认为的野蛮社会是一种只知其母而不知其父，以某一女性血缘为根系发育起来的氏族部落大家庭。它之所以被称为野蛮社会，除了当时人类社会没有固定对偶关系的群婚方式外，还由于人类与自然界的动物还基本保持着原始的生存竞争关系，部落与部落之间为生存空间时常发生你争我夺的武力冲突。故此，人类走出洞穴后的聚落基本保持着穴居时代的基本功能和文化理念。

新石器时代的聚落在选址和空间形态方面呈现出以下基本特点：一是临水，这是穴居时代古人类在选址时总结下来的重要经验。新石器时代的人居环境不但需要考虑人的生活用水，还要考虑农业浇灌用水、饲养牲口家禽用水，以及烧制陶器时的工业用水等；二是背靠植被茂盛的山林，因为这一时期的农业生产水平处于初级阶段，单纯的农作物生产尚不能满足整个部落对于食物量的需求，因而还需继续从事原始的采集和渔猎来弥补农业生产的不足。有关这一时期人类物质文化的创造，通过分析新石器时代一些大型聚落遗址出土的鱼钩、石斧、骨铲、箭头等便可以得到较为全面的理解。三是围绕整个聚落一周，用以防范外族侵略和野兽侵袭的人工壕沟。例如，西安市临潼区姜寨仰韶文化聚落的南面背靠郁郁葱葱的骊山，西南面有蜿蜒绕过的临河水，安全防御体系则由三面环围的人工壕沟与临河河道结合而成（图1-13）。由此可见，新石器时代先民对于聚落的选址和环境经营理念，是对穴居生活经验的发挥和创新。

西安半坡仰韶文化遗址是中国黄河中游地区母系氏族社会发展鼎盛时期的代表性大型聚落，它位于由浐河和灞河交汇冲击形成的、土地肥沃的浐河河岸二级阶地上。半坡聚落的东面依靠的是植被茂密的白鹿原原始森林，是一处适合进行农业生产和采集渔猎的永久性理想栖息之地。

半坡聚落遗址主要分为生活居住区、制陶工业区和墓葬区三大功能区域，是对旧石器时代穴居生

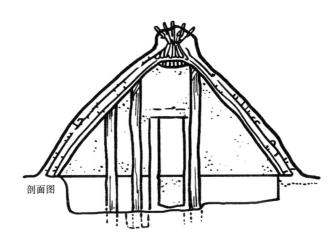

剖面图

图 1-14 西安仰韶文化半坡
聚落遗址半地穴式小房屋以
及室内马勺状火塘

活空间的延续和展开。半坡聚落的四周有一圈口宽
6～8m、深5～6m的人工防御壕沟，居住区又被一
条小壕沟分成南北两块，并各有一座公共议事的大
房子、许多围绕大房子的居住小房、储物穴窖和牲
口圈栏，说明该聚落可能属于两支近亲氏族部落形
成的聚落联盟。壕沟的北部分布着氏族公共墓地，
东部是制陶作坊区等。

西安半坡聚落居住区共发现单体小房子46座，
众星捧月一般拱卫着公共议事的大房子，形成一种
典型的向心式聚落空间形态。居住区内的半竖穴式
单间圆形房屋尤为特殊，主要是为成年性伴侣而建
的生活空间，故而属于劳动力扩大再生产的区域，
它关系到氏族部落人丁兴旺的前景问题（图1-14）。
公共墓区共发现成人墓穴174座，其他地方散布
有未成年人墓穴76座，说明当时小孩成活率非常
低下。

就丧葬风俗而言，成年人一般被安葬在壕沟以
外的公墓区，未成年儿童则采用瓮棺方式，被分别
安葬在每座居住房屋的附近，好像死后也脱离不开
母亲的关爱和呵护。

新石器时代聚落如此细致周到和富有情感意
识的环境规划，一方面是对穴居时代人居文化理念
的传承和丰富，另一方面也体现了母系氏族社会大
母神崇拜文化精神的特质。所以，刘易斯·芒福德
（Lewis Mumford）在他的《城市发展史》中讲：
"庇护、容爱、包含、养育，这些都是女人特有的
功能；而这些功能在原始村庄的每个部分表现为不
同的构造形式。"[①]

奥克尼群岛位于英国苏格兰的北端，由于1850
年的一场大风暴，偶然间揭开了一座被沙土掩埋了
数千年的史前聚落的神秘面纱，成为欧洲迄今为止
发现的最为完整的新石器时代聚落遗址。

这座名叫斯卡拉布雷的新石器时代聚落建于奥
克尼群岛中最大一个岛屿上的海岸沙丘地带，5000
多年前的先民在这里建造起了自己的家园，他们从
事着海洋捕捞、农耕和畜牧业等生产活动。也许由
于这里气候恶劣，农作物生长艰难，生活难以为继
等原因，最终他们不得不远走他乡，另谋生路。然

① [美]刘易斯·芒福德. 城市发展史. 中国建筑工业
出版社，2005。

而，由于斯卡拉布雷聚落所具有的历史意义和人文
价值，以及被出奇地完整保护而被称为"苏格兰的
庞贝"，因此获得联合国教科文组织颁布的世界文
化遗产称号。

斯卡拉布雷聚落主要由七八座石砌的房屋构成，
大概存在于公元前3180—前2500年之间（图1-15）。
从其所处的地质条件、气候环境、基础设施和发现
的室内器物、出土的各种动物骨头来判断，这里的
先民主要以畜牧业和捕捞海产品为生，农作物生产
的粮食难以满足他们的食物需求。从房屋结构和建
造方式来分析，该聚落属于一种从半竖穴式居住
空间向地面建筑空间演变和过渡中的一种建筑形
式，相比中国西安半坡仰韶文化时期的半竖穴居室
似乎先进了许多。斯卡拉布雷聚落的先民先是因地
制宜，按照事先观察和设想好的功能布局向下挖出
竖穴空间，然后就地取材，采用石板条和石块砌筑
起围合的墙壁和房屋之间的内部通道。然后采用树
干、树枝在竖穴上空搭建起窝棚式的屋顶结构，再
覆以兽皮之类防雨和保暖材料。这种用石材砌筑，
利用土壤围合的半竖穴房屋不但坚固耐用，而且具
有冬暖夏凉的性能，适合抵抗奥克尼群岛难以忍受
的冬季气候（图1-16）。

斯卡拉布雷聚落的居住环境在安全性、公共
卫生、舒适度，以及人性化等方面均已达到很高程
度，功能设置更加完善，而且体现出一定的聚落整
体规划意识。例如，在安全性能方面，进入每间房
屋的通道口都设有可以闭合的石板门（图1-17）；
在公共卫生方面，整个聚落统一设计有合理的污水
排放系统，并与每户住房的厕所相通；在舒适度方
面，每间住房的室内都设有取暖和烧饭用的火塘，
用以抵抗奥克尼群岛极端寒冷和潮湿的气候。尤其
是在人性化设计方面表现得别具匠心，甚至是体贴
入微。

令人惊讶的是，这里每间居室内的家具陈
设有些与现代宾馆的标准间十分相似，火塘、床
具、坐具以及储物柜等都统一摆在进屋后的相同位
置，而这些家具全部由天然石板和鲸鱼骨制作而成
（图1-18）。通常，进入房门后的对面墙壁是由石板
搭建而成的储物柜，门的左右两侧各摆有一张石板
床。左侧大床为丈夫使用，右侧小床为女人专用，
并在小床的旁边发现有摆放女人用品的梳妆台，似

图 1-15 奥克尼群岛斯卡拉布雷史前村落遗址总平面图

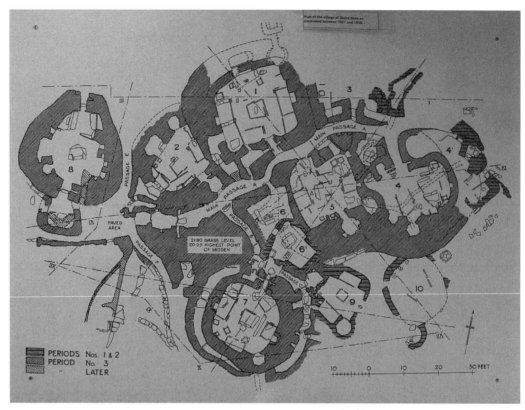

图 1-16 公元前 3200 多年的苏格兰斯卡布雷新石器时代半穴居村落遗址鸟瞰实景

图 1-17 进入室内的门洞   图 1-18 进入房门后对面墙壁上的储物柜

乎有点像中国传统的男左女右、左尊右卑的空间伦理模式。此外，还有一间结构独立，内部带有隔断，专门用于制作工具的工作间。

根据每间房屋室内家具陈设的形制和细节来分析，斯卡拉布雷聚落遗址还给人们展示了一个当时没有特权阶层、人人平等的氏族社会形态，而且似乎过渡到了相对稳定的对偶生活的文明阶段。

在精神文化方面，斯卡拉布雷的先民们已经学会了用动物骨头雕刻出简单的装饰用品。他们将贝壳和动物骨头一层层地认真陈列着，体现出一种虔诚的原始宗教意识。除此之外，斯卡拉布雷聚落与附近的布罗德盖石圈和斯丹尼斯石柱一起构成了奥克尼群岛上新石器时代文化的整体面貌，说明生活在这里的斯卡拉布雷先民们已经开始了自然和灵魂崇拜的宗教祭祀活动。

第二章

穴居文化的神性基因

文化基因作为一种潜入人类心灵深处最小的信息单元和链路，无论主动还是被动，自觉还是非自觉，都同自然界的生命万物一样在周而复始地复制和传播生命，总是保持着一种先天性的细胞遗传的特殊方式和组合特征。对于人类文化的基因而言，300万年的穴居生活奠定了人类文化的基本内涵和绵延轨迹，正如在适应穴居生活的过程中形成了人的基本属性，在缓慢梳理人与自然关系的过程中诞生了敬畏生命的灵魂意识，在祈求生命壮大的心理需要中进而塑造出大母神的文化意象，在思考生命的来龙去脉和灵魂的归宿中，产生了一系列的宗教心理和行为观念。

人类穴居时代是由女人主宰的人类原始社会，她们按照自己对于生活的理解和美好意愿从洞穴空间的功能划分、人与人之间长幼伦理秩序的构建、生活资料的分配等，处处体现出一种热爱生命、温柔贤淑、慈善包容等女人所共有的天性。由于氏族女首领在穴居时代各方面所起到的决定作用，特别是在人口繁殖方面所做出的伟大贡献，形成了一种以女性生殖崇拜为特征的大母神崇拜的原始宗教思维模式，因而被某些史学家称为人类的大母神时代。

随着人类生命意识的觉醒、灵魂概念的产生，以及万物有灵文化意识形态的形成，人类祖先逐渐将生命繁衍、氏族兴旺的生命崇拜理念提升到了生生不息的大宇宙精神。在此基础上，人类先祖继而将自己对于大母神精神的祖先崇拜、孕育生命万物的宇宙与庇护人类生命的洞穴感恩信念相统一，形成了一种形而上的大母神崇拜文化。

在这种以大母神崇拜为精神支柱的穴居时代，洞穴不但成为人类祖先生命意识中的源头，而且成为他们生命意识中的理想归宿，实现生命轮回和获得重生的又一次起点。纵观人类文明发展的历史步伐，洞穴不但再造了一个属性完整的人类，将他们从原生态的动物界区别出来，孕育出人类以生命崇拜为主题的原始宗教，而且成为人类各种宗教建筑空间文化的原形和宗教建筑文化艺术创造的智慧源泉和思想源头。

■1　穴居时代与大母神意象

纵观人类发育、成长的漫长历程，人类祖先为求生存而躲进各种形态的天然洞穴之中，并由此蜗居了300万年之久。故此，幼年时期的人类如同一个发育迟缓或特别晚熟的孩子，在心理上迟迟不愿离开如母亲怀抱一样呵护的洞穴空间。

悠久而深刻的穴居生活记忆，使人类祖先不断酝酿和传颂着一个有关洞穴生人或原始祖先诞生于某一洞穴的神话故事，洞穴因此成为人类集体无意识中的生命故乡。在这种生命文化记忆的积累和绵延中，人类祖先从而将自己对于洞穴庇护之情的感恩和对于部落始祖母的崇敬之意合构成为一种生命崇拜的文化意识。即，洞穴与大母神互为彼此和相互阐释的一种孕育人类文明的大母神的文化理念，是一种由情感共鸣而生成的文化意象。这种文化意象超越任何一个具体的氏族部落女首领和他们对于祖祖辈辈栖身过的洞穴眷恋，而是一种人类在生命意识与客观世界之间的界限尚且不太清晰的情况下就已开始酝酿的文化属性。

数百万年的洞穴生活体验给人类留下的基本记忆是，洞穴之中总有一位慈眉善目的老母亲不辞辛劳，井井有条地照料着大家的起居生活，总是耐心细致地对大家唠叨着应该做什么和不应该做什么，以及相关具体的细节。随着一代代女首领的辞世和又一个个女酋长的接续。在大母神时代，大家总是被灌输并共同信仰着所有在世的人的生命均根系于同一位无限遥远的始祖母的传说。也许，那位传说中的原始老祖母正是考古学家们后来在埃塞俄比亚阿法发现的、那位因不小心从一棵大树上跌落至死的三十来岁的"露西"奶奶。

大家记忆中的这位老母亲常常按照自己对生活的理解和意愿，整日琢磨着如何合理布局洞穴内的每一处角落，使氏族内部人员之间和睦相处，过着一种长幼有序的家族生活，盘算着大家下一顿，甚至是来年口粮的出处，安排着每天应由哪些人外出狩猎和哪些人在家守护洞口。特别是在火被发现和开始用以取暖、做饭之后，这位老母亲又小心翼翼地日夜守候着这种能够给自己儿女带来温暖和光明的火种，琢磨着如何使之持续燃烧、永不熄灭，就像希望自己后继有人和氏族部落兴旺发达。

除此之外，这位老母亲最为关心的是整日祷告，训导年轻的妇女们如何才能多生孩子、繁衍子嗣，寻思着如何使死去的亲人们得到灵魂上的安慰，为他们创造一个好的生命归宿。所以，人类社会的伦理概念是从古人类的穴居生活中培养起来的，而大母神的意义在于成为穴居时代人们心理共同需要的精神支柱。

种种迹象表明，穴居时代这种主要由女人照料的人类世界充满着宽容和慈善，因为女人对于生育艰难的体验使她们更加珍惜来之不易的生命。所以，在穴居时代的精神生活中，人们对于生者安康的祈福、对死者灵魂的安抚，特别是对于生命繁殖的崇拜成为古人类在文化财富创造中的主要动因，并由此产生了人类原始的宗教情节。在此基础上，女人多愁善感和富于幻想的天性又使她们成为人类原始宗教、绘画装饰、语言文字、音乐舞蹈等精神财富的主要创造者，并在长期构建自己的栖息地和经营居住环境的实践中，为后代构建起了建筑的文化概念和居住环境的文化雏形。

总而言之，人类的原始文明充满着母爱和人性关怀，善于细心观察、珍爱生命、敬畏生命、万物有灵的文化心理主要出自女人所共有的天性，正如新石器时代她们所创造的向心式聚落空间形态，以及以生命崇拜为主题的空间文化图式。这种文化的本质就如同一只老母鸡照顾一群小鸡仔，试图让每一个孩子都能处于自己力所能及的关照范围之内。

在具有"地中海心脏"之称的马耳他岛上，人们发现了一座与苏格兰奥克尼群岛上的斯卡布雷聚落近乎相同年代的，名为哈尔·萨夫列尼的地下宫殿。因其奇迹般的人工洞穴和具有原始宗教意义的建筑空间，而被称为人类文明的"史前圣地"。该地宫的上下共分三层，最深之处距离地面竟达12m之多。这一宏大工程却完全是由新石器时代的人工技术在石灰岩的地质条件下开凿而成的，其技术难度和工程量都是现代人难以置信的。

地宫的内部空间错综复杂、上下交错、多层重叠，分别设置有粮食储备室、死者安葬室、神谕室等38个洞室，建筑面积共计500m²左右（图2-1）。哈尔·萨夫列尼地宫的中央大厅是由大圆柱和小圆柱支撑的拱形圆顶，在洞顶和洞壁上还画有螺旋形、曲线形和圆形等一系列图案。最重要的发现是，人们在祈祷洞里还发现了一个体态丰满的睡姿女神雕像，它属于一种典型的人类原始社会象征人丁兴旺、生育能力强大的大母神神像。

在哈尔·萨夫列尼地宫里发现的这件女神像，肥臀大乳、大腹便便、睡姿舒坦，呈现出旁若无人、鼾声雷动的情景（图2-2）。如果说华夏先民对于家的理解是洞穴中静坐着一个女人，而这里则是在洞穴里安静酣睡着一位生育女神，意境竟如此接近。一方面，该母神形象展现了这里5000年前先民们所信奉的宗教价值观念；另一方面，它给我们展示了先民们在集体无意识中所认同的大母神原始意象。而在法国上加罗纳地区出土的奥瑞纳文化时期的莱斯皮格裸女像，创作者为了体现大母神强盛的生殖能力，特意突显其乳房和臀部的尺度和弧线形特征，甚至有意识将女神的头部简化为一个五官模糊的球状体（图2-3）。

莱斯皮格裸女神像通高仅为14.7cm，可随身携带，且下肢呈锥形。说明当时工匠在制作这件女神

图2-1　马耳他岛距今5000年的新石器时代哈尔·萨夫列尼地下宫殿内部的中央大厅

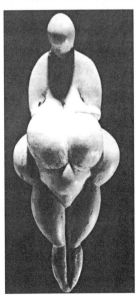

图2-2　距今5000年的哈尔·萨夫列尼地下宫殿发现的母神雕像

图2-3　法国人类博物馆藏，属于公元前2.7万年帕里果特文化时期的莱斯皮格裸女像

像时已经考虑到了供个人祈祷与集体祈祷时环境的问题。同时说明，在生命崇拜的主题下，大母神形象在人们的精神生活中所产生的重要意义。

以西安半坡新石器时代聚落遗址考古发现为例，根据成人墓穴与儿童瓮棺的数量对比和推测可以看出，母系氏族社会在全盛时期的人口成活率约为57%，而成年人的平均寿命也仅仅在30岁左右，说明当时社会人口的年增长率非常低。正是由于生命来得十分不易和消失得莫名其妙，因而人类祖先对于生命的认知走向了神秘和崇拜，终而使其成为一种源远流长的生命崇拜宗教文化。

纵观这种原始宗教兴起的动因可以看出，穴居时代人类祖先的精神生活主要是一种围绕如何对待生、死、饮食三大基本内容而展开的生命崇拜的文化记忆。而且，在这三大内涵之中，"生"是它的核心价值理念。例如，各种古老仪式的丧葬目的在于让死者获得重生，陪葬食品是为死者在生命轮回的路途中提供"能量"，中国传统文化中所谓的"视死如生"观念便是渊源于此。而且，这种"视死如生"的观念成为世界史前文明史中普遍存在的现象。故此，穴居时代人类文明给我们传承下来的文化最高价值观念，便是生生不息和人丁兴旺理念，也是这一时代信息量最为强烈的文化记忆。

所谓意象，是指人们将自己的主观思想和情感意识转化成为一种艺术化的客观物形，具有浓厚的文化寓意和理念象征意义。在人类意识觉醒之初，人与自然万物之间的界限还不十分清晰，先民们对于生命之源的理解往往需要借助一些自然现象来加以解读。所以，他们想象中的生命之源可能与大仙、山洞、太阳、月亮、雷电、风云、河流、梦境有关，与树木、花卉、瓜果、谷物有关，然而就是没想到与男性有关。

为了获得更加强大的生育力，先民们宁愿相信自己是南瓜生人、蛙生人、鱼腹之子、葫芦之娃、老鼠之子、石榴籽等，并以此演化成为一系列的植物崇拜、动物崇拜、天体崇拜等宗教文化现象。然而，穴居时代的先民最终还是将这种实现生命繁盛

的愿望落实到了那些真正能够为氏族部落生儿育女、添丁加口的女人身上。所以，穴居时代人们心目中的大母神，就是那种集愿望于部落始祖母一身的单一对象的宗教文化意象。

穴居时代属于女人主宰的世界，她们除了负责料理家务、照顾老人小孩、缝制兽皮衣服、驯养动物之外，对于人类社会最伟大的贡献在于她们为整个氏族部落添丁加口。因为，在人口成活率低下、寿命短暂的原始社会，一个能生能养的女人是氏族部落生存和繁衍壮大的根本保障，而能生能养也是一个女人受到敬仰，甚至是被崇拜的资本。正如墨西哥阿兹特克的传统印第安人所信奉的："母亲的天职与作战同等重要，母亲多生一个婴儿，就等于战士从敌人那里捕获了一个俘虏，因生产而死的妇女，与战士的战死沙场享有同等的荣誉。"[①] 同样如此，在中国古老的生命文化信念中，一个女人不生孩子的后果被看得十分严重，认为会招来天地不和、令万物肃杀的巨大灾难。如《周易·象》所云："归妹，天地之大义也。天地不交，而万物不兴。"

由于女人生育对于社会的重要意义，嫁女在古代中国被看作"天地开张"的重大事件，不亚于创世纪女娲造人一样之伟大，预示着人类生命要再次开花结果。故此，在中国传统的婚嫁风俗中，迎娶新娘的花轿和队伍一般会享受到鸣锣开道，文武官员遇时须下马、落轿等候，或者绕道而行的隆重大礼。

象征繁衍兴旺的大母神意象是穴居时代氏族部落的精神支柱，这种文化意象与化生万物、生生不息的宇宙精神相一致。即《周易·系辞传》所云"大地之大德曰生"的美德。故此，大母神的文化意象就是一种承载生命万物之大德的缩影，具备宇宙间所有生命力强大物种的基本特征。所以，对于渴望生命繁盛的先民，大母神也许就是承载和孕育生命万物的大地、沐浴生命的太阳、一条养育着无数尾欢快游动的鱼的河流，或者是一棵果实累累的大树。故此，柏拉图在《美涅克塞努篇》一文讲："在生儿育女和传宗接代方面，不是女人为大地树立了榜样，而是大地为女人树立了榜样。"

穴居时代古人类对于大母神精神的认知和理解，以及所赋予的如此宏大内涵的文化意象，在旧石器时代的后期激起了先民们对于大母神形象的创造活动。例如，苏美尔人在两河流域创造了伊南娜女神、古埃及人在尼罗河流域创造了伊西斯母神、古希腊人在地中海东部创造了大地之母盖亚、华夏民族在黄河流域创造了人祖女娲等（图2-4～图2-7）。

由于古人类对于大母神精神所具有的共同价值的诉求和在文化内涵上的相似性，因而无论采用泥塑、石雕、木雕，还是黏土烧制等手段，世界各地先民们所塑造的大母神形象在造型语言和关注重点上形成了一种令人匪夷所思的共同特征，从而成为一种跨地域、跨民族，甚至是跨越时空的永恒性的文化价值观念。

图 2-4 德国西南部乌尔姆市附近菲尔斯洞出土的4万年前象牙雕赫勒·菲尔斯的维纳斯生育女神像

① 穆达克. 我们的当代民族. 四川民族研究所·四川民族出版社内部出版，1980年，第243页。

■2　洞穴的神性记忆

　　穴居时代古人类对于洞穴朝向、水源、地形地貌，以及周边生态环境等各自然要素所进行的综合考量，目的在于寻找一种适合生存或便于繁衍子孙的栖息之所。所以，一个适合永久性居住的洞穴应该是一种充满生命气息的理想环境。

　　《易经》起源于华夏大地新石器时代穴居生活的体验，凝结着中华民族七八千年营造人居环境积累下来的宝贵经验和智慧财富，因其丰富的前科学知识和有机哲学思想而被称为天下第一奇书。在《易经》《圣经》和《吠陀经》世界公认的"三大经"之中，源自华夏文明的《易经》可当之无愧地被公认为首屈一指。

　　《易经》被广泛应用于人居环境营造的场地分析，在民间一般称为"风水"或"堪舆之术"。在"风水"之中，风水师将选择宅基址的堪舆之术称作"寻龙点穴"。"寻龙"，即勘察地形地貌和山形走势。"点穴"，是指在自然环境中寻找便于人类生存的"穴场"。例如，风水中常讲的"名堂登穴""朝案登穴""水势登穴"等。

　　"穴"，即栖身空间。因为在人工建筑物出现以前，人类一直以洞穴为居住空间，洞穴便是人类栖身之本。然而，中国风水中的"穴"有两层内涵：一是泛指穴居时代古人类共同认为的那种能够使家族人丁兴旺的洞穴福祉；二是源自穴居时代与大母神精神相统一的充满强大生命力的、被拟人化了的宇宙文化意象。在这种古老的有机世界观中，宇宙成为一个能生能养的大母神，对于女性生殖器的崇拜成为这一世界观的集中体现，因而在世界许多原始文明中普遍存在有大地肚脐的信念。例如，古希腊神话中的德尔菲、波利尼西亚群岛中的复活节岛、古印度毗湿奴的肚脐，以及中国大汉天子在陕西省三原县嵯峨镇天井岸村所设置的"天脐祠"

等。所以，如果我们将化育生命万物的宇宙看作人类原始文明集体无意识中的大母神，那么那些孕育人类文明，将古猿从动物界中再造成为真正人类的天然洞穴便成为这种宇宙观念中的大母神子宫。故此，"穴"的风水观念的背后是人类非常原始的女性生殖崇拜。

　　华夏原始先民以"近取诸身，远取诸物……以通神明之德，以类万物之情"（《易传·系辞下》）的思维方式，将洞穴在关联人与自然万物有机关系中的重要意义提升到了宇宙大母神子宫的崇高地位，从而使人的生命存在参与到整个宇宙宏大的生命体系之中，并实现了人类祖先所认为的万物有灵，人与万物灵魂相通的生命存在宗教意识。所以，"穴"在中国风水观念中更象征着生命存在的理想境界，是一种能够采集天地万物之精华的生命圣殿，因而也带有非常原始的洞穴崇拜意识。故此，老子《道德经》第六章中讲道："谷神不死，是谓玄牝；玄牝之门，是谓天地根。"这里的"玄"便是指肚脐，"牝"意指大母神子宫。这段话的整体意思是，生命万物生存和繁衍，生生不息的根本原因是通过肚脐一样的通道与大母神的子宫相连接，借此从宇宙母体中无穷无尽地获得精气和生命所需之能量。

　　洞穴在残酷的大冰川期不但庇护了人属古猿，而且将他们再造为属性完整的现代人类，因而在客观意义上就成为孕育人类文明的"子宫"。当人类祖先离开穴居生活，洞穴中的生活细节日渐被新的生活方式和内容所淡化，而存留在人类记忆里的只剩下生命故乡的概念或者一种根深蒂固的"恋母"情节，以及一系列祈求生命繁盛的精神理念和神话传说。然而，洞穴作为一种具有特殊意义的空间文化符号，象征多子多孙和人丁兴旺的生殖崇拜却以多种多样的方式被传承下来。

图2-8 爱尔兰新石器时代
洞穴祭祀遗址

图2-9 广西壮族自治区凤
山县酷似女阴的阴山

图2-10 贵州省龙里县苗族
的新年"跳洞"祭祖风俗

所以，洞穴是繁殖人类生命之源，洞穴生人的传说作为一种生殖崇拜的文化风俗留在了人类文明的文化记忆里（图2-8）。故此，这种原始生殖崇拜的观念也许是一处祖先诞生的洞穴、一个形状酷似女阴的天然山洞，或是挂在胸前的一块石雕的女阴石文化符号等（图2-9）。例如，中国云南西盟佤族自治县佤族将石洞视为自己祖先诞生之所，因而至今延续着向洞内投石求子的生殖崇拜风俗和每年一次隆重的祭祀洞穴活动。

维持生命、延续生命是人类从事物质文化活动的基本诉求，也是创造精神文化的主要动因。在众多文化精神的延续方式中，场地记忆往往属于一种生动、真切和传递性最强的途径。因为，如果事件发生的场所在地质面貌和生态环境没有发生重大变迁的情况下，人类所从事的各种活动尚且可以持续进行，文化记忆的脉络也会清晰展现。

杰弗里·哈特曼（Geoffrey Hartman）在《拯救文本》中讲："如果我们忽略了听和看，或者允许它们就像纯粹的现象一样溜走，那还会剩下什么呢？什么会存留下来呢？物体、岩石、房屋，还是

道路？"[1]例如，《圣经》作为记述犹太人从古埃及奴隶社会的黄金期到沦为巴比伦之囚的悲惨历史中，其中提到的30多座山则成为勾画犹太人文化记忆中的时间、空间和历史节点。然而，物是人非、沧海桑田，没有任何一种人为力量可以阻挡时光改变一切物质面貌的魔力。所以，只有当源址文化所生成的精神内涵绵延不断地融入人们的风俗生活之中，任何一处的地点物像都会将人们的记忆激活或者被唤醒。

在人类文化历史上，灵魂概念的产生既标志着原始宗教的萌发，也是人类从原始单纯状的生命崇拜意识转向祖先崇拜的宗教活动开始，而一系列的祖先崇拜风俗的形成则以追溯本氏族生命之源和血脉源头为主要动机。因此，人类原始的生命崇拜在自然、动物、植物崇拜意识的基础上，继而上升到了图腾崇拜、器物崇拜，以及为此创造的巫术舞蹈和祭祀音乐等。例如，生活在贵州黔南大山里的苗族，传说是上古时期九黎族部落酋长蚩尤的后代，他们的祖先在被炎黄部落联盟打败后一路迁徙到这偏远山区。苗族人的祖先常以洞穴为居，至今延续着死后又葬回洞穴之中的风俗。

为牢记这一历史，维持这一血脉渊源，苗族的后人们每年春节都要举行一次盛大的"跳洞"祭祖仪式（图2-10）。每到这一天，男人们在一旁吹着葫芦笙，女人们则手牵着手，首尾相连成一圈，围绕着洞穴中央的篝火翩翩起舞，欢聚一堂。目睹这一场景，不由使我们联想起黄河上游马家窑出土的新石器时代"舞蹈人纹"的彩陶装饰纹样。况且，"葫芦生人"本身也是一种非常原始的女性生殖崇拜文化，具有多子多福的寓意。

穴居时代留给我们的文化主体意象是，以大母神生生不息的宇宙精神为最高价值的生命崇拜，洞穴是创造人类文明的"子宫"，以及万物有灵的世界观。例如，西安半坡新石器时代聚落遗址中围绕公共大房子的许多单间半竖穴式的小房屋，是供成年女子进行人口繁衍的特设空间，因而在本质上就具有孕育生命的"子宫"文化属性，整个聚落空间布局就是一种以大母神崇拜为核心的壮观的生命繁殖场所。所以，从事东西方文化比较研究的著名学者赵鑫珊在《建筑是首哲理诗》中讲道："母亲的子宫便是一个洞穴""子宫是所有人的第一间卧室"[2]。

由于许多本原文化的源头均来自人类穴居时代，因此洞穴也会成为新的神话来源或宗教起源的圣地。例如，巴勒斯坦的伯利恒市因耶稣出生于此地而成为全世界基督教信徒向往的圣地。然而，伯利恒最具神圣意义的便是圣诞教堂里被人们口头称道的"牛奶洞穴"（图2-11）。

这个神圣的"牛奶洞穴"长13m、宽3m，是圣诞教堂里的一个地下岩洞，是《圣经》中记载的耶稣诞生的地方，这座教堂便是为纪念耶稣诞生于这孔岩洞而建造的。据说圣母玛利亚刚生下耶稣就被

① ［德］阿莱达·阿斯曼. 回忆空间——文化记忆的形式和变迁. 潘璐译. 北京大学出版社，2016，第298页。

② 赵鑫珊. 建筑是首哲理诗. 百花文艺出版社，2008年，第14—15页。

天使告知，警告她尽快带着耶稣离开此地，去埃及避难。正在给耶稣喂奶的玛利亚得知这一突发性消息后，慌乱之中把乳汁洒落在地面上，却没想到奇迹般地将整个洞穴染成了乳白色。这个传说的另一面说明，乳汁丰沛的圣母玛利亚充分展示出人类文化记忆中大母神所应有的、那种充满强大生育力的基本特征。所以，凡是去过伯利恒朝圣的妇女们都会偷偷将"牛奶洞穴"墙壁上的白色粉末刮下来带走，据说这种白色粉末具有神奇的受孕和催奶功效。

穴居时代人类祖先所创造的灵魂观念和大母神意象，使他们从精神上获得了极大的安慰。大家相信，生命既有来路，也有去处，灵魂在生命往复中不断得以再生。在许多民族的古老信仰中，认为一个人的诞生属于大母神创造生命的一次自然现象，而一个人死后回归洞穴就等于回归到了生命万物的本源世界，重新回到了宇宙大母神孕育生命的"子宫"，也预示着自然界生命往复，周而复始的又一个起点。

这种由洞穴崇拜所形成的文化记忆既属于人类在万物有灵生命意识下所产生的空间形态联想，又属于人类在穴居生活体验中，借助自然界生生不息的规律来寻找自己灵魂归属的集体潜意识。因此，正是人类这种普遍存在的追求回归生命本源、回归自然生命母体的文化心理，塑造起古人类共同所认为的一种崇高而神圣的生命存在的价值观念，这也正是大母神意象一直存在于人类心灵深处的根本原因。

图2-11 巴勒斯坦伯利恒市圣诞教堂里的地下"牛奶洞穴"

穴居时代所形成的大母神意象不但影响着人类文明原始的生命文化观念、图腾崇拜、祖先崇拜，而且影响到后期社会出现的女权与男权的长期斗争之中，多次出现了一些女性政治家通过追溯本源文化，重塑大母神形象，来彰显自己合乎天理的对于政治权力诉求的历史事件。例如，中国大唐帝国时期出现的武则天女皇，为了名正言顺地临朝执政和改朝换代，假借天意来加封自己"圣母神圣"的尊号。武则天死后，她虽然要求将自己与丈夫唐高宗李治合葬于陕西乾县梁山山体之中的墓穴，然而整个陵园的形态面貌被塑造成一种让人为之震撼的大母神意象，使观者很难意识到其丈夫李治的存在（图2-12）。据说，乾陵的景观体系完全是根据一种仰卧的女人形体特征建造的，当地人因而一直称其为"奶奶陵"。

图2-12 武则天陵墓坐落在中国陕西乾县县城北部的梁山中，展现一种大母神意象的大地景观

■3 回归洞穴的生命归宿

20世纪初，英国人类学家爱德华·伯内特·泰勒（Edward Burnett Tylor）曾经将人类原始宗教概括为灵魂概念的形成、祖先崇拜和对死者灵魂的尊敬，以及自然崇拜或拜物教三种基本类型。笔者认为，灵魂概念的产生是祖先崇拜、自然崇拜和拜物教的前提，是生者在对死者尊重和缅怀中被唤醒的生命崇拜意识，并将这种对于同类生命的崇拜意识投放到了生命万物。

考古发现显示，原始宗教形成于旧石器时代晚期的30000～10000年之前人类灵魂概念的产生。

图 2-13 中国苗族的"巫师舞"

图 2-14 尼日利亚约鲁巴族的精神巫师

图 2-15 中国贵州非常古老的仡佬族傩戏

图 2-16 欧洲传统的祈雨、驱鬼、破邪和招魂的白巫师

图 2-17 中国东北萨满教巫师在祭祖仪式上的舞姿

例如，新石器时代出现的，各地先民普遍在死者身上或周围撒赤色矿石粉末，甚至是采用摆放鲜花的仪式来祭祀死者，这些巫术性的仪式完全属于人类对于灵魂存在的表达。

宗教一词，在拉丁语"religare"中的主要意思为"人与神的再结"。在汉语中，"宗"的本身是指祖庙，宗教的大意是指在有堂室的地方供奉其祖先灵位，以示教化生者。即宗教的本义就是通过对祖先灵魂的崇拜达到教育后人之目的。前者的意义是能使生者实现与逝者灵魂进行沟通，后者则是恭恭敬敬地将死者的亡灵供奉在最庄重的地方，更强调对于生者进行血缘关系的延续教育，但两者的共同之处都在于承认死者以灵魂的方式一直存在着。那么，如何安顿死者有形的遗骸和抽象的灵魂，在文化观念上却产生了不同民族的主张。

从文化发生学来审视，巫术起源于穴居时代人类对于各种不解事物现象的敬畏而产生的崇拜意识，尤其是人类对于自身生命存在与虚无所感到的困惑。在万物有灵的生命意识形成后，古人类对于无形而抽象的灵魂存在方式进行着永无止步的设想和探索，从而成为穴居时代人类精神文化创造的源泉。他们要么借助某种神秘的自然现象，要么模仿各种飞禽猛兽、植物、昆虫，甚至效仿某种诡秘的声响等，目的在于通过某种特殊方式实现人与万物、人与先祖之间的灵魂沟通，并由此而产生各种形式的团体或个体崇拜仪式。

在此背景下，部落中出现了一种专门为大家祈福纳祥、降妖除魔、祈求风调雨顺、为死者招魂，乃至声称自己能为生者预知未来的具有特异功能的人——巫师，并成为所有人的灵魂导师（图2-13～图2-16）。在此基础上，一些心灵手巧的人可能画出了阿尔塔米拉洞穴里的壁画、嗓音好的人成了唱安魂曲的乐师。善于观察自然现象和肢体表达语言丰富的萨满教巫师，通过跳舞和念念有词的方式为人治病、推测未来，自称能够为生者传达逝者的心愿（图2-17）。

灵魂存在意识的形成，很有可能出自生者对死者的怀念而产生的梦中"相会"，也就是拉丁语中的"religare"。俗语讲："日有所思、夜有所梦"便是这种缘故。不难理解，拉丁语"religare"意思中的"人与神的再结"与中国古人将灵魂显现的时间往往被设定在万籁寂静的夜晚如出一辙。当然，"白日做梦"的情况也时有发生，这也许就是原始宗教的神秘性所在。以此，死者与生者之间的两层世界因而被中国古人描述成为阴阳两岸的一组对应关系。

这种阴与阳的相对概念，与其说是生者居住的阳宅与死者居住的阴宅，倒不如说是白昼与夜晚生命存在的两种方式。从字面意思来理解，中国人将死者所处的地下世界称作冥界，恰如人们通过闭目想象而得出的恍惚世界。同样理由，生活在两河流域的古代苏美尔人认为，死者以灵魂的形式继续聚集，群居于地下世界，并且享用着由活着的亲人为其提供的食物、水，以及日常用品。然而，地下的世界没有一丝光明，混沌黑暗，也就是中国人泛指的那种适合逝者群居的阴曹地府。

在中国古老的丧葬风俗中，因考虑到冥界的黑暗，人们一般会在墓室里为死者准备一盏灯，名曰"长明灯"。除此之外，每逢重大节日和逝世纪念之日还会为死者献上美食、换季的衣物，以及在那个世界里生活所需的银两钱财。中外大量考古资料显示，这种为死者准备"长明灯"的做法，在世界各地均有类似现象。

在世界四大文明的古老文化中，古埃及人将人死后的世界看得比现世更为重要，认为一个人的死亡只是他生命继续的另一种方式。人的生死与日出日落同步而并行，人活着的时间虽然有限，然而死后的日子更为长久。所以，有条件的贵族会设法让自己的肉体永远保持完整，由此发明了木乃伊。与此相比，南美的玛雅人在看待生死问题上也是有着非常相近的观念，他们同样信奉生命轮回之说，将死亡的一刻看作新生命旅程的开始，因而在安葬时必须让死者身着盛装。

在玛雅人的生命文化观念中，死者要日夜兼程，争分夺秒地去投胎转世，因此生者必须为死去的亲人准备好一路上的干粮。玛雅人还相信，一个人死后要经历四年艰辛和危机四伏的路程考验，如同中国唐代高僧玄奘去西天取经，要经历九九八十一难。如此这般，死者才能真正到达快乐的生命彼岸，一种类似于佛家所憧憬的西方极乐世界。

灵魂观念文化发展的一大基本特征是人类对祖先极强的崇拜心理。在古今中国，无论死者的年龄和辈分，人们均推崇死者为大。而且相信，生者对于死者灵魂安顿的状况会直接影响整个家族和后人的兴衰命运。从世界各地古代墓葬的方式和陪葬理念来分析，各种丧葬风俗的形成都是出于一种生者对于死者生命彼岸和生命存在过程的敬畏和关照，目的在于如何使死者通过灵魂与天地、人、神之间不间断地保持联系，以此实现死者灵魂永存的目的。

人类这种生命文化的本质是将生命轮回的完整性看作一个人存在的基本价值，其源头均来自原始社会的灵魂崇拜。分析发现，世界各地的古代墓葬形式具有两大共同特征，一是安放死者遗体的洞室，二是高出地面的墓冢，且墓冢体量的大小与死者的社会地位相关。此外，古代坟墓的建造理念清晰地阐释着由"山"与"洞"构成的，人类穴居时代的精神文化的信息。即进入山体中的洞穴墓室，回归大母神子宫的生命文化议题。

中国最早的墓室安葬大约出现于新石器时代的红山文化时期，殷商时开始隆起坟丘，并逐渐在坟丘的顶上建有用于祭祀的享堂。战国以后的帝王坟墓有了陵墓的称号，秦汉时期以金字塔形的封土为主要特征，唐时则兴起依山为陵之风，气势更显宏伟。

陕西关中平原地区既是华夏文明的发源地，也是华夏文明从崛起到辉煌的福祉之地，因而数以百计的金字塔式的帝王陵墓遍布于渭河南北两岸的黄土塬上。其中，作为中国历史上第一位大一统帝国的秦始皇的陵墓最为壮观和典型。

秦始皇陵建于公元前 247 年，陵园面积有 56 余平方公里，金字塔式的坟丘原高 115m、长宽各为 350m，基本属于平地起坟冢的建造方式。秦始皇陵的墓室地宫在地面以下 35m 的深处，建筑面积约 18 万 m²。据说，地宫里营造出了秦始皇在位时所拥有的天下归一的山河志向。汉语中，"陵"的原意是指高大的土山、丘陵，故此也有"山陵"之称。不言而喻，秦始皇陵就是在墓室地宫之上再堆起一座高大的山丘，阐释了"山"与"洞"的穴居文化内涵（图 2-18）。

如果将秦始皇陵与比它早一千多年古希腊的迈锡尼阿伽门农国王陵墓相比，我们也会惊奇地发现，古代人类对于如何安顿死者遗体和亡灵的思维方式是何等的相似，他们不约而同地回归到穴居时代形成的"山"与"洞"构成的生命栖息之所。

迈锡尼文明是古希腊文明的主要组成部分，在荷马史诗《伊利亚特》和《奥赛德》中有所记述。阿伽门农国王陵墓大约建于公元前 1500 年，迈锡尼人先是在岩石层的基址上向下开凿出一个圆形竖穴墓室，然后在墓室的上方再用石块砌筑起穹庐形的洞穴空间，再在穹顶的外部回填和覆盖上厚厚的土壤，最终在地面上形成一个巨大的圆形土丘，圆圆隆起的坟丘给人一种大母神腹部的意象。所以，进入阿伽门农国王陵墓八字形的通道呈缓坡状通向墓室门洞，给人一种回归大地母亲"生命之门"的生动体验（图 2-19）。

尼罗河三角洲地带是非洲东北部土地最为肥沃的地区，也是古埃及文明的发源地。这里也像中国陕西的关中平原一样，坐落着上百座大多建于埃及古王朝时期的金字塔陵墓，其中最大的一座为胡夫

图 2-18　中国西安市临潼区秦始皇陵覆斗式坟丘 3D 复原模型

图 2-19 古希腊迈锡尼圆丘古墓入口的母穴意象

图 2-20 埃及金字塔内部构造示意图

图 2-21 研究人员使用 μ 介子扫描后呈现的吉萨金字塔内部结构的 3D 图像

图 2-22 中国陕西省商洛市商州区杨峪河镇神秘的"巴人洞"崖墓

图 2-23 中国四川乐山汉代肖坝崖墓群

图 2-24 中国贵州贵阳的甲定苗族单洞群藏的洞葬风俗

金字塔，被称为大金字塔。大金字塔位于吉萨金字塔群的中央，约建于公元前 2580 年，体量与中国秦始皇陵相当。尼罗河三角洲地带土质松散，没有像陕西关中地区那样便于就地开挖和容易堆积成形的老黄土，但是尼罗河沿岸有蕴藏丰富的石灰石和砂岩石矿。

　　一位英国考古学家估算，胡夫金字塔大约由 230 万块巨石砌筑而成。每块巨石平均重量约 2.5t，并且全部由人力和牲畜搬迁。不言而喻，古埃及金字塔与中国秦汉覆斗式的坟丘一样是一种大山的寓意。通过研究人员使用 μ 介子扫描后所呈现的吉萨金字塔内部结构的 3D 图像可以看出，金字塔内部的通道和宫室与高大巍峨的塔体外形一起阐释着一种"洞穴生人"的原始生命文化理念，同样有着回归大地母体的生殖崇拜意识（图 2-20、图 2-21）。

　　世界各民族虽然受到文化风俗、地理条件，以及社会等级观念等因素影响，在墓葬具体形式上有着各自不同的选择。然而在文化溯源上，都不同程度带有穴居时代所特有的文化特征和原始意象。从建造方式讲，世界各地的传统墓葬形式可基本概括为崖墓、平地堆坟、依山为陵、靠崖墓等几种形式。崖墓，指在陡峭的山崖面上和岩层中由人工凿的横向墓室，或者利用山体中的天然洞穴做墓室。平地堆坟，指在基址面相对平坦的情况下，人们先挖凿出地下墓室，然后在回填好的墓穴之上再堆起封土。依山为陵，是指为彰显墓主人显赫的社会地位和历史形象，充分利用自然地形地貌，将墓室洞穴开凿于山体之中，借助自然山体的高大成为一种高规格陵墓，这种墓葬形式尤其以中国唐代的帝王陵为代表。靠崖墓，指生活在台塬山地一带的人为少占耕地，从崖面根部向下挖好竖穴后，然后再向纵深方向掘挖出用作墓室的横向洞穴，待完成安葬礼后再堆起封土。

　　人工开凿崖墓的历史非常悠久，利用天然溶洞或岩洞做墓室的历史应源自旧石器时代人类的穴居生活。确切地说，源自人类穴居时代开始的同时。中国境内能够得以考证的人工崖墓大约开始于 2400 多年前的战国时期，崖墓风俗在形制上有单洞单葬、单洞群葬以及联洞群葬之别（图 2-22～图 2-24）。

中国人在传统思想上历来坚守"百善孝为先"的伦理道德，对待已故老人注重厚葬，信奉"视死如生"的丧葬理念，特别是汉代以后的崖墓开始流行模仿木结构的阳宅建筑形式。汉代高级别的崖墓洞口一般有石做的仿木结构的屋檐，石雕门楼、梁枋，画像石的门框、门板，以及墓室内的石刻铭文和彩绘装饰等。中国的崖墓遍布大江南北，丰富多样。崖墓的建造方式对于佛教进入中国和佛教建筑本土化进程，特别是对中国南北朝以后兴起的石窟寺建筑产生了很大影响。例如，敦煌莫高窟、天水麦积山石窟、山西大同云冈石窟群和河南龙门石窟等。

中国有好多少数民族一直延续着洞穴生人、洞穴是孕育祖先的"母腹子宫"的生命崇拜理念，并信奉先辈安葬的崖洞距地面越高，灵魂升天越快的丧葬风俗观念。甚至，有些地方的风俗讲究，谁家老人的灵柩被安葬的洞室位置越高、难度越大，越能体现其后人尽孝的诚意和程度，从而为我们留下了一种蔚为壮观的中国崖葬风俗文化遗产（图2-25）。

中国土家族人因受洞穴生殖崇拜的观念影响，各部落的名称在传统上以"洞"或"峒"为称呼，说明他们一直保留着穴居时代氏族部落的社会心理。根据普珍先生的《中华创世葫芦》讲述，彝族群众相信岩洞是他们祖先最初的居住地，里面充溢着先人们的灵气，亲人死后之所以要将灵柩放入先祖出生的洞穴，是为了让其灵魂重新返回生命的始发地，可以使死者在此及早重新投胎转世。故此，在彝族人看来，洞穴既是人类灵魂的最好归宿，又是灵魂得以永存的圣殿。

在众多丧葬形式中，处在地势平坦地区的平地堆坟做法最为普遍，以中国黄土高原地区的地坑式窑洞墓穴尤为典型。中国北方有地球上得天独厚和黄土层分布面积最广的黄土高原，黄土层堆积厚度从60m到300m不等。黄土高原的土壤颗粒均匀、竖向机理、结构稳定，适合开凿横向窑洞，是原始人类适宜生存的理想之地。在原始先民走出天然洞穴，走向平原生活之后，便开始了人工开凿各种穴居的活动。例如，地坑式窑洞院落是黄河中游地区一种十分古老的民居形式，这种民居形式先是向下挖凿出一个长方形下沉式天井，当深度达到一定程度后，再从这个下沉式天井的几面崖面开挖出生活所需的横向窑洞（图2-26）。同样原因，中国黄土高原地区的墓穴也是采取了与地坑式窑洞院落民居相似的墓穴形式，只不过它的竖穴天井被挖成一种平面呈梯形的、一头宽、一头窄的棺材形状的样子（图2-27）。

坟墓在中国风水文化中被称为"阴宅"，人们相信一处综合环境良好的阴宅不但可以萌福子孙，而且还会给家族带来财运、官运和兴旺发达。从风水观念讲，一处好的阴宅需要遵循阴阳平衡、五行俱全，达到天人合一的三大基本原则，是一种有利于万物萌生的良好自然环境。所以，阴宅选址同样需要考虑地形地貌、植物分布、阳光照射、风向和

图2-25 中国江西省龙虎山崖墓安葬仪式演示

图2-26 中国甘肃省庆阳市吴城村地坑式窑洞院落民居

图2-27 中国陕西省关中地区的地坑式窑洞墓穴

水流动态等自然要素，这些堪舆理念与人类穴居时代对于永久栖息地的选择如出一辙，因而带有浓厚的生殖崇拜意识。

选择坟墓基址的本质在于选择墓穴的绝佳地理、地形位置和生态环境，因而在风水观念中一般被称为"穴场"，它是一种能够"藏风聚气"的风水宝地。该处的"聚气"与人类原始的生殖崇拜相关，是指一种充满生命气息的"胎气"，具有大母神孕育生命的"子宫"寓意。故此，为死者选择一处"胎气"涌动的穴场，就是在为死者创造一种回归大母神"子宫"的有利生境，而坟丘就像处于孕育生命状态的母腹，或者是大地母亲之乳（图2-28、图2-29）。

图 2-28　中国江苏省南京市
江宁区发掘的六朝时期的砖
古墓的墓室及墓道

图 2-29　明代靠崖式古墓室
门洞

■ 4　洞穴——神的居所

图 2-30　中国吉林省梅河口
碱水水库库区史前祭祀石棚

　　美国社会哲学家刘易斯·芒福德在论述"墓地与圣祠"的起源时讲道："在石器时代人类不安定的游动生涯中，首先获得固定居住地的是死去的人；一个墓穴，或以石冢为标记的坟丘，或者一处集体安葬的古冢。这些东西便成为地面上显而易见的人工目标，活着的人会时常回到这些安葬地，表达对祖宗的怀念，或是抚慰他们的灵魂。"[①]（图 2-30）芒福德所讲的是古人类在离开天然洞穴的庇护，走向陌生而又焕然一新的全新世时的世界。他们不再像在穴居时代那样有安放死者的固定区域，而是因为自己不断迁徙的生活方式而不得不多次起坟，将沿途临时安葬的亲人们的遗骸收集起来，重新安葬在一处新的栖息之地。

　　这种多次安葬死者的做法，在新石器时代成为一种比较普遍存在的丧葬风俗，特别是那些一直过着游牧生活的民族。久而久之，如何安顿死者亡灵，便成为人类在选择栖息方式时一项需要重点考量的问题。因为，古人类对于死者安葬的虔诚心理已经从原来的悲伤、同情、尊敬的基础上，逐渐上升到了对于死者灵魂的崇拜层面，并由此演变成为

----

　　① ［美］刘易斯·芒福德. 城市发展史——起源、演变和前景. 宋俊岭，倪文彦译. 中国建筑工业出版社，2005 年，第 5 页。

一种对祖先崇拜的宗教信念。

　　虽然，人类走向定居生活的主要因素是为了适应原始农业生产的需要；然而，由灵魂观念产生的祖先崇拜意识也使如何安顿死者亡灵的问题成为新石器时代先民们走向定居生活的一大精神诉求。因此，有些学者甚至认为，人类历史上的第一座人工建筑可能就是为了安顿祖先神灵而创建的祖祠。

　　由于灵魂概念的形成和在文化内涵上的不断丰富，人类在反观生命本源、关注现世生命生存价值、畏惧生命归属的重大议题下，使祖先的概念在无限崇拜的意识中最终上升为一种无所不能的神祇地位。故此，人类试图借助灵魂超越时空的意念实现通天通地、与万物相通的愿望，继而创造出一系列的宗教崇拜礼仪和丰富多彩的神话传说，特别是能够象征本氏族生存理念的图腾崇拜。

　　新石器时代的社会结构以血缘关系为纽带，人们对于祖先的崇拜既可以在氏族内部形成强大的凝聚力，又可以增强部落上下克服各种灾难和生存繁衍的信心。故此，对于祖先神灵的安顿，以及为此所进行的祭祀活动往往成为一个原始聚落的精神支柱。

　　《圣经》里讲："人是神的住所，神为人之居所。"意思是说人的躯体是神的栖身之所，神与人合为一体、同起同居、时刻相伴，人的躯体是灵魂的宿主。简单地说，就是神父每次在祷告时送给信徒们祝福："愿上帝与我们同在。"因此，很久以来西方人从心灵深处相信，教堂是人类灵魂的居所，每个人一生下来灵魂就会"寄宿"于教堂，过着聚集性的生活。然而，什么样的场所才能使众信徒毫无杂念地将自己的灵魂托付于它，而作为一种承载人类灵魂世界的教堂或寺庙建筑却经历了数千年的演变和磨难，为此留下了许多感人肺腑的神话故事。

　　在宗教建筑形成和发展的过程中，不但存在着母神与父神之间的权力较量，而且存在着新与旧观念和诸神之间的你争我夺。正如人类历史上所记载的诸神之战一样，实际上就是不同部落首领之间的巫术斗法。对于神的居所而言，就如同穴居时代的

几拨古人类同时看中了一处适合永久性居住的洞穴，各方为此不止一次或两次发起战争。即便如此，人类一直在为营造自己意念之中神的寓所而往往不吝财物，穷尽智慧，为人类物质文化创造出最杰出的建筑艺术文化遗产。可以说，历史上最伟大的建筑艺术往往表现在人类对于神的寓所的创造方面。

洞穴不但是人类原始宗教的发源地，而且是许多宗教文化记忆和神话故事的发祥地。例如，在位于地中海北部的希腊克里特岛上有一个著名的迪克特岩洞，传说是古希腊神话中众神之神宙斯在危难之际的诞生处。数千年后，人们真的从这个岩洞里挖掘出数以千计的祭品和礼器，说明迪克特岩洞在很久以前就已成为人们心目中祭祀宙斯神的圣地（图2-31）。显然，这种祭祀圣地形成的本质，属于典型的以地点为文化记忆从而产生的集体无意识。再如，在基督创教初期，相传耶稣在受大希律王迫害时与圣母玛利亚一起，从伯利恒逃亡到埃及现在的艾斯尤特省，被迫躲进了一个有上千平方米的天然洞穴之中。当耶稣返回巴勒斯坦之后，这个巨型的洞穴就被人们改建成了一座教堂。

由于基督教诞生于罗马帝国最黑暗的统治时期，不断遭受异教徒排斥和迫害的基督教徒们，不得不将一些宗教仪式放在地下墓穴之中秘密举行。因此，在创建初期的基督教将神灵安置在了地下昏暗的公共墓窟里，而洞穴墓窟便成为创建基督教建筑空间文化的活水源头（图2-32）。也是出于同样原因，躲到土耳其卡帕多奇亚山区的一些虔诚的基督教教徒利用当地特殊的地质条件，人工凿出了一处处十分隐蔽，如同地下迷宫的洞穴教堂（图2-33）。由此可见，洞穴不但在气候严酷的大冰川期给人类祖先提供了赖以生存的庇护之所，漫长的穴居生活也培养了他们万物有灵，与万物同生共息，崇拜生命的宗教意识，而且也成为人类祖先构建神界文化意境，为神祇创建寓所的空间原形。

在埃及阿斯旺古城以南280km的纳赛尔湖西岸，有一座距今约3300年历史的大型石窟神庙，即古埃及拉美西斯二世建造的阿布辛贝神庙。该神庙面门高30m，宽36m，石窟洞纵深60m（图2-34、图2-35）。

图2-31 希腊克里特岛祭祀宙斯的迪克特岩洞入口

图2-32 早期基督教徒在地下公共墓穴里绘制的壁画

图2-33 基督教初期教徒们在土耳其卡帕多奇亚开凿的洞穴教堂

图2-34 古埃及拉美西斯二世建造的阿布辛贝神庙外观

图 2-35　古埃及阿布辛贝神庙室内石雕神像走廊

图 2-36　阿布辛贝神庙"日光节"神像显现的时刻

　　为了彰显古埃及人征服比亚人的强大气势和神话中拉美西斯二世的历史功绩,神庙设计者通过运用天文学、星象学、地理学、数学、物理学等相关知识,精确计算并设计出每逢春分和秋分之时,金色的阳光将会通过石窟庙的洞口,穿过 60m 长的神像甬道,最终将石窟尽端正面墙壁上近 20m 高的一组石雕巨像通体照亮,而唯独左边的黑暗之神普塔赫依然暗淡无形,永远待在黑暗里。故此,人们把这种由人工创造的神奇的观影效果称作"日光节"。每当阿布辛贝神庙"日光节"来临之时,人们会看到石窟内部顶端神坛上的阿蒙拉、拉美西斯二世和拉后拉赫提三座巨型石雕像,逐渐被一道穿过神像甬道的金色光束豁然照亮,使他们奇迹般显现(图 2-36)。

　　印度佛教是世界三大宗教之一,距今约有 2500 年的历史。从字面意思讲,"佛"一词出自古印度梵语,意思是"觉者"或"智者"。佛,即"佛陀",是释迦牟尼的化身,是指古印度时期一位迦

毗罗国的王子——乔达摩·悉达多。而且,诸如"如来""应供""正遍知"等都是对佛陀的称呼,如同佛教自身丰富而复杂的思想体系。佛教的基本教义包括两个方面:一是关于因果善恶与修行;二是关于生命与宇宙真相的思考。

　　佛教传播的主体意图是教导人们如何依照释迦牟尼所参悟的修行之法,修行达到心灵上的觉悟和道德上的进步,继而发现生命与宇宙存在的真相。只有这样,人们才能实现超越生死与痛苦,断绝一切尘俗烦恼,最终达到精神上的解脱。因此,注重内在修行的佛教信徒逐渐将理想的修行之所放在了远离人间烟火,僻静安神和冬暖夏凉的山洞里,从而使石窟寺成为佛教建筑中最具特色的一种建筑艺术。

　　佛教修行的最高境界是"涅槃",这种境界的概念是要求修行者从无常中洞见有常、从无我中觉察有我、从生死与虚幻的苦恼中觉悟永恒的快乐,最终达到摆脱一切苦恼、无生无死的寂静状态。其宗旨在于,让生命回归到纯洁无瑕的原初萌芽状态。因此,佛教从修行到涅槃的过程,几乎是对人类所经历的穴居时代文化心理变化的生动描述。故此,所有佛家寺庙的空间意象无不透显出洞穴崇拜的生命文化观念,将神殿营造成为充满胎气的"子宫",圣坛犹如生命的胚胎(图 2-37、图 2-38)。

　　纵观佛教建筑起源及发展历史,佛教建筑是由众信徒出于对释迦牟尼敬仰而产生的一种心理意境,并无任何建筑形制概念。据说,在 2500 年前的某一天,释迦牟尼在一棵菩提树下静坐七天七夜后大彻大悟,终成正果。释迦牟尼在菩提树下涅槃之后,佛教徒们为表达对他的崇敬和纪念,逐渐将这棵菩提树用石围栏保护了起来,并围绕着它行祭拜之礼。久而久之,保护这棵菩提树最初由石栏围合发展成一种笼罩形的覆钵体,由此构成了佛教建

图 2-37 始建于公元前500
年的印度孟买阿旃陀石窟大
殿内部空间意象

图 2-38 石窟入口形状与圣
坛呼应

图 2-39 印度象岛石窟神庙
中的帕尔瓦蒂雕像

筑文化发展的基本内涵和思想源头。这种穹隆形的建筑形式被称为窣堵波，在古印度教中象征着孕育宇宙万物的大母神的子宫。

印度教中有三大神：一是创造之神梵天；二是保护宇宙之神毗湿奴；三是性格复杂多面的湿婆。湿婆一方面既是毁灭之神，又是生殖之神；另一方面，她既是伟大的禁欲苦行者，又是欢乐的舞蹈之王，就像一位性格怪异，却能力超强，身兼数职的卓越领导。所以，由于受到三大神之一的湿婆文化性格影响，印度传统宗教文化从整体上呈现出一种纠结在禁欲与纵欲之间的矛盾心理之中。正如印度象岛石窟神庙中湿婆的妻子帕尔瓦蒂雕像，她的左胸被塑造为丰满的女性乳房，右胸脯却如男性一般平坦，给人一种雌雄一体的印象（图2-39）。

马克思在《不列颠在印度的统治》一文中这样评论印度宗教："既是纵欲享乐的宗教，又是自我折磨的禁欲主义的宗教；既是林加崇拜的宗教，又是札格纳特的宗教；既是和尚的宗教，又是舞女的宗教。"[1] 马克思在此提到的"林加"和"札格纳特"，分别是指印度佛教中的男性生殖崇拜和女性生殖崇拜。

在认识生命起源的观念问题上，原始社会形成的各种宗教虽然各民族逐渐形成了自己的神话阐释，并建立起了自己的祖先神系，然而他们之间明显存在一种共同特征。即非常原始的生殖崇拜意识。在以生生不息和生命永不枯竭为文化主题的大母神时代，人类普遍存在将生殖器或者象征生殖器的物件看作宇宙间可以沟通天地万物之神灵，这是超越一切自然力量的巫术心理。这种文化心理现象可以从新石器时代大量出土的各种遗物中得以验证。例如，蚌贝、岩洞画、彩陶纹样、石雕器物等。而且，一种生殖崇拜的对象在原始社会可能代表了一个氏族部落的存在，是祖先灵魂的宿主，是

① 马克思，恩格斯.《马克思恩格斯选集》(第一卷).人民出版社，1995年。

部落祖祠的象征。正因如此,我们可以从古印度许多神庙的建筑中体会到"加林"与"札格纳特"男性生殖与女性生殖崇拜的对话设计思维模式、建筑空间形态和造型语言,正如帕尔瓦蒂塑像那种带有"异性同株"植物属性特征的生命崇拜理念。再如,

卡杰拉霍庙宇群建于印度古代月亮王朝时期,其中的坎达里亚寺庙最具代表性,而"坎达里亚"在印度语中的本意就是"山洞",尤其是在印度寺庙建筑的空间文化模式中都有"胎室"之类的生殖崇拜之意(图 2-40、图 2-41)。

图 2-40　印度卡杰拉霍庙宇建筑群中的坎达里亚寺庙外观造型

图 2-41　坎达里亚寺庙室内供奉陈设的林加石雕崇拜物像

第三章

穴居的文化图式

洞穴是人类最原始的与外界相对独立的栖身空间，也是人类最早开始思考宇宙世界和反思自身生命存在方式的园地。人类祖先在洞穴中用生命体验时间在空间中穿梭，经历着生与死的兴奋与悲伤。他们以洞穴空间为灵感之源，构想着人与生命万物的联系，构建起人与人、人与神灵、人与宇宙世界之间的关系和时空秩序，并以自身生命形态为基本模型，创造出洞穴文化精神与大母神崇拜合构为一体的生命宇宙观念，以此创造着自己的物质和精神世界，以及神的居所。

人类祖先300万年穴居生活的体验，初步构成了如洞穴一样穹隆形的宇宙空间形态的观念，特别是由穹隆形的洞穴空间、洞穴里的人，以及与进入洞穴的光束一起，构建起了穴居时代人类心理上的天地、神、人之间三重关系的宇宙世界观的文化图式，而进入洞穴中的光束被赋予了往来于宇宙三界之间的神圣功能。由于妇女在穴居时代的物质和精神生活中起到的主导性作用，因而在有关创世纪的神话中导入了以大母神人体为原型的生命容器的文化理念，这便是有学者将人类的穴居时代称之为大母神时代的主要缘由。

陶器的发明是大母神时代最伟大的文明成就，也是大母神精神文化的主要载体。所以，妇女们在创造各种陶制容器的过程中，将大母神孕育生命和养育生命的容器文化观念融入她们对于各种容器的器形和装饰纹样的创意设计之中。此外，穴居时代以万物有灵和大母神崇拜为主要特征的生命文化心理，使原始的人体美化融入了自然崇拜、祖先崇拜，以及绝地天通的宗教伦理观念，从而为各种人体美化的发展提供了巨大的创造和想象空间。

■1 神灵是进入洞穴里的一束光

图式一词是由康德（Immanuel Kant）在他的认识论中提出的一个重要概念，是指人脑中由已有的知识经验所构成的一种网络。在康德的认识论中，图式被看作"潜藏在人类心灵深处的"一种先验性的观念范畴。在瑞士近代心理学家皮亚杰（Jean Piaget）的认知发展论中，图式则成为一个核心概念，被看作一种有组织、可重复的行为模式或心理结构，一种认知结构的单元。在皮亚杰看来，图式虽然最初来自人类先天性的遗传，但一经与外界接触，在与新环境适应的过程中，图式就会不断变化、丰富和发展起来，永远不会停留在一个水平上。[①]

由于图式概念有助于解释复杂的社会认知现象，因而在20世纪70年代又很快被运用到社会心理学的研究之中，进而形成了现代图式理论。那么，对于300万年穴居生活体验的人类祖先来说，洞穴空间的形态和来自洞口的日光或月光等环境要素，从知觉体验上最有可能在他们心灵深处构成有关"家"的心理图式。因为，这种"家"的概念不光是为人类祖先提供一种庇护肉体的笼罩式的空间，也是他们所认为的灵魂归宿，特别是来自洞口的光束在他们心灵深处所产生的宗教情节。

在穴居生活的岁月里，幽深昏暗的天然洞穴是人类祖先所感知的第二穴穹顶，因而被他们想象成为浩瀚的宇宙苍天地。高大宽敞的洞穹，洞穴里的部落子民便是天地间的芸芸众生，从洞口倾泻而下的光芒和光晕便成为人类祖先幻想中能够通天、通地，和神灵显现之处（图3-1）。

图 3-1　洞穴探险者拍到的进入洞窟内部的日晖景象

由于太阳和月亮光照受到运转轨迹和季节性角度变化的影响，投射到洞穴内部的光线短暂而又宝贵，因而使能够接收到光照的地方可能是洞穴之中最为神圣的区域，一种属于洞穴氏族平时举行重大祭祀活动的核心区，或者一般只有部落首领和有资格的长者才能随时靠近的区域。因此，穹隆形的洞穴空间、洞穴里的人与进入洞穴里的光影等一起，构建起了人类穴居时代天地、神、人之间三层关系的宇宙世界观。

人类穴居时代所构成的这种宇宙世界观是一种以生命崇拜为主题的万物有灵的思维模式，而神灵便是往来于天地、人神与生命万物之间的使者。人类祖先为了表达这种由洞穴空间体验而产生的充满巫术思想的心理图式，他们不但创造了绘画、雕塑、语言文字、音乐、舞蹈等精神文化，而且不遗余力地运用物质手段，打造出自己心灵深处的精神圣殿，创造出人类文明史上最为杰出和最具创造性的宗教建筑艺术，给后人留下了宝贵的物质文化遗

---

① 百科：图式理论。

图 3-2 英国东南部肯特郡马盖特"贝壳石窟"内部及洞窗

图 3-3 16世纪画家多梅尼科·贾蒂的油画《雅各的天梯》

图 3-4 意大利佛罗伦萨圣母百花大教堂穹顶天窗

图 3-5 意大利古罗马万神庙穹顶大厅的天窗光束

产。例如，在英国东南部肯特郡的马盖特镇，人们发现了一处不知什么时期建造的神秘洞穴。根据洞穴内部的装修情况来判断，该处可能属于一处宗教性的史前建筑遗址。该洞采用了460多万个大小不同、形状各异的贝壳，将其镶嵌成一种梦幻般的"贝壳石窟"，或者说是"贝壳宫殿"，特别是洞顶中央的天窗被修饰得神秘莫测（图3-2）。

太阳崇拜在穴居时代成为一种极为普遍存在的文化现象，世界各民族几乎都曾有过崇拜日神的原始宗教历史，而且许多地区一直延续至今日文明时代。一方面，由于大冰川期栖身于洞穴之中的人类祖先对阳光的渴望而普遍产生了太阳崇拜的宗教意识；另一方面，因为从洞口进入的有限阳光成为人类祖先寄托一切美好祈望的载体，并给予他们创造人与神界空间关系的启发。所以，无论是古希腊神话中雅各通过梦中的天梯取得"圣火"，还是《旧约·创世纪》第28章10～19节中有关雅各梦见的，一架能够让他拜见耶和华的通向天庭的梯子，都属于这种将洞穴光束视为实现人类美好愿望的空间文化图式，并以此不断丰富和更新的结果（图3-3）。由此可以联想，基督教传说中那把通向天堂的雅各天梯，正是源自进入穹隆形洞穴之内的那种让人神往的神圣光束，而穹顶上的天窗便成为进入神界圣殿的"天国之门"。

意大利佛罗伦萨圣母百花大教堂，也被称为"花的圣母寺"。圣母百花大教堂的主厅是一个直径43.7m、高52m的大穹顶。大厅穹顶的内部是由意大利文艺复兴时期绘画大师瓦萨里（Giorgio Vasari）绘制的《末日审判》壁画，而这个八边形穹顶窗洞惟妙惟肖地阐释着人类穴居时代洞口天光所造成的神圣光环境的意象，象征着通往天堂的神圣之门（图3-4）。

当阳光在不同时段、不同角度通过天窗照射到圣母百花大教堂穹顶大厅内部的壁画时，均会呈现出一种变幻莫测、恢宏震撼而又极其神秘的宗教气氛。这种通过光影变幻阐释洞穴空间意境的目的，在于突显穹顶洞口作为人与神灵沟通必由之处的宗教意境。然而，在表达这种洞顶圣光意境方面最有话语权的宗教建筑，莫过于保存至今的意大利古罗马万神庙。它可以被认为是西方宗教建筑空间文化的活水源头，如同印度佛教建筑中的窣堵波塔。

万神庙高大的穹顶中央是一个直径8.9m的圆形天窗，是整个庙堂建筑室内唯一的光源入口。强烈的阳光从天窗倾泻而入，形成一个十分粗大的光柱，随着太阳照射角度的变化而缓慢地调整着照射的部位。明亮光柱所产生的光晕，漫照着逐层渐收而上升的方格形的拱筋，使直径和高度均为43.3m的半球体状穹顶空间显得宁静肃穆，给人一种感悟宇宙苍穹的心灵体验（图3-5）。

火的发现是人类文明发展关键性的一步，它不仅改变了人类祖先的生存方式，而且丰富了他们的心灵世界。当火成为人类赖以生存的一大物质要素后，如何取火和保存火种对蛮荒时代的人类祖先来说，在技术方面必然存在很大难度。因为火忽明忽暗和得而复失的不确定性因素，人类祖先相信火与太阳在阴晴变化中的出没有着必然联系，他们由此将火的有无归咎于太阳之神是否"乐意"光临人间，进而认为太阳之神不仅控制着光明与黑暗，而且掌握着芸芸众生的温暖和希望。因此，在许多民族有关创世纪的神话中，太阳之神成为一切神话故事的源头和意念核心。正如《旧约·创世纪》在开宗明义中所讲："神说，有光就有光。神看光是好的，就把光与暗分开了。神称光为昼，称暗为夜。有晚上，有早晨，这是头一日。"

回顾基督教的发展历史，从耶稣诞生、避难，到基督教创教之初都离不开洞穴的庇护，基督教的先驱们在创建中对于洞穴之光的亲身体验更进一步丰富了这种宗教文化心理。所以，在基督教有关创世纪的观念中，光成为上帝创造的第一种物质，并使芸芸众生相信光的源头被储存在上帝的宫殿里。由此可见，光在基督教中的神圣地位与古希腊神话中雅各在梦里登上天梯取得圣火的传说之间，具有承上启下的文脉关系，光因而成为基督教教义中能够实现绝地天通，表达上帝意志的形象化身（图3-6）。

也许，正是由于这种洞穴与光的原始宗教心理，启发了柏拉图（Plato）对于人类精神世界的哲学思考，发展起了他影响整个基督教世界的"洞穴理论"。柏拉图从探索人类终极精神关怀的哲学思想中，构建起了他著名的"理想之国"观念。也许，正是由于"洞穴光束"这一宗教文化心理和光在基督教宇宙观中的神圣地位，对于光环境丰富性的极致追求和表现，奠定了西方绘画艺术中最为显著的一大特征。所以，我们只要稍加仔细观察便可理解，西方传统的油画总是擅长于表现一种来自某一固定光源照射下的色彩关系和空间层次，特别是表现宗教题材中神灵和天使显现的时刻（图3-7）。

图3-6 意大利罗马圣克莱门特教堂最下层的光神庙

人类在表述神灵显现的情景时，各种语言大多聚焦在了"神异光辉"之类的词义上，最简明的词语莫过于人们对于"灵光"一词的频繁使用。"灵光"一词的诞生具有浓厚的宗教文化色彩，它几乎是为了表达"灵魂"这一概念而创造的一个仅可意会、无法具体名状的绝妙词语。例如，在佛教文化中，灵光是指心性纯洁、迥离尘缘的佛性。

"灵光"的英语单词是 miraculous brightness，是指一种非凡而奇迹般的光辉或光泽。在现代科技的术语中，"灵光"则被解释成为一种灵魂作为人体宿主而发出的负荷电离子现象。可以想象，在人类祖先的生命意识还不足以明确外部世界与自我的关系时，当他们从射入洞穴里的光束中清晰地注意到那些飘忽不定而闪闪发光的尘埃或小飞虫时，也许会认为这些在光束中翩翩起舞的尘埃和飞虫就是自己一直所寻找的"灵魂"的闪现。所以，在这种洞穴光束的宗教文化心理影响下，闪动飞舞的尘埃或飞虫逐渐可能被置换成随着光束降临的圣洁的天

图3-7 欧洲宗教题材中反映天使之光的油画

图3-8 古埃及太阳神"阿吞"普照下的埃赫那顿及王后奈费尔提蒂

图3-11 古玛雅人男性生殖崇拜　图3-12 古玛雅人孕妇像

图3-9 古埃及只有法老才能向太阳神"阿吞"祈祷和礼拜

阳为生殖者是一种极为广泛的思想方法，在许多美洲神话和民间传说中处女性的观念是以'未沐浴过阳光'的词义来表达的。在古埃及，生命犹如从太阳泄出的精液（图3-9）。"①

当谈及古印度《梨俱吠陀》和《婆罗门书》时，米·埃利亚德进一步分析认为，"金色胎儿"的寓意就是"太阳的精子""当人类之父将彼作为精子射入子宫时，以彼为精子射入子宫的即是太阳"，因为"光便是生殖力"②。不难理解，这些构思的母版便是由自口光射入洞入空间时所产生的宗教文化心理，以及由此形成的文化心理图式（图3-10～图3-12）。

印度佛教缘起与早期太阳崇拜也有着千丝万缕的联系，而阿弥陀佛本身在梵语里的意思便是无限光明。例如，阿弥陀佛又称无量光佛、无边光佛、无碍光佛、无等光佛，亦号智慧光、常照光、清静光、欢喜光、解脱光、安隐光、超日月光、不可思议光等③。阿弥陀佛的另一层文化身份的含义是光的容器，即无量光的归藏（图3-13）。此处的无量光明既是指日落后一切光明的归藏之处，又是明日一切光明复出的地方。

与西方宗教中将光看作上帝创造之物的观念相比，西方人的上帝拥有对光的绝对产权，是否愿意给予人间使用，则完全在于上帝的"心情"和"意愿"；而印度宗教中的佛陀如同原始社会部落里的首领，是火种的掌控者，两种文化理念因而有着非常接近的穴居心理。此外，阿弥陀佛的还有一名称叫无量寿，属于一种生命崇拜文化理念，用以表达人类期望生命永恒的共同心愿。

在佛家的修行观念中，佛性以光的形式显现，与佛有缘的人才能亲睹佛的光芒。即一种神圣灵

图3-10 古玛雅人的太阳神基尼·阿奥的雕像

使，或是传递上帝旨意，让妇女怀孕的生命信息（图3-8）。

从古埃及、古巴比伦、古希腊、古印度和古印加文化中大量有关太阳崇拜的文化艺术遗存和神话故事中可以领会到，太阳崇拜在人类原始文明中是一种普遍存在的宗教文化现象。正因如此，太阳崇拜的原始宗教使世界上出现了许多自称是太阳之子的民族。例如，古印加文明中的"印加"一词就是太阳子孙的意思，国王的名字甚至直接有取名"印加"者。故此，20世纪著名的罗马尼亚宗教学家米·埃利亚德（Mircea Eliade）在对各种文化有关生殖巫术的宗教性质研究中发现和总结到："以太

———————————
① 王贵祥. 东西方的建筑空间. 百花文艺出版社，2006年，第16页。

② 王贵祥. 东西方的建筑空间. 百花文艺出版社，2006年，第17页。

③ 互动百科。

图 3-13 泰国帕亚那空山洞
寺庙

图 3-14 摄影师 Maung Maung
Gyi 在缅甸曼德勒市拍摄的
一处洞穴寺庙内部

光的显现。所以，受佛教文化思想的影响，东方人一般认为人的生命以灵光的形式存在，灵光在时意味着生命的继续，人死时则灵光脱离躯体而去。根据无量光归藏的佛语来理解，作为光容器的佛教寺庙或窣堵波塔的中央便是储蓄生命能量或信息的"子宫"，一种孕育生命的宇宙大母神的腹穴（图 3-14）。例如，印度佛教的窣堵波的覆钵体在梵文中被称为"安达"，它的原意就是"卵巢"。即古印度神话中孕育宇宙的"金卵"。

■ 2 穹顶之下的大母神身影

从形态特征讲，人类祖先对宇宙空间的最初理解和表述主要来自自己对洞穴空间的直觉感受，正如中国南北朝时期的《敕勒歌》所描述的"天似穹庐，笼盖四野"，游牧民将苍天比作自己居住用的穹庐形毡房，也如《圣经》第一卷《创世纪》中所讲的"起初，上帝创造了天和地……上帝把这个穹顶叫作天"。由此可见，宇宙空间在人类祖先的空间意识中是放大和高度概括的洞穴，洞穴空间形态对他们认识宇宙世界起到了"天启"般的作用。然而，人类对于化育生命万物的宇宙属性的理解则以自身的生理特征为原型，特别是借助生生不息的大母神意象。综合世界各地有关创世纪的神话和传说，无论是古埃及、古玛雅、古印度、古中国，以及罗马帝国时期的诺斯替教派，人类最初对宇宙空间模式的思考和解读都不约而同地赋予了人的形体和生理结构，以及天然洞穴的空间形态。

在基督教空间文化图式的观念中，世界是一具四肢展开的人体，上帝所处的部位是储存灵魂的头部，基督教堂的建筑平面因而成为一具平躺着的人体。例如，意大利比萨大教堂"拉丁十字"的空间形态（图 3-15）。甚至，在万物有灵的蛮荒时代，人类祖先对于一切崇拜对象的阐释都离不开自身的人体形态，或者直接以自身的生命模式为参照（图 3-16）。

在世界许多有关创世纪的神话传说中，开天辟地之前的宇宙大多被描述成一种黑暗无序的混沌状的球状体，只有当某位创世之神出现之时，世界逐渐有了苍天与大地、日月与星辰，以及由山川、河流、鸟兽与草木构成的一排繁荣生境。例如，在古埃及的神话中，创世之神阿图姆为了在混沌的世界中首先给自己创建一处立足之所，便希望用自己的灵魂和肉体化成一座山。接着，在他吐出儿

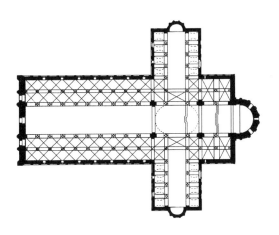

图 3-15 意大利比萨大教堂
的"拉丁十字"空间文化图
式

图 3-16 玛雅文明 8N-11 遗
址出土的象征丰收的玉米神
石像

图 3-17 舒站在大地之神盖布（舒的儿子）的身上将努特高高举起

图 3-18 《山海经·大荒西经》明代插图《女娲补天》

子舒——空气之神、女儿泰芙努特——湿气女神之后，舒和泰芙努特又创建了大地之神盖布和天空之神努特。当舒将女儿努特高高举起时，世界便有了苍天与大地。这一创世纪观念的形成无疑起源于古人类在穴居时代对洞穴空间的规划和利用，并通过对于洞穴空间的规划来树立最基本的社会伦理秩序（图 3-17）。

然而在同一文明阶段，古巴比伦《埃努玛·埃利什》中的创世纪神话，让我们看到了两河流域的大母神面临着前所未有的权力挑战。随着男性社会地位的上升，社会充满了对母权体制的不满和憎恨，并陷入了社会权利的争斗之中。因此，两河流域在天地概念产生中，演变成为一种对大母神形象的极端诅咒。例如，孕育生命万物的大地母神提亚马特被创世之神马尔杜克杀死，她的尸体被马尔杜克残忍地一分为二。一半被抛向空中，化作苍天；一半被踩在脚下，化作大地。然而，在众多有关创世纪的神话中，唯有中国的女娲补天和盘古开天辟地之说显得格外生动和感人，呈现出一种伟大的奉献精神，宣扬着一种以功德配神位的人文思想理念。从这些神话内容和思想倾向可以看出，人类有关创世纪的系统性思考大约发生在大母神时代的鼎盛时期，或者出现在母神与父神的交替之际。

女娲是东方华夏民族心目中的始祖母和创世之神，女娲补天的神话故事一直广泛流传于中国各个民族之间，并在中国古代许多历史典籍中有明确记载。传说远古时期曾经发生过支撑天地的四极崩塌

事件，顿时造成了天崩地裂，天不能覆盖万物，地无法承载众生，火势凶猛蔓延，洪水到处肆虐的一场大灾难。此时，女娲大母神为救黎民于水火，挺身而出，冶炼五色石以修补苍穹崩塌的漏洞，砍断巨龟的四足作为撑起四方的擎天之柱。经过一番奋不顾身的拼搏和努力，她终于使天地间的一切恢复到了原先的平和秩序（图 3-18）。

通过分析可以看出，这些传说都涉及一些并发性的多种自然灾害，可能是指这一时期曾经发生的天崩地裂一般的高强度地震、陨石碰撞地球，或因长期干旱造成的森林大火，特别是全世界公认的一次发生于六七千年前的全球性大洪水。这便是第四纪大冰川期退却之后留下的后遗症，由于气候大幅回暖，被融化后的大面积冰川和冰盖最终汇集成了一场前所未有的大水灾。

东汉时期的思想家王允在《论衡·顺鼓篇》中援引董仲舒之言："雨不霁，祭女娲。"[1] 讲述了女娲通过做法为黎民百姓祈求上苍降雨和五谷丰登的事迹。东汉经学家许慎在他的《说文解字》中对"窝"这样解释道："窝，古之神圣女，化育万物者也。"此处的"窝"与"娲"均指华夏部落大女神女娲。说明华夏先民对于女娲的崇拜在于她与宇宙一样共同具有的承载万物、化生万物之大德，她是大家心目中的生命万物之大母神。

传说女娲死后，她的肉体化成了广漠的土地，她的骨骼变成了自然界连绵起伏的山岳，她的头发变成了大地上的一草一木，她的血液演变成了一条条川流不息的河流。由此看出，女娲大母神在华夏民族的文化记忆中不但是一位在危难之时能够挺身出山，拯救苍云众生的救世主，而且是一位无私奉献的伟大的自然之神。人类文明在此转型之际，世界各地纷纷出现的创世纪之神的神话说明，人类祖先从原先单纯的自然崇拜，已逐渐走向了祖先崇拜的文化历程。

创世纪神话的出现是人类文明发展史上的转折点，人类在通过探索宇宙世界起源和时空关系中以实现重新梳理社会关系的目的，并由此产生了一系列的形而上的哲学思考和原始的人文思想体系。正是这些形形色色有关创世纪的神话，奠定了世界不同民族的文化特性。然而，综合各类有关创世纪神话所形成的文化价值观念，都普遍存在为宇宙树立中心的共性特征。而且，这种宇宙中心观念产生的前提大多是以拟人化的宇宙空间图式展开的，并将世界之中心比作大母神人体的肚脐部位，这便是"世界肚脐"之说的来由。例如，希腊神话中的世界肚脐是在距离雅典城 150km 开外的德尔菲山城附近。

传说宙斯在帕那索斯深山里发现世界肚脐之后，用一块卵石做标记，后来建起了我们所看见的祭祀大地之母盖亚的圣殿（图 3-19）。然而在上古时代中国人的宇宙观中，世界的肚脐是指"昆仑"，也称玉峦，是中国古代神话中上古时期的古羌族大母神西王母栖息所在地（图 3-20）。中国唐代《初学记》中援引《河图·括地象》声称："昆仑山为天柱，气上通天。"《艺文类聚》卷七又援引《河图》所讲："岐

---

① 《论衡·顺鼓篇》。

图 3-19　希腊神话中的世界肚脐所在地的雅典德尔菲神庙

图 3-20　明代版画插图《山海经》中的西王母像

山在昆仑东南，为地乳。"即陕西省关中地区的岐山在昆仑山东南方向，是大地母亲的乳房。

在印度佛教文化里，宇宙是一种被方形曼荼罗图式覆罩着的圆形大地，这与天圆地方的古代中国宇宙观念恰恰相反。曼荼罗的空间图式早在三千多年前的《吠陀经》已现雏形，曼荼罗图式里的世界肚脐位置是一个名叫须弥山的地方，据说创造生命万物的始祖梵天就居住在须弥山上。在印度创世纪的古老神话中，宇宙是种飘荡在一片汪洋之中的金蛋蛋，当这个金蛋蛋破裂时，诞生了宇宙第一原人，即宇宙之主梵天。

当走出金蛋蛋的梵天看到眼前浩渺的宇宙之水时，寂寞难耐的梵天于是将自己分裂成一半女性、一半男性，形成了一种类似植物界的异性同株生命体，然后竟然繁殖出芸芸众生，如此才使世界重新恢复了活力。这种意念的产生，形成了古印度教中一种独特的异性同构或同体异性的生命文化思维模式，因而在一幅耆那教的古曼荼罗图式中，梵天成了一个双手叉腰和双腿盘曲的萌态胎儿之状。如同一个孕育月份不足，尚且不能辨别男女性别的畏缩在子宫里的胎儿，体现出一种梵我同一的思想境界（图 3-21、图 3-22）。故此，在印度教庙宇建筑空间的中央，一般会设有一个被隐喻为"子宫"的密室。

创世纪神话时代的到来，同时又意味着人类文明开始从母权社会向父权社会的转变，人类逐渐从知其母而不知其父的走婚制逐渐向夫妻关系相对稳定的家庭生活模式转变。与此同时，神话中的诸神分工更加具体和明确，男神也开始走上宗教文化中的神坛，神的谱系不断丰富和完善。所以，在一些有关创世的神话中，世界新秩序的构建往往是由一个家庭的成员组成。但是，从母系氏族社会向父系氏族社会转型也需要一个过程。

氏族内部成员因长期过度崇拜母神转而走向了

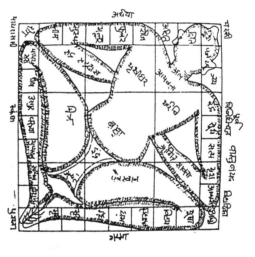

图 3-21　古耆那教曼荼罗宇宙文化图式中的梵天

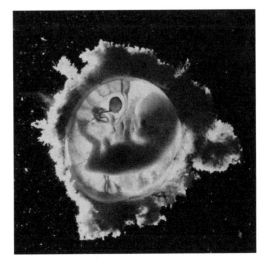

图 3-22　瑞典摄影师伦纳特·尼尔森（Lennart Nilsson）用显微技术拍摄的子宫里的胎儿

图 3-23 诺亚一家八口进入诺亚方舟躲避大洪水的想象画

图 3-24 大英博物馆藏苏美尔人记录大洪水的楔形文字泥板

印度教中的梵天一样被中性人格化了的理想之神。

众多世界各地的考古发现和历史资料告诉我们，在距今六千年前后，地球上的确曾经发生过一场史无前例的大洪水，这次大洪水给世界带来的灾害程度在一些有文字的地方都曾对其有所描述。例如，《圣经》里流传讲，当时大雨倾随着狂风暴持续了整整 40 个昼夜，诺亚因而携带家小八口和各种家畜搭乘方舟，不得不在水中盲目漂荡了整整 40 天之久，最终被搁浅在一座大山之巅（图 3-23）。再如，玛雅文化地区一本《波波尔·乌》的古书里所描述的大洪水景象更加凄惨。当时天昏地暗，漆黑一片，当人们爬上房顶时，房子倒了；当大家刚爬上树梢时，又被树甩到水中；当人们好不容易找到一处洞穴躲避时，洞顶也塌了，人类就这样彻底灭绝了。也许，玛雅文明突然消失的真正秘密正是由于这场毁灭性的大洪水。因此，这次大洪水的暴发可能是旧石器时代晚期最后一次大冰期给地球生命造成严重损害以来，人类祖先又遭遇的一次灭顶之灾。

有关这一大洪水存在的有力证据便是考古学家在两河流域苏美尔人文化遗址上发现的刻在一块泥板上的楔形文字。文中记载，当时由于大洪水来势过于凶猛，失魂落魄的人们拼命地往山上跑，大家都以为爆发了战争（图 3-24）。这次大洪水造成的灾情在中国的多部古籍中也有所描述，如《山海经·海内篇》提到的"洪水滔天"、《孟子·滕文公》中所讲的"当尧之时，天下犹未平。洪水横流，泛滥于天下"、《淮南子·览冥训》曾记载的"四极废，九州裂，天不兼覆，地不周载，火爁焱而不灭，水浩洋而不息"等。

有关造成这次大洪水的真正原因后世还有许多种猜想，有天文学家称是一颗小型彗星撞击地球时产生了大爆炸，也有地质学家认为可能是由

从敬畏到反抗的另一面，这种双重性的社会心理使原初因生殖崇拜而获得至尊的大母神形象，逐渐在大众心目中产生了有善恶女神之别的解读。于是，以往那种至尊无上、单纯无邪的大母神变成了一种令大众爱恨交加的矛盾复合体，甚至一些女神被丑化或者被妖魔化，世界由此有了女妖、狼外婆之类的"闲言碎语"。因此，一些创世纪神话的开始，在一定程度上是一种对母权社会现状不满而对其进行巫术式的诅咒和攻击。例如，在古巴比伦《埃努玛·埃利什》的神话故事里，创世之神马尔杜克因不满万物女神提亚马特的权势而奋起反抗，并将其刺死后劈成两半，一半扔在地上，一半抛向上空。当然，也有可能出现一种将曾经属于女神所拥有的功绩和荣耀转而被后起的男神挪为己有的现象，或者出现一种能够集男神与女神美德为一体的，如古

图 3-25　由米开朗琪罗绘制的意大利梵蒂冈西斯廷教堂天花板油画《大洪水》局部

于火山爆发而引起的超强度地震、飓风和海啸等连环性的自然灾害。总而言之，当时的世界的确是天地不分、混沌不堪、一片汪洋，生存者寥寥无几（图 3-25）。

综合历史文献和考古资料研究认为，这场大洪水所引起的大灾难持续了 100 多年。大洪水造成地球上的人口急剧减少，世界顿时陷入一场死寂般的荒凉。例如，中国浙江省于距今 5300～4300 年繁盛的良渚文化就是毁灭于这场史无前例的大洪水。这次大洪水使地球上许多支文明消失，人口锐减的程度几乎使活着的人很难找到能够继续繁殖后代的配偶。情急之下人类恨不得能撒豆成人，指草为丁。所以，中国有关创世纪的神话讲到，为了解决人口严重缺少问题，女娲不得不带头与自己的兄长伏羲成婚，繁衍后代。这一时期无论是自然创世、卵生创世、化生创世、变形创世的观念，还是世界各地出现的那些如女娲与伏羲兄妹成婚繁衍后代的神话传说，几乎都是围绕着如何迅速恢复人口的增长问题，人类对于生命的来源因而有了更多有趣的解读和想象。

大洪水给本来已经遭受男性质疑和挑战的母权社会带来了更加严峻的考验，因为防患和抵御超大型自然灾害，需要强有力的集权管理和部落联盟。于是人类社会开始了从氏族部落的社会结构向国家模式的社会类型转变和过渡。例如，中国原始社会后期出现的男神大禹，因其在治水工程方面的伟大业绩而被推上大神宝座，从而宣告了中国母系社会的终结。

总而言之，穹庐之下的新石器时代之末，身处大洪水期的大母神们面临着内忧外患、危机四伏，令其疲惫不堪的严重困境。然而，她们所做出的一切努力和贡献被黎民百姓以各种各样的纪念风俗所记忆，一代又一代地被传颂至今。例如，陕西省蓝田县骊山塬一带传说是华夏族始祖华胥氏部落所在地，也是大母神女娲出生的地方。为了纪念女娲大母神在大洪水降临后挺身而出，炼五色石补天，拯救黎民百姓于水火的丰功伟绩，当地百姓在每年农历正月二十这一天家家户户都会烙煎饼，这个具有历史纪念意义的民间风俗被称为"补天节"。

这一天，妇女们会把烙好的第一张饼抛上房顶，以示补天之意。另外，我们从女娲以炼五色石补苍天的典故可以看出，新石器时代人类的宇宙空间概念明显是一种大山洞的空间概念，属于一种非常原始的穴居时代的空间文化心理图式。

■3　大母神的容器时代

大母神是穴居时代形成的古人类对于母性崇拜的一种崇高意向，是女权社会人类祖先精神生活的一大内涵。陶器的发明和发展是这一时期人类社会最伟大的文明成就，也是大母神文化精神的结晶。在人类文明的初期，女人的生理和心理特征使她们更适合在栖息地照料部落里的日常生活，在物质和精神生活中起着主导作用，因而使她们创建和维持了一种人类历史上最为漫长的社会结构模式——母系氏族社会。母系氏族社会最基本的文化特征是以祈求生生不息和人丁兴旺为主旋律的大母神崇拜，因而被一些人类学家称为大母神时代。

大母神时期的女人们在承担生养子女、赡养老人、改善洞穴居住环境等义务的基础上，还肩负着不断改进和创造生活所需的各种家具（骨器、石器等）的事务，特别是她们在烧火做饭时偶然发现了经过烧烤硬化后形成的各种形状的泥土，可以将其转变成为一件件得心应手的陶制容器。于是，她们化土成形、淬火成器，从名目繁多的各种祭祀礼器到日常餐饮生活的系列用具，从而创造出美轮美奂的陶器艺术。尤为重要的是，陶器的出现迎来了人类文明史上一个划时代的开始，出现了以女性为主体创造者的第一次技术革命，开启了人类原始工业的先河。故此，刘易斯·芒福德在概括这段历史的文化特征时讲道："在女人的影响和支配下，新石

器时代突出地表现为一个器皿的时代。"①

　　吝惜来之不易的食物和善于琢磨储藏食物的方法是大多数女人的一大天性和癖好，因而成为她们从事各种容器发明和创造的内在动力。新石器时代的女人们由于整日围绕着如何打水、生火、做饭，操持各种祭祀礼仪等活动，部落里事无巨细的生活需要使她们成为天才的容器设计和制造大师，从而出现了各种造型新颖的陶制容器（图 3-26）。

　　世界上迄今发现最早的陶器是在中国江西省万年县的仙人洞旧石器遗址中出土的，它是一件距今约 2 万年的直壁圆形底陶罐（图 3-27）。大量史前聚落遗址考古发现的各类陶制容器让我们深刻领略到，陶器制造业的发展在改善人类生活质量的同时，也在悄无声息地改变着人类的栖息方式。

　　远古先民历经艰辛和智慧创造出的精美陶器，日积月累，逐渐成为部落中一项巨大的物质财富。除了他们赖以生存的各种自然要素外，这些主要以陶器为公共财产的部落栖息地逐渐使他们留恋不舍，不忍频繁迁徙，因此不断趋向永久性聚落定居生活。所以，我们至今还在用舍不得坛坛罐罐这一从石器时代形成的典故来形容一个人裹足不前和极端恋旧的性格。笔者认为，这些容易碰碎，与主人有着深厚生活感情的陶器，很有可能成为许多人类史前聚落在某一处坚持繁衍生息，绵延数千年，乃至上万年，最终发育成为人类城市文明胚胎的主要原因之一。故此，陶器的出现不但开启了人类改变自然物质的物理属性，创造非自然物质材料工具的先河，而且陶器艺术的发展和繁盛也成为改变人类生存方式和居住观念的一大内在动因。

　　人类历史上最先制作的容器可能是由树枝或藤条之类的东西编织而成的。这种编织容器可以将捕捉来的野兽作为鲜活的肉食品，以圈养的方式储存起来。受此影响，人类最初制作的陶器就像编织笼

————————
① ［美］刘易斯·芒福德. 城市发展史——起源、演变和前景. 宋俊岭，倪文彦译。中国建筑工业出版社，2005 年，第 15 页。

子一样，是将事先搓好的泥条一圈一圈、一层一层地盘筑成一种简单的圆形直壁容器胎体，然后经过不断修整后烧制而成，就像仙人洞出土的直壁圆形底陶罐（图 3-27）。

　　陶工们在制作陶器泥胎的过程中，免不了留下自己一些指痕或者用绳子捆绑固形时留下的绳纹。然而，心灵手巧的女人们从中得以启发，逐渐有意识地将其转变成为一种具有审美意识的装饰纹样或机理，最终发展成具有一定象征意义的彩陶文化。

　　在此期间，一些由陶工即兴创造和在泥胎上刻画的标记或符号，竟然成为人类创造文字的起源，逐渐改变了人类原始的结绳而计的历史。在此基础上，她们不断总结经验和发挥泥土易于塑造的特性，通过压、刻画、堆塑、描绘等手法，为原本作为单纯实用的容器赋予了丰富的思想内涵和精神理念，将大母神的精神融入陶器制作的造型、装饰和美化之中。

　　如果说世界上最早的陶器出现于东亚地区，那么中国便是陶器艺术的故乡。中国新石器时代的陶器从日常生活所需的锅、碗、瓢、盆，祭祀所用的各种礼器到丧葬所用的棺椁，甚至是乐器的烧制等，被新石器时代那些内心细腻的女人们拓展到了人类物质和精神生活的各个方面（图 3-28）。由于华夏民族从原始社会早已形成了"视死如生"的厚葬理念，大量出土的日常生活所使用的各种容器，能够使我们目睹到新石器时代时人类祖先的物质生活状况。各种祭祀礼器的造型和装饰图案，使我们体验到大母神时代人类丰富的精神世界（图 3-29）。

　　根据中国著名学者陈绶祥先生的《遮蔽的文明》一书所总结，中国原始社会的陶器已发展到了近五十种类型，系统而全面地反映出中国原始社会人们在物质和精神生活方面的真实状况。同时可以看出，中国新石器时代的女人们通过陶器外表上的装饰纹样和图案，生动反映出她们的审美趋向和思想价值观念。

　　陶器诞生的意义不仅是它从生活和审美功能的

图 3-28　陕西省宝鸡市北首岭仰韶文化早期小口尖底双环耳陶瓶

图 3-29　山西省吉县沟遗址出土的人脸形筒状陶器

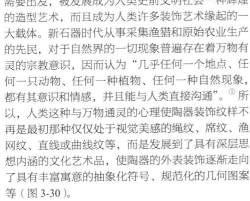

图 3-30　中国陕西省北首岭出土仰韶文化渔网纹船型彩陶壶

图 3-31　中国甘肃省马家窑文化遗址蛙纹样彩陶罐

需要出发，被发展成为人类史前文明社会一种辉煌的造型艺术，而且成为人类许多装饰艺术缘起的一大载体。新石器时代从事采集渔猎和原始农业生产的先民，对于自然界的一切现象普遍存在着万物有灵的宗教意识，因而认为"几乎任何一个地点、任何一只动物、任何一种植物、任何一种自然现象，都有其意识和情感，并且能与人类直接沟通"。① 所以，人类这种与万物通灵的心理使陶器装饰纹样不再是最初那种仅仅处于视觉美感的绳纹、席纹、渔网纹、直线或曲线纹等，而是发展到了具有深层思想内涵的文化艺术品，使陶器的外表装饰逐渐走向了具有丰富寓意的抽象化符号、规范化的几何图案等（图 3-30）。

因此，我们从中国新石器时代彩陶纹样和图案可以体会到，这一时期人类的精神生活属于一种以生命繁殖、人丁兴旺、与万物通灵的生命文化为主题，以蛙纹和鱼纹为代表的大母神崇拜。例如，马家窑仰韶文化遗址出土的半山类型彩陶罐装饰图案，以腹内多子的蛙神图腾为主体图形，下体硕大的女阴符号与四个寓意通天通地的巫术符号相配（图 3-31）。

在大母神时代的宗教意识中，人类所无限崇拜和敬仰的大母神应该是一种生生不息、繁殖能力旺盛的偶像，因而我们所看到的大母神个个被塑造成为大腹便便、肥臀大乳的孕妇形象。从这一层面

来理解，大母神意象的本质就是一种在天地间能够厚德载物，孕育和容纳生命万物的大容器。所以，德国著名的分析心理学家埃利希·诺伊曼（Erich Neumann）从人类这一文化心理特征出发，认为远古人类对大母神的崇拜主要出自一种以生命容器为象征的心理经验。

在远古人类的内心世界里，大母神之伟大不仅因为她的躯体如同容器一样可以孕育、庇护生命，而且作为哺乳和滋养生命永不枯竭地提供着如乳汁一样的能量。所以，埃利希·诺伊曼将女性人体的生理本质与容器功能相关联，将其延伸到人类探索有关容器设计艺术的文化心理层面。在他看来，"从女性容器和乳房衍生出来的另一系列象征，由容器、碗、杯、酒杯、圣杯组成。"②

图腾作为一个氏族部落集体认同和共同崇拜的人格化对象，大概形成于旧石器时代的晚期，它是人类从万物有灵的原始宗教意识发展到祖先崇拜的必然产物。在生产技术低下、万物有灵的时代，图腾也许被看作一种动物、一种植物，或自然现象中的一轮红日、一瓣圣洁的月亮、一颗耀眼的星星等。作为一种部落共同的精神寄托，无论是祈求氏族兴旺、风调雨顺、祛病避灾、纳祥祈福，还是追寻生命之本，一种有关氏族部落形成、发展和壮大的神话历史便由此展开，并由此构筑起一种能够凝聚氏族部落成员情感和寄托灵魂的归宿，使人类原

① ［以色列］尤瓦尔·赫拉利. 人类简史. 林俊洪译. 中信出版社，2014 年，第 54 页。

② ［德］埃利希·诺伊曼. 大母神——原型分析. 李以洪译. 东方出版社，1998 年，第 46 页。

图 3-32　中国陕西西安半坡仰韶文化"人面鱼纹彩陶盆"葬具

图 3-33　中国河南临汝县阎村仰韶文化"鹳鱼石斧图彩陶缸"葬具

始的生命崇拜意识发展到了丰富多彩的图腾崇拜文化阶段。

　　图腾崇拜是人类从原始的泛灵魂崇拜进入到祖先崇拜的文化现象，它以各种礼仪方式存在于人们的生活风俗、居住环境营造理念、审美和道德价值观念之中，并最终作为一种文化基因存储于人类的灵魂深处。而且，一种由图腾崇拜构成的文化图式甚至会发展壮大成为一个民族存在的意志性标志。

　　大量中国新石器时代聚落遗址考古发现说明，中国古人以血缘关系维系在一起的氏族公墓（祖坟）的丧葬风俗和视死如生的丧葬理念早已形成。在此基础上，陶器作为死者主要的陪葬品，可以通过陶器上的图腾数纹样，把氏族部落的祖先崇拜理念延伸到生命的彼岸，为的是能够让死去的氏族部落成员在一个新的陌生世界里获得身份上的认同。在氏族图腾神灵的感召下，希望每一位死者的灵魂不会在另一个世界里感到孤独，并以此使属于同一血缘关系的亡灵又能重新相聚在一起，在冥冥之中的彼岸世界里同样拥有一个能够得到氏族大母神关照的大家庭。

　　这种氏族集体安葬在一起的丧葬风俗理念之本质，就是传承一种氏族成员生生死死都应该由祖先神灵统摄在一起的祖先崇拜意识。不难理解，原始社会这种丧葬理念的背后是一种大母神善于呵护和关照每一位家人的文化理念，也是血缘关系的无限延伸。另外，氏族集体墓葬的出现，也为氏族社会后期以血缘关系的远近为社会结构方式的宗法制的产生奠定了思想基础。

　　瓮棺是中国新石器时代产生的一种独特的丧葬形式，西南边疆地区一些少数民族至今还延续着这一原始的丧葬风俗。瓮棺一般被用来承敛夭折婴儿或儿童的尸体，是原始社会对魂魄尚未发育健全的儿童所做的一种特异爱护。瓮棺一般被安葬在聚落的居住区内，居住房屋的附近或室内地下。受灵魂永存巫术思想的影响，先民们为了使夭折儿童的灵魂再次得以复出，会在瓮棺的封盖上留一小圆孔作为灵魂的出口，因而许多专家认为瓮棺的本质具有象征生命女神"子宫"的寓意。例如，西安半坡仰韶文化聚落遗址出土的"人面鱼纹彩陶盆"就是儿童瓮棺上的封盖，这件彩陶陶盆内壁上人鱼合

体的装饰图案很可能就是一种氏族部落的图腾，具有招魂纳祥的巫术性质，也是一种血缘身份的象征（图 3-32）。

　　"鹳鱼石斧图彩陶缸"是一件河南省临汝县阎村出土的与西安半坡遗址同一时期的葬具。陶缸外壁上的左边绘有一只站立的、嘴里衔一条大鱼的白鹳，右侧则绘有一把木柄石斧。专家们分析认为，白鹳和鱼分别代表两个氏族部落的图腾标识，石斧是该氏族部落首领的权力象征，说明白鹳族的首领曾带领自己的部落战胜或吞并了鱼族部落。瓮棺葬具在仰韶时期很少使用于成年人，然而却是一种高级别的成人葬具。外壁上绘有如此复杂含义图案的瓮棺主人，肯定是该部落的首领，彩绘图案应该是对首领丰功伟绩的彰显和纪念，说明该时期的祖先崇拜程度发展到了图腾崇拜的文化心理图式（图 3-33）。

　　老子《道德经·第十一章》讲："埏埴以为器，当其无，有器之用。"意思是和泥制作的陶器，只有中空部分才有实际意义。老子从功能价值出发，在有与无的辩证关系中阐释了陶器的本质和存在意义。即有与无相辅相成，相互依存，有用的"空无"依靠没有实际功能的有（实体物形）才得以实现。然而，当陶器从单纯的容器发展为具有承载精神文化理念的载体后，新石器时代的女人们在制作陶器的同时，也在塑造着大母神的文化品质和自我理想的形象，她们将崇拜大母神的生命文化理念融入陶器器形的塑造和外部装饰的纹样设计之中，使容器的功能与形式达到高度的统一。

　　在浙江省太湖流域的崧泽文化遗址中，考古人员发现了一件距今 6000～5100 年的人首陶瓶，外形为三节束腰葫芦状的女人裸体陶像，胸口开椭圆形的洞口，可盛放谷物或水。这件"人首陶瓶"的大母神形象通高 21cm，体态丰满肥硕，轮廓圆浑，脑后束短辫，张口似有所语，散发出一种强大的生命繁殖力，嫣然一副腹中多子的大母神形象，可能属于一种用作祈求风调雨顺，祝愿降生或谷物丰收的祭祀礼器（图 3-34）。

　　德国著名分析心理学家埃利希·诺伊曼研究认为，人类原始的创世观念一般都把自己的身形图式当作世界上出现的第一人的原型。所以，诺伊曼

图 3-34　中国浙江省太湖流域嘉兴崧泽文化人首陶瓶

图 3-35　大汶口晚期白陶双扳鬶（温酒、水器）

从分析人类世界观形成初期的心理特征出发，认为将女人的身体解读为容器的文化心理模式，"是人类经验的自然表现，女人从她的'体内'生出婴儿……女性特有的人格与庇护婴儿的、容纳的身体——容器相同"①。故此，远古人类对大母神精神所进行的阐释，主要出自一种对生命容器的感知经验。

随着造型艺术水平和制陶工艺技术的不断提高，陶工们对于大母神文化图式的表述，逐渐从初期对于陶器表面单纯的美化彩绘，发展到了对容器胎体形态意象的特意塑造方面。他们将自己对于外在宇宙世界的认知融入到了大母神容器文化理念的心理，转化到了对于各种类型陶制容器的女性生理特征的创造之中。因此，大母神容器时代的陶器艺术，与其说陶器成为人类文化意识的一大载体，倒不如说人类在设计和制作陶器时所持有的大母神崇拜的原始宗教信念。

原始社会在容器创造与大母神意象相结合中的文化心理，在许多出土的新石器时代陶器的造型艺术中可以真切体会到。我们惊奇地发现，女人的乳房、臀部或腹部普遍成为原始社会许多祭祀礼器造型设计中的灵感源泉和原形，彰显着大母神崇拜的文化观念。例如，中国新石器时代最为经典的三足陶鬶造型，就是一种体现大母神崇拜文化心理的杰出代表（图 3-35）。在大母神崇拜文化理念的主导下，有些类型的容器甚至直接被塑造成为非常写实的大乳房。例如，中国西藏自治区昌都卡若遗址出土的"双体陶罐"，便是一对直观形象的巨乳造型的容器。

卡若文化的"双体陶罐"造型既像一对硕大无比的乳房，又具有丰腴肥臀之意的大母神人体意象。这件陶制容器应该属于一种祈祷子孙繁盛或家

畜兴旺，摆放于神坛之上的供奉礼器。考古发现证明，卡若人不吃鱼，也将鱼崇拜为自己的祖先，而且昌都地区的人至今保留着浓厚的母系社会色彩，是文献资料记载中的"东女国"，《西游记》中"女人国"的所在地，曾长期延续着一妻多夫制。

"双体陶罐"器形饱满、构思精妙，具有明显的女性生殖崇拜的原始宗教意识（图 3-36）。这些实物造型恰好验证了埃利希·诺伊曼的大母神容器观点，母系社会的陶工们是将用于饮食的容器当作孕育生命的母神人体，或者是哺乳生命的乳房来塑造的。

大母神形象之伟大不仅因为她体现了如同子宫一样孕育生命、庇护生命的生命容器，而且她为哺乳生命和滋养生命提供乳汁一样的生命能量。故此，埃利希·诺伊曼将这种女性人体生命容器的宗教文化观念延伸到有关人类造物创形的设计艺术的起源方面。一般而言，人类在开始从事造物创形的过程中，如同处于开蒙启智时期的幼童，脱离不了对某些客观物象的模仿，而新石器时代精美的陶器从类型上虽然出自人类对于物质和精神生活的需要，然而在从事器物造型设计时受到了大母神人体容器文化图式对他们的影响和启发。所以，新石器

图 3-36　卡若文化的"双体陶罐"

① ［德］埃利希·诺伊曼. 大母神——原型分析. 李以洪译. 东方出版社，1998 年，第 41 页。

图 3-37　新石器时代后期大
汶口白陶鬶

图 3-38　大汶口文化典型的
三足陶鬶

图 3-39　大汶口文化红陶袋
足鬶

图 3-40　良渚文化时期红陶
袋足鬶

时代出土的众多陶制容器造型使我们体验最深刻的是，原始社会人类通过塑造和强调女性生理特征的造型语言来阐释自己对于大母神生命文化的崇拜。因此，埃利希·诺伊曼的观点正是根据母亲哺乳婴儿这一生命繁殖的自然过程，来阐释原始社会系列性容器类型诞生的文化心理图式。

中国新石器时代最为杰出的器物造型莫过于气质高贵、形态生动、形式多样的陶制礼器，它们之中尤其以陶鬶为经典，其精湛的制作工艺和富有女性丰润之美的形体特征，达到了人类远古容器造型艺术设计水平的巅峰。陶鬶造型的基本特征以三个

空心袋状的立足为支撑，容器口部呈扁勺状流，腹部扁圆，腰间为鋬。陶鬶三个空心袋状足支撑形态优美自然、造型独特，属于典型的仿生造型设计，远古社会的陶工们以生动直观的视觉语言闪耀着大母神文化的光芒（图 3-37～图 3-40）。姿态高雅的陶鬶作为高规格的墓室陪葬品，用以显示墓主人显赫的社会地位和视死如生的生命文化理念。在墓葬内部的陈设仪式中，陶鬶一般摆放在距离墓主人嘴部最近的头部两侧，完整的陶鬶常常出现在新石器时代中晚期的龙山文化时期。

■4 大母神文化与艺术起源

关于艺术的起源历来有多种说法，一是最古老的出自人类本能的"模仿"之说，提出这一观点的以古希腊哲学家德谟克利特和亚里士多德为代表；二是以近代德国哲学家席勒和英国哲学家斯宾塞为代表的"游戏"之说，认为人类的艺术和审美活动来自精力过剩的发泄；三是现代美学和文艺理论主张的，出于有感而发的表现欲望；四是以英国人类学家爱德华·泰勒为代表所提出的，产生于原始社会人类与万物之灵交感的巫术；五是以毕歇尔、希尔恩、马克思德索、普列汉诺夫为代表的，形成于"劳动"之说；六是法国结构主义学者阿尔都塞所认为的，艺术起源应该从社会学、人类学、心理学等多学科相结合的"多元决定论"。然而，"模仿"之说似乎颠倒了艺术本质与表现的关系；"游戏"之说有些泛艺术化；"表现"之说偏重于艺术的外在性；"巫术"之说限制了艺术形成的内涵。虽然，"劳动"的确与艺术起源关系重大，但却不完整，而"多元决定论"的出发点虽是正确，但多元之间的关系值得探讨。

虽然艺术作为人类文明发展中产生的一种文化现象，有着极其复杂和多样的客观背景，但是艺术的起源归根结底源自人类所从事的一切社会实践活动。恩格斯在《家庭、私有制和国家的起源》中关于人类生产的概念讲道："生产本身有两种，一种是生活资料及食品、衣服、住宅以及为此所必需的工具的生产；另一方面是人类自身的生产，即种的繁衍。"[1] 用美国著名社会哲学家刘易斯·芒福德之言所讲："日常活动围绕着两个大问题，食和性：一个是生命的继续，另一个是生命的繁衍。"[2] 在此，笔者倒是赞同俄罗斯文艺理论家车尔尼雪夫斯基（Nikolay Gavrilovich Chernyshevsky）所提出的艺术来源于生活的观点。因为，无论是哪种生产，甚至是巫术活动都属于现实生活的精神内容。概括地讲，艺术应起源于人类所从事的辩证统一的物质生活和精神生活，特别是起源于以大母神生命崇拜文化意识为主导的物质和精神生活。

1973年，在中国青海省大通区的上孙家寨，当地人在为修建仓库开挖地基时意外地发现了一件5000多年前的"舞蹈纹彩陶盆"（图3-41），在学术界很快引起了一场轰动。这是一件中国彩陶艺术高峰时期的作品，真实反映了原始社会人们的精神生活。该陶盆的内壁绘有三组舞蹈图案的装饰纹样，舞蹈者手拉手五人一组，面部统一摆向右前方，步调一致地踩着节拍翩翩起舞。

特别引人注目的是，舞蹈者头部的发状饰物与下体饰物分别向左右两个方向飘起，使舞蹈者们扭摆的身姿清晰动人。关于这场舞蹈的性质说法各有不同，一是认为部落正在举办某种重大庆典活动；

另一说法是先民们在举行一场祈祷丰收或生殖崇拜的祈祷仪式。然而笔者认为，根据仰韶时期这种彩陶盆一般被用作瓮棺封盖的丧葬风俗来判断，画面内容应该属于一种招魂或祈祷生命繁殖的巫术舞蹈。

这件"舞蹈纹彩陶盆"上飘动的头饰和下体的饰物非常显眼，因而成为学术界关注的重点，对于舞蹈者是男或是女一直存有争议。有学者提出，舞者的身姿轻盈而又优美，所画人物十之八九应该是一帮妙龄女子。笔者认为，画中反映内容应该属于一种巫术性的祷告仪式，不排除是一种模仿本部落所崇拜动物的化妆舞蹈。如果分析一下印度尼西亚巴布亚部落在节日里男女派对狂欢跳舞时的装扮，我们便会明白其中非常原始的巫术文化内容（图3-42）。但是，这件彩陶盆妆饰图案引起遐想的背后却阐明了一个关于艺术起源的大道理。即属于人类的精神生活范畴的图腾崇拜和巫术仪式，既产生了人类社会的原始舞蹈、音乐、绘画艺术，又成为人体装饰和服装艺术的起源。另外，人类由于希望得到更多的物质生活财富而进行的风调雨顺祈祷和庆祝丰收的宗教仪式，同样也是许多原始艺术的活水源头。

试想一下，穴居时代古人类起初利用树叶或草藤编织物来遮挡身体，采用鸟类羽毛或整张兽皮来保暖的状况（图3-43）。如果要问人类什么时候才开始穿上真正意义的衣服，最圆通的说法便是衣服大致出现于旧石器时代的末期，但谁也无法明确其具体的时间。然而，考古发现的骨针可以大概告诉我们，人类开始采用骨针缝制衣服的时间起码要在5万年以上。例如，考古学家在俄罗斯西伯利亚阿尔泰山脉一处丹尼索瓦人居住过的山洞里，发现了一根距今至少5万年，7.5cm长的骨针。在法国南

图3-41 中国青海省大通区上孙家寨出土的马家窑文化"舞蹈纹彩陶盆"

图3-42 印度尼西亚巴布亚部落人在狂欢节中的头饰和尾饰

① 恩格斯. 马克思恩格斯选集 第四卷 –《家庭》. 人民出版社，1972年。

② [美]刘易斯·芒福德. 城市发展史——起源、演变和前景. 宋俊岭，倪文彦译. 中国建筑工业出版社，2005年，第12页。

图 3-43 中国云南彝族人的整张羊皮褂子

图 3-44 距今约 18000 年前北京山顶洞人使用的骨针

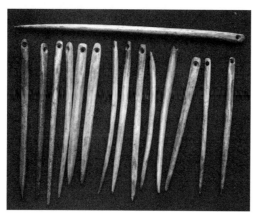

图 3-45 非洲原住民平时的着装习俗

图 3-46 彝族人正月"虎节"跳"老虎笙"舞蹈的化妆儿童

杵在光天化日之下的"裸猿"。

关于人类为什么想起来要穿衣服，有多种说法。一种说法是人类因害羞之感的萌发，想起来对身体某些敏感区需要一些遮挡。我们发现原住民着衣的共同之处在于，即使是十分简陋，他们也要采取某种特殊的形式把身体的隐私部分遮掩起来（图 3-45）。这种"遮羞"之说更符合女性心理，可以说在蛮荒时代是女人可能首先想到了遮羞问题，而且着装方式一般是由重点部位掩饰向整体发展。害羞意念的生起也是人类人伦礼仪意识萌芽的基本起因。第二种说法是由于御寒的需要，300 多万年的洞穴生活使人类祖先在进化之中体毛所剩无几，御寒能力急剧下降，因而需要一些外来之物用来保暖，以适应自己身体变化而带来的新问题。第三种说法是源出自爱美和虚荣之心的生成，用装饰外表或人体装饰的做法来显示自己在社会生活中的身份存在感。

在走婚制盛行的时代，有一种可能便是因招引异性注意力的心理需要而产生的个性发挥，而那种以昭示特殊身份为目的说法则应该属于人类有了衣着经验以后的文化品位升级的问题了。虽说这几种成因都有一定的道理，然而驱寒保暖是人类生存的基本需要，遮羞、显示身份和人体装饰之说应该以具备一定的审美意识为前提条件，特别是人体装饰与万物有灵的原始宗教有着密切关系。例如，虎作为一种勇敢强悍的部落崇拜偶像在原始社会比较普遍，中国彝族人就相信自己是老虎的转世，每年一次的"虎节"都要举行隆重的"老虎笙"舞蹈祭祖活动。据说这一源自新石器时代的祭祀风俗一直延续到现在，具有六七千年的历史（图 3-46）。

人体美化是人类审美意识觉醒之后的精神生活的产物。人类文化学把人体美化分为以改变人体外观视觉效果的固定装饰和随时附着于身体的不固定装饰两种类型，也有兼备这两种类型特征的人体美化装饰。固定装饰一般形成于气候炎热地区，他们通常采用刺纹样、戕贱身体、改变外观等变形手术，甚至在自己肉体某部位镶嵌装饰之物的方法，以达到永久性装饰的效果。这一做法源自人类非常原始的动植物和灵魂崇拜的生命文化理念，以及祖先图腾崇拜的文化风俗。例如，非洲埃塞俄比亚的莫西族人将拉长耳垂、佩戴唇盘等装饰看作是美丽和个人成熟的象征（图 3-47）。这种固定装饰的文

部奥瑞纳克的山洞里发现了一根距今约 4 万年的骨针。然而，保存最为完整，刮磨得光滑锋利，制作工艺最为精湛的骨针应该是在中国山顶洞中找到的长 8.2cm，距今 2 万～3 万年的骨针（图 3-44）。古针的发现说明，山顶洞人当时早已开始了用骨针缝制兽皮的历史，他们不再是一丝不挂地走出山洞，

化风俗在原始社会早已形成，在中国5000多年前的大汶口文化区考古发现显示，当时盛行一种对枕骨进行人工变形和青春期拔掉门牙的风俗，应该属于一种对某种凶猛动物的部落宗教崇拜。

不固定装饰是指那些便于摘卸的装饰物，它可以在特殊场合或重大节日时穿戴。据相关报道，意大利考古学家在地中海一带曾发现距今约16万年的、一具佩戴兽骨和石头串联在一起的项链的女性古人类遗骸。在中国发现的北京旧石器时代山顶洞人佩戴的也是一种由石珠、兽牙、贝壳等串起来的项链，距今也有2万多年历史。这些发现说明，人类不固定装饰的历史也相当悠久（图3-48）。

众多旧石器时代文化遗址考古资料显示，原始社会形成的不固定装饰人体美化基本上可分为头饰、项饰、腰饰、臂饰、腕饰等类型。从这些装饰物件类型所佩戴的人体部位来判断，古人类对于人体的性感区、动姿和表情最为丰富部位的特别关注，从而成为人体装饰艺术的一大基本特征，也是人类人体美化理念的共性所在。从其文化现象的源头来分析，人体美化应该与母系社会以吸引异性的走婚风俗关系更大，但生殖崇拜也是其中一大文化心理因素。

人体美化观念的形成，一是大自然之美对于生命意识觉醒之后的人类感化，人类借助自然之物来表达自己内心世界的审美欲望；二是在万物有灵的宗教理念影响下，人类通过一定方式表达自己对于生命万物和象征祖先神灵的崇拜；三是人类在祈求人丁兴旺和生殖崇拜宗教意识的影响下，对于个体生命活力的彰显，并以此获取在群体中的尊重。所以，原始人体美化艺术无论是表现形式，还是对于美化材料的选择，起初都来自自然万物，带有非常浓厚的自然崇拜意识。

在人体美化的初期，人们采用随手拈来的鲜花野草、华丽的鸟羽、具有女阴崇拜意识的贝壳，甚至是赖以维持生命的各种植物果实等来美化自己，这种朴实而自然的人体美化方式至今仍在非洲一些原始部落中流行。例如，1926年，人类学家在喀麦隆与尼日利亚之间的原始森林中发现了一支名叫科玛人的部落，他们生活在海拔1800m的阿朗蒂卡山脉，仍然过着采集渔猎的原始部落生活，成为与人类现代文明隔绝的"世外桃源"，他们的人体美化意识给人一种回归原始文明的体验。

科玛部落的女人在平日打扮时只用树叶遮挡腹部以下的私密部分，只用绳子将采摘来的树枝和树叶束在腰间，随机变成一种植物花色的裙子。这种纯粹来自大自然的植物裙子使爱美心强的女孩可以"一日三换"，将自己打扮成一种与大自然融为一体的"树叶女人"（图3-49）。科玛人的头饰更是有趣，有的头顶佩戴一种用贝壳串起来的帽圈，然后在帽圈上再插上羽毛、鲜花之类的点缀之物，甚至有些老太太在头顶上直接耷拉着一串玉米棒子作为装饰物。这种天然野趣的人体美化理念，不由让我们联想到玛雅文明时期玉米之神的形象（图3-50）。

按照当代生态观念的说法，科玛人的这种人体装饰之美完全属于绿色环保的装置艺术。根据大量资料分析和总结，远古先民的头饰采用的材料归纳起来大致有鸟羽、动物犄角、野兽尾巴、贝壳、动

图3-47 非洲埃塞俄比亚莫西族人的身体改造装饰

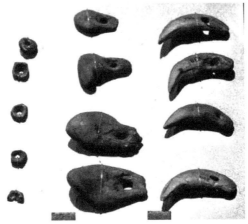

图3-48 距今18000年北京山顶洞人由砾石、兽牙、石珠、鱼骨等串起来的项链

图3-49 摄影家Hans Silvester在他《自然的时尚：非洲部落的装饰》记录的奥莫大裂谷原始部落的人体装饰

图3-50 非洲高原地带的科玛部落的老妇人头饰

物头骨等；项饰一般是用野兽牙骨、贝壳、石珠、砾石、骨珠等串起来的项链；腰饰则普遍采用植物纤维编织、兽皮、由卵壳串起来的裙帘等。至于臂饰、腕饰所需要的带状饰物，与项饰材料类似，种类更为丰富。

在人类审美意识的萌动时期，人人都可能是极有感觉的原创艺术家，没有任何现有观念的约束。人体装饰艺术可能纯属一种灵动一闪的个体表现欲望，每一个人都可能成为有感而发和即兴表达的艺术家。所以，原始社会的人体美化艺术可能会使人们在瞬间觉得自己像是一束美丽耀眼的鲜花、一只招惹众人喜欢的小动物、一种能让少女崇拜的像猛兽一样的勇士，或者是一种希望自己每日能吃得上的果实。所以，原始社会起初的人体装饰艺术充分洋溢着一种纯自然的魅力、个性和天趣。它既有人类生理本能的反映，又具有审美情趣的直情外泄因而真正属于一种有感而发的原创艺术（图 3-51、图 3-52）。

然而，当这种天然的审美意趣被社会公共审美意识左右之后，随着工艺美术加工水平的提高、社会等级化观念的产生和宗教信仰等，人体美化中的装饰形式、材料运用，甚至是工艺等均受制于宗教理念和社会身份的规范限定，人体装饰艺术于是有了禁忌礼仪之说。因此，人体美化艺术的形成与发展具有原始的自发性、万物有灵的巫术性、宗教信仰，以及社会礼制等多重属性。

原始的人体美化意识更多源自人类对于自然万物的崇拜，当进入祖先崇拜和伦理社会之后，人体装饰便成为社会意识的一种载体。例如，从西安市临潼区姜寨仰韶文化遗址出土的，一件为一位少女加工制作的由 8577 颗骨珠打磨串联而成的项饰品（图 3-53），不知需要多少个工匠和工作日方可完成，至少说明这位少女在部落中绝非一般成员，一定享有很高的社会地位。再如，意大利摄影师罗伯特·帕奇（Robert Pazzi）在新几内亚高地发现了一个名为达尼人的原始部落，部落首领将镶嵌在鼻子上的野猪獠牙，视为自己社会地位显赫的一大象征（图 3-54）。

在女人裙饰方面，新几内亚达尼人原始部落的未婚女子一般只能穿戴传统的草编裙子，而已婚女人可以穿用更加讲究的用植物纤维编织的裙子。如图 3-55 所示，左边为穿草裙的未婚女性，右边为已婚妇女所穿的用植物纤维编织的裙子。

注入万物有灵宗教意识的人体美化使人体装饰
赋予了更多成分的神秘色彩，奇异的巫术理念和与
神灵沟通的各种符号、咒语，因而给人体装饰艺术
的创意增添了无限遐想和丰富的表现内容。因此，
当神灵意识被原始宗教理念融入人体装饰艺术后，
人体美化从而成为原始先民传达自己生命崇拜理念
或与先祖灵魂沟通的载体。人体装饰的意义表达从
原始而单纯的自然审美心理转向了敬畏、崇拜和充
满神秘气息的精神世界。在此基础上，宗教化的人
体美化通过与节日性的祭祀风俗相结合，进一步将
其规范成为一种具有组织性、时间季节性、仪式
性，以及公共参与性的宗教活动。

宗教化的人体装饰艺术会以不同的活动内容出
现在各种庆典和祭祀场合，在人类文明史上形成了
一大笔精神文化遗产。例如，被联合国教科文组织
列为世界文化遗产的非洲马里国多贡人的"达马仪
式"祭祀舞蹈。在多贡人的生命文化观念中，人的
灵魂永恒不死，人的生死只不过是一次灵魂转换，
亡者的灵魂还会庇护活在现世的亲人们。

因此，每当亲人死后，多贡人会举行一种欢
快的庆祝仪式，通过跳一种名叫"达马"仪式的面
具祭祀舞蹈与死者灵魂进行沟通。举行这种"达
马"祭祀舞蹈，通常配有80多种装饰面具，而且
每种面具都有各自的寓意和与之相配的舞蹈形式

（图 3-56）。在这些名目繁多的面具中，"卡纳加"
算是最经典的一种。"卡纳加"面具上方的一横被
比作天，下面一横象征大地，中间立柱表示为能够
通天通地的神灵（图 3-57、图 3-58）。

图 3-57　非洲多贡人著名的"卡纳加"面具

图 3-58　非洲多贡人著名的"达马"仪式祭祀舞蹈

第四章

穴居文化的延伸

走出洞穴故乡的人类祖先，在心灵深处储存着大量穴居时代植入的文化信息，保持着穴居时代习养而成的文化心理，以及由此构成的精神文化的空间图式。这些在文化传承过程中具有生物基因遗传性质的文化信息、心理结构和文化图式等，构成了人类在洞穴之外探索新的栖息方式，创建新的精神家园过程中的文化价值体系和思维方式，也是他们创造和丰富物质表现语言的内在动因。

穴居时代给人类文明留下的最深印象是，由洞穴空间与阳光照射引起他们有关创世纪和天地伦理关系的思考。人类祖先在太阳崇拜的宗教文化心理上，将生命万物的产生和存在与阳光联系在一起，认为是阳光照射与洞穴一样的大母神子宫合和之美的结果，从而构成了太阳之父与洞穴之母的宇宙天地基本伦理。

离开洞穴，走向新世纪的人类祖先在为自身探索新的栖息方式的同时，开始更加关注对于祖先神灵的精心安置，由此开创起人类宗教建筑文化的探索。他们从堆石标记、摆石圈、列石柱、架石棚、布石阵，发展到金字塔之类的巨型工程，成为人类石材建筑起源和宗教建筑发展的滥觞。新石器时代人类祖先对于神灵居所空间模式的理解主要来自他们对于洞穴与阳光照射长期的观察和思考，他们以惊人的毅力和创造热情，通过原始的建造技术，创造出一系列反映天文和历法知识的宗教建筑空间形态。

人类祖先在开始创建居住空间时，同样以洞穴与阳光穴居时代人居环境的两大要素为切入点，延续着以大母神人体为原型的生生宇宙的空间文化图式。在此期间，他们无论采用植物编织、木骨封泥，还是石材堆砌等方式，房屋在他们的灵魂深处始终成为一种微缩的生命小宇宙，一种人性所共有的宗教崇拜意识和天地伦理观念。所以，人类祖先在开始建造自己的居住空间时犹如新石器时代的陶工，同时也在塑造一种孕育生命的大容器和彩陶一样的建筑装饰艺术。

火的发明成为改变人类穴居环境和生活方式的转折点，是人类祖先继太阳崇拜之后的又一自然崇拜对象，并由此形成了火神崇拜的原始宗教意识。由于火在人类生活中的重大意义，一方面，人类祖先首先将其看作一种薪火相传、象征生命不息和氏族繁衍壮大的精神载体，并通过人工建筑空间的形式使其被传承下来；其次，人类祖先在长期思考和摸索如何生火、用火和存火等问题的同时，也展开了一系列用火工具的发明和创造，在解决如何高效利用火资源的同时也使人居环境的空间结构发生着不断变化。另一方面，由火崇拜宗教文化心理产生的，如何敬仰火神的一系列禁忌文化风俗的同时，也使人类祖先开始了由妇女们主要承担的，房屋室内以火崇拜为主题的装饰艺术的创造活动和建筑空间文化。

■ 1 大地之母与太阳之父

洞口朝阳是人类祖先选择适合穴居环境的重要条件之一。人类祖先长期蜗居于光线昏暗的洞穴之中，对于阳光渴望的心情使他们恨不得将洞口变成向日葵那样，永远追随着太阳的光照，甚至幻想着自己拥有一种能够捕捉和掌控太阳的超能力，希望将太阳固定在自己所需要的位置上。为此，他们祈祷太阳、追逐太阳、迎接太阳、留住太阳，希望人的生命也与太阳一起周而复始地轮回，永不消失，并由此创造了各种祭拜太阳的礼仪、祈求掌控太阳的巫术、崇拜太阳的图腾、祭祀太阳的节日风俗，以及创造出许多与太阳有关的神话故事（图4-1～图4-3）。例如，中国远古时期流传下来的有关夸父追日渴死于中途的传说。可以说是人类将自己生存的命运开始与太阳关联在一起之后，就已萌发了崇拜太阳的宗教意识。

在现实生活的体验中，古人类特别关注洞穴洞口的朝向，因而他们很早就已开始了对于太阳运行轨迹和光线变化规律的观察和摸索，太阳升起的方向自然成为他们心目中最为神圣的地方。所以，当人类祖先在宇宙空间之中的意识尚处于朦胧状态之时，太阳每天早晨升起的地方会成为他们首先获得认定的第一个时空方位，也是许多原始宗教之所以面朝东方实施祭拜之礼的缘由所在。

英国著名人类学家泰勒因而在他的《原始文化》一书中讲道："从太古时代起，关于具有光明和温暖、生命、幸福和光荣的思想，深深地植根于

图 4-1 苏美尔人的太阳神是一种八芒星的太阳轮（大英博物馆藏"向太阳神沙玛什献祭"的石碑浮雕）

宗教信仰之中。"[①]因此，如果我们联想一下人类祖先当时所处的自然世界和心理需要就会理解，由于阳光在穴居时代人类心理上的重要意义，穴居时代的山洞洞口因而被赋予了"生生之门"和"生命之门"的女性生殖崇拜的宗教观念，而射入洞穴之中的阳光从而成为原始人类思想意识中的生命"精子"。故此，在这种万物有灵和异质同构的原始宗教文化心理的作用下，人类祖先将阳光与自身生命关系的思考进一步提升到了一种充满灵魂意识的、以大母神人体为原型的宇宙世界的空间文化观念。

空间是建筑的本体，世界上千姿百态的建筑形态均是由于人类在生理和心理上的需要而不断进行的物形创造。如果说世界各地的建筑造型和结构方式主要因为地形地貌、气候环境、建筑材料和建造技术等客观因素的影响而各显千秋，那么唯有人类在建筑空间形态营造中的精神理念才能真正体现其原始意义上的文化心理，以及建筑在起源过程中的基本动因。

苏珊娜·兰格（Susana Susanna Langer）在她的《知觉与形式》中讲："理想环境的创建更多地体现为特定的空间组织方式，而不是建筑的外观形式。而且与'种族文化圈'的观念密切联系。"[②]回眸人类文明成长的历史，人类祖先在大冰期来临时躲进洞穴，与300万年之后走出洞穴时的状况相比，自身已发生了颠覆性的变化。他们不但携带着自己在穴居时代日积月累的各种石器工具、陶制容器，以及自己含辛茹苦驯养而成的家禽、家畜等，更重要的是自身已经属于一种头脑发达、情感丰富、人性业已基本健全的真正人类。

人类祖先在离开天然洞穴之后，居无定所的采集渔猎生活使他们一直困惑于无法安顿祖先神灵。因此，为祖先神灵建造栖身之所成为他们最终选择定居生活的一大缘由。然而，他们在开始探索新的栖息方式和居住空间时，不再属于那种单纯的对于生存需要所做出的本能反应，那种仅仅以寻求庇护为基本诉求的简单的物质材料搭建，而是一种希望将自己在穴居生活体验中所构建起的精神世界努力转化成为一种体验性的空间形态。因此，人类祖先在开始创建建筑空间的过程中，始终倾入他们在穴居时代所形成的文化精神内容，尤其是在为祖先神灵建造居所过程中所要表现出的文化心理图式。所以，从人类建筑文化的形成和发展规律来审视，人类祖先这种建筑空间的原始创建活动，如同大母神时代的陶工们在创造各种容器的同时，也在塑造着崇高的大母神文化精神的意象。

在宗教建筑史上，曾经有过一种以巨石结构为显著特征的宗教建筑类型，它起源于人类祖先结束穴居生活之后一段居无定所的游离生活。在此期间，原始部落的人类在频繁迁徙的征途中，不得不将死去的亲人在途中草草安葬，不得不一步三回头地悲伤离去。为了方便日后祭奠和二次安葬，他们只能在安葬亲人的地方简单地摆上几块石头作为标

① [英]泰勒. 原始文化. 连树声译. 上海文艺出版社, 1992年, 第847页。

② [美]阿摩斯·拉普卜特. 宅形与文化. 常青等译. 中国建筑工业出版社, 2007年, 第48页。

图 4-2　古印度文明的太阳是一个轮盘

图 4-3　中国贺兰山东麓远古岩画中的"太阳神"是一个双环眼、长睫毛、兽脸的图腾

记。还有一种情况是，原始先民在部落某一临时的驻扎地方，用数块石头堆起一种用以祭祀神灵的棚架。

这种充满原始宗教神秘气息的石头堆筑物在世界各地多有发现，甚至普遍存在。这种以纪念性和祭祀性为目的的巨石设施一般分为石圈、列石、石棚、石阵、金字塔等形式，是人类石材建筑和宗教建筑的主要源头，一种原始社会人类为祖先建造的灵魂居所。有些原始宗教的巨石建筑以宏大的空间布局和奇特的造型意识而著称，因而被史学家称为"巨石文化""巨石建筑"以及"大石文化"等（图4-4、图4-5）。

在世界各地发现的巨石建筑文化遗址中，在位于地中海中心的马耳他群岛上，至今保留着一批新石器时代的巨石类庙宇建筑，其中以戈佐岛中部的吉干提亚神庙尤为著名（图4-6）。吉干提亚神庙背向西北、面朝东南方向，正面高达8m开外，而且通体采用巨大的珊瑚石灰岩拼接和堆筑而成。该庙约建于公元前2500年，比古埃及金字塔还早。"吉

图 4-4　爱尔兰克莱尔郡新
石器时代石棚

图 4-5　冈比亚河岸的石圈
祭祀场

图 4-6　马耳他戈佐岛上的
吉干提亚神庙遗址

图 4-7　神殿遗址中发现的
供奉的大地母神像

干提亚"在马耳他语中是"大得惊人"的意思，在没有先进施工技术和设备的情况下，新石器时期时代的马耳他岛原住民能够直接采用如此巨大的石材块体砌筑起如此复杂和高大的建筑形体和空间，着实让我们现代人为之惊叹。

马耳他群岛地处北半球，吉干提亚神庙因而面向东南方向，朝着太阳升起的地方。考古学家根据设在大门口用于祭祀的宰牲台等遗存进行判断，马耳他岛上的先民们曾经在这里经常举行隆重的祭祀仪式。根据残存的墙体结构进行分析，吉干提亚神庙的几个神殿分别采用了穹顶结构建筑形式，并在各殿内部特别设有神龛，供奉着象征生育力强盛的、肥臀大乳的大母神雕像（图 4-7）。

在马耳他群岛上发现的巨石神庙群共有七座，而且每座巨石庙都各自独立发展而成空间体系，其中规模最为宏伟的一座要数塔尔申神庙。如果说塔尔申神庙的空间形态为我们呈现了新石器时代马耳他岛原居民当时所认为的宇宙空间文化图式，那么另外一座名叫穆那德利亚神庙的空间设计，则以神奇的实用功能令我们现代人叹为观止。

穆那德利亚神庙又称"太阳神庙"或"太阳神殿"，该巨石庙让人最为惊叹的是，建造者们早在4500 年以前就已基本掌握了太阳运行轨迹和阳光照射角度变化的规律，并将其巧妙地运用于该神庙的空间设计之中。说明当时岛上的原住民，已经具备了相当精确的天文学和历法知识。

建造者们经过精心的空间规划和精确的时间与空间模式计算，每当太阳光线投射到穆那德利亚庙内设置的祭坛和石柱上的特定标位时，便能准确告知人们每年的夏至、冬至，以及其他主要节气到来的时刻。所以，穆那德利业神庙从空间形态到室内设置，实际上成为一种远古时代庞大和精致的计时装置，一个人类创造的最原始的太阳钟和日历柱。据说，该庙的这一功能直到今天还在发挥着作用（图 4-8）。

穆那德利亚巨石庙的神奇表现说明，建造如此庞杂而精确的功能性建筑，需要熟练掌握建筑学、天文学、历法、数学等多学科专业知识。另外，该寺庙的建造者们能够如此准确掌握太阳光照运行的规律，说明阳光在古人类的生存意识中占据着至关重要的作用。尤其反映出，马耳他群岛上原住民当时所掌握的这些天文知识和历法知识，是人类祖先在穴居时代对于进入洞穴空间的太阳光线变化，进行长期认真观察和不断总结其规律的成果。这座"太阳神庙"通过人工建筑空间的手段，将他们在穴居生活中体验获得和积累的自然天文知识，系统化地表现了出来。

300 多万年穴居生活的体验，给人类先祖造成的宇宙空间普遍被理解为一种由曲面围合与穹庐形覆盖而成的大容器，而这种容器空间的内部形体关系是以大母神精神为主宰的自然伦理关系，特别是被认为与人类自身命运息息相关的诸神所构想的宇宙空间模式。例如，在 20 世纪 90 年代，一位库尔德族牧羊人在土耳其东部的尚勒乌尔法市郊区，意外发现了一处名叫哥贝克力的巨石阵（图 4-9）。

哥贝克力巨石阵紧靠一座名为"大腹脑"的厄伦哲克山梁，它的年龄经"碳 -14"测定为至少在12000 年左右，是至今发现的人类最古老的宗教建

图 4-8 马耳他巨石文化时期的穆那德利亚神庙鸟瞰照

图 4-9 土耳其东部距今12000 年左右的哥贝克力巨石阵遗址现场

筑，因而颠覆了在此之前被学术界认定的人类文明历史的进程。从文化类型上讲，哥贝克力巨石阵所经历的文明程度正处于旧石器时代末期与新石器时代的转型期，而这一时期世界各地的大部分原始先民几乎都生活在天然的洞穴中。

无独有偶，哥贝克力巨石阵遗址所在的安纳托利亚平原，正是位于《圣经》里所讲的伊甸园神话故事发生地的境内。甚至有专家断言，哥贝克力巨石阵就是当时伊甸园里的一座神殿。而且，安纳托利亚平原同时是世界上最早开始驯养家猪、山羊、绵羊和牛的地方，被认为是人类从采集渔猎向农耕文明转型最早的地区之一。更为重要的是，在哥贝克力巨石阵附近的山坡上发现了人类最早种植的小麦。可以认为，这里也属于具有人类农耕文明摇篮之称的美索不达米古文明区。

根据遗址考古资料得知，用于建设哥贝克力神殿的 T 形石灰石柱，大多是经过切割打磨和雕刻而成的重达 16t 的巨石。如此高难度的施工技术和浩大工程，需要大批默契配合和高度组织性的集体劳动，那种仅仅依靠简单手势和眼神领会的配合方式是难以完成如此宏大的建筑工程的。可以想象，当时建造哥贝克力巨石阵的尚勒乌尔法先民的语言交流已经十分顺畅，他们不再属于结构松散的智人部落，农耕文明社会结构的特征已初步形成。同时说明，作为精神寄托的宗教建筑已成为构成人类聚落生活环境的主要因素，也是促进人类建筑文化发展的主要动因。

经考古学家们的长期考察和挖掘，发现哥贝克力巨石阵是由 20 多根直入大地的石柱围合而成的壮观的椭圆形环状空间。位于神殿圆环形巨石阵中央的祭祀大厅空间的围合意象，犹如充满生命气息的大母神子宫，而作为神殿围合结构和支撑的柱体

图 4-10 哥贝克力巨石阵的
T 形柱

图 4-11 哥贝克力巨石阵的
浮雕

图 4-12 哥贝克力巨石阵中
的神秘石刻符号

图 4-13 哥贝克力巨石阵中
被考古学家认为是大地母神盖
亚的原型石刻像

一个带有面罩的神秘女人裸体雕刻,被考古学家认为是古希腊神话中大地女神盖亚的原型。在笔者看来,与其说这幅枯瘦如柴的女人形体石刻画一改自旧石器时代以来,人类对于肥臀大乳的大母神形象塑造的观念,倒不如说它属于一种雌雄一体的生殖崇拜图形(图 4-13)。

哥贝克力神殿的空间形态、幽深的甬道,以及对于地形地貌的选择和景观环境的营造,充分体现出原住先民们对于大母神生殖崇拜的宗教观念,也似乎验证了"大腹山"这个土耳其词语对该巨石神殿的文化地名称呼的本意。所以,哥贝克力巨石阵的空间形态象征着孕育生命万物的大地之母的腹部,洋溢出一种强大的生生不息的生命气场(图 4-14)。

英国的史前巨石阵较哥贝克力巨石阵大约晚了6000 年。英国史前巨石阵矗立于英格兰威尔特郡的索尔兹伯里平原上,因而又被称为"索尔兹伯石环"(图 4-15)。索尔兹伯石环是由一根根巨石柱排布而成的几道同心圆石阵,外圈石环直径约 90m,石柱上端横担着厚重的石板条楣梁,并由此形成柱廊。外圈石环的东面设有巨型石门,内圈石环有五座高约 7m 的石门塔,呈马蹄状平面布置在整个石阵的中心轴线上,马蹄状柱阵的敞口处朝着仲夏时太阳升起的准确方位。

索尔兹伯石环阵的宏伟壮观和奇特的建筑形式,让许多考古学家、历史学家、建筑学家以及天文学家等为之困惑。有人说它是一座神秘的寺庙,有人说它是某个定期举行庆典的朝圣地,甚至有人说它是一种原始的天文观测台等。对于该建筑的原始属性虽然众说纷纭,专家们为此各执己见,然而它的空间宗教寓意明显占主要成分。值得一提的是,英属哥伦比亚大学妇女学家安东尼·皮克斯多年研究的成果出人意料,并引来众多争议。

皮克斯多年研究的结果认为,索尔兹伯巨石阵整个空间的文化图式隐喻着一个巨大的女性生殖器,象征着孕育和容纳生命万物的大子宫,传递出大母神崇拜的生命文化信息。皮克斯根据当时人类所处的文明背景提出了三点论证,一是内圈石阵由具有阳刚之气的粗犷石柱与具有阴柔之感的被打磨

是由巨石打磨和雕刻成的 T 形浮雕柱。从力学原理来审视,这种 T 形柱体造型源自人类先祖对双臂举重时人体形状的模仿(图 4-10)。

一圈圈由 T 形石柱构成的向心式的空间构建方式,犹如一群双臂高举,众星捧月般围绕神灵祈祷的朝圣者,从而营造出一种神圣的宗教空间场所。由于考古人员在遗址现场至今没有发现多少人类居住过的文化遗存,以及生活垃圾等痕迹,因此可以判断,哥贝克力巨石阵应该属于一种纯粹的宗教场所,或者是附近地区信徒们的朝圣地。

有相关学者认为,哥贝克力巨石神殿中的一圈十二根石柱可能是象征由十二颗星座构成的黄道十二星宿,由此表达出尚勒乌尔法先民们当时所理解的宇宙空间的构成模式,而神殿中央两根最大的石柱可能是象征部落中最高身份的大巫神。神殿石柱上的浮雕形象多为野猪、毒蛇、狐狸、雄狮等凶猛毒辣的物象。可能与中国传统的以毒攻毒的"五毒辟邪"风俗理念相似,属于一种祈福保平安的巫术思想(图 4-11)。当然,浮雕柱中也不乏一些羚羊、鸭子、龙虾之类被驯服饲养的动物形象,生动反映出原始先民当时的物质和精神生活状况。

考古人员在哥贝克力巨石阵遗址中还发现有些似乎来自地球以外文明的神秘石刻符号(图 4-12)。

图 4-14　哥贝克力巨石阵遗址复原想象图

图 4-15　凤凰网发表的英国索尔兹伯里史前巨石阵外观照

得光滑的石柱相互搭配而成，粗犷豪放代表着刚劲有力的男性或父性，细腻光润则象征着温柔细腻的女性或母性。二是从俯视整个巨石阵的空间形态看，索尔兹伯巨石阵与孕育生命的子宫形状极度相似，因而象征着史前人类对大地母神的生殖崇拜（图 4-16）；三是每年夏至和冬至到来，太阳光线会准确穿过石柱间的缝隙，直接投射到内圈内最深处的一堵墙面上，阐释着一种大地之母与太阳之父阴阳合和之意，创造生命万物的大自然气象和大自然的基本伦理关系（图 4-17）。在此处，太阳光线的意义与古埃及人和古印度教中将生命万物看作太阳射出的"精子"意念，有着异曲同工之妙。

　　考古学家根据巨石阵附近挖掘的 63 具人体遗骸、8 万块动物骨骸、陶器碎片，以及代表死者社会地位的权杖头等文物进行分析认为，索尔兹伯巨石阵作为某一超大型氏族部落的公共墓地，作为定期举行祭祀活动的神殿的可能性最大。这里层层围

图 4-16　英国索尔兹伯里史前巨石阵复原平面及透视分析图

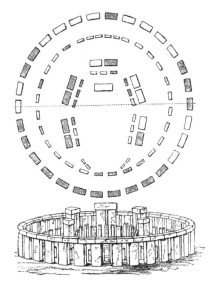

图 4-17　英国索尔兹伯里史前巨石阵鸟瞰照

合的环形空间、漫长的甬道、入口处为祭祀而宰杀牲畜的大石头，以及安放在甬道中轴线上的锤石等场景元素，充分说明该石阵与超度亡灵和祈祷氏族

人丁兴旺的祭祀场合极其吻合，因而是一处用作安顿整个氏族部落祖先神灵的祭祀圣殿。

笔者认为，皮克斯的观点并不意外，从空间形态的文化图式上与土耳其东部的哥贝克力巨石阵极其相似，是大母神生殖文化崇拜的另一种形式表现。两者的不同之处在于，英国索尔兹伯巨石阵已经到了母权社会向父权社会的转型期，人类文明的生命文化观念由原来单纯的大母神崇拜转向了大地之母与太阳之父共同创造生命的文化期，从此奠定了人类宗教建筑空间伦理的基本观念。由此可以看出，索尔兹伯巨石阵所表现出的生命崇拜的空间文化图式，从中形成了阳光与洞穴、太阳之父与大地之母、阳光与建筑空间三重文化意念有机统一的，以阐释父与母生命繁殖为基本观念的伦理关系。

■2　房屋——生命的小宇宙

有关房屋的原型学者们有过多种思路的思考和阐释。从适应气候变化的谋生视角来分析，房屋的本质主要在于为人类遮风挡雨，是人类在离开天然洞穴之后需要寻找的另一种能够替代洞穴的庇护空间；从建造房屋必需的材料和技术要素来考量，房屋建造的方式主要在人类对于现有的建筑材料和建造技术的掌握和运用状况；从精神追求方面来阐释，在万物有灵和大母神生殖崇拜的原始宗教时代，房屋的空间和建造过程在于如何使生者与祖先神灵之间建立起某种彼此相通的永久性联系，实现血脉长存和子孙繁衍，象征不断的生命文化理念，从房屋存在的社会属性来解读，房屋的室内空间应该体现居住者之间长幼、尊卑有序的伦理关系，是对穴居时代空间文化的继承和完善。

在这些对于房屋属性的论述中，气候环境决定论的观点近乎把房屋看作一件如同用以遮风挡雨的宽大外衣，纯属一种物理需要；精神诉求的观点夸张了房子从选址、建造到形式的巫术意识，而忽略了房屋因人而存的本质；材料与技术的观点过分强调了物质的绝对性，漠视了人在建造房屋过程中的文化心理需要和精神动机。然而，"在那个时代，人们的生活、劳作和宗教未被分割开，在神圣和世俗间即使稍有间隙，也是很少分化的。宗教与社会生活的方方面面密不可分。"[①] 甚至在卡尔·荣格（Carl Jung）的《人及其象征》中提到，原始社会中人与动物几乎没有明显的界线。所以，房屋对原始社会人类来说可能直接体现为一种生存方式，一种在一定自然环境、社会关系、世界观模式合力作用下形成的人性外延，更不像许多创世纪神话中有关上帝在创造人类原型中所讲的那样，先创造人的空壳外形，然后再注入灵魂的程序。

在旧石器时代的中晚期，人类社会已经进入到了族外群婚或亚血缘群婚的文明程度，原始先民通过本氏族女性与外氏族野合的方式以达到人种优化之目的。这种婚姻形式的本质就是试图禁止本族内

部同一血缘关系的人员之间出现通婚的现象，只能与外族或邻近氏族的成年男女进行走访制的临时性对偶方式。这种婚配制的特点是，男方只有在夜晚去女方处与之共宿，白天则返回到自己的部落中正常生产劳动。这种婚配方式虽然使男女双方在各自身份上没有发生任何改变，而最终产下的后代要归于女方部落所有。据了解，这种类似走访制的婚俗，在世界各地的少数民族和原始部落中一直延续着。

在中国新石器时代母系氏族社会的聚落遗址中，考古人员多次发现了由许多小圆屋簇拥一座大房子的聚落空间格局，而这些特殊的小圆屋便是部落专门为成年女子用于对偶性生活的"爱巢"。这可能是中国一直传承下来的，为待嫁女子专设的绣楼或闺房的前身或渊源。另外，在原始母系氏族社会的日常生活中，聚落里的种火象征着氏族部落生命繁衍的源头，通常以分火制的方法来体现人们之间的血脉关系。

一般而言，聚落大房子里的火塘被看作"种火"或者"母火"，代表了部落始祖母的灵魂所在；而分给每个对偶居住用的小房子里的小火塘被称为"子火"，象征着氏族部落后继有人和繁衍壮大。这种分火制风俗的文化价值在于，从"母火"中分出的"子火"越多，说明该氏族部落在不断地繁衍壮大，喻示着永不停息的薪火相传。[②] 所以，在西安半坡和临潼区姜寨仰韶文化遗址发现了数百个围绕"种火"大房子的"子火"小房屋的遗存（图 4-18）。

在万物有灵的原始社会，人类现实生活中的一切行为都因受到巫术思想的长期灌输而形成了一系列有关构成生死存亡、福祸相依的环境营造观念。在建筑空间形态的营造中，人类祖先不但需要关照自身知冷知热的生理属性，而且注重遵循与自身生命存在息息相关的各种神秘自然现象之关系，甚至将人与万物间的神秘关系看作确保自身生存质量的前提。所以，原始先民各种如何与诸神进行沟通的

① ［美］阿摩斯·拉普卜特. 宅形与文化. 常青等译. 中国建筑工业出版社，2007年，第7-8页。

② 王晓华. 生土建筑的生命机制. 中国建筑工业出版社，2010年，第57页。

图 4-18 中国陕西省博物馆展示的西安市临潼区距今6000多年的姜寨仰韶文化遗址母系氏族社会聚落复原模型

巫术构想，自始至终被贯彻于人居建筑环境营造中的每一个细节。

我们可以看到，从宏观上的自然环境选址、中观上的房屋外观形式和室内空间的规划，到微观上的房屋室内家具陈设等，人类祖先试图在按照自己所理解的宇宙关系中努力摆正人与环境各要素之间的恰当位置。所以，我们可以从许多古老的房屋形式和传统居住风俗中体会到，人类祖先在建造自己的居住空间时，几乎都在将自己现实生活的每一个细节时刻与自然万物关联在一起，延续着穴居时代形成的空间文化的心理图式。

世界上尚且存在许多游牧民族，由于他们在生存过程中谋取生活资源的方式与人类原始社会逐水草而居的游牧生活性质基本相同，人类对于自然环境的依赖程度没有多大变化，在居住方式和环境理念上没有太多受到现代文明的影响，因而从穴居时代传承下来的宇宙世界观图式还可以清楚可见。例如，蒙古包自古以来被中国人称之为"穹庐"，它蕴涵着一种朴素的非常原始的宇宙观念，是一种从洞穴生活体验获得启发而产生的居住空间的文化理念（图 4-19）。

蒙古包由穹隆形屋顶的天窗（套脑）、作为围合部位的壁框架（哈那），以及构成穹庐结构的辐射状排列的椽子（乌尼）三大部分组成。中国北方游牧民族一直延续着原始社会形成的万物有灵的萨满教，有着崇天拜日的古老信仰。蒙古包穹顶结构的"乌尼"与阳光入口处的圆形"套脑"构成了一轮苍穹与光芒四射的太阳，他们心灵世界中的长生天与日神的神圣关系。在蒙古族人的房屋空间意识中，阳光从穹顶"套脑"射入，是一种宇宙创造生命和孕育生命的象征，正如人类祖先将进入洞穴的光束崇拜为太阳（精子）的原始宗教意识（图 4-20）。

世界各地与中国蒙古包类似的居住文化现象极为普遍，正如生活在非洲沙漠中的图阿雷格人和北美印第安人，他们一直遵循着穴居时代形成的空间文化图式观念。图阿雷格人是撒哈拉大沙漠中一个以牧驼为主要生计的游牧民族，他们的大部分时间过着一种居无定所的游动生活（图 4-21）。图阿雷格人经常居住在一种用羊皮与芦苇编织在一起的，

图 4-19 传统蒙古包外观

图 4-20 蒙古包内部天窗的光环境

图 4-21 图阿雷格男人包裹面部以牧驼为生

图 4-22 图阿雷格人在沙漠中搭建的窝棚

图 4-23 马里国杰内古城民居房屋外立面生殖崇拜的造型

图 4-24 马里国杰内古城清真寺外观

可随处搭建的窝棚里（图 4-22）。

在伊斯兰教的世界里，图阿雷格人算是唯一一个女人可以在公共场合抛头露脸，男人却要头裹面纱的民族。图阿雷格人出生的孩子一般要跟随母亲家族的种姓，母亲的窝棚是家族的精神核心和所有人的人生归宿，至今仍然保持着母系氏族社会文化的主要特征。中国著名建筑理论家王贵祥先生曾在《东西方的建筑空间》一书中，援引了 1991 年 5 月《巴黎竞赛画报》中的一篇文章讲道："在图阿雷格人眼里，他们的棚子就是宇宙的缩影。棚子一般呈椭圆形，象征着世界是圆的，半球形的棚顶是苍穹，四根木柱是图阿雷格人心目中支撑宇宙苍穹的四根擎天柱。"[①] 这与中国女娲大母神时期所讲的支撑宇宙的宇宙四极空间结构的思维模式如出一辙。

与图阿雷格人相比，马里国的班巴拉人甚至将自己的居住环境、房屋造型、室内家具，以及生活

———————
① 王贵祥. 东西方的建筑空间. 百花文艺出版社，2006 年，第 56 页。

用品都看作一种与宇宙秩序、社会伦理和福祉息息相关的大事情，因而产生了文化内容十分丰富的象征意义。所以，班巴拉人的内心世界十分丰富，有着自己独特的宇宙观和美学思想，保持着原始生命崇拜的文化理念。与其说班巴拉人对于人居空间环境的经营遵循着祖先传承下来的宇宙空间文化理念，倒不如说在他们的心灵深处一直绵延着穴居时代万物有灵的生命崇拜文化心理图式。

班巴拉人的房屋一般为黏土建筑，他们将象征男性生殖的柱体和象征女性生殖的乳丁融入到房屋造型和装饰细节的设计之中，隐喻着他们以男权为主导的，祈祷人丁兴旺的家庭观念。而且，这种生命崇拜的宗教思想被体现在一些公共建筑和寺庙建筑的造型和装饰纹样的设计之中（图 4-23、图 4-24）。

在古代中国，宇宙与房屋的概念是一种相互比拟和彼此进行阐释的时空关系的辩证概念，房屋就是一种微缩的小宇宙，而宇宙就是一种放大的房屋。

汉代许慎有关宇宙一词在他的《说文解字》中这样解释道："宇，屋边也。从'宀'，于声。《易·系辞》曰：上栋下宇。""宙，舟舆所极覆也。从'宀'，由声。"形象地说明了房屋即宇宙，宇宙即房屋，是一种时间与空间相互依存的逻辑关系。在这种观念中，房屋成为一种人类以时间生命体验宇宙空间关系的过程。

中国传统的居住方式以四合院为主要形式，而传统院落的空间形态延续了原始社会以大母神崇拜为原型的人体宇宙空间的文化图式，充满生殖崇拜的宗教意识。故此，中国传统民居整个院落空间的心理文化图式是一个平躺着的大母神人体图形。

正如《说卦传》所云："乾为首，坤为腹，震为足，巽为股，坎为耳，离为目，兑为口。"按此说法，院落的坤位一般位于影壁或辨别内外空间秩序的仪门部位（即母神化育生命的腹部），因此成为设置土地神龛之位，兑位便成为这种空间概念中出入平安的生命之门。从建筑立面看，中国传统的建筑文化观念将房屋建筑正立面的窗户称为目，两侧山墙上的窗户称为聪，完全成为一种人性化的建筑意象。

这种以大母神人体为模型阐释宇宙空间和居住空间的生命崇拜观念，也普遍存在于世界各地的建筑文化之中。例如，生活在南美亚马孙河盆地的图卡诺人，整个氏族成员通常共同居住在一种空间很大的"玛罗卡"房屋里，延续了穴居时代整个部落群居在一起的居住方式。

这种大屋子的室内从大门开始一般分为前室、中室和后室三大部分，前室、中室空间主要是男人活动区域，尾部则属于女人活动区，显然受到穴居生活空间布局模式的影响。居住在前室的男人承担着守护洞口，防范外族或野兽侵入的责任。在图卡诺人的大母神崇拜的宗教意识中，这种房屋的大门象征着生育母神的子宫，整个房屋的框架象征着男人的骨架，屋顶浓密的茅草和树叶象征着人的皮肤和毛发，因而他们在大门的两侧采用某种神秘含义的文字符号做装饰图形，体现了某种祈福纳祥和趋利避害的巫术思想。

无论是人类在史前创造的圆形或椭圆形的巨石神殿、各种圆形帐篷或窝棚，还是后期世界各地出现的各种形式的圆形泥屋，都说明圆形的空间围合和穹顶覆盖似乎是人类优先选择的建筑空间形式。这一现象来自多方面的成因，一是基于人类祖先上百万年穴居生活对于洞穴空间形态的生理和心理体验；二是从原始先民丰富的制陶经验中获得的对于创建建筑结构方式的某些领悟和启发；三是源自穴居时代形成的空间文化心理结构。

当原始人类对于东、南、西、北空间方位还没有明确定位时，能够给他们带来温暖、光明和昼夜之别的太阳、月亮，能够用来充饥解渴的各种野果等来自自然造化的圆形之物，在他们的心灵深处产生了很深的印象，特别是受以大母神生殖崇拜为原型的生命容器观念的影响。因此，圆形最有理由成为能够给人类带来美好希望和愉悦心情的图形符号，最易优先成为他们选择的空间模式。

综合人类建筑发展文化历史的成果，在建筑形式和建造技术方面最具文化艺术价值和最高技术水平者莫过于各个时期人类创建的宗教建筑。宗教建筑产生于人类原始社会的祭祀活动，考古学家一般将人类原始的宗教祭祀活动概括为"坛祭""墠祭"和"坎祭"三种基本形式，后来才逐渐发展到了具有地表以上空间实体的用于"庙祭"之类的宗教建筑空间形式。

所谓"坛祭"，就是平底堆起一定高度的土台子；"墠祭"只不过是拔掉场地上的荒草，铺上一层新土后形成的一片干净整洁的场地；而"坎祭"则是往下挖出一种圆坑式的下沉空间。笔者认为，在人类文明走出洞穴的初期，祭祀活动完全可以在露天举行，无须急于考虑遮风挡雨、庇护和保暖等

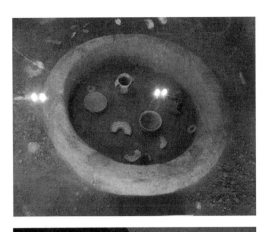

图 4-25　5000 年前甘肃武山县傅家门"坎祭"遗址

图 4-26　美国古普韦布洛村落大基瓦类似"坎祭"的地下礼堂遗址

与居住空间相同的系列问题，唯有居住空间才是最具实质性的探索建筑空间的起点，并不是有些学者认为的圆屋最早起源于地下礼堂（"坎祭"）的那种观点（图 4-25、图 4-26）。因为，蛮荒时期的人类祖先用以维持自身生存的居住空间才是第一要务，是他们从事一切物质文明和精神文明创造活动的物质基础。

根据人类循序渐进，创建建筑空间的发展规律来分析，圆屋是由原始的半地下建筑空间发展而来的。即出自竖穴和半竖穴房屋的演变。走出天然洞穴的先民们首先学会了在山坡的断崖面上横向挖掘出洞穴空间，即横穴式的窑洞。然后探索出在平地上向下掏挖出口小、肚大的袋状竖穴，洞口一般采用可移动的盖板，作为安全和防雨措施。这一时期所进行的居住空间创造，完全是用减法方式来创造一种类似于容器一样的竖穴空间。这种由减法产生的居住空间，借助了土壤层内部与外部气候的温差特征，形成一种冬暖夏凉的具有一定恒温性质的微气候空间环境。

为了克服竖穴内部潮湿的不利因素，改善采光效果和方便老人与儿童出入，人们在逐渐降低竖穴垂直深度的同时，也抬升了居住面，形成一种半竖穴空间。半竖穴的顶部一般采用树枝和树叶搭建而成固定的、可自由排水的攒尖顶屋盖（图 4-27）。竖穴空间发展到最后，成为一种整体空间移到地表以上，逐渐形成具备房基、房身和屋顶的圆屋建筑形式（图 4-28）。

沿用至今的圆屋住宅在世界各地分布很广，而且以宗教性或纪念性建筑居多。原始的圆屋一般用树枝编织成一圈围护结构体后再用泥土封堵缝隙，最后在其内外表面用胶泥通体做一层维护，成为一种木骨泥墙的结构形式。这种房屋的顶部一般采用木杆件搭建起一种用茅草覆盖的圆锥顶，或者再包裹一层胶泥光滑面。

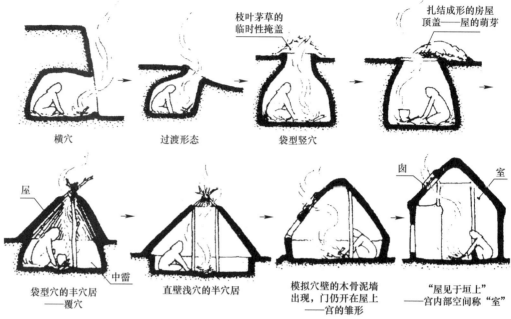

枝叶茅草的
临时性掩盖

扎结成形的房屋
顶盖——屋的萌芽

横穴　　　　　过渡形态　　　　　袋型竖穴

屋

中霤

袋型穴的丰穴居
——覆穴

直壁浅穴的半穴居

模拟穴壁的木骨泥墙
出现，门仍开在屋上
——宫的雏形

卤　　　　室

"屋见于垣上"
——宫内部空间称"室"

图 4-28　非洲大津巴布韦遗
址中的半竖穴房屋

图 4-29　也门提哈姆地区的
乌沙圆锥顶屋

图 4-30　纳米比亚辛巴人的束顶圆屋

　　在一些气候干燥的地区，这种圆屋通常被通体
糊上一层厚厚的胶泥，好像一种陶制容器，因而得
了一个"陶屋"的雅号。圆屋墙体受不同自然条件
和气候影响在材料方面也因地制宜，各有不同的做
法。有些地方的陶屋在木骨网架上围上芦苇席、芭
蕉叶、茅草，甚至因为受到牛崇拜的宗教风俗影响
而在房屋外表整体糊上一层牛粪，也有地方的圆屋
是用土坯或石块砌筑而成。圆屋的墙体部分受结构
关系影响，在造型上一般变化不大，却将变化丰富
的造型放在了屋顶。整体来看，逐渐成形和发展起
来的圆屋屋顶分别有束顶、攒顶、穹顶以及尖锥顶
等形式，甚至还有一些通体采用具有象征意义的仿
生设计的圆屋，成为一种编织型的建筑形体造型
（图 4-29～图 4-32）。例如，埃塞俄比亚南部边境多
尔兹部落原住民创造了一种大象意象的、可移动的
象屋（图 4-33）。

在纯天然的建筑材料中，泥土具有蓄热保温和易于塑形的优点。在此基础上，黏土泥经过掺加一些植物纤维后还可以成为一种诸如草筋泥之类的可以防水、防裂的建筑材料，也是一种围护效果良好、易于返修、取之不尽、随手可得的乡土建筑材料。原始社会的先民们先采用木质材料搭建成墙体骨架，用树枝编织出圆锥形的屋顶，甚至是形象化的整体造型，然后通过填塞胶泥对结构体系进行稳固，并起到保温、防雨和围护作用，最终用草筋泥对其外表进行通体精心装修。可以说，原始社会的先民运用木骨封泥这种建造房屋的方法，成为现代钢筋混凝土结构和施工方式的母版。而且，运用这种建造房屋的方法和材料在世界各地至今仍然存在着。

采用木骨架封泥的方法建造房屋，在新石器时代的初期已经出现。例如，在六七千年以前的中国西安半坡仰韶文化时期的聚落遗址中，甚至发现了对墙体表面进行浮雕装饰的残存。这种房屋建造的方法，明显受到新石器时代烧制陶器技术的启发，并由此探索出通过对泥土房屋进行火烤硬化的方法，使房屋更加坚固和耐候。甚至可以说，原始社会的先民本来就是将整个泥屋当作一种彩陶器去精心制作和装饰的，因而他们经常运用彩陶工艺中的彩绘和雕刻技法来表达自己对于美好生活的祝愿，并以此表达趋利避害、人丁兴旺和部落壮大等居住环境的营造理念。这种彩陶式的泥屋观念，我们可以从非洲一些原始部落的彩绘泥屋中得到真实的体验。

非洲多哥北部的坦伯马院落是一种用红泥拌入草筋后筑成的碉堡式土楼，它是当地原住民在18世纪为防范奴隶贩子而创建的一种特殊房屋形式。从内部功能到外表质感，这种土楼真有点像中国出土的2000多年前的汉代陶楼。坦伯马院落在主体结构上由多个粗大的筒状柱体与曲面围合的墙体构成，所谓的院落是指由房屋屋面一圈女儿墙与高出屋面的几个粗大柱体，一起组合成的一种独特的屋顶庭院。

坦伯马院落的下层一般用作生火做饭、摆放杂物和圈养牲畜，而卧室便是屋顶的几个筒状空间。主卧室在中间，而屋面成为一种露天式的起居室。这种空间构成方式明显源自人类穴居时代起居生活的经验。坦伯马院落的两侧是带有茅草尖顶的瞭望塔或者用作储存粮食的谷仓。室内上下两层由内部设置的木梯连通，茅草尖顶的顶端需要时可以揭开，可以起到通风晾晒的作用（图4-34）。

当地人信奉万物有灵的拜物教，门外安放着许多圆锥状的土瓮，里面盛装着被他们认为是有灵性的动物尸体，因而在土瓮的尖顶上留有灵魂出入的窍孔，一直保持着驱邪和祈福的原始巫术意识。这种为出入自由、无影无踪的灵魂留孔的巫术文化风俗，不由得让我们将它与6000多年前中国仰韶文化时期，在承敛夭折儿童的瓮棺上的封盖留孔的做法相联系。

与多哥相邻的贝宁北部的古松巴人也有着类似的人文历史背景，在房屋建造方法上也与多哥北部的坦伯马院落极其接近，整个村寨是由这种彩陶一样的碉堡组成。然而，松巴人一直延续着原始的纹面风俗，

图 4-31　非洲奥莫河谷孔索人的茅屋顶

图 4-32　南非祖鲁人的草编穹庐圆屋

图 4-33　埃塞俄比亚著名的象屋

图 4-34　多哥北部碉堡式的坦伯马院落

图 4-35　贝宁北部古松巴人的纹面

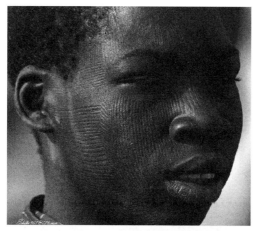

图 4-36　贝宁北部古松巴人泥碉堡入口类似纹面的装饰效果

图 4-37　布基纳法索提埃贝勒村一角

有良好的蓄热保温和防雨性能。卡塞纳人正是运用这种材料堆塑起非洲著名的提埃贝勒村落。提埃贝勒村的泥屋子或圆或方、或曲或直，高低错落有机生成，房屋造型敦实圆浑，自由组合，充满了神秘的宗教气息（图 4-37、图 4-38）。所以，走进提埃贝勒村落，宛如到了一种由各种奇异造型的巨型彩陶容器构筑起来的童话世界。

非洲许多部落至今延续着女人持家，男人外出狩猎的母系氏族社会的生活方式，房屋建造因此主要由女人来主持（图 4-39）。这种泥屋在建成之后，提埃贝勒村的女人们要用羽毛、石片为画具，采用自制的一种天然植物颜料，绘制出表达本部落宗教文化信念的一系列图案，或制作出一些他们拜物教中具有灵性和充满生命气息的浮雕动物图形，使整个房屋成了一种名副其实彩陶大容器。

这种精美的房屋彩绘每年都得重新绘制一遍。所以，每到农闲时节，提埃贝勒村的女人们就开始着手制作颜料，准备动手将整个房屋重新美化一遍。据说，这一房屋彩绘风俗自 16 世纪开始，一直延续至今。

在卡塞纳人的崇拜信念中，蜥蜴象征着生命，

整个脸庞布满了一条条排列有序的细纹（图 4-35）。古松巴人将自家泥碉楼的外观看作自己的面部形象，同样采用纹面的手法对其外部进行装饰，使人与房屋相辅共生，统一成为一种生命体，从而形成了自己独特的建筑装饰艺术风格（图 4-36）。

布基纳法索也与贝宁和多哥两国的北部毗邻，布基纳法索南部的卡塞纳人用黏土、稻草和牛粪加水搅拌匀后，形成一种高强度的黏土材料，并且具

图 4-38　布基纳法索卡塞纳人的"彩陶村落"（Rita Willaert）

图 4-39　布基纳法索卡塞纳的妇女在彩绘泥屋

图 4-41　西非布基纳法索部落酋长居所的入口

图 4-40　布基纳法索卡塞纳人部落王宫前的贵族

图 4-42　西非布基纳法索部落酋长居所的室内

蛇是本部落的图腾崇拜，或者如贝宁古松巴人那样把房屋看作与自身生命合二为一的整体，房屋装饰如同自己纹面和纹身。卡塞纳人的这种泥屋很少留有窗口，而且房屋入口大多为很小的圆门洞，王室贵族家庭的门洞则更小（图 4-40）。

在卡塞纳人看来，门洞小使觐见者不得不弯腰低头，甚至只有趴着方能进来，如此竟可以显示出主人身份的高贵。这种"以小为大"的门洞风俗理念，与世界大多数地方社会地位越高，门庭越是高大的世俗观念大相径庭（图 4-41、图 4-42）。

卡塞纳人的入口方式也许如当地人所讲的，有利于防御不速之客的突然造访，但其黑暗幽深的内部空间模式无疑直接传承了人类洞穴时代的文化心理。同样如此，他们在建造这种泥屋时与新石器时代的妇女们创造陶器时的心理一样，也在塑造着自己心目中的大母神意象。

■3　来自洞穴的圣火

大约在 180 万年前的某一天，突如其来的雷鸣电闪引发了一场空前惨烈的山林大火。畏缩在山洞里的远古人类历经好多天的惊魂落魄之后，外面除了树木在燃烧后残留下呛人的烟味和动物尸体被烧焦后发出的焦糊味外，世界顿时陷入了一种从未有过的寂静。他们心惊胆战地走出山洞，发现眼前的一切已不再是他们往日所看到的那种自然景象，很难想象日后如何才能获得维持整个族人生计的果实和猎物，大家因此陷入了一筹莫展的困境。

正当大家为此觉得绝望不堪和无可奈何之际，有些胆量大点的人从地上捡起了被大火烧熟透了的动物尸体，并试着咬了一口。然而，正是这一大胆的尝试，一口咬出了他们从来没有体验过的一种美味和得到过的口感享受。并且发现，被烧熟了的肉食品存放的时间更长。于是，大家开始思考起火与这种美味之间存在着某种必然的联系。出于好奇，原始先民们又找来一些还没有熄灭的火种，并企图将它保存下来。

突然有一天，有人在打制石器时蹦出了一串火星，并引燃了附近的干草，于是他又故意尝试着用一块石头接连击打另一块石头，结果出现了同样的情况。经过多次的特意尝试，原始先民最终发现了一种经撞击后容易蹦出火星的石头——燧石，并将其视为能够给自己生活带来福祉的神圣之物

图 4-43　在以色列国骆驼山发现的 35 万年前燧石取火工具

图 4-44　中国 20 世纪还在使用的火镰盒与燧石

图 4-45　非洲原住民在钻木取火

（图 4-43）。接着，他们又发现动物肉食品在被火烧烤时经常会有一种吱吱作响的液体流出，并且一滴滴地变成一种窜动燃烧的蓝色火苗，这便是从动物肉体中被融化了的油脂。

　　受此启发，先民们将这些能燃烧的油脂液体用某种容器收集起来，放入一种用植物纤维做的灯芯后，便发明了以动物脂肪为燃料的可以照明的油灯。从此以后，昏暗的洞穴有了可移动的微弱光源，原始人类不再单纯依靠短暂的阳光给洞穴带来光明，火从而成为他们心目中第二种能够给自己带来光明的太阳。

　　在使用火的过程中，做饭的女人们意外地发现一些凹窝状的泥土块经火烧烤后可以作为一种盛水不漏的容器，从而启发她们一次次地尝试，试着用泥土烧制出自己想要的东西。于是，穴居人类的生活中逐渐出现了各种用途的陶器。与此同时，自从洞穴中燃起篝火之后，先民们顿时觉得经过烘烤的地面让自己感到温暖舒适，洞穴中的空气也变得温馨宜人，比以前任何时候都睡得踏实。更具进步意义的是，随着古人类对于火的燃烧方式、火在燃烧中的习性掌握，特别是在储存火种技术等方面的进步，他们可以在野外任意选择地方歇息。因为他们

发现，黑夜中只要燃起一堆篝火，森林中的猛兽再也不敢靠近人类。所以，火的普遍使用给穴居人类带来了一种全新的生活方式，大大提高了他们在极端严酷的自然条件下的生存能力，为他们不断开拓出新的生存空间。

　　然而，来自自然界的火种往往伴随着灾难、恐惧，甚至是对生命的威胁。先民们在大自然许多突变的现象中会经常目睹一些莫名其妙的"天火"，因为恐惧和敬畏而将其看作一种无法名状的神圣之物。例如，火山爆发、雷鸣闪电、太阳暴晒下的自燃，以及陨石在高速垂落时因与大气层摩擦而产生的爆燃等宇宙现象。由于火所具有的难以掌控的特殊性，因而在古希腊著名的神话传说中，普罗米修斯在被宙斯处以极刑前，为大家所做出的最后一件大好事便是从天庭盗来了"天火"，这种盗取火种壮举的背后是在宣扬一种悲壮的英雄事迹，说明地球上的先民在获取天然火种的过程中，曾经为此付出惨痛的代价和坚韧不懈的努力。

　　人类先祖后来发明的人工取火之法归结起来有两种途径。一是他们在打制石器工具时发现和利用了燧石通过撞击之后可以产生火源，而且这种原始的取火方法甚至一直沿用到现代文明社会。例如，在 20 世纪 80 年代以前，采用撞击生火之法的火镰盒与烟袋锅几乎是中国农村汉族老头随身携带之物的"标配"。制作考究的火镰盒往往成为他们在众人面前用以显摆个人富贵气质的一大标志。在中国藏民居住区，镶金嵌银、装饰精美的火镰盒一般被挂在腰间，是藏族人心目中象征社会身份的重要配饰。在蒙古族人的风俗中，火镰是光明的象征，它与马鞭和骑具一起是蒙古人心目中不可或缺的"三宝"之一，是男女老幼平时出门时必须随身佩戴的吉祥之物（图 4-44）。二是在制作木质工具时，人类祖先发现在钻孔中因不断摩擦而导致木材发热，最终引起木材自烧的现象，便总结出了众所周知的"钻木取火"之术。这种取火方法至今被一些原住民在日常生活中广泛使用着（图 4-45）。甚至，"钻木取火"是当今世界各国野战部队中一门必修的、用于野外求生的重要训练科目之一。

　　两种原始的取火方式相比，采用燧石碰击取火之法不但出火速度快，而且便于携带，因而成为人类文明历史进程中的一大发明。燧石，俗称"火石"，属于硅质岩石类。层状燧石一般与磷和含锰的黏土层共生在一起。因燧石质地坚硬，破损后的燧石片容易形成较为锋利的端口，所以也是旧石器时代原始人类在打制石器时首选的一种理想材料。由于燧石生火技术的发明，在很大程度上改变了古人类的生活方式，极大地提高了他们在复杂条件下的生存能力，因此往往被看成一种神圣之物，并予以崇拜。华夏民族在有关文明初创的神话中，据说燧人氏因最先发明和掌握了人工取火之术而被尊称为"燧"，并迅速成为部落联盟的首领。燧人氏部落首领因在取火方面所做出的巨大贡献而被百姓推举上了火神的神坛，并被后人推崇为开创华夏文明的"三皇"之首。按照现代文明的说法，燧人氏属于华夏文明历史上第一位因在科学技术方面为社会做出重大贡献的，被推上神坛的部落首领（图 4-46）。

图 4-46　中国民间火神崇拜的彩绘马勺脸谱

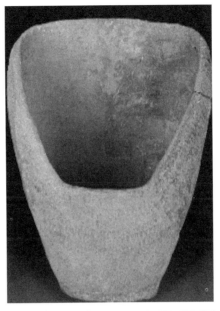

图 4-47　辽宁新乐红山文化遗址出土的"火簸箕"

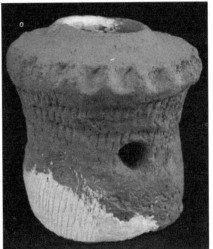

图 4-48　河南孟津出土的5600 年前的火种器

图 4-49　福建省昙石山文化遗址出土的距今 4000～5500 年磨光细泥灰陶制长明灯

　　然而，相对于存火、控火技术而言，发明取火的技术难度就显得容易了许多。因为，原始的钻木取火和燧石取火容易受到许多不确定性因素的影响，但它早晚也会生出火来。无论采用钻木取火，还是燧石碰撞取火，人类用于助燃的木屑、干草之类的材料一旦受潮后常常无法燃起明火。此外，能够适合钻木取火的材料和树种非常有限，材料的性能也会受到季节气候的影响。因此，古时候那些缺乏燧石资源，单纯依靠钻木取火的地区，人们时常会因为找不到适合钻木取火的原材料而犯愁。例如，中国在 3000 年前的《周礼·月令》里根据不同季节和气候条件提到了钻木取火所需的木材种类，如春季钻木取火需用柳木，夏季用枣木、杏木或桑托木，冬天需用槐木或檀木等。一些内容虽然带有巫术成分，但也包含了一定程度的宝贵经验。

　　众所周知，一种难以驾驭和疏于防范的火源不但不会造福于人类，而且还会给人类生活带来灾难性的后果。地球上每年因各种原因造成的火灾使大面积的原始森林消失，并造成严重的人员和财产损失，已经成为一种对生态环境和人类社会威胁很大的自然灾害。所以，现实生活中在取火、载火、传火和储存火种等方面需要一整套成熟的技术和工具，而且涉及材料问题。例如，考古人员在辽宁新乐红山文化遗址出土的一件用于传火和载火的"斜口器"，俗称"火簸箕"的陶器（图 4-47）。

　　因此，采用什么样的方法能让来之不易的火种持续稳定地存活下来，以备不时之需，原始先民为此可能进行过数十万年，乃至无数代人的努力和探索。纵观人类祖先用火的历史进程，火的使用先后经历了火堆、篝火、火塘、火把，到新石器时代发明的在无明火状态下的储火罐，以及最终创造出用于祭祀礼仪和安葬死者时陪葬的长明灯等（图 4-48、图 4-49）。随着人类祖先对于火的用途不断扩展和控火技术的不断提高，他们对于火的使用

图 4-50　中国半坡仰韶文化遗址半竖穴房屋中马勺状的火塘和房屋复原图

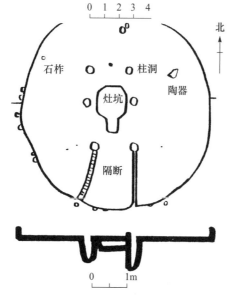

0 1 2 3 4

北

石柞　　柱洞

陶器

灶坑

隔断

0　　1m

北

柱洞

隔墙

灶坑

壁柱洞　　柱洞

壁柱遗址

0　　1cm

图 4-51　半坡遗址圆形房屋中央的火塘遗迹

图 4-52　纳米比亚辛巴族圆形泥屋外观

图 4-53　辛巴族圆形泥屋伞状结构屋顶

图 4-54　辛巴族圆形泥屋室内火塘

种对于先民的生存关系重大，火堆因而需要有专人伺候。在万物有灵的时代，火种的延续被世界各地先民认为与氏族的生殖繁衍相联系，被赋予了浓厚的宗教色彩，并为此树立起许多有关用火的禁忌风俗。一般而言，洞穴里的火堆必须由氏族中德高望重的长者主管，由他昼夜为其添加柴火，使其永续不灭。从功能上讲，洞穴中的火堆可以为部落族人取暖、驱寒，赶走湿气，而专人守候火堆的人还肩负着控制火势，防患火势蔓延的责任。

篝火，是一种用干柴或树枝临时架起来燃烧的火堆，此种用法可以使火势燃烧得更加张扬，迅速形成旺盛的火势。因此，篝火一般多用于部落举行的节日庆典和某种集体性参与的宗教祭祀活动。活动结束后，人们要用土将火源彻底覆灭，以防重新复燃。

火塘，最初被称为"火坑"，是人们在洞穴或房屋室内居住面上向下挖出的一种用以限制火燃烧范围，防止余火乱窜的圆形燃烧坑，通常用作烧水做饭和取暖之用（图 4-50～图 4-54）。

火把，又称火炬，是一种在木棍上端一层一层缠绕上吸附性好的纤维之物，在浸入动物脂肪或植物油之后可以保持较长时间燃烧，一般可作为固定

和存放逐渐向系统化发展，并适用于不同的生活环境，由此发明了丰富多样的用火工具。

火堆，属于最原始的用火和存火方法。由于火

或移动式的照明光源。在正式灯具出现之前，上古时代的中国人把小的火把叫"烛"，将大型的火把称作"燎"，将置于大门口的火把叫"大烛"，而将置于庭院里的更大一点的火把叫"庭燎"。

人工取火技术的发明和掌握，是人类先祖获得支配自然世界的第一把钥匙，同时从根本上拉开了人类与一般动物间的属性距离。正如恩格斯所讲："摩擦生火第一次使人支配了一种自然力，从而最终把人同动物分开。"[①] 恩格斯之言主要关注于火的使用对于原始人类本身生理上的改变。这里包含两层意义，一是火的使用使食物营养更加容易被人体吸收，大大缩短了人体器官消化食物的过程。与此同时，火的使用扩展了人类获取更多可食之物的范围，而多样化的营养吸收进一步促进了人体机能的进化和大脑发育。二是随着人类祖先对火的使用功能不断拓展和控火技术水平的不断提高，火的使用在改善人类居住环境质量的同时，又增强了人体抵抗疾病的能力，从而大大降低了因疾病造成的人口死亡，最终促进了劳动力的稳定增长。正如 2000 多年前中国战国时期的《韩非子·五蠹》中所讲："民食果蓏蚌蛤，腥臊恶臭而伤害腹胃，民多疾病。有圣人作，钻燧取火，以化腥臊，而民悦之，使王天下，号曰燧人氏。"

火的广泛使用不但增强了原始人类适应陌生环境的生存能力，有利于他们开创新的栖息地，获取生存资源的空间，而且使他们的精神世界发生了丰富变化。由于火种的来之不易，火所具有的既可造福于人，又可能毁灭一切的双重性格，使原始先民对于火有着与生俱来的敬畏和崇拜心理，并在一开始就将其摆在了仅次于太阳之神的神圣位置上，形成了许多延续至今的以火崇拜为主题的禁忌风俗文化。例如，在基督教诞生之前早已有风靡中亚等地的琐罗亚斯德教，即拜火教的形成（图 4-55）。在拜火教有关创世纪的理论中，智慧之王阿胡拉·马兹达在创造世界的过程中，首先创造了火，火神象征着光明。例如，在伊朗亚兹德古城拜火教的神庙里，人们可以看到从公元 470 年燃烧至今的圣火（图 4-56）。

在母系氏族社会，无论部落迁徙到何处，火种沿途都必须要由部落首领亲自掌管，她被赋予了一种至高无上的权利，并与整个部落的命运相联系。在聚落生活中，种火的接续、分火制等有关火的使用风俗象征着氏族血缘关系的延续、生命繁衍和部落的兴旺发达等，因而在世界许多地方至今将火种分别称为母火和子火，正如奥运火种必须取自奥林匹亚。故此，世界上最初的火神应该是指母系社会掌握火种的部落始祖母。例如，在中国南方许多少数民族地区的生活风俗中，当地百姓一直将火神称为"火母""火祖母"或"火婆婆"等。在中国北方广大农村地区，每当儿子与父母亲分家或另立门户时，一直遵循着原始的分火制风俗。当儿子要在新宅第一次生火做饭时，必须要从象征血缘关系源头的父母亲家灶房的老灶膛中引出火种。它意味着又一子火的诞生，象征着永不间断的传宗接代和后继有人。这种风俗因而被称为"烘房""暖窑"或"添丁"。可以说，中国传统的单姓历史村落几乎是由一把母火不断分出和接续发育的。

火起初以火堆形式在洞穴之内使用，起着为族人取暖、烧水、烤肉、照明等作用，构成一种大家围火而眠、聆听首领训示、静观巫师作法、一起击石起舞等的穴居生活模式。当火堆被引入人工建造的房屋室内之后，火的使用进化到了火塘时代，并成为体现氏族部落生命繁衍文化理念和维系氏族血缘关系的主要载体。所以，我们从中国许多新石器时代聚落遗址中发现，聚落核心中央的大房子里有几个大火塘，就象征着该聚落是一个由几个分支近亲血缘关系构成的氏族部落联盟。当火塘进入家庭式社会结构后，全家人围着火塘取暖、饮食、会客、过节和举行祭祖活动，火塘从而成为家庭物质和精神生活的核心，关系到整个家庭的福祸和兴衰的根本命运。

受火崇拜和以火为载体的生命文化理念影响，中国四川省彝族人一直将自己家里的火塘称为"万年火"，因此不能让其无故熄灭。按照彝族人的火崇拜风俗，火塘是祖先传承下来的神圣之物，所有出生后的孩子都要在火塘上过一次火的洗礼，所有彝族人的祖祖辈辈都要经历一种"生于火塘边，死于火堆上（火葬）"的生命过程。

锅庄，在彝族人传统的火塘文化观念中，作为三角支撑锅的"三锅庄"是石器时代传承至今的文化遗存。传统的"三锅庄"石墩表面，一般精雕

① 恩格斯. 恩格斯自然辩证法. 曹保华等译. 人民出版社，1958 年，第 25 页。

图 4-57　中国四川省彝族人家的火塘与精雕细刻的锅庄

图 4-58　四川省彝族民间的锅庄舞

图 4-59　英国时代电视剧《唐顿庄园》中，人们身着晚礼服在壁炉前参加晚宴的场景

细刻有日、月、星、辰，以及龙、凤、鱼等吉祥图案，从材料选择到加工制作极为讲究，它是一个家庭存亡和发达的象征之物（图 4-57）。另外，中国许多少数民族在喜迁新居、喜庆婚嫁、端午节、祭天和拜祖等重要风俗活动中，男女老幼会一起围绕着火塘通宵达旦地举行一种"锅庄舞"，它明显源自原始社会火神崇拜中的祭祀仪式（图 4-58）。

由于火塘在房屋中的核心作用，其影响到居住空间的组织形式和人们的起居生活方式。人类祖先在探索居住空间的过程中曾经一直绕着如何处理火源与排烟所牵扯的诸多问题。如何才能做到使燃料合理而有效地转换成热能，并影响房屋本身的一些结构和材料问题。在解决这些问题的过程中，房屋内部逐渐出现了火口、炉膛、烟道和排烟口等相应的供燃烧运行的功能和构造系统，并逐步将采暖与做饭的功能设施分开。即采暖壁炉与做饭炉灶的功能分离。当然，做饭与采暖两种功能合二为一的火塘形式在今日世界许多地方的民居中还在继续采用。但是，在火神崇拜的宗教文化基因中，壁炉作为一种专供室内采暖的建筑设施，成为欧洲人至今保持的，承载着火神崇拜文化和延续围火而聚的穴居文化基因。

同样理由，欧洲人的原始住宅与中国远古时

期，以及现在非洲原始部落简陋的泥土房屋没有本质上的差别。一般都是一种集食物储藏、居住和做饭于一体，过着一种围火而眠、围火而食的生活方式。从阿尔及利亚杰米拉古罗马宫殿遗址中可以看到，2000 多年前的欧洲建筑已经出现了壁炉式的采暖设施，已经将取暖从集烧水做饭与采暖双重功能为一体的中央灶台中分离出来。由于受火塘在居住空间中的核心作用和潜在的火神崇拜宗教理念影响，壁炉因而成为欧洲人房屋室内装饰的核心部位。特别是欧洲文艺复兴之后，对建筑室内的壁炉精雕细刻成为室内装饰的重要环节，而且日益精彩，风格更加丰富。故此，以壁炉为背景，全家人聚集在一起就餐、交流思想、商议事务、祷告、过重要节日等，成为欧洲人家庭日常生活的缩影和文化特征（图 4-59）。

故此，对于一般欧洲人来说，壁炉意味着一种激情满满的童年记忆和个人成长的历史。尤其是在每一个圣诞节的早晨，他们相信在壁炉的某处一定会有他们梦想一整年的，圣诞老人在夜里悄悄留下的礼物。与此同时，对一位享受壁炉关照的孤独老人来说，从壁炉火塘里的火焰颜色、燃烧中发出的声响、火苗的动姿，以及烟道里发出的不同声响等，他可以判断出即将面临的天气变化。

随着采暖方式和采暖技术的不断更新，壁炉以采暖为目的的实用功能渐行渐远。然而，壁炉在演变中所积淀下来的文化历史、家庭情节、特殊的精神文化等，不但没有使其从居住空间中消失，反而成为一个人社会身份、文化个性、家庭文化素养等象征流行至今，并且跟随近代欧洲强势的殖民文化传遍世界各地。此外，壁炉作为一种能够营造亲切、热情、家庭式生活氛围的建筑空间元素，成为当今西方国家领导人接待贵宾时的一种特殊待遇。两国元首在充满家庭生活氛围的壁炉前会面，可以增进友邦间的亲和力，拉近两国领导人之间的情感距离，对外界彰显一种非同一般的私人交情和邦交关系。

考古资料显示，170 万年前的云南元谋人、115 万年前的陕西蓝田猿人、40 万年前的北京猿人已经开始了对火的使用，说明中国人用火的历史极其悠久。江苏省宿迁市泗洪县顺山集遗址出土的 8000 年前的陶釜组合炉说明，华夏先祖的炉灶早在新石器时代的初期已经初具文化样态，用于做饭的炉灶早已开始从多功能的火塘形式中提炼出来。洪县顺山遗址出土的陶釜组合炉虽说结构简陋，但已经具备了炉灶的火门、灶口、灶壁、陶釜等几大基本要素。该组合灶三面围合的灶壁既可挡风，又可聚火燃烧，从而达到提高燃烧功效的目的，而陶釜可用作食物的烹煮容器（图 4-60）。

与此相比，河南省陕县庙底沟仰韶文化遗址出土的距今六七千年的陶灶得到了进一步改进，并且结构精巧、造型美观、制作精细，灶口的边沿还出现了波浪状的装饰压纹（图 4-61）。到了距今 4000 年的龙山文化时期，又出现了一种灶、釜合一的连体陶灶，这种釜灶的腹壁出现了排烟孔，在燃烧功效上成为一次重大革新（图 4-62）。

中国新石器时代这些陶灶有着最明显的特征。它们体量小，便于移动到室外，可以使屋内免除烟

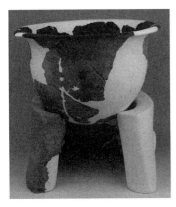

图4-60 中国江苏省宿迁市顺山集遗址出土的8000年前的陶釜组合灶

图4-61 中国河南省陕县庙底沟仰韶文化遗址出土的陶灶

图4-62 中国山西省襄汾陶寺出土的龙山文化时期的陶釜灶

熏火燎的空气污染。也许，正是由于华夏祖先起初采用的这种可移动式的小炉灶，容易养成一种独特的一灶一种花样的烹饪习惯，有利于食物花色品种的丰富和开发。试想，中国烹饪美食之所以能够誉满全球，征服全世界人的味觉，从而成为一种绝顶艺术，是否与我们祖先发明的各种灵巧多变的陶灶多有着直接关系。例如，浙江余姚河姆渡遗址出土的一件可移动式的陶灶由灶、釜和漏盆三大部分组合而成，具有蒸煮两项功能（图4-63）。相比之下，那些还一直停留在原始的火塘用火之法地区的人们，可能一直保持着远古时期对于食物的烧煮和烧烤方法，显得相对单调了许多。

华夏先民经过2000多年的改造和探索，以及较大体量的无足陶制釜器和金属釜器的出现和普遍使用，砌筑固定式的灶膛和烟道成为一种发展趋势，因而在春秋战国时期的秦人墓葬里出现了一种高台式的陶制炉灶模型的陪葬品，说明古代中国这时已经进入到了高台炉灶的时代。特别是汉代之后，高台灶流行于中国大江南北，且形制丰富多样，从此形成了具有中国特色的灶台文化艺术（图4-64）。

由于火在原始社会人类文化意识中的神圣地位，有些专家认为建筑的起源是为了保护火种和供奉火神，因为火种与人体相比更经不起风吹雨淋。因此，在许多古老的居住文化风俗中，房屋中的火塘象征着火神，是整个居住空间的灵魂主宰，是不允许跨越和任何轻浮行为发生的神圣区域。所以，人们将火种引入新的房屋时，一般需要举行一次迎请火神入住的祭祀仪式。然而，当中国古人将原始的火种概念演进到"灶火"之后，原来主管火种的"火母""火祖母"或"火婆婆"等大母神称谓，逐渐让位于男权主导的世界，主管"灶火"的大神从而转变成为"灶王"或"灶王爷"。如《淮南子·氾论训》中所云："炎帝作火，而死为灶。"意思是炎帝死后转型为"灶神"，中国老百姓于是称其为灶王爷。

汉武帝时期，天子要亲自开始祭灶神，祭祀灶神之风更是盛行全国各地。时至今日，中国各地仍然流行有请灶神、送灶神的风俗。然而，中国的祭灶风俗，一是感激灶神一年来予以天下苍生丰衣足食的赐福之恩；二是祈求灶神保佑来年更加风调雨顺、五谷丰登。所以，在大量出土的汉代陶灶表面，象征"年年有鱼"和"吉祥如意"式样的浮雕图案多有出现。所以在古代中国，灶神成为一种能

图4-63 浙江余姚河姆渡遗址出土的组合陶灶

图4-64 四川博物院汉画像石《宴厨》中的高台灶

图4-65 河南省焦作市博物馆藏汉陶灶

够满足人们物质生活需要的希望和寄托，甚至被发展成为一种灶台文化艺术（图4-65～图4-67）。

灶火在居住文化中的精神价值可以从众多史前

图 4-66　汉代鱼头朝釜红陶灶

图 4-69　沈洋拍摄的浙北花灶厨房生活场景

图 4-67　广州东郊出土的船形陶灶

图 4-68　中国西藏日喀则地区一户藏民的灶台即灶房墙面画

人类居住过的遗存中得以体会。例如，在陕西武功县游西庄庙底沟二期文化遗址中，在一座半竖穴房址居住面的灶址周围，很规整地画有一到三圈的同心圆圈。另外一座特殊房址居住面的灶址周围涂有一定巫术寓意的一圈红色和一圈黑色线条，明显属于一种不可逾越的禁忌警示性符号，这也为我们研究原始社会建筑室内装饰艺术的起源提供了宝贵的依据。再如，在距今 4000 多年的河南省汤阴县白营和安阳市后岗龙山文化的遗址中，考古人员发现在灶台的外表面画有神秘的蓝色圈纹。

此外，在中国许多少数民族的火塘文化风俗中，火塘是家人与祖先灵魂沟通的媒介，是体现家庭伦理、家族观念的神圣区域。很显然，人类史前的室内装饰艺术首先是因为火神崇拜或与火神崇拜相关的禁忌文化而兴起的。与此同时，火神崇拜的宗教意识成为开启中国古老的灶台画艺术的内在动因。再比如，在中国藏族百姓的火神崇拜中，灶神仍然保留着大母神时代的原始文化意象，她被描述成为一位银装素裹、手持金勺，名叫"塔吾拉叶毛"的美丽女子。每逢祭灶神的那一天，藏族人家会将厨房里外打扫得干干净净，然后用自己土制的白色颜料在灶房的墙面画上灶神"塔吾拉叶毛"、辟邪的蝎子，以及一些祈福纳祥的字符等（图 4-68）。

中国古老的灶台艺术因气候环境、生活习俗和火神崇拜在历史流变中形成的观念不同，无论是灶台的砌筑形式，还是人们在表达对火神敬仰的表现手法上，均显示出明显的地域性文化艺术特征。总的来讲，江南各地和一些少数民族对于大母神崇拜的文化基因保留得较为明显。例如，在浙北及其相邻各省地区的百姓心理，灶神是位温柔贤惠、心灵手巧的慈母。这一带的灶台一般分为花篮形、圆筒形和方桌形等几种造型形式，灶眼有单灶眼、双灶眼、三灶眼等，各家根据厨房空间情况因地制宜，美化形式各显风采，成为一种家庭生活美满的象征。另外，该地区的灶台结构较为复杂，由正面的灶脚、灶腹、灶台面、烟箱、灶君堂、灶顶、灶帽，以及灶背面的灶火口、出灰口等部分构成。

由于灶神在家中精神生活中的重要意义，供奉灶神的"灶君堂"因而在整个灶台结构中占据着最为显要的部位（图 4-69、图 4-70）。在敬灶神的传统风俗中，浙北人一旦建起新灶，灶台通体一般都会施以丰富的吉祥彩绘图案予以装饰，并配以相关内容的文字。待一切完工后，人们再选良辰、择吉日，举行"旺灶"仪式，因而当地人将这种彩绘灶头称为"花灶"。然而，与温暖湿润的中国江南气候相比，中国北方大部分地区冬季气候寒冷干燥，特别是黄河中上游地区的百姓将火神崇拜的宗教情感往往倾注于炕头画或灶炕连体的装饰艺术创造之中，以及与此相关的剪纸艺术和面花民间艺术等。

黄河以北地区的房屋进化于生土穴居，主要以土木结构为主，灶炕也一般采用由土打造的土坯砌筑而成。土壤具有蓄热和缓慢释放热量的天然属性，因而在居住空间保暖措施方面，他们将土壤的这种属性发挥得淋漓尽致。考古人员从大量仰韶文化时期的聚落遗址中发现，半穴居的房屋内除了有火塘遗址外，室内居住面还有经火烧烤过的痕迹，这种用火烧烤居住面的取暖方法在中国古代被称为"炙地"。从一些古代相关诗词中可以断定，这种原始的"炙地"取暖的方法一直延续到了唐代以后。

到龙山文化时期，我们从陕西省绥德县小官道遗址中发现了当时人们用草泥和石头垒成的烟道，它是一种将炊烟引出屋外的建筑设施，说明这一时期的先民已经开始了利用烟道产生的热辐射来为室内空间整体采暖。在比绥德县小官道遗址较晚的青海省民和县喇家史前灾难遗址中，考古人员还发现了一处距今 4000 年保存比较完整的原始壁炉。

这一原始壁炉分上、下两层，中间用石板相隔，下层为进火口，上层用于烘烤食物，墙体内还有用石板砌筑成的烟道（图 4-71）。然而有趣的是，中国整个黄河流域最终没有形成类似欧洲人那种单纯用作取暖的壁炉形式，而是发展成为一种独特的具有采暖功能的睡具——火炕。或者一种既能生火做饭，又能供睡觉休息的灶和炕连体的生活设施，也是中国北方大部分地区房屋室内主要的生活设施。这一独特的居住方式，要源自中国黄土高原地区非常原始的生土窑洞居住方式和特殊的气候条件。

在人类历史的演变中，由于男权上升，女性不但失去了在母系社会中的主导地位，而且女神们以往的历史功绩和积淀下来的神圣形象也逐渐被转嫁到男性部落首领的身上，特别是关系到维系部落生存发展和祸福命运的火神形象方面。当火神转型成为男性神祇后，中国传统的封建社会虽然继续遵循着穴居时代形成的男主外、女主内的生活运行模式，但是大部分女性的家庭生活只剩下了伺候火神和行施供奉火神的义务。

因此，中国古代妇女平时在家中除了洗衣做饭、抚养子女、侍奉老人外，她们的精力几乎都被牢牢固定在灶台方面。她们整日围绕着锅台转，从而成为对中国传统妇女的主要活动轨迹和家庭角色的高度概括。为此，她们制作剪纸，彩绘灶台画、炕面画、墙裙画等，特别是每年祭灶神节日到来之时，要为灶神做出精美的面用以感恩和答谢灶神赐予人间美食的丰功伟绩（图 4-72）。

正是由于这一社会角色的转变，中国古代的妇女们就像新石器时代创造彩陶艺术的女神们一样，通过绘制灶台画和炕头画来塑造自己的精神世界，然而又纷纷成为从事中国民间艺术创造的艺术家。因为只有一手精美绝伦的灶台画和炕头画，才能树

图 4-70　中国浙江省新仓镇灶画民间艺术（博客海天旭日）

图 4-71　中国青海省喇家遗址发现的 4000 年前原始壁炉

图 4-72　中国陕西省渭北地区农村妇女制作的面花

立起她们在家族生活中的威望，并体现出自身存在的价值。而且，这些侍奉灶神的各项本领还应该在她们未出嫁前的少女时期就得练就。例如，对于陕西、山西、甘肃、宁夏和内蒙古等黄土高原一带传统的女人，一个女孩要抬高自己寻找婆家和出嫁时的身价，就得学会一手漂亮的灶台画、炕面画和墙裙画的制作本领。

在使用火的历史中，生活在黄土高原的人们从火塘使用中不断总结经验和创新，他们最终将灶台与火炕两大功能设施砌筑在一起。这种两大功能关联在一起的特点是，两者共用一套诸如火口、灶膛、烟道和排烟口等构成的燃烧系统。这种独特构造在烧火做饭的同时，灶膛里的余火和余热会借助烟囱的拔力窜入火炕的腹腔之中，然后通过火道和烟道环绕运行之后再夺路而出，因而在烧水做饭的同时也加热了用于睡眠休息的土筑炕体，以及烘暖整个室内空间。所以，灶台和火炕在当地人的心里属于一个整体，做灶台画的同时也将整个火炕的外

图 4-73 中国陕西省安塞县
灶、炕、墙面彩画（甲）

图 4-74 中国陕西省安塞县
灶、炕、墙面彩画（乙）

观也一并考虑，来统一构图和制作。但灶台为首，越灶上炕的行为从古至今都被视为一种最大的忌讳，是对火神的极为不敬，因而在炕体与灶台之间往往砌筑有一段木隔断或矮墙。

在中国西北部黄土高原居住地区，一直传承着一种古老的灶炕画民间艺术，这种装饰艺术自古以来都是由家中妇女和未出嫁的女孩制作而成。在当地民间风俗中，各家灶炕画制作的精彩程度，往往成为被同村和邻里评论谁家妇女和姑娘是否聪慧和心灵手巧的主要依据。因此，陕北人家的女人很早在娘家时就要跟随母亲或奶奶学会制作这种装饰画的技艺。这种装饰画制作的工艺程序非常复杂，女人们先要将炕面的表层用猪血泥或者加了土红色燃料的胶泥抹平，这种有色泥需要采用精细加工过的，掺杂纸浆的胶泥。待这种胶泥层抹好后，特别是在没有完全硬化之前就得画出事先想好的装饰图案，并按照图案用鸡蛋壳的碎片镶嵌好。

鸡蛋壳一般要求剪成指甲盖大小的圆形、三角形、菱形等各种形状的小片，甚至染上各种颜料。待图案镶嵌工艺彻底完工后，简单的做法只是涂上一层豆浆水、明矾水或糯米汁。工艺更为讲究者还要分别采用鸡蛋清和锅底黑墨扫刷数遍，再用鸡蛋清清洗数次，然后用蘸上麻油的刷子反复擦拭和抛光，最终才能呈现出一种黑白对比鲜明，油光铮亮的炕面画（图 4-73、图 4-74）。

第五章

穴居文化的依恋

数百万年积累和传承下来的穴居文化不仅包括了人类原始宗教文化的观念、以血缘关系为主导的居住空间文化理念和与万物通灵的生命文化思维模式等一系列的精神文化内涵，而且包括了内与外的空间概念、亲疏远近和长幼有序的空间伦理观念，以及体验深刻的洞穴空间形态特征。它主要表现为，一是穴居文化的一系列精神因素造就了一种人类共有的文化心理结构和有关居住环境的情感机制；二是天然洞穴笼罩式的与外部环境相对独立的微气候空间环境，造就了人类对于空间形态的深切感知和生理反应机制。

走出天然洞穴的人类祖先在创建新的栖息方式中一直朝着两个向度做努力，一是以大母神崇拜为精神内核的穴居空间文化心理图式如何得以在居住空间中延续和展现；二是在适应千差万别的自然环境中探索出如何重新获得具有天然洞穴庇护之感的物语空间。一方面，穴居时代形成的文化心理图式首先奠定了人类心灵深处的精神家园，从向心式的空间形态、象征生命之源的祖先图腾崇拜、与万物沟通的灵魂文化符号，以及用于举行祭祀活动的中心广场等，构成了人类原始社会聚落空间形态的共同特征；另一方面，漫长的穴居生活使人类祖先养成了一种特殊的神经生理机制，使他们在创建新的栖息方式中无处不反馈着洞穴时代的生理感受。

大量穴居案例显示，那些偏僻隐蔽的原始洞穴，具有独立和自成体系的空间形体等天然属性，有利于人们躲避社会动荡和来自其他方面的伤害，可以借此获得属于自己生活氛围的小天地，因而使那些具有悠久穴居历史和传统生活模式的人养成了一种独特的地域性文化性格。他们往往依恋于自己日积月累而成的生活习俗和人生理念，对于外界有着一种根深蒂固的拒斥和排он心理。另外，穴居文化的基因，使洞穴空间早已成为人类内心世界里一种自我完善而又美好的小宇宙，因而每当遭遇动荡不安的社会环境，或者不愿与时代同流合污时，洞穴往往会重新成为人类思想意识中最为安全和温馨的故乡。因为，回归故乡远比去闯荡陌生世界要来得轻松自如和心甘情愿，洞穴空间因而演变成为人类一种获得庇护和安全之感的最原始的心理需求，一种人类在潜意识中共同拥有的"故乡"。

人类祖先在开始思考创建新的栖息之所时，由于心灵深处所固有的"洞穴之家"的空间形态意象，他们必然希望在丰富多彩的自然现象中找到能够实现这种空间意象的物理结构和空间形体。所以，走出天然洞穴的原始社会先民无论是用树枝编织做出空间形体骨架的茅草窝棚、泥屋子、土坯砌筑的穹庐屋、漂浮在沼泽地之上的芦苇房，还是各种形态的人工开凿的穴居，我们似乎都可以看到他们与许多动物在面对同样自然环境时所做出的相似的本能反应，在创建栖身之所中所体现出的异曲同工的智慧和工匠意识。在面临来自各方面的安全威胁时，古代先民对于地形地貌的选择和利用、建筑空间形态的塑造，尤其是在宗教祭祀建筑空间形态的意识方面，明显来源于原始穴居时代的空间文化记忆。从他们创建各种居住空间的心理模式可以看出，洞穴空间是人类共同存在的最基本的安全屏障。

■1 穴居情感的依恋

在中国西南边陲的阿瓦山腹地，有一个名叫翁丁的佤族古寨，被称为是中国境内现存的最后一个原始部落。在佤族人的心目中，山寨中央矗立的寨桩、石器与标杆，一起构成了整座寨子空间形态中的心脏部位。聚落心脏的存在意识说明，佤族人的聚落意识建立在以人体为原型的空间文化图式上。

山寨中包含的极具神秘色彩的寨桩、木鼓、女神图腾柱、人头桩、打歌场、祭祀房、司岗里等聚落文化元素，构成了佤族人充满原始宗教意识的精神世界。在佤族人的居住文化理念中，寨桩作为部落图腾的标识位于村寨广场的中央，它属于一种通过木刻方式记述佤族人生命文化记忆的纪念碑。所以，佤族人的各种节日庆典和重大祭祀活动一般都会围绕这一寨桩进行（图5-1）。

佤族人的寨桩从上至下承载着大量文化信息，一是象征生命繁殖的男根崇拜，即木刻的葫芦把；二是象征人丁兴旺的生育女神，表述佤族人祖先源自"司岗里"，象征生命容器的木刻葫芦身；三是以锅圈、甑子、三角符号为火塘文化记忆，展示了佤族人对于永不熄灭的火神崇拜的宗教文化理念；四是祈祷他们所从事的农耕与渔猎生产活动能够风调雨顺和劳有所获；五是在寨桩根部台基上安放着300年前翁丁寨人祖先在建寨时，安放的象征寨子心脏的寨心石。由此可见，佤族人这种寨桩所承载的文化内涵，非常系统地归纳出他们祖先在穴居时代所形成的精神世界和文化心理图式。这些丰富的文化环境要素，十分清晰地表达出佤族人世代洞穴崇拜与生命之源、葫芦崇拜与大母神子宫、火崇拜与氏族繁衍的文化观念，以及源自他们祖先穴居时代形成的文化心理结构和历史记忆。

寨子里的木鼓在佤族语中被叫作"可巫考罗"（发音）。木鼓在佤族人的聚落空间文化心理中占据着非常神圣的位置，它被看作一种通灵神器，佤族人因而自古就有一句"生命靠水，兴旺靠木鼓"的

图 5-1 翁丁佤族古寨中心
的寨桩

图 5-4 70年前的中国云南省临沧市沧源县南腊乡佤族人的
寨子

图 5-2 中国云南佤族古寨
中心木鼓房里的木鼓

图 5-3 翁丁佤族古寨中的
女神图腾柱

不息的生命繁衍。所以，佤族人每逢重大节日、祭祀活动，或者在古时候出征开战时，寨子里的木鼓才能被敲响。也正因此，佤族人每当为制作新鼓而准备砍伐树木时，被看作整个寨子里的一种重大事件，要特别举行一种庄重的祭祀活动。

"司岗"在佤族语里是岩洞的意思，"里"相当于动词"出来"的意思，它表述了佤族人祖先走出岩洞的历史故事。所以，"司岗里"一词储存着佤族人家喻户晓的神话传说和文化历史记忆，也是佤族人祖祖辈辈口头相传的有关创世的史诗。它涉及人类的起源、佤族人的氏族历史、佤族人在穴居时代的宇宙观，以及有关各种植物物种的培植和动物驯化、火的发现、火神崇拜等文化信息。所以，在佤族山寨里所设立的寨桩和女神图腾柱，都出自"司岗里"传说中的主要内容，它全面系统而又生动地表述了佤族人源自洞穴生活的氏族起源和生息繁衍的悠久历史。

佤族神话传说中的"司岗"，据说是指位于云南省西部阿瓦山中段的一处岩洞，它距离翁丁佤族古寨仅几十千米之遥，是佤族人有关创世神话中人类起源的发祥地。佤族山寨里的女神图腾柱是佤族人心目中"梅依吉"女神的化身，这种图腾柱的上半部象征着"梅依吉"女神的头和高举的双臂，分布于女神身躯下半部各种的神秘符号，象征着日月星辰、山川河流、燕子火神、丰收果实等。在女神图腾柱根部所刻绘的横、竖条纹代表着能够与天神沟通的木鼓，而三角符号表达着永不熄灭的火塘崇拜理念（图5-3）。由此可见，佤族人对于宇宙客观世界的认识，源自他们祖先穴居时代形成的，以大母神化生万物为原型而展开的生命崇拜的原始宗教思想。

佤族人口很少，一般栖息于非常偏僻的深山老林之中，历来过着一种与世隔绝的生活。甚至在20世纪70年代，佤族人还住着与中国7000年前长江流域下游河姆渡文化时期类似的茅草窝棚，一直保持着一种与人类新石器时代那结绳记事、采集渔猎和刀耕火种文明程度相类似的生存模式。可以说，佤族人在20世纪以前的文明程度和生活状况，与他们祖先在新石器晚期所绘制的沧源县岩画内容十分接近（图5-4、图5-5）。

翁丁佤族古寨所散发出的各种文化信息，十分清晰地描绘出石器时代人类从天然洞穴走向农耕文明生活的历史渊源和在文化转型过程中的景象。从文化多样性保护角度来审视，佤族翁丁山寨这种保

谚语。故此，佤族人的木鼓文化，同样属于一种原始的生殖崇拜的宗教意识（图5-2）。在每个佤族人的寨子里，一般都要为侍奉这种木鼓专门建造一座类似于庙堂的建筑物，里面摆放有据说是雌雄一对的木鼓。雌雄一对木鼓同时庄重响起，象征着生生

图 5-5 云南省沧源佤族自治县新石器时代晚期描绘佤族人从事各种活动内容的崖画

图 5-6 中国贵州省紫云县水塘镇塔井村所处的中洞

图 5-7 水塘镇塔井村的洞穴内部状况

存如此完整而又鲜活的原始社会文化样态，在现代人类文明世界的大背景下显得弥足珍贵。

　　翁丁佤族人的古寨聚落文化，处处散发着万物有灵、大母神崇拜、火神崇拜、祈福纳祥等新石器时代穴居所共有的文化信息，特别是以大母神崇拜和"司岗里"为核心内涵的山寨心脏场所文化理念。这种部落心脏理念，与西安半坡仰韶文化时期向心式聚落中心的祭祀广场如出一辙，有着原始社会人类文明所共有的聚落空间文化心理图式。故此说明，佤族人的精神世界一直延续着他们祖先从阿瓦山岩洞里带来的穴居文化意象。因此，佤族"司岗里"史诗中所蕴藏的穴居文化历史记忆，永远成为佤族人灵魂深处的故乡。也可以说，翁丁古寨文化的样态是上万年，乃至上百万年来人类穴居生活拓展和延续至今的结果。从现代心理学讲，翁丁佤族古寨的这种文化现象表现为一种人类对于穴居时代文化情节的依恋。而且，这种依恋文化心理是多方位的，尤其是一种宗教性的情感归宿之感。

　　与佤族人一样对于穴居怀有深厚感情的另一种现象是，在现代文明高度发达的信息化时代，一个近 200 人口的苗族大家庭至今生活在一个大山深处的天然洞穴里。这个位于贵州省中部，与世隔绝的洞穴村落被人们称为亚洲最后一个穴居部落。

　　贵州省中部山区属于典型的喀斯特地貌，苗族人居住的这种洞穴就属于紫云格凸河畔一座大山山体中的大溶洞。因为苗族人居住的这个溶洞两侧附近还有两个原始洞穴，故此被称为中洞（图 5-6）。

　　中洞内部宽约 100m、高度近 50m、纵深约有 230m，空间宽敞开阔，非常适合原始人类群居生活。这个洞穴中的村落主要由四大姓氏、二十多户的苗族人家组成。洞穴中的两侧是一座座高低错落、彼此相接的吊脚楼，里头有一排三间小学教室（图 5-7）。洞中央一片开阔平坦的场地被留作学校简易的操场，一边树立一副用木杆子和长短不齐的木板条钉做的篮球架板。同时，这块空地还可以作为一种奇特的"露天"课堂（图 5-8、图 5-9）。

　　洞穴内的房屋均为木质梁柱结构，竹编的房屋围墙和内部隔断。因为所有房屋共享一个巨大的洞穴穹顶作庇护，因而大多数人家的房屋顶部无须考虑防御雨水，几乎是一些裸露的结构框架。洞穴内部深处的顶部有一个一年四季不断的泉水，村里人通过管道将这些泉水引到洞口处的蓄水池里，

图 5-8　紫云县水塘镇塔井洞穴村里的篮球场

图 5-9　紫云县水塘镇塔井洞穴村落里的小学

图 5-10　巴索托人在悬崖下面的 Ha Kome 巢穴村落

以备日常生活和饲养牲畜之用，所以非常适合人类永久性居住。在这种条件下，村里人住洞穴里养鸡养鸭、纺纱织布，出了洞穴便可就近牧羊放牛，或种庄稼。洞穴里的人因而很少走出大山，他们只是偶尔去附近 15km 之外的集市上买回一些生活日用品，过着一种与世无争、宁静安逸的世外桃源生活。

在 2000 年新纪元初始的几年，该洞穴村落所在地的紫云县政府，为了改变村民原始落后的生活现状，在洞外附近的山坳空地上为他们修建了二十多套崭新的砖石结构的房屋，希望他们搬出洞穴，过上一种全新的与时代文明同步的新农村生活。然而，这些习惯于洞穴生活的村民以种种借口拒绝搬迁，甚至已经搬走的几户人家，没过多久又悄悄地搬回了山洞。

据历史记载，这里苗族人的先祖是在中国新石器时代部落联盟时期被炎黄二帝打败的，退出中原的蚩尤部落的后代。经过数千年的转折和迁徙，他们最终来到这种偏远山区，一直过着原始的穴居生活。这个具有数百年洞穴生活的塔井村人的祖先也是有着同样的文化历史背景，他们最早是几户不同姓氏的为躲避战乱和匪患侵扰的人家，最终找到这个理想的"世外桃源"。

从穴居文化的本质来讲，塔井村人的祖先本着寻求躲避社会动荡和图谋生存的动机，使天然洞穴在旧石器时代那种为人类祖先遮风挡雨和防御野兽侵害的功能，又再次发挥起其特殊功能和作用。他们在这种洞穴式空间的生存环境中逐渐培育起一种特殊的邻里关系、生活方式，特别是习惯于洞穴

内的那种微气候环境，也使他们的后代们从心理和生理上对洞穴空间的特殊环境产生了依恋情节，养成了一种自主性的神经生理机制。这种生理机制往往会在很长时期内拒斥一切外来的或者任何一种使自己改变现状的陌生因素的影响。因此，即使这种洞穴失去了他们祖先最初所寻求的庇护和隐蔽功能，对于现代社会和政府所提供的各种善意和帮助，以及面对外部世界翻天覆地的变化，也难以改变他们传统的生存观念，并心甘情愿地继续作为一种原始的洞穴居民生存下去。

与中国相隔万里之遥的非洲南部，有一个隐藏在山崖之下的著名的巢穴式村落，它就是莱索托国著名的 Ha Kome 村落（图 5-10）。笔者在此之所以称该村落为巢穴，一方面由于当地人像燕子筑巢一样将整个村落筑在一处似于胳肢窝一样地形的悬崖庇护之下，过着一种类似于原始崖居的生活方式。另一方面，他们将自己的房屋也建造得像燕巢，各家房屋的内部相互串通，成为一种流动性的洞穴空间。

19 世纪初，巴索托人为了躲避食人族部落的迫害而将自己的家园藏匿在一个巨大的悬崖下。从一定角度讲，巴索托人 300 年前的这段经历，与中国贵州省塔井村起初几户苗族人家为躲避乱世，选择定居于大山洞穴之中的初衷非常相似。然而，巴索托人对于居住空间的理解在世界民居史上堪称一绝。他们除了在材料和施工工艺方面与非洲其他原始部落建造泥屋子的方式类似以外，很难找到与他们在房屋造型方面有雷同的地方，纯属一种原创。

巴索托人的房屋先用树枝像编织鸟笼子一样

编织出一种壳体结构的有机空间形体，然后再用加入植物纤维后的胶泥进行一层层封堵、堆塑和徒手整形，每家房门被塑造得像一个个横七竖八倒放在地的大陶缸。巴索托人建造房屋的思路与燕子衔泥筑巢的方式如出一辙，让人感到动物界在应对自然环境中的反应和创造居室的思路是多么的高度一致（图 5-11）。

整个村子的建筑布局紧贴着悬崖的根部因地制宜地展开，各家房屋之间有机相连为一体（图 5-12）。有些人家还利用门口的有限空间，用细树枝整齐地捆扎起一圈弧形篱笆小院，好像也只有通过这种篱笆小院才能让人分别出有几户人家来。这种有机形状的建筑造型和村落形态与自然环境浑然一体，如天生地长。虽然，村里大部分的年轻人大都搬上了山崖，已经住进了新建在不远处的房子里，但是老人依然不愿离去，一如既往地延续着祖辈们习养下来的巢穴式生活（图 5-13）。

莱索托国地处非洲东南部的高原地带，号称是地球上地势最高的国家，所有国土的海拔均在1000m 以上，因而有着"天空王国"的雅号。由于海拔过高，这个国家的平均气温因而比同纬度的任何非洲国家都要低许多，而且昼夜温差极大。所以，即使在最热的旱季，莱索托国大部分地区的室内外温差也要在 20℃上下。对于如此极端恶劣的气候环境，这种既朝阳避风，又便于隐蔽和御敌，像被一扇大翅膀呵护的悬崖地势，无疑成为巴索托人祖先理想的安身之所。这种地势的另一大优势在于，嵌入山崖下的空间可以在较大程度上克服当地极大的昼夜温差。虽然，后来在山崖上新建起的村庄在采光、交通等方面有许多便利之处，然而在温度、湿度和恒温效果等宜居方面不见得有多大优势。

巴索托人所创造的这种形式独特的泥屋本身具有比较良好的蓄热保温性能，如果在没有外敌侵扰或不安定社会因素的影响下，生活在这种如巢穴一样的屋子里倒有一番别具一格的情调，在居住质量上也一定优越于由砖石结构和混凝土结构建造的房屋。所以，Ha Kome 村老人们特别不愿离去，不仅仅因为他们对于已有生活习俗上的情感依恋，而且由于人类本身所具有的，与其他动物一样在与外部环境长期适应中从生理上所形成的、相当稳定的自然属性和空间心理机制，以及由此形成的一种趋于完整的自主性神经体系。即人类在外部物理环境长期影响下所产生的依附性的神经生理机制。

安居是人类对理想居住环境的基本诉求，一种能给自己和家人带来生命安全保障的居住环境首先可以使人产生稳定而健康的心理结构，这也是人类对自己所处物理环境产生依恋和依附性神经生理体制的基础。在依恋心理学研究中，弗洛伊德（Sigmund Freud）早先把依恋的出现归结于人类各方面的需要而产生的欲望驱动力，主要研究的对象在于人与人之间的亲密性心理的倾向。最初的依恋理论研究起源于研究人员对于动物的长期观察和实验，而更多的研究成果则得益于他们通过分析儿童从父母亲的关爱中所产生的依恋情节。因此，人类在童年时期因自身生存能力弱小而容易对能够给自己带来安全帮助的天然洞穴产生深厚的依恋心理，

图 5-12　像酒坛子一样泥塑房屋

图 5-13　一位巴索托老人在像陶器一样的房屋前晒太阳

并且在对于大母神的崇拜中将其视为一种伟大的母爱。

从人类宗教意识产生的心理因素来分析，种种与人类自身生存息息相关的，使人类祖先无法把握的客观事物或自然现象有可能成为他们为之叩首膜拜的对象。因此在原始先民看来，自己所赖以生存的环境是一种被无数种神灵包围着的，不敢违背其意愿的神秘世界。如果说人类在儿童时期的安全心理主要是在天然洞穴的庇护和氏族大母神护佑之下建立起来的，那么在那种善恶不分、只讲优胜劣汰的自然法则面前，人类祖先只能凭借自己不同于普通动物一点点懂得趋利避害的智慧，去寻找大自然中那种具有慈爱成分的母性成分，终而创造出一个更大概念的大母神精神做支撑。然而，这种来自大自然中的慈善母性只能是人类祖先在用生命体验中所发出的衷心祈祷和祝愿，一种被现代文明人所认为的原始宗教意识。

人类依恋性的神经生理机制的形成，主要来源于自己对于各项生存环境和安全条件的基本诉求。例如，人类祖先从洞穴庇护的体验中感受到大自然中存在的慈母般关爱；从温暖的阳光中体会到阳光雨露会给自己带来生存的勇气和希望；从每日饮用

图 5-14 马里国中部尼日尔河畔邦贾加拉悬崖高出的多贡人村落

图 5-15 马里国多贡人藏于悬崖洞穴下的泥屋组合

图 5-16 悬崖下多贡人的泥巢穴（Saurav Pandey）

的河水中感想到母乳的哺育之恩等。随着人类在谋求生存过程与大自然之间的触角越来越广，人类与大自然之间的情感也随之愈加深厚。因此，大从一山一水、小到一草一木，甚至是人类身边周围的温度、湿度变化的细微之处，以及在不同季节万物散发出来的各种气息等，人类都会觉得越来越多的环境要素成为自己生命机体中不可或缺的有机组成部分，从生理上逐渐形成了一定模式的适应性机制。这便是中国古人总结出来的"一方水土养一方人"俗语中存在的哲理。

在我们已知的众多人类史前居住文化遗址中，

除了喀斯特地貌地区丰富的天然洞穴外，还有许多类似莱索托国巴索托人寻找的这种悬崖腋下的巢穴，或者是被联合国教科文组织授予世界文化遗产的尼日尔河流域的邦贾加拉崖居（图 5-14）。这里横贯马里国中部，东西绵延 125 英里（约 201km）的邦贾加拉悬崖是西非最著名的一大地貌特征，被河源地区原住民称为"大量血液"的尼日尔河一路与之伴随流而过。

邦贾加拉悬崖属于寒武纪和奥陶纪形成的砂岩地质面貌，一般呈横向板层状的地质构造形式，并在其缝隙间布满着一条条大小不等的悬空洞穴。正是这些大小各异的洞穴成为多贡人祖先躲避灾难，生存下来的天然庇护。他们在这种洞穴中为自己构筑起了圣坛、神殿、居室、活动广场，以及粮仓等一种独特的空中聚落和精神家园。

在绵延上百英里的邦贾加拉悬崖缝隙中，一个个历史悠久的燕窝状泥土巢穴逐渐发展成为多贡人文明中心的一大文化区域。正是由于这种悬崖的呵护，这些长达几个世纪的大部分泥土房屋被完整地保存下来，成为古老的多贡人的灵魂故乡（图 5-14）。多贡人与巴索托人一样像燕子筑巢在悬崖下的空隙中采用泥土、沙砾、杂草等混合物筑起自己的生存空间和神的居所，这种泥巢穴式的房屋也像燕窝一样有单体和复合体组合特点（图 5-15）。

多贡人将自己的聚落形态和房屋形体看作一个人的形体，人、房屋与村落有机成为一个依附于岩窟庇护的生命整体（图 5-16）。例如，古老的多贡人将厨房看作人的头部、采光孔是人的眼睛、卧室为女人的腹部等，使房屋成为一种与人一样具有灵魂的生命体。由于人口的不断增长和文明的发展进步，这里的崖居作为一种避难之所的居住功能逐渐消失，好多人家已经搬下山崖，然而祖先神灵的意识和邦贾加拉悬崖的穴居文化观念深深地影响多贡人的子孙后代，并通过各种风俗文化和居住理念一直传承下来。

　　人类对于类似状态的自然环境所做出的条件反射和生存方式的思考有着奇迹般的一致性。这种历史现象同样可以从北美印第安人创建的崖居部落遗址中深刻体会到。

　　梅萨维德国家公园是美国政府为保护古印第安人聚落文化遗址而专门设立的国家级公园。在此以前，该遗址被普遍称为"悬崖宫殿"，它是 19 世纪末两位牛仔在寻找躲避暴风雪的藏身之处时偶然发现的，一处 2000 年前建造在悬崖高处的古印第安人部落的永久性大型聚落遗址，大约有着 700 多年的持续居住史。在 13 世纪，这里据说曾经发生过一次连续二十多年的旱灾，也可能由于遭受过其他部族的突袭，这支古印第安人部落才不得不背井离乡，另寻新的栖息之地。

　　站在山谷对岸观看，这座"悬崖宫殿"犹如被嵌入崖洞里的一座神秘的古城堡（图 5-17）。对于地质条件的利用和居住环境的经营，与马里国邦贾加拉多贡人的巢穴聚落有着异曲同工之妙。"悬崖宫殿"是一种利用峡谷一面悬崖峭壁半空中的一个巨大的天然洞窟，因地就势建造起来的一种洞穴聚落。这种利用特殊地形和地质构造建造村落的现象在古代北美地区较为普遍，因而在梅萨维德高原的大小峡谷里布满着不同时期的洞穴崖居遗址，而"悬崖宫殿"是其中规模最大的一处。"悬崖宫殿"内部有 150 多间房屋，整个聚落依循洞窟内部空间高低错落和不规则的空间特征，因地制宜，灵活布局。

　　该聚落中的建筑类型从宗教祭祀、住宿、储物，到生火做饭的灶房等，分别采用了方形与圆形有机结合，楼房、平房与竖穴建筑空间紧密结合（图 5-18）。该遗址建筑空间组合严谨有序，层次丰富，复杂多变，各功能区之间的交通采用竖向与横向结合，坡道、阶梯踏步与木梯相互接替转换，四通八达，宛若迷宫。在建筑材料和建造技术方面，古印第安人就地取材，采用手工打制而成的砂岩条砖和黏土混合砂浆砌筑，与木结构搭建相结合的综合方法（图 5-19）。

　　梅萨维德高原上的这种在峡谷悬崖下的天然洞窟里砌筑的房屋，少则几间，多则数百间，空间大的洞窟往往会形成一种空中村落。据说，这里是古老的普韦布洛人创造的新石器文明。在此考古发现的大量石器和陶器日用品说明，普韦布洛人在这里过着一种原始的农耕生产兼采集渔猎的生活，他们凭借这种特殊而险要的居住方式共同抵御外来之敌的侵略。根据遗址现场的建筑规模和功能设置来判断，这一居住地在其繁盛时期的居民可达数万之众，可以称得上一个峡谷中的小王国。

　　考古研究发现，早期来到这里定居的普韦布洛人，采用的是一种半竖穴房屋方式。他们先是向下挖凿出一个很大的长方形下沉式空间，再用原木架构起屋顶，最后用泥土予以整体覆盖，形成一种特殊的冬暖夏凉的居住空间。数百年之后，古普韦布洛人开始在悬崖洞穴中建造空中聚落，可能由于他们的安全面临着多种威胁。

　　从悬崖顶部外环境来观察，陌生人几乎发现不了崖面下面的古村落，只有在向导带领下通过

图 5-17　站在山谷对岸看到的"悬崖宫殿"

图 5-18　"悬崖宫殿"俯瞰近观

图 5-19　进入"悬崖宫殿"一角

一种十分隐秘的小坡道，穿过狭窄的在岩石缝隙间人工开凿的陡峭台阶，然后攀登上一道道木梯后才能到达，每出入一次几乎都会是一种探险（图 5-20）。所以，通过往返于如此艰险的途径搬运材料，建造如此规模的建筑工程，其中的难度和艰险可想而知，普韦布洛人不知为此做出过多大的牺牲。故此，他们的突然离去不知要经历多大程度的痛苦和依依不舍。据调查，美国西南部现存的好几支印第安人部落都声称自己的祖先来自这里，在他们的风俗生活中保留着这一洞穴崖居时期的文化记忆和宗教活动。甚至，墨西哥阿兹特克文明也与此有关。

图 5-22 复原后的"基瓦"室内环境

图 5-20 进入"悬崖宫殿"的通道

图 5-21 普韦布洛人的"基瓦"遗址

"悬崖宫殿"聚落遗址中有许多大小不一的圆形竖穴建筑，在印第安语中被称为"基瓦"，是地下灵堂的意思。"基瓦"属于一种祭祀空间，类似于人类宗教史上非常原始的"坎祭"形式，是印第安人祖先崇拜的宗教性建筑，是生者与先祖灵魂交感的神圣之所，因而不允许女子和外族人员涉入。据说每个"基瓦"必须专设一位祭司，负责主持一些重要的祭祀礼仪活动。从建筑空间形态的原型来分析，普韦布洛人的"基瓦"可以说是对于人类穴居时代"洞穴之光"建筑空间宗教意境和文化记忆的再现。

进入"基瓦"室内的洞口，是在唯一能够获得自然光线的屋顶中央窗口放下的一部木梯，人们随着洞口的光束沿木梯进入这种昏暗的半竖穴室内空间。"基瓦"室内的围壁砌筑有一圈类似供奉祖先灵位的壁龛，地面中央有一个圆形的燃烧坑（图 5-21、图 5-22）。普韦布洛的男性族人们平时就是这样围坐在篝火的周围，在祭司的主持下完成他们的一次次神圣而庄严的祭祀礼仪。

这种"基瓦"在整个聚落建筑群遗址中约占三分之一的份额，足以证明普韦布洛人当时浓厚的祖先崇拜宗教文化。虽然，离开这里的普韦布洛人再也没能回归故里；然而，他们这种祖先崇拜的"基瓦"文化风俗一直存在于从这里走出的印第安人部落的精神生活之中。普韦布洛人的后代们一直相信，这里是他们祖先灵魂的栖息之所，每年还有一些老人定期到这里来朝拜。

■2 穴居之后的穴居创造

穴居之后的穴居创造，在此是指人类祖先随着气候渐暖而走出天然洞穴之后，在探索新的居住方式中始终脱离不了穴居时代存留在他们心灵深处的一系列空间意象和居住习俗，以及在此期间积养而成的神经生理机制的影响。从文明程度上讲，起初走出天然洞穴的人类祖先，犹如跟跄学步的幼童，一下子失去了洞穴母亲的关照。在此情况下，他们对于生存空间的理解因而进入到一种与其他一般动物有着类似的应变心理模式。

人类祖先在发挥自身生理特征和思考能力所及的范围内，琢磨着如何从大自然的各种现象中寻找可以利用的物质条件，甚至从观察某些动物的生存技巧中得以启发，并进行模仿。按此心理，生存在阴冷潮湿环境中的先民们可能会觉得自己应该像鸟类一样去筑巢；生存在气候干燥，极冷极热环境里的先民们觉得自己可以像一些会凿洞藏身的动物一样，需要一种冬暖夏凉的洞穴空间。甚至，有些地方的穴居者觉得应继续待在天然洞穴里，可以一劳永逸地生存下去。为此，先民们因地制宜，就地取材，创造着适合新的气候环境的栖身空间。

汉语中的"巢"，是指禽类或昆虫类擅长借助树枝、茅草，甚至是自己的粪便搭建或构筑起一种用以栖身和繁衍后代的庇护空间——"窝"。"穴"，是指利用自然界中原有的，或者那些能够充分发挥自身尖牙利爪的先天性生理优势的动物，挖凿出用以适合自己栖身的各类洞穴空间。在通常情况下，"巢穴"一词在中国汉语中是一个极少被拆开使用的，不带有任何褒贬情态倾向的中性合成名词，主要是指一些动物为自己创建一种藏身或栖身的生存方式，因而与"窝"有着基本一致的文化内涵。此外，在世界许多种语言中，"巢穴"的概念与汉语基本相同。如果非要明确其具体所指，那只有通过前缀名词对其加以褒贬；或在前加以动词，使其成为一种动宾结构的词组。

在与朋友的日常交流中，我们既可以将自己温馨但不奢华的房屋自贱为一种"窝"的概念，也可以把自己觉得具有个性情调而又舒适温馨的住宅有情调地称之为"安乐窝"。所以，如果真要将"巢"与"穴"加以区别，并进行专业性认真理论的话，我们可以将"巢"看作一种脱离地面、架在空中，或筑于高处的"窝"（图 5-23）；而"穴"可以认为是一种进入地表以内或山体之中的洞穴状的"窝"（图 5-24）。

中国战国时期的《孟子·滕文公》一文这样讲："下者为巢，上者为营窟。"是说远古时期生活在地势低洼、气候潮湿、容易遭受虫蛇袭扰地区的黎民百姓，适合建造一种脱离地面、架于空中的"巢居"；而生活在高海拔地区的人们可以因地就势，利用土壤深处蓄热保温的优势，选择开凿洞穴的居住方式。说明远古人类在探索为自己创建栖身之所的过程中，根据自身所处的生存环境，从材料性能和建造方式等方面对于"巢"与"穴"的概念在实践中逐渐有了清晰的理解。然而，从人类为自己建造栖息之所的人文意义讲，"巢"与"穴"的本质都应归统于"窝"的基本含义。即，宋代《集韵》中所讲的，"窝，穴居也"。其文化源头均出自人类祖先对原始洞穴几百万年的生活体验。

巢穴的创造

在进入穴居时代之前，人类远祖原本就委身于树，过着树居生活。走出洞穴之后，人类先祖对于栖居方式的探索却呈现出两种方向的发展：一是中国古代思想家孟子所讲的"下者为巢"——巢居；二是"上者为营窟"——穴居。然而，在筑巢方面的资深建造者莫过于自然界中的一些鸟类，而刚刚走出天然洞穴的原始人类则只是毫无经验的初道者，即使自己的祖先在进入穴居生活之前曾经有过丰富的树居阅历。

同理，创建穴居对于缺乏尖牙利爪生理特长的人类先祖来说，除了几百万年来受恩于天然洞穴关照的亲身体验外，更是缺乏凿地打洞的天分，那么唯有自然界中从来就以掘穴为居的一些动物也许才会给他们一些启示，或许自然界的某些动物一开始就是人类祖先创建人工穴居的启蒙老师。于是，人类祖先凭借 300 万年来在天然洞穴中修炼而成的智慧和所创造的石斧或石铲工具，在向各种擅长开凿洞穴的动物高手学习的基础上，创造着自己所需的洞穴居住空间。

自然界中作为羽翼一族的鸟类有许多筑巢高手，它们根据自己的生理特征、生活习惯和繁衍后代的方式等，创造出各种形状的开口型、半封闭性和封闭式的巢居。这些鸟类在为自己建造栖息之所的过程中，不但考虑到日常生活的方便性和舒适性，而且非常注意在防范天敌偷袭时的安全性和隐蔽性。这些筑巢高手们通常采用叼来的树枝、树叶、干草、泥土等原材料，为自己和孩子们精心筑起安全而又温馨的归宿。而且，有许多鸟类动物筑起的巢穴在结构方式上充满了智慧和潜在的科学含

图 5-23　苏丹南部搭建在木桩上的"巢穴"屋

图 5-24　陕西省渭北黄土高原上的地坑窑洞院落入口（胡国庆）

量，在各项使用功能上甚至称得上是一种巧夺天工的"空中宫殿"。

鸟类筑巢的方法不由得使我们联想到中国战国时期《庄子·盗跖篇》中对于华夏民族中一脉的有巢氏的介绍："古者禽兽多而人民少，于是民皆巢居以避之。昼拾橡栗、暮栖木上，故命之曰有巢氏之民。"清楚地讲述了华夏远古先民当初选择巢居的原因和在建造巢居过程所使用的材料，甚至因其擅长搭建巢居而以"巢氏"作为一个部落的姓氏，无疑与鸟类筑巢的状况有着异曲同工之妙。因此，人类在后来所发展起来的各类巢居形式、建造方法、材料工艺等方面，我们好像都能一一从自然界的鸟巢中找到它们的原型，要么我们的祖先对于材料物理的理解与鸟类有着共同的思维方式。

搭建巢居首先是选择恰当的树种和树形，质地坚韧的树种是安全的基本保证，而对于树形方面的选择羽衣族的鸟类可以给人类很大的启示。最初的巢居需要选择一棵粗壮有力的大树，先是在主干与多条伸向不同方向的空间开阔的树枝分叉处搭建起居住面，然后用树枝在居住面的上方架起双坡面的避雨棚，从而形成一种稳固的三角形结构关系（图 5-25）。居住面比较宽敞的巢居，可能选择以一组株距适当、相邻的大树为架空居住面的支撑柱体，这样的巢居使用起来更加稳妥，可以减轻大风

图 5-25 巴布亚新几内亚岛
原始森林中的巢居

吹袭时产生的晃动感。更重要的是，这种将一组对称大树支撑体固定在一起的巢居形式，最终逐渐发展成为一种通过人工栽置木桩、木柱的干阑式高脚屋形式。

人类祖先在架空居住面时对于梁柱结构关系的进一步探索和创造，有利于摆脱因过分依赖天然固定树木而将自己的生存范围局限于某一区域的被动局面，可以将自己的居住空间安置于能够获得更多食物的地方。从此以后，人们能够按照自己的生产和生活需要，自由选择更加适合自己繁衍生息的生态条件更为优越的地方，从而为创建独立结构的干阑式房屋打下基础。在此基础上，有些地区的巢居房屋发展到湖泊、沼泽地，甚至是浅滩水面上（图 5-26）。

我们不应该将巢居起源的概念局限于借助树干支撑筑起的空中"巢穴"。一些生活在气候干燥，或者过着居无定所的游牧生活的原始牧民，也有可能受到某类羽翼族类动物搭建巢穴方式的启发，在追随动物迁徙的路途中随地搭建起另外一种能够遮挡风雨的窝棚。例如，有一种被科学家们称赞为羽

图 5-26 巢居发展序列
（《中国古代居住图典》）

巢居发展序列

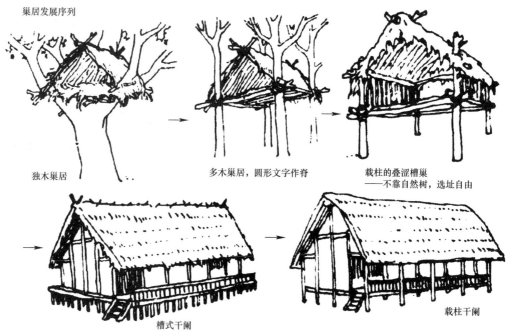

独木巢居　　多木巢居，圆形文字作脊　　载柱的叠涩槽巢——不靠自然树，选址自由

槽式干阑　　载柱干阑

翼族建筑大师的雄性园丁鸟，它们所建造的窝棚式巢穴，造型优美、潇洒大方，每一件建筑作品都让人类现代解构主义的建筑大师们望尘莫及。鸟类学家研究发现，种群中的园丁鸟实行一夫多妻制的配偶风俗，长相不出众的雄性园丁鸟就像一个自身条件不佳的小伙，要倍加努力，只有依靠自己建造出一座独具匠心的巢穴，才能换取雌性园丁鸟对自己的芳心，并心甘情愿和满怀欣喜地嫁给自己。

据鸟类学家介绍，雄性园丁鸟每次在为自己建造"安乐窝"前，都要对周边环境预先进行一番郑重其事的实地勘察，一般会选择一片环境优雅、采光和通风效果均良好的"风水宝地"作为自己的"宅基地"，并在施工前将现场清理得一干二净。鸟类学家长期观察还发现，形象糟糕的褐色园丁鸟在

建造窝棚的过程中最为卖力，棚顶竟然是由精挑细选的花茎编制而成的。园丁鸟建好的窝棚一般占地 $2 \sim 4m^2$，窝棚门前还规划有一块宽敞的摆有各色花果的庭院，人们打趣地将其称为"庭棚"，呈现出一番恭迎贵宾的隆重氛围（图 5-27）。每当这种"庭棚"建成后，雄性园丁鸟会在门庭前尽情歌舞一番，一是庆祝自己的"豪宅"竣工，二是向路过家门口的雌性园丁鸟炫耀和献媚。

1982 年，考古学家在中国哈尔滨市西南 25km 的阎家岗发现了两处距今 2 万多年的居住遗址。有趣的是，阎家岗旧石器时代末期的人类居所竟然是一种由 500 余件多种其他哺乳动物的骨头和猛犸象骨骼拼合，搭建起来的窝棚。考古学家将这种采用特殊材料建造的猛犸象骨骼屋的史前人类称为"哈

尔滨人"（图5-28、图5-29）。而且，这种在大冰川期之末出现的，用动物骨骼搭建的窝棚在俄罗斯、乌克兰等许多高纬度地区多有发现。

人类先祖在尝试搭建窝棚中还出现了另一种现象，他们将一圈纤细柔软的树杆上端用绳子围拢和捆扎在一起，轻而易举地形成一种简易的穹庐形空间骨架，然后用一些小树枝或藤条之类的植物加以编织，使其在整体上形成一种更加稳定的结构。最后再包裹上兽皮、树叶、树皮等可以用来挡风遮雨的围护之物。在此基础上的后续发展，便是在其外表抹上几遍可以保温的草筋泥，并用火予以通体烧烤和硬化，从而出现了如中国六七千年前仰韶文化聚落中的泥屋子。而且，现在非洲大陆一些原始部落还在使用这种"陶屋"。所以，正是这种由数根合拢在一起的、弯曲成拱形的树干结合便是人类创造穹庐形建筑空间结构的滥觞（图5-30）。然而，不是所到之处都有一组距离适中的小树等候人类去利用，更何况他们是一支带有许多老人和小孩，随处迁徙的氏族部落。

弓形的树木凭借在弯曲过程中产生的水平推力，可以形成一种稳定的跨空结构。人类祖先利用一组树木搭建帐篷的经验，逐渐掌握了其中的力学原理，使他们不断摸索出可以替代的各种可以弯弓的材料，尝试着建造出跨度更大的拱券和穹隆形空间。按此推理，人类建筑史上最初容易实现的拱券结构材料可能是一股绑扎在一起的小树枝或弹性好的细竹杆，也许还有一种至今还能看到的，由一捆捆韧性良好的芦苇杆搭建起来的拱券结构（图5-31）。例如，伊拉克境内即将消失的一种用芦苇编织而成的，一座座漂浮在沼泽地水面上的芦苇屋。

在伊拉克幼发拉底河与底格里斯河下游交汇处的三角洲地带，有一片面积超过15000km²，鲜为人知的美索不达米亚沼泽地，也是地球上主要的几大湿地之一。正是这片无边无际的沼泽地养育着古老的苏美尔人及其子孙，并创造出辉煌的人类史前文明历史。他们很早就探索出一种用芦苇编织而成的，而且一直漂浮于沼泽地水面之上的拱券形芦苇屋。

有关这种芦苇屋存在的历史，公元前18世纪巴比伦时期的有关创世纪神话的《阿特拉哈西斯史诗》中，多处曾提及与这种芦苇屋相关的故事情节，说明这种芦苇拱形房屋在7000多年以前就已存在。据说，美丽富饶和生态良好的美索不达米亚沼泽地曾经是一处人和各类动物和谐共处的天堂。繁盛时期，这一区域曾经是拥有50万人之众的水上世外桃源，因此许多学者认为，这里可能就是《圣经》里所讲的伊甸园的原址地。

美索不达米亚湿地上的这种芦苇房，是一种将许多根芦苇杆捆绑成束后弯曲而成的拱形结构。当一道道芦苇拱建成和固定好之后，再捆扎上呈横向排列的双层芦苇联檩。这种芦苇房的山墙也是由几根捆绑瓷实而粗大的芦苇杆加以稳固的，并且具有很强的视觉效果。这种拱形芦苇房的屋顶覆盖着几层厚实的芦苇编织席，保温和防雨效果非常良好。每当天气闷热的夏季来临，人们将屋顶上的几层芦苇席掀起，可以很快起到增强散热和通风的效果，

图5-27 褐色园丁鸟精心建造的"庭棚"（he Constant Gardener –Vogelkop Bowerbird）

图5-28 旧石器时代末期闫家岗"哈尔滨人"建造窝棚的想象图（章成，1986）

图5-29 旧石器时代末期猛犸象骨骼屋想象复原模型

图5-30 印第安人搭建的简易穹庐形空间帐篷

图5-31 美索不达米亚湿地芦苇房的五道芦苇拱、联檩及山墙芦苇柱

图 5-32 美索不达米亚湿地
上的芦苇屋村落

图 5-33 美索不达米亚湿地
大型芦苇拱房屋外观

图 5-34 伊拉克沼泽地水上
大型芦苇拱房屋的内部

图 5-35 中华攀雀筑巢求偶（胡友文）

殖能力最强、生长周期短、取之不尽、用之不竭，甚至是野火烧不尽的禾本科群生植物。而且它坚韧耐用，有着良好的蓄热保温、防潮和隔音性能。阿拉伯人用这种天然生态的材料建造房屋，因而有着冬暖夏凉和安静舒适的优点。一道道的芦苇拱构建起圆筒状的室内空间形态，如同用植物编织起来的一座座会漂浮的窑洞。

居住型的芦苇房一般被分割为前、后两大间室，设前、后两个门，前室一般为客厅，后室一般为卧室，中间则以芦苇编织的墙体分开。因为房屋的围合体和山墙都是由带有微小间隙的芦苇秆编织而成的，通气性和采光性皆非常理想，无须再设窗口。甚至，这种芦苇房可以作为清真寺之类的大型公共建筑空间（图 5-33、图 5-34）。从本质上讲，整个芦苇房就像一个漂浮在水面上的巨型巢穴。

中华攀雀是一种习惯栖息于近水芦苇丛、杨树、柳树等林间的小型鸟类，也是被人类称赞为羽翼族中极有天赋和高效的建筑工程师。中华攀雀筑造的巢穴不但结构合理、舒适耐用，而且用材极为考究。中华攀雀一般选用叼来的棉花、花絮、植物茎蔓等坚韧性好、保温性强的材料，编织和塑造出自己的空中巢穴，对于巢穴顶部悬吊和受力的部位予以特别加固。最后，它用自己口中吐出的一种特殊的纤维物质将整个巢穴的外表一层层地缠绕和装修起来，成为一种雍容华贵的鸟世界中的豪宅（图 5-35）。如果我们将中华攀雀筑巢与西安半坡仰韶文化遗址中泥屋的建造方法做比较，就会感悟到两者之间有着极为相似的建造心理，彼此之间或许有一定的联系（图 5-36）。

人类祖先虽然没有像中华攀雀那样能够吐出用于缠绕和装修的长纤维物质，但也可以从中得到一定的启发。他们在加大编排和编织穹隆形结构木骨泥密度的基础上，进一步发现了用草筋泥来代替中华攀雀用以填充和塑形的材料，而且同样可以起到保温、防雨和防火的作用。例如，在西安半坡仰韶文化中期遗址中，F4 穹隆形泥屋的木构架在用料的密度上明显加大，木骨间的缝隙不再是茅草、芦苇束

室内气候立马变得凉爽宜人。因此，这种完全由轻质天然材料建造的房屋，可以整体一直漂浮于沼泽地的水面上，不用担心水位上涨被淹没。可以想象，如果 1 万多平方千米的沼泽湿地上分布着的是一座座漂浮在水面上的芦苇屋，那该是多么壮观的景象（图 5-32）。

芦苇秆是一种空管状的植物，它是沼泽地里繁

图 5-36　西安半坡仰韶文化
遗址 F4 复原图（《建筑学考
古论文集》）

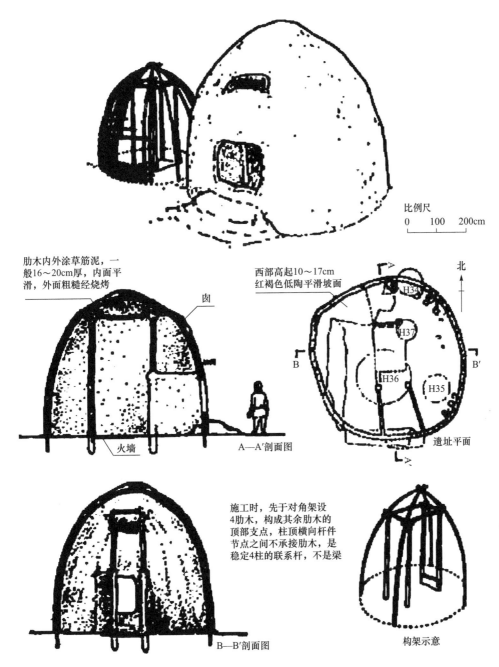

比例尺
0　100　200cm

肋木内外涂草筋泥，一
般16～20cm厚，内面平
滑，外面粗糙经烧烤

囱

火墙

A—A'剖面图

西部高起10～17cm
红褐色低陶平滑坡面

北

H34

H37

H36

H35

遗址平面

施工时，先于对角架设
4肋木，构成其余肋木的
顶部支点，柱顶横向杆件
节点之间不承接肋木，是
稳定4柱的联系杆，不是梁

B—B'剖面图

构架示意

之类的填充物，而是一种加入草筋后进行火烤硬化
的，可以防裂、防火、可塑性强的胶泥。我们可以
看到，这种建造泥屋的原始方法一直在非洲大陆的
许多部落中被沿用着（图 5-37、图 5-38）。

　　世界上有许多古老民居都被冠以"蜂巢"的称
号，如南非祖鲁人的茅草蜂巢屋、爱尔兰丁格尔半
岛的蜂窝石屋、土耳其哈兰古镇的蜂窝泥屋等。由
此可见，这些古老房屋的空间模式似乎都与蜂巢的
构造原理有着不解之缘，特别是哈兰古镇的蜂巢泥
屋一直是当地人难以割舍的住房形式。

　　哈兰古镇位于美索不达米亚平原的北部，它
是世界上最早出现的人类定居点之一，也是《圣
经》里所讲的亚当和夏娃被赶出伊甸园之后的落脚
之处，而且也是传说中圣人亚伯拉罕曾经歇脚和留
宿的地方，因而有着 4000 多年的文明历史。哈兰
古镇传统的蜂窝泥屋用晒干后的土坯砌筑而成，这

图 5-37　西安半坡仰韶文化
遗址木骨泥屋复原模型

图5-38 全世界最热的地区之一尼日尔,木骨泥屋一直被沿用至今

图5-39 土耳其哈兰古镇蜂窝泥屋外观

图5-40 土耳其哈兰古镇蜂窝泥屋室内

图5-41 地鼠穴居内部构造与外部生态环境示意图

种土坯是由泥土与木屑、麦草和牲口粪便混合在一起打制而成的,因而有着良好的蓄热保温性能,非常适应当地夏季干旱炎热、冬季寒冷干燥的极端性气候。

哈兰古镇蜂窝泥屋的建筑主体采用了尖形穹顶的砌筑结构,这种形式一方面有利于减少建筑表面的体积感,冬季到来时可以减少室内的热损耗

(图5-39);另一方面,每个穹顶的顶部开设有通气和采光两用的窗口,夏季到来时可以使室内空气产生尖顶效应,便于加速室内外空气的相互交流,使热气流快速上升,冷气流迅速下降,从而形成冬暖夏凉的室内微气候。这种泥屋子的空间构成明显借鉴了蜂巢的构造模式,一般以三四座穹顶为一组或一个合模块,一座村庄往往由好多块蜂窝状的泥塔模块组合而成。

哈兰泥屋的内部空间一般以拱形门洞相互贯通,便于室内空气的有效循环,可以使室内空气保持一定的恒温效果。因此,由这种一组组馒头状泥屋构成的村落,神秘而壮观,构成了哈兰古镇几千年来的一大人文景观。唯一遗憾的是,在这种严酷的生存环境下,哈兰人为了获得舒适的微气候环境只能以牺牲采光为代价,他们的蜂窝泥屋因为很少开有窗户,采光效果不太理想(图5-40)。

穴居的创造

中国人一般将人工打造的穴居空间称为窑洞,是华夏先祖在黄土高原上创造出的一种独特的穴居形式,并且一直发展到今天。中国黄土高原的黄土面积在地球上分布最广,黄土堆积层的厚度和土体结构非常适合进行多种形式的人工穴居建造活动。中国黄土高原这种特殊的地质条件,即使采用最为简单的石质、骨质,甚至木质工具,也能开凿出功能完善的窑洞空间。地质考古发现证明,中国的黄土高原经历过2200万年漫长的沉积历史,它的主要形成和发育期大约是在第四纪冰川期260万年以后的风成沉积,这恰好与人类祖先进入穴居时代和人类进化的历史进程相吻合。由此可以断定,生活在中国黄土高原的人类先祖在很早以前就已具备了人工开凿窑洞的自然条件。所以,生活在中国黄河中游黄土高原地区的,130万年前的山西省西侯度猿人和110万年前的陕西省蓝田猿人,或许已经开始了人工开凿窑洞的穴居生活。

然而,通过掏挖黄土来获取栖身所需空间的做法,黄土高原的地鼠好像早已为人类率先做出了杰出的榜样和不朽的探索。动物学家通过长期观察和研究认为,生存在黄土高原上的地鼠是在地表以下营造穴居家园的天才。它们所打造的地下世界,从睡眠休息区、育婴区、食物储藏区到便所卫生区,甚至专门规划有冬天取暖的区域等。这种规划周到、构造精致、功能完善、应有尽有的程度,似乎远远超出了人类穴居时代的文明发达程度,堪称一座完整的地下聚落。

地鼠的穴居之家,有一种与地表平行的横穴式主通道,一般在地面以下10～30cm的深处。除主通道之外,还有一种通往主穴洞室的,俗称天洞的竖穴通道,一般深入地下40～60cm之处。主穴洞室的生活空间打造得非常精致,居住面上常常铺垫有柔软舒适的干草,附近两旁一般还各开凿有一处盲洞,分别作为它们的便所和储存食物的仓库(图5-41)。

地鼠对居室环境舒适度的诉求与人类极度接近,育婴室的温度一般不能低于13℃,适宜居住的室内最佳温度也在20～25℃之间,相对湿度在40％～70％。所以,利用土壤内部冬暖夏凉相对恒定的微气候特点,进行一种居住环境的空间营

造，并做到各种生活便利，干净卫生，安全自保。因此，黄土高原的地鼠是穴居住宅这方面的建造大师，早已总结出一系列行之有效的建造方式，不愧为人类从事营造穴居之家的启蒙老师。

中国的黄土高原属于第四纪更新世晚期形成的土状堆积物[1]，按照其地质生成的历史年代，可大致分为古黄土、老黄土、马兰黄土和新生黄土四种土层。一般而言，黄土层形成的历史越古老，土体构造则越密实，结合强度越高。因此，中国这种逐层堆积而成的黄土高原，具有自上而下密实度和强度逐渐增大的特征。

在这四种类型的黄土层中，马兰黄土和新生黄土层的土体孔状结构发育良好，并聚集着大量的碳酸钙。在其结构形态上多为丰富多变的钙质结合层，具有较强的抗压、抗剪等物理特性，是适合开挖窑洞的最佳土壤层。那么，生存在黄土高原上的华夏先祖可能是在一次次的失败中摸索出这一地质结构的规律和土层属性的，从而开始了在黄土塬断崖面的老黄土层中开凿窑洞的探索。故此，在中国黄土高原上最早产生的人工洞穴应该属于横向洞穴。而且，这种在黄土塬断崖面上掏挖洞穴的减法建筑省时省力，是中国形成和发展的一种主要的窑洞形式，因而至今仍有上千万人生活在这种生土洞穴之中。

大量史前窑洞居住遗址的考古发现说明，中国原始社会最初开凿的横穴内部空间平面大多为圆形洞室，洞顶呈不规则的穹隆形，其建筑空间的剖面犹如一把大茶壶。说明人类在开始人工穴居创造时，脱离不了对天然洞穴空间形态的直接模仿。中国黄土高原已发现最早的窑洞遗址应该是甘肃省宁县仰韶文化时期，5000多年前的一种圆形居住面的穹顶洞室。从较晚一些的山西省石楼岔沟窑洞遗址可以看出，为了减少开挖窑洞时的土方量和争取室内空间的高度，早期横穴受开凿工具和技术影响，洞室内部的居住面通常低于室外，入口为一种下行斜坡道，并在门洞前搭建有雨棚，而这种雨棚成为建筑挑檐的始祖（图5-42）。不难看出，这种做法无疑也受到某些动物掏挖洞穴的影响，这与原始社会人们在长期捕食某种动物过程中，对穴居动物的起居方式和行动规律进行长期观察有关。

穴居遗址考古发现证明，中国黄土地上的先民们为打造这种穹庐形洞顶也付出了惨痛的生命代价。在许多穹顶洞穴的遗址中，如宁夏海原县菜园村周边地区的林子梁、切刀把、寨子梁等遗址，普遍发生过洞顶坍塌压死人的惨剧。血的教训迫使先民们不断总结经验，因势利导，从而探索出一些切实可行的新窑洞形式。例如，甘肃省陇东镇常山仰韶文化晚期H14窑洞遗址，当地先民对土拱顶坍塌后的窑洞进行了重新改造和利用。

他们采用树干、树枝搭建起一种穹隆形的木结构洞顶。可以想象，如果在这种木结构顶上再覆盖上一层黄土，就会产生一种覆土型的"穹顶"窑洞（图5-43）。为了更加稳固，人们在用木材搭建的穹顶结构下又支撑起几根立柱。这种木结构

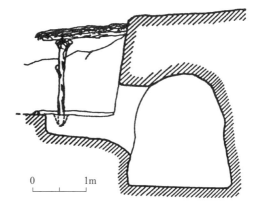

图5-42　山西省石楼岔沟P3遗址剖面图（《中国建筑艺术史》）

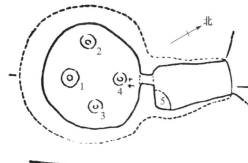

图5-43　甘肃省陇东镇常山仰韶文化晚期H14遗址平剖面图（《中国古代居住图典》）

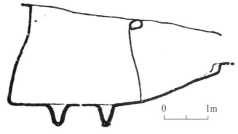

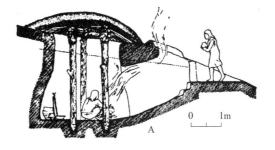

图5-44　陇东镇常山仰韶文化晚期H14遗址洞顶搭建覆土后的复原图（《中国古代居住图典》）

洞顶形式的出现，一方面成为中国土木结构建筑的萌芽；另一方面也成为人们探索新型竖穴居住形式的开端。

类似于陇东镇常山仰韶文化晚期H14遗址改造后的窑洞，以往的横穴洞窑衍生出一种带木构架防雨屋顶的竖穴空间形式，于是诞生了一种土木结合的建筑空间形式（图5-44）。竖穴居住空间的出现，使黄土高原上的先民们完全摆脱了依靠山崖和边沟

---

① 侯继尧，王军. 中国窑洞. 河南科技大学出版社，1999年，第4页.

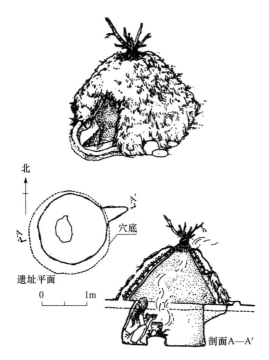

图 5-45 河南省洛阳涧西孙旗屯圆形穴居复原图（《中国建筑艺术史》）

北

遗址平面

0   1m

穴底

L-7

剖面A—A'

图 5-46 陕北历史悠久的靠山窑

地形开凿穴居的被动局面，他们可以选择自然条件更好的平原地带安家落户，有利于农耕生产的聚落定居生活（图 5-45）。

中国黄土高原上起初挖掘的横穴，主要参照了

人类穴居时代天然洞穴空间形态的主要特征，但前壁厚度不足时，窑顶下沉重力所产生的水平推力，容易导致前壁崩塌。然而，他们通过长期观察和实践积累，最终发现了筒形土拱的洞穴只要有足够厚度的窑背（窑洞顶部的土层厚度），即使前壁不存在，也能使拱形长久稳固，不易走形，可以安全使用。于是，一种拱券形的生土窑洞形式广泛出现在中国黄土高原的广大地区。而且，历经数千年的演变，这种黄土洞穴不但成为一种理想的穴居形式，而且在中国黄土高原上孕育出一种在世界上独树一帜的黄土地文明来（图 5-46）。

■3 大地腹中的聚落

原始人类在 300 万年适应洞穴生活的过程中，基本构成了人类以血缘关系为纽带，举家老小生活在一起，适合于定居生活的心理结构，养成了人类在居住环境中获得心理平衡和生理稳定所需的各项物理量度，以及由此产生的人体神经生理机制。于是，这种人体神经生理机制成为人类祖先走出天然洞穴之后，在选择定居方式和营造居住环境时的内在驱动和心理参照。所以，人类祖先在预先没有任何人工居住空间模式参考的情况下，自身长期在原始洞穴中习养而成的神经生理机制和依恋心理，就成为他们开创各种人工穴居空间形态的最大可能，形成一种对宜居环境定义的潜在意识。也许，正是人类这种穴居潜意识的存在，才使世界各地至今存在着许多穴居村落，并且成为人类文明史上一种宝贵的物质文化遗产。

中国是世界上黄土高原分布最广、面积最大的地区，约占全世界黄土堆层积总面积的 70%。中国境内黄土堆积层的厚度一般从 30～200m 不等，最厚的地方可达 300m 以上。中国的黄土高原呈竖向土体结构形式，适合开凿各种形式的减法土拱窑洞，特别是在黄土层厚度最大的陕西、甘肃、山西和河南四省分布着形式多样的地下窑洞村落（图 5-47）。

这种地下村落由一种地坑式窑洞院落组成，各地百姓对其有着不同的叫法。例如，陕西省渭北地区的人叫它"八卦地倾庄窑"，河南省西部的人叫

它"天井院"，甘肃省陇东地区的人称它为"地坑庄"，山西省则称它为"地窨院"或"地坑院"。

这种地坑院落是一种由竖穴空间与多孔横穴空间相结合的减法建造的四合院落式住宅。一般先是开挖出一个长方形竖穴空间，然后在竖穴空间的四壁开凿出生活所需的横向洞穴。有关这种地下四合院落的居住形式的雏形，我们可以从 3000 年前陕西省岐山县周公庙附近一处组合窑洞院落的居住遗址中看到（图 5-48）。

中国黄土高原上的地坑院落一般分为全下沉式、半下沉式和平地型三种。全下沉式地坑院落是指在没有任何地势可利用的情况下，在平坦的基址面上直接向下开凿出长方形的垂直下沉的天井式院落，然后在这种天井院附近的一角向下斜挖出一个用于出入的坡道和门洞（图 5-49、图 5-50）。有些地区的地坑窑洞院落尺度很大，一座大型地坑院落可能容纳几户人家，或被分割出几十户人家的小四合院，堪称一种隐藏于地下的街道。半下沉式和平地式地坑院落是指利用原址地有落差和坡度的地形优势，对其稍加休整，形成一种由三面崖面合围而成的地坑院落。如果在开敞面再筑起门墙和门房，就成了一座完整的地下四合院落。

这种簸箕形的三面围合的地坑院落一般选址在黄土塬临沟的边缘地带，建造起来不但省时又省力，而且很少占用耕地（图 5-51、图 5-52）。中国人传统上以四合院为主要居住方式，子女成家立业

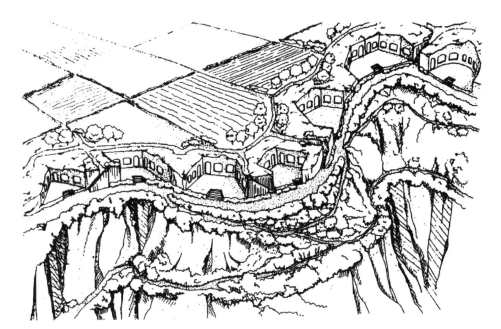

图 5-47　甘肃省利用黄土塬边缘峭壁开凿窑洞形成的村落，有利于节约耕地（《城市地下空间设计》）

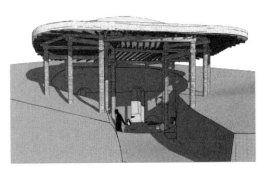

图 5-48　陕西省岐山县周公庙组合窑洞遗址复原示意图

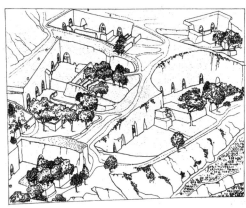

图 5-51　甘肃省庆阳市半下沉式地坑窑洞聚落（《中国民居研究》）

图 5-49　山西省平陆县全下沉式地坑院落

图 5-52　甘肃省镇原县沿沟半下沉式地坑院落

图 5-50　陕西省三原县柏社村地坑院入口门洞

之后会另起一座院落作为门户，所以这种地坑院落也是一户一坑。随着家族人口的增加，这种底坑院落也会随之增多，最终发育成一种独特的地下窑洞村落。有些地方的底坑院落规模很大，比如陕西省三原县的柏社村有 1500 年历史，形成了一个 360 多口地坑窑洞院落的巨形村落（图 5-53）。这种由地坑窑洞院落形成的聚落十分隐蔽，地表以上几乎没有任何人工构筑物显露，加上各家院落中常常有大树伸出做"掩护"，因而有着"上塬不见塬，入村不见村；平地起炊烟，忽闻鸡犬声"的民间谚语。

中国黄河中游和渭河流域地区的黄土高原是华夏文明的发祥地，也是世界人类文明重要的发祥

图 5-53 陕西省三原县全下沉式地坑院落鸟瞰照

图 5-54 陕西省淳化县车坞乡地坑式窑洞院落鸟瞰

图 5-55 陕西省淳化县车坞乡地坑院落窑洞内部

图 5-56 马特马塔山区的地坑院俯视照

地之一。这里的黄土地不但肥沃，供养了世世代代的华夏子民，而且便于人工开凿各种窑洞的物理属性，也为华夏儿女世世代代提供了适宜居住和繁衍子孙的庇护空间。

中国黄河中游的大部分地区处于温带干旱或半干旱的季风性气候，夏季炎热难耐，冬季寒冷干燥。然而，黄土高原浑厚的黄土堆积层内部具有很强的蓄热保温性能，它能将每年春、夏、初秋季节的太阳照射所产生的巨大热量储藏在土壤之中，然后在冬季缓慢地释放至第二年温暖季节的到来，从而又开始新一轮对于阳光热量的吸收和储备。黄土

地由此周而复始地与外界进行热能量交换，从而造成了窑洞内部的恒温现象。所以，正是华夏祖先发现黄土地深处这一独特的自然现象和秘密，才以此发展出世界上独一无二的黄土地文化。

黄土高原正是由于存在这种奇特的自然品质，因而在一定深度上形成了一种在温度和湿度方面相对恒定的适合人类健康生存的土壤层，而在黄土高原上开凿的窑洞空间正好处于这一特殊的土壤层之间。所以，中国黄土高原的窑洞内部容易形成相对稳定、冬暖夏凉的微气候环境。值得一提的是，黄土地土壤中蕴含着丰富的人体需要的多种微量元素，这些微量元素以各种方式挥发出来，生活在窑洞的人可以通过皮肤接触和呼吸等方式长期吸收，大大有益于他们的生理健康。此外，一定厚度的土壤能屏蔽外部噪声和电磁波干扰，有助于人体神经系统进行深度修复。故此，长期居住在这种窑洞的人容易形成稳定而健康的生理和心理结构（图 5-54、图 5-55）。

与中国黄土高原地区的气候相比，生活在北非突尼斯南部的柏柏人所面对的，马特马塔山区的生存环境则显得异常严酷。突尼斯的马特马塔山区地处撒哈拉沙漠的边缘地带，这里终年酷热、干燥，属于热带大陆性沙漠气候，年降水量仅 20mm 左右。对于生存在这一地区的柏柏人来说，高达 60℃的气温早已习以为常。然而，面对干热、满天飞沙的恶劣环境，勤劳勇敢的柏柏人毅然坚强地厮守着这片热土，并一代又一代地生存和繁衍下来。

据说，由于 2000 年前阿拉伯人的入侵，一部分柏柏人为了躲避惨遭屠戮的厄运，他们不断向南迁徙，最终沦落到马特马塔这片偏僻的沙漠山区。正是由于这里难以忍受的自然条件，才迫使阿拉伯人停止了追击，并退回到突尼斯的北部。为了生存下来，柏柏人根据当地特殊的地质状况探索出类似于中国黄土高原上的地坑式窑洞院落（图 5-56）。

柏柏人的地坑院首先是一个直径为 10～12m、深度为 7～8m，近似于圆形的垂直下沉的地坑，然后沿地坑一圈的崖壁开凿出大小不同、深度不等的横穴作为各种生活使用的洞室，而垂直地坑底的基面便成为一种露天庭院，或者是一种独特的共享空间（图 5-57、图 5-58）。于是，这种一家一坑、大小不一的数百个地坑院落，遍布于高低起伏的沙丘地带，形成了一大片奇特的由许多个类似陨石坑构成的大型聚落（图 5-59）。

柏柏人的地坑院里有单层横穴，也有较复杂的双层，有些横穴之间由通道贯通（图 5-60、图 5-61）。双层底坑院的每层有不同的功能，下层洞室一般包括客厅、卧室、厨房、杂物室、手工作坊和饲养室等，上层洞室较为干燥，因而更适合作为粮仓使用（图 5-62、图 5-63）。

一般情况下，一个口径大的地坑院落可以容下五六户人家居住。地表层的砂石和深层土壤构成了马特马塔山区的地质特征，因而使柏柏人这种隐藏于大地腹中的洞穴住宅同样具有蓄热保温、冬暖夏凉的微气候特征。据当地人介绍，他们这种地坑院落的洞室微气候一般可以保持在 18～22℃的舒适度范围，很少受到地表以上恶劣气候的影响。所以，长期生活在地下的人几乎忘记了外部严酷的沙漠气候。

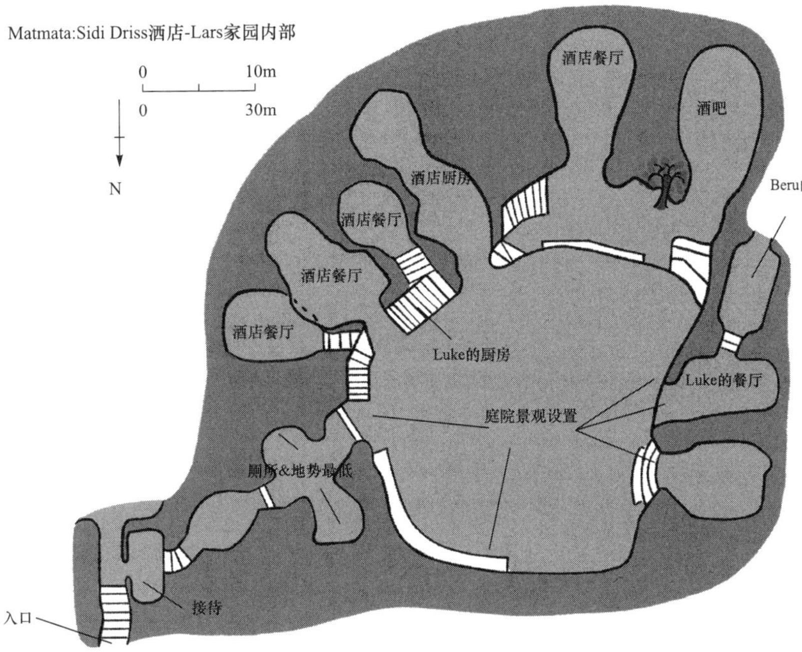

Matmata:Sidi Driss酒店-Lars家园内部

0   10m
0   30m

N

图 5-57 北非突尼斯马特马塔柏柏人地坑院空间平面示意图

酒店餐厅

酒吧

Beru的厨房

酒店厨房

酒店餐厅

酒店餐厅

Luke的厨房

Luke的餐厅

酒店餐厅

庭院景观设置

厕所&地势最低

入口

接待

图 5-58 马特马塔地坑院入口的柏柏人妇女和儿童

图 5-59 马特马塔山区由地坑院落构成的村落鸟瞰

图 5-60 马特马塔山区柏柏人一处双层横穴的地坑窑洞庭院

图 5-61 贯通洞室间的通道和门洞

图 5-62 马特马塔山区地坑院中的窑洞卧室

· 93 ·

图 5-63　马特马塔山区地坑院中的窑洞厨房

图 5-64　西班牙萨克罗蒙特山上的窑洞村落

图 5-65　西班牙南部山区瓜地什穴居门脸装饰（盖蒂图片社）

图 5-66　西班牙格拉纳达干谷穴居透气孔或换气窗

突尼斯南部沙漠边缘地带的土壤层中含有大量的小颗粒砂石，加之极端的干旱少雨气候，土体结构比中国黄土高原的土壤更为稳定，对于洞穴室内空气有着更好的过滤和新陈代谢作用。所以，柏柏人的洞穴室内环境更加清新、凉爽、安静和舒适。长期居住于这种地下空间，可以促使人体形成稳定和健康的神经生理机制，并产生出一种特殊的依恋性心理。

因此，生活在这种穴居环境里的柏柏人比较安于现状，一直过着一种自食其力、传统的生产和生活方式，很少受到外界影响。正因如此，当突尼斯政府动员他们搬出这种原始的地下洞穴，住进为他们新建的社区时，这里的柏柏人几乎没人响应，老人更是依恋这种冬暖夏凉的地坑式窑洞院落。

与突尼斯隔地中海相望的西班牙更是有着悠久的穴居文化历史。考古发现的3万～5万年前的"黑窟"洞穴、"松林"洞穴和世界著名的阿尔塔米拉洞穴，能让我们了解到旧石器时代伊比利亚半岛人类穴居时代的文明状况。在西班牙南部山区的阿尔梅里亚省和格拉纳达省境内，至今存在着好多穴居聚落，甚至一些具有穴居性质的新型城市社区。这些洞穴住宅纷纷藏匿于大山脚下、山坡上和山腰间。

据统计，仅格拉纳达省的瓜地什地区就有洞穴家庭2000户之余，其中有许多人家数百年来一直生活在这种洞穴住宅里（图5-64）。西班牙南部山区大多数穴居者为吉普赛人，由于这里土地贫瘠，可耕地稀少，甚至很难长出像样的树木，因而他们一直过着传统的半农半牧生活。

然而，这一带的土质非常特殊，挖掘成不久的洞穴一旦经过通风或氧化，自己会很快硬化起来，开凿出的洞穴室内会变成一种质地坚硬的陶屋效果，从而为当地人提供了一种能够克服夏季酷热气候的理想栖身空间。据说，这一带现存最古老的洞穴是1000年前由摩尔人开凿的，大多数洞穴也是在15和16世纪前建成的，至少也有500多年历史，因而显得十分古老。

起初，古人开凿的这些洞穴是为了躲避暴风雨和防御凶猛野兽的侵袭，后来又成为人们躲避宗教迫害和种族冲突的安身立命之处。老式的洞穴住宅门脸粗糙，没有任何装饰，只是简单刷上一层白石灰，所以在连绵起伏的群山之间，只要望见有白色的地方，肯定有穴居人家存在（图5-65）。因此，西班牙南部山区的穴居聚落仿佛点缀于山峦间的一片片白云，有着别具一格的景致。

西班牙南部山区的穴居聚落不仅仅是由单一的一座座洞穴住宅构成，而且有许多公共空间也是由人工开凿的洞穴建成的，当然也包括洞穴式的教堂。这里传统的洞穴住宅由一间主洞室和两侧的小洞室组成，过去在没有通电的情况下，只有靠几孔对外的小窗洞来采光，因而室内光照严重不足。西班牙南部山区受地中海气候影响，夏季高温少雨、炎热干旱，冬季温和多雨，基本属于热带和亚热带气候。所以，当地人的住宅基本以山地为依托，既起到了节约耕地的作用，又利用了高海拔山地空气流畅的气候特征。此外，将居住空间深入到山体温度和湿度相对稳定、冬暖夏凉的体内，无疑成为一种明智选择，也是生存在这里的人类数万年来聪明与智慧的结晶。

西班牙南部山区的冬季一般多雨潮湿，为了解决洞穴内部因空气沉闷和不流畅带来的不舒适感，各家洞穴住宅的顶部一般都建有伸出顶部的白色拔气筒和各式排气窗。远远望去，一大片村落洞穴住宅的拔气筒高低不同、胖瘦各异，堪称一大奇观（图5-66）。虽然在近代城市文明的影响下，这里的洞穴住宅在几十年前曾经被视为贫穷落后的象征，但是它本身所拥有的空气清爽、冬暖夏凉的居住品质至今令人难以遗忘。为此，一些独具慧眼的房地产开发商对其进行一番现代化的改造之后，这种原始的穴居竟然成为房地产市场上供不应求的抢手货。那些历经数百年的古老洞穴也被当地人一次次翻新，成为一种有品位的住宅。在目前大气环境不断变暖的情况下，这些现代家用电器装配齐全的洞穴，转眼成为一种具有自然空调性质的，倍受城里人日渐推崇的乡土别墅（图5-67）。

在伊朗中部库赫鲁德山脉南段的一片人迹罕至的山谷中，一直隐藏着一座名叫 Maymand 的大型穴居古村落，显得异常神秘。Maymand 古村落由 400 个洞穴住宅构成，当时是由生活在这里的原住民在松软的砂岩质地的山丘上人工开凿和打造出来的。据说这里人工开凿洞穴开始于 12000 年前，有 90 多个原始洞穴甚至保留至今（图5-68）。根据英国广播公司网站 2017 年 5 月 30 日的相关报道，

图 5-68 坐落于伊朗库赫鲁德山脉东南部山谷里的 Maymand 穴居古聚落（《参考消息》）

Maymand 古村落中约有 150 人还全年生活在这种洞穴之中。联合国教科文组织世界文化遗产委员会的网站称，Maymand 穴居有 2000 年的聚落历史，它是伊朗现存最古老的聚落之一。

Maymand 穴居村落的地理位置属于地形复杂的高海拔山区，气候变幻无常的伊朗东南部的克尔曼省。由于该地区紧邻干燥的卢特荒漠，因而具有夏季炎热干燥、昼夜温差大、春季沙尘暴常常肆虐的极端气候特征。因此，当地人为了适应这种气候恶劣的生存环境，在选择开凿穴居方式的同时，形成了一种随季节变化而变换居住方式的两栖性生活习俗。例如，当夏季酷热难耐和秋季高温暴虐之际，Maymand 村的人会搬进洞穴之外搭建的茅草屋中；当气温急剧下降，沙尘暴和寒流来袭时，他们又会搬进这种原始的洞穴住宅之中，重新回到原始的穴居生活。

在 Maymand 古村落中，每套洞穴住宅内部最多有 7 间不同功能的洞室，室内空间高度一般约为 2m，每间洞室面积在 20m² 左右。每当寒冷的冬季来临，当地村民会将锅、碗、瓢、盆、炉灶等各种生活家具从洞穴外的茅草屋里搬进洞穴之中，洞穴内部因而显得有些零乱和拥挤，总是被各种生活用具塞得满满当当。从洞室内壁厚重的被灶火熏黑的痕迹看，人们会感慨这种穴居住宅不知经历过多少代人使用，储存着多少代人的生活记忆（图5-69、图5-70）。

图 5-69 伊朗克尔曼省 Maymand 古聚落穴居中的卧室（《参考消息》）

图 5-70 Maymand 古聚落冬季时的洞穴室内（《参考消息》）

这里的原住民仍保留古老的生活方式，大部分村民一直过着半农半牧的生活，天气暖和时他们会上山放牧，天冷时便将牲口赶进洞穴式的饲养室里。这里的原住民曾经信奉古老的拜火教，在波斯帝国统治时期拜火教曾在此地十分繁盛，特别珍贵的是公元7世纪伊斯兰教在此盛行时，留下了世界上少有的几处洞穴式清真寺（图5-71）。虽然，受现代城市文明的影响，越来越多的村民在天气变冷后希望搬到附近的镇上去过冬，天气变暖时再重新返回村子里的洞穴生活，但是也有些村民将祖上留下来的这种穴居住宅进行一番精心改造，在引进各种现代化家用电器后，使其焕发出生活的活力。同时，由于Maymand古聚落名誉的外扬，越来越多的游客纷至沓来，他们希望通过亲身体验的方式，来重温人类古老的穴居生活。

图5-71 伊朗克尔曼省Maymand古聚落中的洞穴式清真寺（《参考消息》）

第六章

穴居文化的创造

穴居文化基因的遗传有多种途径和多项规律，主要表现在人类为自己建造居住和精神空间的过程中起到的价值导向作用。一是人类将心灵深处的神圣空间总是与洞穴文化原始意象相联系；二是人类将营造理想的居住空间首先与天然洞穴所具有的微气候环境特征相联系；三是人类将营造神的居所自觉与原始洞穴的空间形态或形体语言相联系。因为极端恶劣的自然环境总是首先唤醒人类在穴居时代培养而成的本能反应和神经生理机制、起源于穴居时代的神灵意念、生命崇拜等宗教理念等，从而使原始洞穴成为人类心灵深处的家园。

故此，走出天然洞穴的人类在为自己创建新的居所空间的同时，也在构想着与众神沟通的途径和方式，并需要以此展现自己的精神世界。在山与洞穴文化意象的影响下，人类在构建通往上帝天庭的思维模式中，天庭被想象成山顶之上的世界，正如印度佛教所讲的"须弥之巅"是神的居所。而走向天庭，途经的景象在勃鲁盖尔（Bruegel Pieter）的《通天塔》（又称《巴别塔》）里也成为一座盘旋而上，沿途布满窑洞的陡峭山峰。故此，圣山、山洞与婉转曲折的天梯成为大多数宗教文化阐释人走向神界的基本环境要素。

原始洞穴之所以能够使人类在严酷的冰川期生存和繁衍下来，除了它所具备的能够为人类祖先遮风挡雨的基本功能外，洞穴中复杂多变、纵横交错、上下起伏，以及流动性的空间形态成为一种能够制造洞内部气温相对稳定的天然空调系统，就像非洲草原犬鼠所创建的地下庞大的"社区"群和超大型聚落。所以，人类祖先对于天然洞穴空间属性的认知就如同非洲草原犬鼠对于自己地下世界的空间构造模式，感受至深。因而人类在极端恶劣的自然环境中创建自己的家园时，是原始洞穴空间的一系列自然属性不断给予他们以启示和引导，从而有了诸如撒哈拉"死亡之海"沙漠中的加达梅斯古镇和伊朗亚兹德古城那种洞穴空调模式的建筑空间形态、聚落空间结构，以及城市街巷空间网络等，别具一格的建筑文化遗产。

变化多端的洞穴空间形态不但可以产生与外部世界气候差别巨大，相对稳定和自成体系的微气候循环系统；而且洞穴空间形态的形体语言也成为人类创造神灵世界，营造宗教文化意境的建筑空间形体语言。为此，人类相继创造了各种拱券、穹隆，以及组合变化多端的，带有洞穴空间意象的空间结构方式，以曲线形的建筑形体表现语言，以及伊斯兰建筑中以"依旺"为代表的建筑形制，甚至是以此作为一种典型的表现宗教文化理念的门式、窗式和装饰艺术图形。

我们可以看出，世界建筑发展历史中最为显著的成就主要表现在，人类一直在永无止境地探索和创造着以原始洞穴空间文化意象为精神追求的宗教建筑文化内涵，并因此形成了不同时期和不同地域的建筑艺术风貌。

■1 巴别塔与岩洞山城

"巴别"在古希伯来语中是"神的大门"（上帝之门）的意思。人类宗教史上著名的巴别塔，也称巴比伦塔或通天塔，它是西方建筑史上最具神奇色彩的建筑物。《圣经》里讲，大洪水结束后，雨过天晴，天空终于出现了一道久违的巨大彩虹。据说，这道彩虹便是上帝与人类立下的契约，作为永远不会再用洪水毁灭世界的见证。自此以后，穹庐之下的人类安居乐业，都开始讲同样的语言，而劫后余生的诺亚子孙不断得到繁衍和壮大，并遍布世界各地。然而，人类对于诺亚时代大洪水造成的危害一直心有余悸，且耿耿于怀，对于上帝的承诺总是觉得心里不够踏实，认为不能将子孙万代的生存繁衍完全寄托在那种出没无常的彩虹身上。最终，大家共同商定建造一座高耸入云、直达天庭的高塔，以表达自己的心愿，并以此争取与上帝对话的权利。由于大家语言相通，配合默契，这座巴别塔的工程进展十分顺利，因此很快到了即将竣工的程度。

人类在天地间这种轰轰烈烈的举动不久惊动了天庭里的耶和华，认为自己一言九鼎的承诺遭到了质疑，觉得自己的威严受到了前所未有的挑衅，因此不能坐视人类这种企图得逞，并决定给他们以应有的惩罚。于是，耶和华施以魔法，打乱了人类便于沟通的共同语言，致使这座史无前例的通天塔工程无法再继续进行下去，建造巴别塔的人们最终不欢而散。虽然，《圣经》里的这种传说是为了巩固上帝在人类心目中至高无上的权威，打消人类这种狂妄自大、自负贪婪，妄图获得与上帝平等对话的权利。然而，传说中的巴别塔也为我们展示出几千年前人类在脑海中开始酝酿的一种规模宏大、充满想象的建筑形式。

据说，巴别塔是由诺亚的后人所建，古希腊历史学家希罗多德（Herodotus）在他的著作里还对此事迹进行过一番比较详细的描述。按照希罗多德的说法，巴别塔的主体是一座实心塔，建筑总高度约为201m。巴别塔的外层是一条盘旋上升的坡道，人们可以环绕主塔拾阶而上，直到塔顶，它的本身显然给人一种高山的意象。而且，在这种螺旋形通

图 6-1　文艺复兴时期尼德兰画家勃鲁盖尔所画的《通天塔》

道的途中还陆续设置有一些可供人们歇脚和喘气的坐具，明显属于一种盘山路。

希罗多德还写到，在巴别塔的顶部建造有一座神庙，这座庙宇的室内摆陈华丽，里面摆放着精致的大金榻、金圈椅和金桌子。至于这座巴别塔的原型，有人说是阿摩利人在巴比伦城内所建的一座被称为"地庙"的马尔都克大寺塔；也有说法是人称"天庙"的巴比伦塔。但有一点很明确，这座巴别塔出自两河流域的古代文明时期，其具体位置至今仍是一大不解之谜，或许它本身就是一个美丽传说（图 6-1）。

有关巴别塔具体的建筑形式只有在后来西方艺术家的绘画作品中才陆续出现，特别是欧洲文艺复兴时期尼德兰地区的杰出画家勃鲁盖尔呈现给我们的、一幅被收藏于奥地利维也纳艺术历史博物馆的宗教题材画——《通天塔》。按照希罗多德的描述，巴别塔的高度在 200m 以上，对于现代技术条件下的建筑而言，它算不得什么高难度的建造工程，但对于巴比伦王朝时期的文明程度，只能算作一种神话和幻想。

在勃鲁盖尔的作品中，巴别塔的建筑造型似乎让我们看到了古罗马斗兽场的影子（图 6-2），而真正给他带来创作灵感的，可能来自意大利南部巴西利卡塔大区古老的马泰拉岩洞山地民居。因为，勃鲁盖尔笔下的塔体造型像一座通体布满一层层类似于马泰拉古城的岩洞民居（图 6-3）。不难理解，作为文艺复兴时期的绘画大师，勃鲁盖尔在年轻时期曾游历意大利、罗马和法国等地。也许，意大利巴西利卡塔大区依山就势建造的马泰拉岩洞民居给了他很深的印象和重要启发。所以，人们登上巴别塔就如同体验依山而建的马泰拉岩洞民居的山城。

巴西利卡塔大区的马泰拉岩居被认为是意大利境内最早的人类居所。从旧石器时代开始，巴西利卡塔大区的原住民就已开始了在饰所里面的山壁上开凿洞穴，进入由人工创建穴居的时代。马泰拉的岩居历史据说可以追溯到公元前 7000 年地中海一带的穴居人类，它是全世界唯一一处从旧石器时代开始，延续至今的穴居文化的经典案例，因而成为能够展示欧洲古老居住文化的活化石。

马泰拉古城从每一座岩洞房屋到每一条街道，无一不被打上历史的烙痕，经受过一个个历史事件的浸泡（图 6-4）。一方面，马泰拉古城不但经历了石器时代、青铜时代、铁器时代乃至于工业文明的历史进程；另一方面，这里也曾经历过古罗马人、伦巴第人、拜占庭人、阿拉伯人、诺曼人、斯拉夫人等轮番争做马泰拉主人而引起的一次次纷争和煎熬。

马泰拉岩洞民居不断繁衍，逐渐将山谷两侧的山体打造成一种壮观的蜂窝状山体聚落景观。马泰拉古城独特的岩洞聚落，最初就被各派宗教看作修行和布道的理想圣地，他们为此开凿洞窟，绘制洞室壁画，纷纷建起了各自的洞穴教堂（图 6-5、图 6-6）。总之，马泰拉从原始的岩洞型聚落最终演变成为一种风格独特的穴居山城，一座世界上现存历史悠久，仅次于约旦南部沙漠中的佩特拉古城的历史古城。1993 年，这座拥有大约 3000 孔岩洞穴居和 150 座岩洞教堂的古老山城被世界教科文组织认定为世界文化遗产，因而成为意大利人的一大骄傲。

由于马泰拉古城的岩洞依山就势分布，沿山体自然态势开凿和建造，因此岩洞所到之处的坡道、小巷和台阶就会延伸到那里，由此编织成为一种错综复杂的交通网络和人的随机活动轨迹。可以

图 6-2 古罗马斗兽场外观

图 6-3 意大利南部巴西利卡塔大区马泰拉古城一角

说，从大小不同、形态各异的洞穴空间到岩洞民居的洞口外观形式，整个古城都是由马泰拉人祖祖辈辈，日积月累，用双手开凿和雕刻出来的一件件艺术品。

马泰拉古城的邻里之间，左左右右、上上下下均由一道道曲折转变的石阶踏步和漫道相通，而主要通道是由数条蜿蜒曲折的坡道通向山顶的，从而形成一种跌宕起伏、步移景异的街巷景致。故此，坡道、台阶与台地一起构成了马泰拉古城一种特殊

形式的聚落空间流动语言。传统的马泰拉岩洞住宅是直接在崖壁上开凿而成的，每户人家无论大人、小孩、男女，甚至与家畜共处于同一套岩洞住宅，人们根据生活需要和人口增加情况在内部增开洞室和改造空间形式。

马泰拉古城晚期的岩洞住宅，人们逐渐采用就地开采的石材，砌筑起一个个拱形门洞和小楼房，在视觉上与古老的岩洞明显拉开了距离。然而，古城中的岩洞民居不是按照时代顺序分区布局和规划

图 6-4　马泰拉古城原始岩洞民居遗址

图 6-5　马泰拉岩洞教堂内部空间（中国大山）

图 6-6　马泰拉岩洞教堂内部彩绘壁画（中国大山）

建造的，而是一代又一代人见缝插针地寻找能够开凿岩洞的空隙和位置，因而形成了一种新老岩洞混杂在一起的格局，甚至是新旧岩洞重叠在一起。这种看似杂乱无章的聚落发展脉络，却因为每一处岩洞民居都是依循山体而建，整个古镇从而呈现出一种自然发育的有机态势，显得富有节奏和自然韵律。

马泰拉古城里的一些岩洞可能具有数千年的悠久历史，或者经历过无数代人的使用和重复改造。所以，沿着马泰拉古城的石阶踏步信步漫游，会产生一种穿梭于不同文明时代的感触，经历一种跨越时空的奇妙意境。马泰拉钙质砂岩质地的山体与用岩石砌筑的拱形房屋浑然一体，沿着山体等高线和自然肌理渐次展开，错落有序，极具韵律地通往山顶上的教堂钟楼（图 6-7）。

马泰拉古城的传统岩洞民居一般将灶台设置在门洞内一旁，这样有利于生火做饭时油烟的排出。厨房用具均被悬挂在墙壁上，或摆放在墙壁上开凿的窑龛里。洞室的中部一般较为高大和宽敞，主要作为起居和睡卧之用，而其他洞室里面摆放着床、桌椅、衣柜、纺织机等生活用具（图 6-8、图 6-9）。洞室的最里面大多为圈养牲口的饲养空间，因而一般设有喂养牲口的料槽，墙壁上挂满配套的农具，特别是各家会在此处设一个蓄水池。

山地大型聚落最大的弊端便是生活水源问题，聪明的马泰拉先民总结经验，建立起了一套功能强大的雨水收集和供水系统。雨季来临时他们将蓄水池的封盖打开，将天然降水收集和储存在四个巨大的蓄水池中，并利用自然界的虹吸现象和地心引力，通过水管将蓄水池中的水引向城中每户人家。而且，这种古老的供水系统被一直沿用到 18 世纪（图 6-10）。

这种蓄水池有多方面的好处，一是巧妙利用自然资源，二是可以起到沉淀、净化和保存雨水的作用，三是庞大的蓄水和供水系统可以起到改善整座山城居住气候环境的作用，对于改善人居环境的整体质量有很大意义。也正因如此，这种充满智慧的雨水收集系统成为马泰拉岩洞古城入选世界文化遗产的一大理由。

图6-7　马泰拉古城的空间层次

图6-9　马泰拉传统岩洞民居主洞室内部环境还原

图6-8　马泰拉传统岩洞民居室内陈设展示

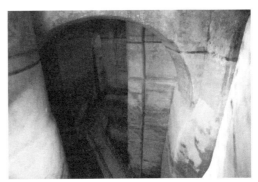

图6-10　马泰拉古城巨大的蓄水池内部

■2　洞穴空调的原理

在无数种哺乳动物中，草原犬鼠是一种具有高度社会化属性的动物，而且具有超常的语言和情感表达能力。它们通过发出一系列微妙的声谱，可以在同族类之间传递丰富而又准确的交流信息，因而被学者称作动物界的语言大师。而且，这种哺乳动物能够建立一种极其复杂的社群结构体系，过着一

种特殊的聚居性穴居生活，并由此形成一种庞大的地下聚落群。

这种聚落群是出于共同御敌的安全需要而共生在一起，由许多支小聚落构成的一种鼠类社会。草原犬鼠世界中的一支聚落相当于人类社会中的一个社区，并根据地形地貌特征划分出许多分支，具有

图 6-11 相互拥抱、亲热和接吻的草原犬鼠一家

图 6-12 草原犬鼠四通八达的穴居(《中国国家地理》)

图 6-13 非洲草原犬鼠穴居空间构造的气流示意图

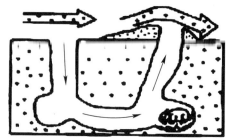

各自活动范围的小群体。根据这种栖息方式和族群组织特征,这种奇特的动物界社会被某些学者赐予了一个"犬鼠镇"的高雅称号。

一般情况下,草原上一处较大规模的犬鼠聚落群占地可达数平方千米。甚至有研究人员发现,一个超大型规模的犬鼠聚落群并不亚于人类世界所建造的一座大型城市,占地面积有可能达到数千平方千米,拥有上亿只犬鼠聚落成员。可以想象,如此规模的犬鼠聚落群能够持续稳定地运行下去,它们的内部除了需要建立一种行之有效的社群组织和管理方式外,必然存在着系统化的社交礼仪和伦理制度。

据了解,"草原犬鼠社会"的最基本单位是由"一夫多妻制"模式构建起来的大家庭。一般由一公与几个母性犬鼠,以及一批"子女"构成。而且,家庭内部具有严格的等级伦理制度,妻子之间一般按照一、二、三等先后、高低与尊卑顺序排列,如同中国古代社会的妻妾婚俗。

一个草原犬鼠家庭的领地大概有 2hm²,它们在外出活动时一般要通过整理毛发、目视、拥抱和接吻等一系列礼仪行为,进行思想沟通和亲疏关系的

识别(图 6-11)。而且,所有即将开始独立生活的犬鼠都必须学会这些社交礼仪。对于草原犬鼠的每一位社会成员,一个不懂族类社交礼仪、乱串门的幼犬鼠尚且会被理解和容忍,然而对于那种已成年犬鼠的一些贸然行为就难以被谅解。

按照犬鼠界的风俗,长大和成年以后的犬鼠必须在本聚落的领地内为自己另外选择一处"洞穴宅基地",继而娶妻生子,另立门户,繁衍壮大自己的家族。于是,这种"犬鼠镇"的聚落由此发育形成。显而易见,非洲草原犬鼠的家园概念内涵十分丰富,它不仅具备健全的社群组织结构、社交礼仪、家庭观念,还有一系列的生活风俗和家族理念。

在从事穴居建造方面,草原犬鼠更是动物界的建筑大师,它们仅仅依靠自己的前肢掏挖,后肢向外蹬的肢体本领,就能在 2hm² 草原的地下打造出功能完善、构造巧妙,深处可达 5m 以上的穴居聚落的空间体系(图 6-12)。由此可见,在穴居建造的施工方面,草原鼠内部之间也必然存在一种能够进行大型工程施工的高效组织和配合方式。

在草原犬鼠穴居洞口的附近,一般设有防御外敌侵入时的避难室,继而是仓储室、居室、厕所和育婴室等。洞穴的最深处是居住面铺垫讲究、柔软舒适的主卧室。在空间构成方面,非洲草原犬鼠的穴居更具特色,内部空间除了能够满足家庭成员生活的需要外,还会呈现出一种良好的自然空调系统,以此适应极端恶劣和变化多端的非洲草原气候环境。

非洲草原犬鼠的洞穴一般设有两个出口,一个是平口洞口,一个则是被高高堆起高于地面的漏斗形洞口。这种高度不一的进出口会产生一定的气压差,洞口高的气流速度会大于平口洞口,从而造成一种高处洞口的气压减小、低处洞口的气压增强的自然现象,从而在洞内形成一种向上涌动的气压动力,使气流从平口洞口吸入,再从堆起的洞口流出,如此这般可以将草原地面的凉风带入,造成室内空气凉爽的洞穴空调现象(图 6-13)。

美国当代著名的建筑理论学家阿摩斯·拉普卜特(Amos Rapoport)认为:"生物的本能较知觉和行为,具有明显的恒常性。"[1] 所以,人与动物对于栖居形式的需求和选择,有着同样的生理感受或相似的创造思路。非洲草原犬鼠居住空间的这种洞穴空调原理,不由得让我们联想到撒哈拉沙漠中加达梅斯古镇地下街道的建造思维、地处沙漠边缘的伊朗亚兹德古城由高高耸起的捕风塔产生天然空调作用(图 6-14)。

洞穴式的街巷

加达梅斯古镇是利比亚境内一个极具传奇色彩的地方,它位于被称作"死亡之海"的撒哈拉大沙漠的东部边陲,素来以"撒哈拉之珠"之美名闻名于世。很久以前,相传一支穿越撒哈拉大沙漠的商队曾在此路过和歇脚,因为商队在离开后有人要返回驻地,寻找遗失的物件,竟意外发现了一股不断

涌出的清泉，而且泉眼处越挖流出的水量越大。因为有了这股充足的水源，这里不多久就发展成一片面积不小的绿洲。后来，这片绿洲引来了两支部族，他们围绕着这股泉水定居了下来。

从此以后，在荒芜的大漠中逐渐发展成了著名的加达梅斯古镇，并从此发生了许多悲壮和难忘的故事。来到加达梅斯绿洲的人就地取材，采用诸如黏土砖、棕榈木之类土生土长的材料，创造出独具风格的乡土建筑。特别是他们因地制宜，在撒哈拉沙漠中创造出一种适应极端气候环境的建筑形式和非常独特的聚落空间形态，在"死亡之海"的大漠中创造出一种别具一格的居住文化。

加达梅斯古镇这片土地在当地被叫作"古达米斯"，正是由于这股清泉，在浩瀚的撒哈拉大沙漠中才有了约225hm²宝贵如珍珠的古达米斯绿洲。古镇里的房屋大多数分布在水源丰富的地方，整个城镇的建筑占地约10hm²。加达梅斯古镇的建筑形式非常独特，多数房屋至少是两层以上的楼房，但每层房屋各有自己的功能和特点。

一般而言，杂物储藏室和四通八达的通道被设置在底层，二楼以上主要为起居室、卧房和粮仓等。非常特殊的是各家楼顶的天台户户相连、家家相通、高低坐落，可供家庭妇女们日常走动和交流。因为当地历来有忌讳女人与男人随便接触的风俗，屋顶天台从而成为妇女们日常活动的专用场所。她们可以在天台上一起唠家常、做家务，战争时期的妇女们还可以利用这种四通八达的屋顶天台瞭望敌情，传送情报，从而形成一种独特的居住文化风俗（图6-15、图6-16）。

加达梅斯古镇的聚落形式似乎没有任何预先规划，建筑单体之间随机组合，彼此连接，聚落形态因而呈现出一种自由蔓延的发育状态。由于聚落中的流动空间体系完全隐藏于连接成一大片的建筑物底下，只有少部分街道露出，从而使整个聚落的发育形成一种构成非常奇妙的蜂巢状肌理特征（图6-17）。

特殊的地理位置使古达米斯绿洲不仅成为适宜人类生存和定居的风水宝地，而且是一处从地中海南岸通向非洲大陆腹地商路和邮路的战略要地，因而成为各个时期、各方势力竞相争夺和占领的重要目标。罗马时代，这里曾是罗马帝国传邮的最南端，并在此建起了城堡；基督教盛行时，这里曾经是一个基督教徒的定居点；伊斯兰教强势时，这里的大多数人又成了伊斯兰信徒。后来，奥斯曼土耳其人、法国人、意大利人等都曾来到这里，并相继做过这里的主人。所以，加达梅斯古镇是一个典型的多样文明、多样文化积淀和融合的地方，非洲大沙漠之中的文化奇迹之地。

加达梅斯古镇具有1500年的建造史。由于它得天独厚的地理位置和传奇经历，因而在聚落空间结构和功能设置上更像是一处结构复杂、功能强大的防御体系，并融合了不同民族的建筑文化理念和建造智慧。从外观看，加达梅斯古镇给人一种十分神秘的城堡印象，建筑形式和色调明显体现出柏柏人的伊斯兰文化风貌（图6-18、图6-19）。加达梅斯古镇最为神秘之处在于整座镇子的建筑内部相互贯通，并关联成为一个有机整体，在仅仅10hm²的

图6-14 伊朗中部亚兹德古城中随处可见的捕风塔

图6-15 加达梅斯古镇的屋顶

图6-16 加达梅斯古镇屋顶洞口

弹丸之地竟然建造了1200栋房屋。

进入古城主要靠几条隐蔽在棕榈树下的通道。为阻止沙漠中的热浪和风沙侵袭，这里所有露出建筑物的通道都是由土砖砌成的挡墙。在营造聚落微气候环境的过程中，这种采用土砖墙砌筑的通道起到了收集和导流新鲜空气的作用。古镇内部几十条狭窄幽暗、蜿蜒曲折和四通八达的街道，像蛛网一样盘缠于整座城镇建筑物的底部，并通过土坯踏步或楼梯，上下和左右进行连通，将全城的每户人家和教堂贯通在一起，构成了一种变幻无穷和十分庞大的、犹如迷宫的流动空间体系。

图 6-17 鸟瞰的加达梅斯古镇所呈现出的蜂巢式的城市肌理（神秘的地球）

图 6-18 以红、绿、黄三色为主色调的柏柏人的卧房室内装饰

图 6-19 加达梅斯古镇 广人家的室内门洞

图 6-20 加达梅斯古镇的地下街道及坐墩

图 6-21 加达梅斯古镇地街与低矮的门洞

古城里房屋的内部空间大多较为低矮，人们进进出出、走门串户时几乎都是以猫着腰的方式通过一个个门洞和通道的。镇子里的主要街道隐藏在底层，两侧有用土砖砌筑的供人们茶余饭后聊天和纳凉休闲的一条条坐墩。这种建筑空间的构成方式，形成了一种独特的"女人屋顶走，街道像地道"的聚落空间结构和景观体系（图6-20、图6-21）。

然而，加达梅斯古镇真正最为杰出的地方在于，整个城市如蜂巢一样的建筑空间构成与保温性能良好的黏土砖建筑材料、错综复杂的地下街道与通向所有屋顶和教堂塔楼的变幻莫测的各种通道一起，形成了一种类似非洲草原犬鼠洞穴一样复杂的天然空调系统，一种冬暖夏凉的聚落微气候环境。一方面，从底层通道进入的外部气流与无数个通向

图 6-22 加达梅斯古镇露天窄街

图 6-23 加达梅斯古镇复杂的地下街道

屋顶洞口的上方之间产生了较大的气压差，从而产生一股股向上窜动的气流，使建筑的夏季室内空气清新和凉爽；另一方面，厚实的黏土砖建筑墙体和非常封闭的外部围合，在有效阻挡烈日暴晒和沙漠热浪袭击的基础上，又起到了蓄热保温作用。产生冬暖夏凉的恒温气候，充分利用了洞穴空调原理和黏土砖的蓄热性能（图 6-22、图 6-23）。

捕风塔与坎儿井

相比利比亚的加达梅斯古镇，伊朗亚兹德古城的城市空间结构和建筑空间形式将洞穴的空调原理发挥得更为出色，规模更为庞大，创建的历史更为悠久。亚兹德古城始建于 5 世纪，是世界上最古老和延续至今的城市之一，其所在地区具有 7000 年的人类居住史。

亚兹德古城地处伊朗中部的沙漠边缘地带，属于典型的干旱缺水、极冷极热的极端性气候，夏季 50 摄氏度的气温是司空见惯的。为了适应恶劣的自然环境，当地人将生活和居住空间大多建于地下，借助地表以下土壤蓄热保温、冬暖夏凉和相应湿度的自然属性，延续了人类原始社会半竖穴式房屋的

主要特征（图 6-24）。

为了克服夏季沙漠干热气候，亚兹德古城古人又创造性地发明和建造了一种捕风塔，与洞穴式的建筑空间形体和街道流动性空间形态一起，构建起了类似于草原犬鼠式的洞穴空调模式（图 6-25）。为了营造宜人的生存气候环境，亚兹德古人将雪山上的水引入城市内部的地下暗渠网络，采用了与中国新疆地区的坎儿井相类似的引水方法，将水源引入每户人家的地下，并通过捕风塔达到降温和调节建筑室内空间湿度的作用。所以，亚兹德古城的城市空间结构和建筑形式让我们看到了世界上最早的，人类利用自然规律改变人居气候环境的天然空调系统（图 6-26、图 6-27）。

从建筑形式讲，亚兹德古城的生土建筑是人类建筑史上的一大杰作，也是人类生土建筑艺术史上的一朵奇葩。亚兹德古人采用砂子、黏土、蛋白、石灰、山羊毛等混合物制成的灰泥砖，可以建造出跨空巨大的穹顶、拱顶建筑和高大精美的捕风塔。这种泥土建筑材料本身具有良好的蓄热保温性能，是确保亚兹德古城建筑室内空间冬暖夏凉的一大原因，也是适应沙漠地区极端气候条件的绝佳建材。

用这种生土材料建造的穹顶建筑可以用作保护蓄水池中的水温和水质，并结合捕风塔引进的冷空

图 6-24 亚兹德古城嵌入街面以下的民宅

图 6-25 亚兹德古城由串联的穹顶构造出洞穴式的城市街道

图 6-26 亚兹德古城由串联的穹顶构造出洞穴式的城市街道的顶部

图 6-27 亚兹德古城街道上随处可见的捕风塔

图 6-28 保护蓄水池的尖拱顶与搭配的四个一组的捕风塔

图 6-29 公共空间大型穹顶的内部效果——波斯花园室内大厅

图 6-30 由筒拱与穹顶结合的洞穴式街道

优美、适应不同风向的捕风塔，而且使捕风塔在运行时不会产生任何噪声。

在通常情况下，这种用黏土砖建造的捕风塔越是高大，给室内造成的空调效果越理想。在每一位土生土长的亚兹德古城人眼里，捕风塔的高大和精美程度不但显示出该建筑物的空间规模和档次，而且象征着该建筑物主人的社会地位和富有状况。例如，穹顶和捕风塔的组合建造往往是大户人家的做法。故此，无数座大小不一、造型各异，伸出屋顶的捕风塔使亚兹德古城在世界上荣获了"风塔之城"的美称。

亚兹德古城的洞穴空调体系基本上由三大部分构成：一是以黏土砖生土建筑为主体建材的洞穴式城市空间构造；二是通过捕风塔作用产生的室内外气压强落差而促成的冷暖气流进行的快速交流和能量转换；三是以坎儿井、冰箱式的蓄水池和庞大的地下水网为手段的，对于城市整体气候环境所产生的降温和空气湿度的调适作用（图 6-31）。

亚兹德古城里的大部分人家将房子建于半地下，大户人家的地下房屋甚至有三到四层，而地面以上只是高高隆起的半球状穹顶和耸立于屋面的捕风塔。穹顶上的洞孔既能起到采光作用，又能保证室内空间的空气流畅和清新（图 6-32）。另外，亚兹德古城错综复杂、忽明忽暗，如迷宫一般隧道式的巷道网络，似乎使人感到没有丝毫规划意识，却成为一种庞大的、具有冷热气流循环和转换功能的天然空调系统。

亚兹德古城这种用黏土砖构筑的土楼式的捕风塔，被设计得非常智慧。塔体的顶端造型像一种面向 360 度展开的巨形音箱，可以捕捉来自不同方

气，使蓄水池中的水冷却和保持新鲜，成为一种神奇的天然冰箱。而且，亚兹德古人运用这种具有特殊性能的建筑材料所建成的具有聚气功能的大型穹顶，还可以作为空气宜人和气氛安静的大型公共建筑空间（图 6-28、图 6-29）。

亚兹德古人用黏土砖砌筑的筒拱结构与穹顶结构结合，建造出结构复杂、规模庞大的洞穴式街道。这种城市空间构造在抵挡夏季太阳暴晒的基础上，也具有蓄热保温、疏导气流，营造清爽宜人的城市气候环境的巨大作用（图 6-30）。采用这种易于造型和质地浑厚的泥土材料，不但可以建造形体

图 6-34　亚兹德古城多莱特阿巴德花园的捕风塔

图 6-31　亚兹德古城引入室内中央的水池

图 6-32　亚兹德古城造型各异的带采光孔的穹顶屋面

图 6-35　伊朗亚兹德地区的暗渠——"坎儿井"

图 6-33　亚兹德古城多莱特阿巴德风塔的室内入风口与水池

向的气流。据说，即使一丝微风也能被这种捕风塔捕捉和吸入，照样起到调节空气的效果。进入风塔之中的气流在造成室内外温差和压强高低落差的基础上，继而促使室内外冷热空气迅速循环，造成一种室内恒温效果。捕风塔的底端相当于房屋的顶棚，进气口与室内地面中央的水池或容器相对应（图 6-33）。水池周边的气温低，气压相对高，而通过风塔降温后的气流会辐射下沉，从而将水池里的冷气和湿气扩散到房屋内部的每个角落。

　　一般而言，捕风塔的体量和高度与气流辐射下沉的效果关系很大，塔体体量越大、越高，进行降温的空调效果越理想。例如，亚兹德古城中最高的多莱特阿巴德花园里的捕风塔高 33m，造型为一个十分高大的八棱柱体（图 6-34）。

　　亚兹德古城既是人类最早成形的城市，也可能是地球上地处气候最为炎热和干旱缺水的城市，其所在地区的年降水量仅为 60mm。所以，为了解决饮水、农业灌溉和空气干燥等问题，聪明的亚兹德古人摸索出了在中国称为"坎儿井"的引水方法，将很远处的雪山融水引入到城市的每个角落。坎儿井实际上就是一种隐藏在地下的暗渠（图 6-35）。这种暗渠是一种在地下约 10m 处深度开凿和修建的涵洞，它利用地形落差使位于高处的水源自然流动到遍布于城市地下的一条条暗渠和蓄水池。

坎儿井的引水方法可以大大减少水在流动中的蒸发量，而且每隔一段距离打一孔竖井，便于附近居民取水。为了保障水源稳定，亚兹德古人们又在城中修建了许多座巨大的蓄水池，这种蓄水池一般被建造在地表以下8～10m的深处，顶部建造一种半球形的穹顶罩予以保护，防止水量蒸发和沙尘落入，然后通过一种十分隐蔽的小水渠分流到各家各户房屋的地下。

这种网络发达的坎儿井和蓄水池对于城市环境降尘，净化和湿润空气起到了关键性作用。正因如此，才使得这座3000年历史的古城维系至今，成为人类城市规划和建筑史上的一大瑰宝。

■ 3 源自洞穴的原形语言

建筑空间的原型是众多建筑理论家热衷探讨的话题之一。人们从不同视野进行探索和讨论，并不约而同地将目光聚集到曾经为人类祖先提供庇护的天然洞穴方面。例如，2000多年前的罗马帝国时期，马可·维特鲁威（Marcus Vitruvius Pollio）在他的《建筑十书》中把人类历史上出现的第一座房屋，归结为人类善于对自然物理构造方式的模仿和勤奋好学的天性，很早就将穴居时代的天然洞穴看作建筑发展的原型之一。

在荣格的心理学中，原型概念通常是指人类遗传下来的先天性和已有的某些原始意象的痕迹，而我们研究建筑原型的概念便是从心理学出发，追溯人类最初创造建筑空间时所依循的潜意识中的原始意象。

源自模仿天然洞穴的建筑空间原型观念，反映了人类集体无意识中的建筑基本内涵，是300万年天然洞穴对人类生存和生命延续产生影响而形成的先天性意象（图6-36）。首先，天然洞穴为人类祖先遮风挡雨时所具有的天覆地载的呵护性空间属性，成为人类创建房屋时所要效仿的基本功能之一；其次，天然洞穴那种笼罩式的空间形态，奠定了防卫、采光、取暖、空气流通等建筑空间所具备的基本属性，从而成为人工建筑空间模式的雏形；最后，天然洞穴丰富多变的空间形态和有机形体特征，成为开创人工建筑空间最初的灵感驱动。在理解天然洞穴现象的基础上，人类不断摸索物质构造方法和规律，改造和创新洞穴空间的方式，并逐步探索出各种形式的空间和物质结构。

人类祖先开始的建筑探索活动可能萌芽于改造天然洞穴内部空间时的感悟和经验，他们在有意或无意间保留了的一些柱状支撑体（图6-37），或许因为一次次的洞穴崩塌迫使他们想到以立木为支撑加以加固和防范，从而有了立柱结构的概念。当人类发现立柱在构建空间中的重大意义后，进而会联想到用几根立木就可以为自己在天然洞穴之外的天地间，支撑起一片能够遮挡风雨的小天地。

在西方人的传说中，亚当被逐出伊甸园之后，他不得不自己动手搭建起人类第一座类似帐篷的窝棚，于是开始了人类建筑空间的创造活动。亚当这座人类历史上的第一座原始房屋实际上是一种被描述成用木条搭建在四根树杈上而形成的有顶棚舍。从此，西方人就认为亚当这四根带有树杈，支撑起棚顶的树杆是人类建筑史上的柱子原型。

由于深受古希腊梁柱结构的方形建筑空间原型的影响，立柱在西方建筑发展史上有着极其重要的意义，并被赋予了丰富的宗教色彩和人文思想。例如，运用多立克柱式的神庙被认为应该具有战神和大力士一样严肃而冷峻的气质，因而具有像强健男性一样的身材和比例；科林斯柱式风格的神庙则适合于诸如维纳斯、花神之类具有优雅妩媚的女性风姿，因而应该拥有妙龄少女一般修长的身躯（图6-38～图6-40）。

16世纪的荷兰人汉斯·弗雷德曼·德·弗里斯（Hans Vredeman de Vries）又进一步将柱式与人的年龄性格相联系，认为"组合柱式对应童年（1～16岁）、科林斯柱式对应青年（16～32岁）、爱奥尼克柱式对应成熟女子（32～48岁）、多立克柱式对应成熟男子、塔斯干柱式则对应老年人"。[1]

图6-36 北京猿人洞（《东方之光——古代中国与东亚建筑》萧默著）

图6-37 意大利马泰拉古城岩洞中特意保留的柱状支撑体

---

① [德] 汉诺－沃尔特·克鲁夫特. 建筑理论史——从维特鲁威到现在. 王贵祥译. 中国建筑工业出版社, 2005年, 第120页。

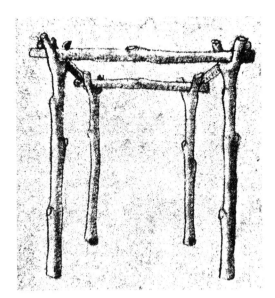

图6-38 原始窝棚的木构架（《建筑理论史——从维特鲁威到现在》汉诺-沃尔特·克鲁夫特 著，王贵祥译）

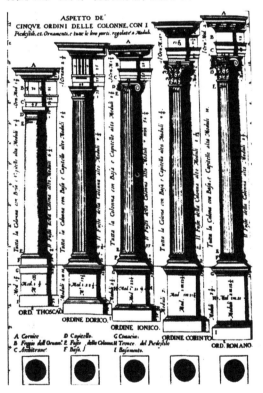

图6-39 柱式的处理

不难理解，西方建筑师和理论家对柱子的造型和人文精神特别关注，并为此争论了2000余年，甚至超过了对于建筑空间本身的关注。

然而，空间是建筑存在的本体，正如人类最初创造建筑时的出发点就是为了获得与天然洞穴类相似的，与自然界相对独立的笼罩状的遮蔽之所。2000多年前，中国古代哲学家老子在《道德经》的第十一章中讲道："埏埴以为器，当其无，有器之用。凿户牖以为室，当其无，有室之用。故有之以为利，无之以为用。"从有与无的辩证关系中，生动而精辟地为我们阐明了建筑如容器一般的本质。

图6-40 五柱式画像（《建筑理论史——从维特鲁威到现在》汉诺-沃尔特·克鲁夫特 著，王贵祥译）

人类创建建筑就是从诉求内部空间的形态开始的。但是，实现空间的前提是必须构建起安全可靠的建筑形体和结构体系。即，建筑空间的建构，以某种材料结构为骨架而建立起来的受力体系，整座建筑空间的支撑系统。人类祖先如亚当一样自走出天然洞穴，搭建起第一座窝棚之后，便展开了从简单到复杂、从低级到高级，永无休止的对建筑结构和建造技术的探索和创新活动，尤其以那些形式多样、体系发达的拱券建筑结构与我们的文明历史、文化思想关系密切。

法国建筑理论家和历史学家维奥莱·勒·迪克（Viollet-Le-Duc）在1876年出版的《历代人类住屋》专著中，将人类建造的第一座房屋想象成是一种将数棵树干的顶端收拢和捆扎在一起，然后在它外围表面上编织着许多小树枝和树干[①]。为了获得更好的防雨和保温效果，先民们进一步用兽皮或茅草对其外表予以包裹，而生活在树木稀少地区的人们可能会在其外表层糊上一层层泥巴，这便有了穹隆形结构的雏形。

采用兽皮覆盖的穹隆形房屋可能演变成为如蒙古包之类的帐篷；而采用泥土围护外表层的穹隆形房屋最终会被发展成为丰富多彩的拱券建筑结构。例如，外形呈弧线形的砌筑体拱券结构，是人们利用块体建筑材料之间产生的侧压力而构筑起来的一种跨空结构的承重体系。

拱券结构最先成形于公元前4世纪的两河流域。苏美尔人可能从新石器时代搓泥条、盘筑鼓腹形状陶器的原理中得到启发，使这种最初的木骨泥屋逐渐演变成为一种采用土砖砌筑的拱券，实现一种跨空的砌体结构，然后经过不同时期和地区建

---

① ［美］约翰·派尔. 世界室内设计史. 刘先觉，陈宇琳等译. 中国建筑工业出版社，2007年，第15页。

图 6-41 现存全世界最大的砖砌体拱券建筑——伊拉克境内距今 1800 年的波斯帝国时期的泰西封拱门

图 6-42 伊朗亚兹德古城附近的土坯拱券建筑

图 6-43 建于公元前 4000 年的伊朗巴姆城土坯拱券建筑

筑技术的丰富和发展，继而演变出砖砌体和石砌体的拱券形建筑结构（图 6-41、图 6-42）。例如，形成于 6000 年前的伊朗巴姆城，由于它地处卢特沙漠边缘。那里树木稀少，甚至很难找到一块可用的石料做建材，整个城市的建筑屋顶因而采用了土坯结构的筒形拱券或穹隆形的建造结构形式，以此发展起了一座生土建筑的城市（图 6-43）。

由木骨泥屋式的拱券结构发展和演变而成的另一大建筑成就，便是被罗马人发展成为我们所熟知的混凝土结构的拱券建筑。古罗马人起初的拱券建筑也是以石块为主要材料的砌体结构，后来由于他们发现火山灰与石灰石一起，混合上碎石骨料后，可以浇筑成一种非常牢固和耐候性很强，跨度更大的拱券和穹顶结构后，罗马帝国时期的拱券建筑无论从空间跨度、建筑规模、功能设置，还是坚固耐用等方面都跨入了一个崭新的时代，并奠定了罗马

建筑艺术的主要特征。随着古罗马人对于这种混凝土建造技术的不断提高，他们所创造的丰富多彩的各种造型的拱券建筑成为西方建筑史上最为辉煌的一面。

古罗马人大约在 2000 年前早已开始了混凝土建筑的建造活动。原始的混凝土主要源自火山爆发时所产生的粉尘，罗马人将这些粉尘与熟石灰一起用海水进行搅拌，加入碎石骨料后会迅速凝结和硬化为一种坚固的混凝土浇筑体。罗马帝国境内有诸如维苏威之类众多活火山，用这种火山灰混凝土建造的拱券结构具有轻巧坚固、不透水和原材料开采便利等优势，从而为罗马时期开展的各种大型公共建筑的建设活动提供了有利条件，也极大地促进了拱券结构建筑的发展。这一时期，不但诞生了混凝土结构的十字拱和穹顶，而且出现了诸如万神庙、巴西利卡、公共浴场、大型宫殿等一大批杰出的拱券结构的建筑艺术作品，特别是罗马古城内的万神庙穹顶的直径和高度均达到了 43.3m，成为一种半球形壳体结构。

位于罗马城中心的万神庙始建于公元 120 年，作为供奉众神的圣殿，它是现代建筑结构出现之前世界上现存跨度最大的穹顶建筑空间，代表了古罗马时期建筑艺术的最高水平。罗马万神庙采用了集中式的建筑空间形制，主体部分由一个巨型半球形穹顶和穹顶覆盖下的圆筒状垂直空间构成，给人一种穿越时空，回归穴居时代的空间意象，给众神灵营造出回归故里的环境意境。

该建筑从基础、墙体和穹顶全部由火山灰制成的混凝土浇筑而成，结构严谨，浑然一体，尤其以超大型的穹顶结构和洞穴空间形体最为精彩。支撑万神庙穹顶的一圈墙垣高度与半球形穹顶的半径大体相等，穹顶根部的厚度从 6m 起，到顶部时逐渐被递减为 1.5m 厚的壳体结构（图 6-44）。

为了进一步减小穹顶结构浇筑混凝土的重量与基础部分的比重，聪明的罗马人将穹顶内壁的数道水平圈梁与穹顶拱肋直接裸露，形成一种半球状的编织网架和逐层向上渐变格子状凹池。简洁明了的结构形式和力学逻辑语言使庞大的混凝土穹顶毫无笨重和压抑之感，反而产生一种不断向上的视觉

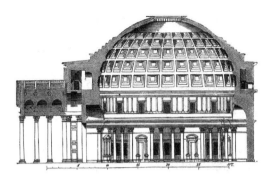

图 6-44 古罗马万神庙剖面示意图

引力。另外，万神庙如此宏大的穹顶空间却四周封闭，不设一扇窗户，唯有柱状的阳光从穹顶正中央直径 8.9m 的圆洞形天窗上倾泻而下。从穹顶窗洞进入洞穴一样大殿的光柱，不由使人联想到《旧约·创世纪》第 28 章所描写的雅各梦到的通往天国的天梯，营造出一种绝地天通的人类原始宗教产生时的神秘氛围（图 6-45）。万神庙这种单纯而封闭的空间形式，使任何一丝细小的声音都会引起空间共鸣或回响，造成一种时空凝固和万籁寂静的灵魂境地，展现出一种统摄宇宙的上帝力量。

拱券结构不但在竖向荷重时表现出良好的承重性能，其弧线形的飘逸感本身蕴含着神圣的洞穴空间意象和视觉审美习惯。随着拱券技术的日益成熟和传播，拱券形式最终被演变成一种具有不同地域文化特色和宗教文化理念的象征性表现语言。虽然，罗马拱券技术随着西罗马帝国的覆灭而被西欧人逐渐淡忘，但在 300 年后又从法国中部地区教堂建筑的造型中，以一种崭新的哥特式面貌悄然复活，并很快流行于欧洲大陆，甚至影响一些世俗性建筑的建造方式。因为哥特式拱券结构在西欧的起初是从宗教建筑的文化形象中得以复兴的，因而带有浓厚的宗教文化色彩。

尖肋、尖拱门、飞扶壁、修长的束柱、超大的彩绘玻璃窗棂，以及高耸的尖塔等是哥特式建筑文化形象的个性语言，从视觉感受和心理体验上都表述了一种空灵、崇敬和上升的基督教文化所特有的精神特质。哥特式建筑的内部是以大量裸露的尖拱、尖肋等结构语言编织而成的网架式天顶，形成一种灵动飘逸的空间形态。

哥特式教堂在空间形式上采用了拉丁十字式的建筑形制，狭长、高耸的中厅在一棵棵垂直向上、纤细修长的束柱的视觉形式统摄下，使整个空间浑然一体，高耸、洗练，呈现出一种让人飘然若仙和憧憬天国的意境（图 6-46）。而色彩斑斓、绘满宗教题材内容的超大彩色玻璃窗在外部阳光的投射下，教堂的内部空间宛如一种扑朔迷离、神秘莫测的洞穴仙境。哥特式基督教堂所营造的这种洞穴式空间意象和光影意境，延续了基督教诞生之初地下墓窟教堂环境中的原始记忆，也是对耶稣诞生于圣城伯利恒地下洞穴时情景的回溯（图 6-47）。

拱券结构技术发展的主要目的是，通过不断突破传统支撑体系中限定空间的不利因素而争取更大的空间自由，以满足不断变化和增长的功能需求。此外，在拱券技术发展和造型方式的演变中，拱券建筑随着伊斯兰教的兴起也获得了重大突破，并迎

来了它在世界建筑史上的又一次巨大进步。

伊斯兰教是在游牧文化与欧洲中古文化的普遍冲突中崛起的，作为游牧民族的阿拉伯人本身并没有什么系统性的建筑文化理念，但他们在广泛吸

收波斯、两河流域、叙利亚、拜占庭等多种建筑文化精髓的基础上，逐步创造出自己的伊斯兰建筑艺术，特别是受拜占庭建筑文化的影响，创造出世界建筑史上的三大建筑体系之一。

在倭马亚王朝的初期，阿拉伯统治者大量起用拜占庭和波斯建筑师为自己建造清真寺，而倭马亚王朝本身就是从萨珊波斯转化过来的伊斯兰国家（图6-48）。再如，原本为基督教礼拜堂的圣约翰教堂被倭马亚王朝的哈里发瓦利德一世直接改造为倭马亚清真寺，而作为拜占庭建筑文化中最为经典之作的圣索菲亚大教堂也是被土耳其人占领后改建成的清真寺（图6-49、图6-50）。

拜占庭人在拱券结构上曾做出过伟大贡献，他们在继承古罗马十字拱的基础上，发明了一种以4个柱墩为支撑而构建起的一种完整的半球形穹顶的帆拱结构。由这种帆拱构建而成的穹隆形空间较之古罗马的穹顶结构显得灵活而又高大，克服了古罗马半圆形穹顶之下只能产生一种圆形空间的局限性，它的自重只是由四个方向的竖向拱券传向了四个柱墩，无须再建用于过渡的承重墙体。

所以，拜占庭人创造的帆拱结构，方体与半球形壳体结合得轻松自如，穹顶之下的空间显得飘逸自由，更适合体现反映无限崇高的宗教文化精神的集中式建筑空间形制（图6-51）。而且，由于所

图6-48 公元前5世纪的萨珊朝萨尔维斯坦宫遗址（www.zhihu.com）

图6-49 圣索菲亚大教堂外观（europe.ce.cn）

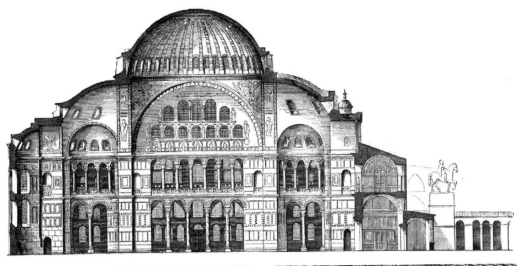

图 6-50 圣索菲亚大教堂剖面示意图（muyv-hjpu.blog.163）

图 6-51 圣索菲亚大教堂室内大厅

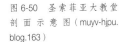

图 6-52 穆斯林信徒围绕圣寺天房朝拜时的盛况

图 6-53 西班牙科尔多瓦大礼拜堂室内的马蹄形拱券

在地区树木稀少，拜占庭人因而采用了砖砌体或石砌体的拱券结构建造技术，并将其发展到了历史巅峰。它在穹顶跨度、高度和气势上均可与古罗马人的混凝土拱券建筑相媲美。

在伊斯兰教的世界里，有许多可以用"圆"这种最原始而又最基本的几何图形来阐释它的文化思想内涵。例如，真主是天下穆斯林人心目中的中心，无论人们走到哪里或有多远距离，每一位穆斯林信徒都可以与真主在心灵上进行直接对话。所以，每个穆斯林人的生命意识永远以真主为圆心，以自己所处的命运位置为距离半径，在不断运行中形成一种圆的轨迹。于是，清真寺是穆斯林人聚落的中心，麦加圣寺中央的天房则是遍布世界各地的穆斯林教堂共有的意象圆心，无论清真寺的大门朝向哪里，天下所有寺内祈祷大殿里受人膜拜和祈祷的窑龛，就会朝向麦加圣城在地球上所处的地理位置，从而在穆斯林人的精神世界里形成一种真主无处不在的向心式的空间文化图式（图 6-52）。

所以，圆作为人类最早发现和最完美的一种几何图形，以及构成圆形图形的圆弧成为塑造伊斯兰建筑及空间文化形象的主体语言。穆斯林人从饮食到服饰都有自己特殊的禁忌风俗，具有鲜明的认同感和排他性，就如同大大小小的圆形穹顶、样式繁多的各种拱券等构成了伊斯兰教建筑最为鲜明的文化特征，体现出一种非常强烈的向心式文化性格。

由于伊斯兰教起初反对偶像崇拜，忌讳采用具象写实的人物和动物图案作为装饰纹样，因而将主要精力放在对已有拱券造型的改造和创新方面，创造出诸如火焰券、马蹄券、双圆心尖券、海扇券、花瓣券、钟乳券、重叠花瓣券等名目繁多、系统化的拱券造型艺术语言体系，使建筑外表的装饰纹样向抽象化发展（图 6-53～图 6-55）。从整体上

图 6-54　西班牙 13 世纪摩尔人建的阿尔汉布拉宫多种拱券

讲，传统伊斯兰教建筑有什么式样的拱券，就有什么样造型的穹顶与之相匹配（图 6-56、图 6-57）。

穹顶在伊斯兰建筑中的另一大变异就是与内部空间关系的脱节，它不再仅仅为了获取更大自由和开阔的功能空间，而是被造型更加讲究的下部构筑物高高举起，成为一种纪念碑式的象征性造型艺术。而且，伊斯兰教的穹顶造型更加丰富和多变，与主体建筑造型结合得更加轻巧和微妙。

伊斯兰建筑为了突出球形穹顶的主体形象，穹顶之下的裙楼或宣礼塔的茎部往往采用窑龛式的减法造型手段，形成了一种虚实对比鲜明和极具代表性的"依旺"式建筑风格。这种"依旺"形制的穹顶建筑主次关系分明，简洁明快，宏伟壮观，从内部仰视穹顶有种让人仰望浩瀚苍穹的心理体验，使人充满遐想和静思。例如，17 世纪建造的印度泰姬玛哈陵，将这种"依旺"式的建筑理念推向了尽乎完美的艺术境界（图 6-58、图 6-59）。

如果说伊斯兰人创造的各种拱券形结构极大地丰富了建筑室内的空间层次，那么两河流域和中亚地区发达而又高超的砖砌体技术，又赋予了这种"依旺"建筑形制无限的创造力。伊斯兰人创造的这种"依旺"建筑造型以拱券结构为空间形体母语，在创造出建筑外观优美的基础上，也创造出错综复杂的建筑空间层次和逻辑性很强的建筑装饰肌

图 6-55　印度新德里 17 世纪建红堡公共会见厅连续花券

图 6-56　伊朗伊斯法罕聚礼清真寺钟乳券

图 6-57　伊朗伊斯法罕聚礼清真寺钟乳券穹顶

图 6-58　17 世纪印度泰姬
玛哈陵外观

图 6-60　乌兹别克斯坦布哈
拉老城采用砖砌体拱券结构
建造的大巴扎

图 6-59　泰姬玛哈陵穹顶内部

图 6-61　伊朗 1000 多年前
的伊斯法罕聚礼清真寺砖砌
拱券室内

图 6-62　伊朗 1000 多年前
的伊斯法罕聚礼清真寺砖砌
体穹顶

理，营造出伊斯兰教文化内心深邃而又神秘的宗教
文化性格。而且，随着砖砌体拱券技术的普及和流
传，这种造型独特的建筑形式被广泛运用于诸如住
宅、大巴扎（市场）、陵墓等建筑类型，由此形成
了一种鲜明的乡土建筑风格（图 6-60～图 6-62）。

　　无论建筑外观造型多么精彩和富于变化，但其
本质还在于如何营造具有一定文化属性的空间形态
和与之相适应的精神场所。穆斯林人在建造清真寺
建筑空间的文化意境中，不断对拱券形式进行创新
和优化，充分发挥拱券结构在室内空间中传播声音
时所具有的独特性能，不断以各种大小不同的穹顶
为造型语言，创造出造型丰富的拱券门洞和拱券形
式的壁龛艺术。

　　在没有现代电子传声设备的情况下，伊斯兰古
代的建筑工匠能够营造出动人心魄的听觉环境，使
阿訇传道布经的声音能够清晰传遍整个寺庙内部的
每个角落，洪亮如宇宙之音，因而蕴藏着一种高超
的建筑声学技术。例如，建于 17 世纪的伊斯坦布
尔蓝色清真寺采用了集中式建筑形制，以一个直径
27.5m 的大穹顶为主体，在 4 个中型穹顶和 30 个小

图 6-63　伊斯坦布尔蓝色清真寺外观

图 6-64　伊斯坦布尔蓝色清真寺穹顶大厅的视觉效果

图 6-65　建于公元 9 世纪的伊拉克萨马拉大清真寺螺旋形宣礼塔

图 6-66　建于公元 9 世纪的伊拉克萨马拉大清真寺螺旋形宣礼塔

穹顶的簇拥下，营造出一种变化莫测，充满幻想的室内空间形态（图 6-63、图 6-64）。所以，许多经典清真寺建筑的室内环境，从视觉到听觉能够普遍营造出一种崇高、神圣、宏大、静谧、内敛等宗教文化格调的精神场所，一丝不苟地表述着伊斯兰教教义所特有的文化内涵及精神。

概括地讲，一个个形态饱满的圆形穹顶、一座座高耸入云的宣礼塔和构造精巧的"依旺"建筑形制铸就了伊斯兰教堂建筑崇高、远大、内敛，极具凝聚力的建筑外部文化形象（图 6-65、图 6-66）；而室内空间层次丰富、变幻莫测、轻盈飘逸的各种拱券结构则表达出淳朴、自然、致远、宁静等伊斯兰教文化的精神品质。

这种文化性格的形成不得不让我们联想到先知穆罕默德独自在麦加山腰洞穴的岩洞里静思冥想，参悟宇宙奥秘、接受真主安拉"启示"过程中的环境心理和历史渊源。故此，伊斯兰教诞生于麦加北郊希拉山岩洞时的文化意象是创造伊斯兰教堂建筑形象和空间形态的文化原型，如何体现伊斯兰教的精神内涵和文化品质，是拱券结构艺术之所以在伊斯兰建筑中得以升华的内在动因和智慧源泉。

第七章

构建穴居空间的物语谱系

如果说普遍脱胎于天然洞穴的建筑空间，是人类在创建原始建筑过程中表现出的一种共时性文化现象；那么人类在探索如何实现洞穴空间形态意象的物质构建语言中，各地古人类因自身所处的自然条件和对于构建空间要素之间关系的认知思路不同，从而在创建人工建筑的起步阶段就已朝着不同方向发展，形成了丰富多样的建筑空间的物语谱系，在世界建筑文化的发展史上体现出各自不同变化的历时性的一面。

通过对不同地域历史悠久的乡土建筑和聚落空间形态分析可以看出，从空间意识、居住风俗到建造方式的形成，人类建筑在起源中都离不开穴居文化的影响。例如，蒙古包的空间文化理念、生活风俗和结构形式的人文思想形成，给我们清晰地展示出游牧民从竖穴、半竖穴到地面窝棚等居住空间的历史演变。洞穴形态和穴居生活理念是他们在居住空间创建中的思想源头和情感基因。对于那些受生存环境影响，一直保持原始社会生活方式的少数民族部落来说，他们对于居住空间和居住文化理念的理解，更是延续了人类祖先穴居时代对于洞穴空间的生理体验和心理感受。

在实现原始洞穴微气候居住环境和空间文化意象的过程中，生存在不同地域和自然环境的人们分别在不同方面做出了各自的探索，创造出不同的建构方式，体现出适合不同气候环境的物质构造语言和人文思想。例如，人们利用地质地貌特征所采取的减法建造方式的窑洞、利用便于塑造和蓄热保温的泥土、发挥线形植物材料的编织语言，以及在掌握拱券力学结构规律基础上所发展起来的块体材料和砌筑结构等。当然，这些结构方式和物语形式的优势也会在同一地区和同一座建筑中同时得以发挥和运用。例如，人类运用砌筑结构与生土砖蓄热保温性能相结合，建造起具有自然空调原理的洞穴式空间的单体房屋和大型聚落的复合型洞穴空间体系。

概括地讲，原始洞穴空间形态和文化心理模式成为人类创建各种房屋结构形式和物质语言的基本动因和智慧来源，而不同的自然环境是形成洞穴空间建构方式多样化和地域性物语谱系的根源。

■ 1　迁徙的洞穴

人工建筑的雏形有许多客观存在的构成原因。例如，气候变暖和获得更多食品来源的客观原因使人类祖先走出天然洞穴，开始了新的生存方式的探索。人类祖先在千差万别的自然环境中实现洞穴式的笼罩空间，那种有限而迥异的物质条件既是一大限定性要素，也是构成多样性建筑空间文化样态的决定性因素。

在概念成熟之后的空间构建模式中，建筑空间一般由使用地面、围合立面和覆盖的顶面三大部分构成，人类以此将自己所需的栖身空间从风雨无常的大自然空间中相对隔离和维护起来，并进一步实现了符合人类栖身的微气候空间环境。然而，由于受到各项客观要素和人类对于空间形态认知的主观因素影响，有些建筑空间的建构方式像中国的蒙古包一样，基本延续着最原始的建构方式。即一种由木条编织的穹隆形空间结构。

人类在探索建筑空间建构中所采取的任何一种结构方式，目的在于如何解决与建筑空间基面相对应的维度问题。即获得三维空间所需的跨度、高度和进深。19 世纪初法国建筑师、建筑理论家和画家，特别是法国哥特复兴建筑的核心人物维欧勒·勒·杜克（Eugène Emmanuel Viollet-Le-Duc），将人类创建的原始建筑想象成一种由许多弯曲的树枝围拢和编织而成的，在圆形基面上空搭建的尖顶穹隆形窝棚，属于一种将围护面、覆盖面和支撑体系融为一体的空间构造模式（图 7-1）。显然，维欧勒·勒·杜克试图通过溯源建筑原型来作为新生的哥特式建筑的血统身份认同归宗，论证其根红苗正的理由。

19 世纪德国著名建筑师和建筑理论家戈特弗里德·森佩尔（Gottfried Semper）在他的《建筑四

图 7-1　维欧勒·勒·杜克 1875 年想象的原始尖顶穹隆形窝棚

图 7-2 蒙古族人搭建的名叫呼鲁森稍勃台的圆锥形草房

图 7-5 普通蒙古包室内采光情况

图 7-3 蒙古包由杆件构建的"穹隆"形结构的网架

图 7-4 蒙古包覆盖上毛毡后的外观

要素》中，将人类从事空间建构的方法归纳为两种基本形式："一种是通过厚重构件的重复砌筑形成的具有体块和体量上的土石建筑；一种是轻质和线型构建组合而成的用于围合空间的框架结构。"[①]森佩尔作为西方近代建构理论的奠基者之一，在他的《建筑四要素》一书中认为，编织技术不但是一种人类最原始的艺术，而且是被用于介入空间社会性和构成建筑四要素的起源之一。

从血缘关系讲，木材、竹子，以及藤类等具

有线形建筑材料特征的天然物质，是我们现代杆件建构建筑空间的滥觞。为了获得更加理想的防雨和保温效果，人类在维欧勒·勒·杜克所讲的这种尖顶穹隆形木质杆件网架结构的外表进一步覆盖以茅草，或用兽皮予以包裹，以实现获得原始洞穴的空间意象之愿望（图 7-2）。

在此基础上，还为草而可供向机成为了适应居无定所、便于迁徙的生活，这种原始的由杆件建构而成的窝棚式的居住空间经过数千年，甚至更为漫长时间的优化和演变，最终进化到了如今我们所熟知的，以蒙古包为杰出代表的，一种可移动的建筑空间建构形式。

从结构形式讲，蒙古包主要由套脑（天窗）、哈那（木网格状围壁）和乌尼（伞骨架形状排列的椽子）三大部分构成，外表以两至三层的羊毛毡厚实地包裹起来，属于一种十分原始的木质杆件组合结构。这种结构形式的最大优势在于拆除、组装和搬迁灵活方便，并且可以重复使用，不残留任何建筑垃圾（图 7-3、图 7-4）。

一般情况下，两峰骆驼可以将搭建一座普通蒙古包所用的建筑材料全部轻松运走，并在两三个小时可将其重新组装起来。为了躲避冬季来自西北方向寒冷的季风灌入，蒙古包一般选择坐西北，面向东南，门口朝向太阳升起的方位，与穴居时代人类对于洞穴入口方向的选择一样。

普通蒙古包的直径为 4～6m，围壁哈那的高度不足 2m，一般由四片哈那围合而成，但是古代社会草原牧主的蒙古包起码要有 6～8 片哈那，或者更多，规格更高的蒙古包面积还会更大（图 7-5、图 7-6）。蒙古包的外形体量看似较小，但其正圆形的室内空间较任何一种等大面积的几何形显得更为宽敞。从蒙古包室内空间的功能设置来分析，它属于一种集食宿、宗教礼仪为一体的，带有非常原始的穴居时代生活风俗的空间模式。

蒙古包这种网架结构属于一种具有良好弹性的

① ［德］森佩尔. 建筑四要素. 罗的佩, 赵雯雯, 鲍志禹, 译. 中国建筑工业出版社, 2010 年.

图 7-6 蒙古国境内较大型蒙古包的室内环境

杆件式组合结构，特别是菱形网格结构的哈那围壁通常选用材质轻、韧性良好、不因天气变化开裂和变形的红柳木条制作而成。它可以通过自我紧缩和放松，适度调节和校正杆件组合的网孔角度来达到随机抵抗大风产生的外力作用。据说，蒙古包这种能够灵活自控的结构形式，可以经得起冬季 10 级以上大风的极端天气考验。中国古代将北方游牧民族创造的这种房屋称为"穹庐"。随着 13 世纪蒙古部落的崛起，这种由木质杆件组装起来的可移动式"穹庐毡房"迅速被推广到中亚、西亚和欧洲部分地区，被世界众多游牧民一直沿用到今天（图 7-7、图 7-8）。

图 7-7 山西省雁北师院北魏墓群出土的"穹庐"毡房陶屋

据说，一位长期居住在这种"穹隆"形蒙古包的老牧民，从穹顶天窗（套脑）投射进蒙古包内的光线角度就能推断出每日的时辰变化，并通过观察炉膛里的火苗颜色和聆听木炭燃烧时发出的声响，便可以判断出未来几天草原的天气变化，而且相当准确。蒙古族人祖祖辈辈生生死死在蒙古包中度过，用生命体验出蒙古包中蕴含的许多哲理，将人体、家庭、社会和宇宙相关联，使蒙古包成为一种有机生命体，形成了草原文化特有的思维方式。

在蒙古族人看来，蒙古包的每一处结构与人体部位相对应。例如，蒙古包的门与人的咽喉对应、套脑天窗与人的头对应、灶台与人的心脏对应等。在此基础上，蒙古人以灶台（火神崇拜）为核心，对于蒙古包室内人神、男女、长幼、尊卑等空间伦理秩序以此做出进一步的规划，潜移默化地培养出蒙古包生活的行为规范，并形成一系列蒙古包生活的禁忌风俗。

溯本求源，蒙古包的形成也是从竖穴居住空间开始演变的。人类在走出天然洞穴之后，除了在地质和地形条件可行的地带开凿横穴式的居住空间

图 7-8 生活在东欧和中欧地区突厥人的蒙古包

外，生活在茫茫草原上的游牧民则开始了从竖穴向半竖穴居住空间转型的探索活动。半竖穴居的围壁便是凿入地表以下形成的竖向圆筒状洞穴内壁，屋盖部分便是笼罩在洞穴之上搭建的伞状窝棚。窝棚留有的开口既是人们日常出入的门口，也是室内采光、通气和排烟的天窗和出口。这种竖穴空间一般

图 7-9　生活在北极的涅涅茨人正在搭建的锥形皮蓬杆件结构

图 7-10　印第安人的锥形皮蓬

图 7-11　普通蒙古包内部布局

图 7-12　蒙古国末代王爷的"斡耳朵"内部

图 7-13　内蒙古鄂尔多斯影视城里的固定式金帐（念清）

设有一根凿有脚窝的粗大木柱从洞口通入洞底，作为上下的脚蹬，而这根粗大有力的原始脚梯从而成为后来支撑蒙古包套脑的立柱。

在讲阿尔泰语的游牧民中，这种由窝棚笼罩下的洞室被称为"乌尔斡"。其中，"乌尔"一词是"挖凿"的意思，说明源自竖穴。早先的窝棚是用兽皮覆盖或包裹，因而被称为皮蓬。随着牧民对于毛毡制作技术的掌握，窝棚的保暖性和抵御风寒的性能从根本上得以改善，也为将竖穴内的居住面提升到地表之上创造了必要条件。搭建在地面以上的原始窝棚是一种集围合与覆盖为一体的圆锥形杆件组合结构，这种窝棚造型在世界许多地区还在继续使用，但是入口与排烟和采光口从此分离（图7-9、图7-10）。随着人们对榫卯结构和杆件组合技术的掌握，蒙古包网格状的哈那围壁、榫卯结构的乌尼和套脑逐步发育成形，从而有了现在组装灵活、便于搬迁的蒙古包杆件结构体系。

在传统蒙古人的空间文化意识中，蒙古包的空间构造就是一个生生不息、微缩的小宇宙。所以，蒙古包"穹隆"状的顶部象征着苍穹，圆形的套脑（天窗）象征着哺育万物的太阳，也是草原牧民与万物之神进行心灵沟通的神圣之门，如基督教中所讲的天国之门。那么，连接套脑与哈那之间放射状的乌尼顶杆便是阳光普照的光芒，菱形网孔的围壁哈那则是象征天边连绵起伏的山丘。套脑在文化理念上不但充满了神性，被蒙古族人视为一个家庭兴旺的象征，而且在结构上决定了蒙古包穹隆跨度的大小和室内空间的高度，因此在拆装过程中必须首先从套脑着手。

由于蒙古族人一直延续着自穴居时代以来火神崇拜的原始宗教意识和信仰风俗，室内空间布局因而以炉灶为核心，并与套脑对应，其他功能区划分则以此呈向心式展开。正因如此，套脑在蒙古包的室内装饰中最为讲究。按照蒙古人的传统观念，炉灶以内的空间属于神性区域，是长辈和尊贵客人就位的地方；炉灶与门之间属于世俗活动区，炉灶以西属于男性活动和男性物件摆放的区域；炉灶以东为女性活动和女性用品陈设的区域，从而形成了一种别具一格的建筑空间伦理模式（图7-11）。蒙古族人这些古老的空间观念和生活风俗，明显属于人类穴居时代的文化积淀。

古时候的蒙古大汗和游牧民贵族所使用的蒙古包体量一般要比普通蒙古包大很多，室内外的装饰也特别讲究，并被称为"斡耳朵"。"斡耳朵"出自突厥语，最早见于唐代突厥文中的碑铭里，具有"宫殿"的含义，以此被引申为"宫帐""行宫""宫衙"等，到元代时期统一成为对"宫殿"和"宫帐"的称呼。有关"斡耳朵"的社会身份，成吉思汗时期曾经推行过一项斡耳朵形制，"昔剌斡耳朵"是其中级别最高者的一种，也就是我们所熟知的皇帝金帐（图7-12）。

"昔剌"属于蒙语音译，意思是金色和黄色。由于"昔剌斡耳朵"室内支撑巨型套脑的立柱一般采用精雕细刻的包金工艺进行装饰，因而被称为金帐（图7-13）。而且，一座金帐的建起，象征着一代新君的推出。元代大学者叶子奇在《草木子》卷

图 7-14　西洋画中成吉思汗在西征中乘坐的由多头牛牵引的"帐舆"

2中讲述到："元君立，另设一账房，极金碧之盛，名为斡耳朵，及崩即架阁起。新君立，复自作斡耳朵。"意思是每位新君在登基前，必须为自己新立一座金帐。例如，窝阔台在登基时曾经搭建一座可容纳上千人的"昔刺斡耳朵"，而忽必烈当政时曾经在元上都以竹子为杆件，搭建一座可容纳两千人的"昔刺斡耳朵"，专门用于大宴群臣和接待外国使者，因其特殊的材料而被称为"竹宫"。

此外，元代这种"昔刺斡耳朵"有固定式和可移动式，甚至还有一种用几十头牛牵引的，被称为"帐舆"的车载"金帐"，蒙古语称作"格日立克"。据波斯史学家拉斯特记载，成吉思汗在西征时曾经乘坐过一座由多头牛拉动的"帐舆"行宫，作为他在行军中随时与高级将领举行会议的一种移动式议事大厅（图7-14）。然而，如果我们联想到这种庞然大物的牛拉蒙古包的形成历史和空间文化心理图式，不由使人意识到它就是一个会迁徙的洞穴。

■2　编织的洞穴

大约在17000年前，人类祖先大部分还在天然洞穴中过着围篝火而眠，"击石拊石，百兽率舞"（《尚书·尧典》）的穴居生活。天然洞穴如同一位大爱无私的老母亲，一如既往地呵护着幼年时期柔弱的人类祖先，帮助他们渡过令万物萧飒的第四纪冰川期。这一时期，随着气候渐暖的全新世到来，冰川逐渐向高纬度和高海拔地区退却，日渐复苏和生机勃发的生命万物最终打破了沉默与寂静已久的大地，人类祖先发现新的世界给自己准备的用于维持生命的食物越来越丰富。兴奋之余，他们外出狩猎和采集食物的胆子变得越来越大，离开穴居之地的距离越来越远。他们从最初的夜不归宿和数日不归，到最终尝试着在远离洞穴之外的荒野中开始一种新的生存方式。

跟随大气环境变化的步伐，人类祖先曾经长期徘徊于一种洞穴与野外、固定居所与临时庇护之所之类的生活模式。正是因为这种过渡性生活，才促进他们开始探索和创建新的栖息方式。人类这种过渡性或转型性的生活状态，我们今天仍然可以从非洲大陆一些远离现代文明染指的原始部落看到。例如，坦桑尼亚境内的塞伦盖蒂国家公园是世界著名的动物乐园，这里生活着数百万只大型哺乳动物。同时，在塞伦盖蒂国家公园西部的丛林中，也生活着一支以男人负责捕猎野生动物，女人在居住地附近负责采集植物野果和抚养孩子为生活模式的哈扎比原始部落。

哈扎比人的栖息地虽然搭建有一些简易窝棚，但他们的大部分时间还是在天然洞穴中度过（图7-15）。哈扎比人的窝棚先是用树枝和树藤编织成一种穹隆形的网架结构，然后用一些较粗壮的木棍作围壁，以防止各种野兽的突袭。在房屋骨架搭建完成之后，他们在网架的外表再捆扎和包裹上一层厚厚的棕榈树叶，最后在窝棚室内的地面铺上一块柔软的兽皮，于是就成为哈扎比人席地而坐的一种房屋（图7-16）。

由于坦桑尼亚的西北部属于一种干旱少雨的热

图 7-15 哈扎比人狩猎回来在山洞里烧烤（风云）

图 7-16 哈扎比人在洞外搭建的窝棚骨架（风云）

图 7-17 肯尼亚 El Molo 人用相思树细枝和棕榈叶粗杆编织的洞屋骨架

图 7-18 El Molo 人用编织的棕榈叶覆盖的洞屋外表

气的体毛，经过 300 万年洞穴生活的"娇宠"，已是所剩无几。所以，对于他们来说，新的气候环境同样属于一种让人悲喜交加、历经艰险的生命历程。而且，当人类一旦脱离天然洞穴笼罩式的庇护，自身也会成为豺狼虎豹等凶猛野兽捕食的对象，整日暴露在自然界中那种单凭生理优势来争取生存权利的丛林法则之中。人类祖先在大自然中所处的状况正如中国战国时期的《列子·杨朱篇》中所讲"人者，爪牙不足以供守卫，肌肤不足以自捍御，趋走不足以逃厉害，无毛羽以御寒暑"的状况之中。因此，从实际生存需要出发，如何在错综复杂的自然环境中得以自保，既是所有具有生命意识的动物本能的需要，更是人类祖先必须面临的严峻考验。那么，如何重新获得像洞穴一样安全庇护的空间形式，以及在洞穴中烤火取暖、生火煮食的家的温馨感受，就成为人类创造建筑空间的灵感来源和唯一参照。

故此，洞穴生活使人类祖先悟出的居所概念应该是一种相对独立于外界环境气候，具有一定恒常性微气候环境性能的生命容器。这种容器的基本功能是通过一系列的物质手段，将人类生活所需的空间包裹或笼罩起来，使风雨无法进入，野兽无从下手，形成一种具有天覆地载基本性能的小天地。至于如何才能构建起这种符合人类生理需要的容器，关键在于人类对于自己所处的自然环境的熟悉程度，特别是对身边自然材料物理属性的掌握和运用状况。所以，从世界各地丰富多样的乡土建筑来看，一方水土不但滋养出习性各异和精神面貌不同的百姓，而且形成了由不同材质构建起来的居住空间的房屋形式。

在原始的线形建筑材料中，竹子、树枝和藤条等具有良好的韧性和抗拉性，人类通过不断实践和摸索，通常采用编织和捆扎等方法，使之成为一种别具一格的空间架构方式，并将具有一定防雨和保温性能的茅草作为包裹在房屋构架上的外衣。所以，茅草屋就成为生活在非洲热带草原和热带雨林地区普遍采用的房屋建造形式，而且一直存在着。例如，肯尼亚境内的 El Molo 人的房屋，以相思树的细枝和棕榈叶的粗杆作为搭建房屋骨架主材，搭配编织起一种穹隆状的房屋骨架，然后将棕榈叶编织成鞭子状的干草条，一层层包裹在房屋骨架的外表（图 7-17、图 7-18）。然而，这类茅草屋无论采取什么样的材料搭配和建造技术，其建成后的穹隆形的屋顶、圆形或椭圆形的房屋外形，明显带有模仿洞穴的意象，一种原始的构筑"巢穴"意识（图 7-19）。

相比而言，在追求生存和自保方面，非洲编织鸟与生活在同类自然环境中的人类体现出同样的动物本能。它们将叼来的一根根富有韧性的草筋，一丝不苟地嘴啄脚抓，上下翻飞地为自己编制着既能防雨，又能防御天敌的栖身空间——巢穴。非洲编织鸟一般擅长将自己的家安置在树枝上，它们一两天便可以轻松编织出一个精美的单身用巢窝。编织鸟的巢窝入口一般朝下，既可以防止其他猛禽的偷袭，又可以避免雨水倒灌，并且是一种透气性良好、冬暖夏凉的居住形式。

从功能设置上来分析，不同种群的编织鸟具有

带草原气候，这种茅草窝棚除了经不起一点火星接触的弱点外，它的舒适度也无法与气温凉爽和具有相对恒定气候环境的山洞相媲美，只有在气候适宜的季节，才能显示其光线"亮丽"的一面。因此，哈扎比人的人工建筑活动仅仅定格于这种原始的窝棚阶段，一直没有什么多大改进。

然而，全新世五彩纷呈、充满无限诱惑的洞穴之外的世界，既有阳光明媚、温暖宜人的时候，也有让人饱受风雨、阴冷潮湿的痛苦一面。人类祖先面对新世纪的到来，那些原本勉强可以抵挡一点寒

图 7-19 El Molo 人部落的
草编屋

各自的居住风俗，竟然也存在着与人类生活模式相
类似的"单身居室""家庭用套房"，以及集体共建
的"群居大厦"等形式（图 7-20、图 7-21）。据说
有人曾发现过一件直径 7m、高度约 2m 的超大型编
织鸟住宅，内部设有 300 个对偶居室（图 7-22）。

图 7-20 非洲编织鸟的单身
窝巢

图 7-21 非洲编织鸟的套间
式巢窝

从其高超的建造技术和复杂的功能设置来审
视，非洲编织鸟在发挥线形材料性能和空间组织方
面，不愧为动物界翼族中的编织建筑大师，有机形
态建筑真正的原创者或开拓者。与非洲人各种形式
的茅草屋相比，许多动物在筑巢或垒窝时对于自然
物质属性的利用和悟性，同样表现出不可思议的相
似性。所以，与其说自然界各种材料的属性给了人
类和鸟类在筑造房屋时可以利用的价值，倒不如说
是材料本身所显出的自然魅力开发了人类和编织鸟
的智慧。

图 7-22 编织鸟群居的超大
型窝巢（公寓式）

我们在描述人类上古时期的文明程度时，往往
以"结绳记事"作为一种记忆文化进步程度的主要
标志。然而，结绳与编织技术有着直接关联，或者
说人类对于结绳之术的掌握是编织工艺形成的前提
和基础。从材料的组织方式讲，编织是一种通过将
线形材料进行连续性的交叉排布来实现由线向面的
转变过程。正如中国宋代著名诗人张先在表达男女
之间的情感培养和积淀时写道："心似双丝网，中
有千千结。"打结是由线状材料向面状物形转变过
程中至关重要的一环，只有在线与线之间的交叉处
采用打结的方法予以固定，才能持续稳定地将线组
合成面的物态形式进行下去。

世界各地史前居住遗址的许多考古发现和相关
文献资料证明，人类祖先在利用自然资源方面，很
早就已开始了利用韧性植物编织生活用品的创造活
动。他们从编席、编织围栏到编织容器，用编织的
方法组织和使用线形材料，广泛运用于创造生活物
质条件的各个方面。例如，原始社会人类用竹子或
藤条编织笼子，可以将捕捉来的暂时不需要将其屠
宰的飞禽或野兽囚禁起来，以达到保存肉食品鲜活
的目的（图 7-23）。森佩尔甚至认为，编织工艺是
人类在利用柔性植物材料编织人体遮羞之物开始
的，将其看作人类服装产生的最原始形式。

人类祖先在编织生活器具，掌握由线形材料向
曲面形器物转变技术的基础上，不断总结经验，探
索其结构原理，最终大胆地将其尝试和运用到自己
居住空间的构建方面。

为了获得一种比囚禁鸟兽笼子的空间更大、够
适合自己栖身所需空间的编织结构，人类祖先进一
步学会了将许多条线形材料捆扎和编织在一起，使
其形成一种更加牢固和张力更强大的集束型线形材
料组织形式。然后以此为基本线形材料单元再进一

图 7-23 中国农村集市上常
见的竹编猪笼子

步编织，从而衍生出一种空间跨度更大、曲面结构
和形态更为复杂的建筑空间结构（图 7-24）。

这种运用线形材料的编织方法，不但建构起人
类建筑形式的一种构造结构，而且建筑空间的围合
和空间分割也采用了编织的方法。可以认为，人类
开始探索和创造的这种用于囚笼鸟兽的曲面形编织
容器，既是早期人类一种居住空间建构原型，也是
我们现代线形工业材料建造超大型公共空间的曲面
建筑的滥觞。而且，这种多层次和逐级组织和编织
线形材料的空间建构方法和技术，更有可能使人工
建造的建筑空间更加接近于天然洞穴的空间形态。

人类祖先创造的这种植物编织结构的房屋至今

图7-24 伊拉克人用集束芦苇杆编织的拱结构

图7-25 英国专家根据《圣经》里的描述，用芦苇编织的缩小版诺亚方舟

图7-28 卡苏比王陵大殿用集束芦苇秆编织的水平拱梁

图7-26 卡苏比王陵大殿的门洞

图7-29 非洲热带草原气候地区的编织茅草洞屋

图7-27 乌干达卡苏比王陵大殿用集束芦苇秆编织的门框

甚至，在美索不达米亚古巴比伦时期的神话《阿特拉·哈西斯》中，有关大洪水与方舟的神话故事描述，"方舟"被描述成一种在外部涂满沥青，用芦苇秆编织而成的一艘草船，使诺亚一家借此逃过了惨遭大洪水覆灭的厄运（图7-25）。

在世界的另一角落，东非乌干达境内的布干达人对于集束型线形材料在空间建构中的发挥，几乎达到了一种编织艺术品的空前高度。它便是建于19世纪末期，2010年被联合国教科文组织列入《濒危世界遗产名录》的卡苏比王陵大殿。布干达人将用棕榈树叶编织成束的芦苇秆捆绑在一起，将其用作大殿门的边框和建造穹顶结构的一道道水平拱梁。他们通过编织一圈圈直径递减的水平拱梁，从而产生一种逐步上升和隆起的穹顶空间结构和空间形体（图7-26～图7-28）。

从技术含量讲，用芦苇秆之类纤细柔弱的线形材料编织房屋，远比使用相对粗壮有力的硬质大木料搭建房屋要困难得多。前者需要建造者从处理构建房屋的每一组细胞性材料之间的关系做起，主要依靠把玩和施展天然材料的物理属性，是一种在微观上的理性与宏观上的非理性之间不断进行辩证思维的创造物形的过程。从某种程度上讲，编织房屋的形态语言主要体现在被编织物本身的天然属性的表现力方面。

如何在创造编织建筑造型和空间形体的过程中施展出材料本身在抗拉力方面的极限性，在很大程度上往往考验着建造者随机应变的能力和个性发挥的工匠意识，但也容易形成浓厚的乡土建筑艺术色彩和文化品位。所以，在不同气候环境条件下，即使人们采用相同的材料编织房屋，也会出现不同风格的物语表现特征（图7-29～图7-33）。相比之下，

还以一种独特的乡土建筑文化继续存在着。例如，5000年前生活在伊拉克沼泽地区的原住民将一根根绑扎在一起的集束形芦苇杆，作为一种拱形建筑空间的跨空支撑结构，从而成为一种造型独特的拱梁和檩条相结合的房屋结构建造方法。在此基础上，整座房屋的外部围护、室内空间的隔断，以及地面上的铺垫之物，也是由编织的芦苇席实现的。

采用硬质大木料建造的房屋虽然在力学结构上显得简洁明了，但在建筑造型和空间形式上容易产生格式化的建造观念，形成一种大同小异的建筑文化现象，很难突破一般性结构规律。

非洲大陆是世界上在茅草编织房屋方面延续历史最久，编织语言最为丰富的地区。从普通民居到部落酋长的宫殿，茅草屋在非洲大陆是一种十分普遍，形式多样，具有数千年历史的古老建筑文化。非洲人祖祖辈辈之所以离不开茅草屋，一方面非洲茅草屋从房屋骨架到外部覆盖物，均以土生土长的植物为建筑材料，人们在生理习性与天然材料的物理性之间早已形成了一种相互依赖的文化心理。即达到了中国古人所讲的人与房屋相辅相生的程度。例如，他们用芦苇草、椰树叶、棕榈叶、蓑草、藤条、树皮等天然线形材料建造的茅草屋，具有保温性能良好，冬暖夏凉、寂静安神等宜居特征。而且，一些诸如棕榈叶之类经过特殊方法处理后的植物，不但成为优良的防水材料，而且散发出的清香宜人的草腥气味，具有驱虫和辟邪的特殊药理功效。

另一方面，生活在非洲大陆的许多部落一直沿袭着原始的游牧生活方式。这种取材方便、易于施工、一般寿命仅为两三年之久的茅草屋成为他们切合实际的选择，他们因而很少将精力放在追求创建永久性房屋的人工材料和建造技术方面。而且，在大多数游牧民的风俗观念中，每家拥有的牛羊存栏量往往成为他们社会地位和财富方面的象征，固定房产似乎并不太重要。

因此，在非洲许多地区的居住风俗中，茅草屋被视为正统的住宅形式，如果有人在清一色茅草屋的聚落中建起一种其他材料的另类房屋，会被看作大逆不道，认为将会受到妖魔鬼怪的诅咒，甚至会威胁到家人的生命安全。不难理解，非洲人为什么有能力创造出非常精美的彩陶艺术，却没有将砖用来建造房屋，其中的主要原因可能就在于此。

与非洲大陆大部分地区干燥少雨的气候恰恰相反，位于南美洲东北部的圭亚那地区雨量充沛，空气湿度极高，属于赤道低气压区的热带雨林气候。所以，在印第安语中，圭亚那是"多水之乡"的意思。正因如此，为了克服炎热和潮湿之类不利于人类居住的因素，该地区的人们将智慧和精力主要放在了对于建筑材料的处理和建筑形式的探索方面。例如，曾经作为圭亚那的国家"大会堂"，竟然是一座高16.78m、面积400多平方米的巨型圆锥形编织大草棚。

圭亚那大草棚的尖穹顶是一种用大量细树枝密集编织成的一把巨形伞形骨架，外部用芦苇秆编织的草帘予以覆盖，而围墙往往被做的非常低矮，并用芦苇秆编织成通透的栅栏形式。众所周知，空管状的芦苇秆具有良好的隔热和隔音性能，尤其是这种巨大而高耸的穹顶，能够起到聚气、拔气和加强冷热气流快速交替的作用，其原理如同一个巨型天然空调，从而创造出一种凉爽舒适的室内微气候环境（图7-34、图7-35）。

与圭亚那气候条件比较相似，位于南太平洋赤道附近群岛上的萨摩亚人采用各种树干和树叶编织

图7-30 南非祖鲁人部落组长的茅草屋

图7-31 门洞上端悬挂牛头骨的南非祖鲁族部落酋长的府宅

图7-32 加纳一位富拉尼酋长的妻子的房子（世界游网）

图7-33 苏丹人一种优雅别致的干草屋（世界游网）

图7-34 圭亚那圆锥体"大草棚"的草编格栅

图 7-35 圭亚那"大草棚"变质结构的巨大穹顶

图 7-38 位于"法雷"内部中央的一组立柱

图 7-36 作为住宅的小型"法雷"外观

图 7-39 "法雷"木质杆件连接处的装饰性捆扎工艺

图 7-37 大型"法雷"的室内空间

搭建起一种名叫"法雷"（Fale）的茅草屋。通常，萨摩亚人的小"法雷"是一种温馨的住宅，大的"法雷"气势非常宏伟，一般作为部落聚会或举行新酋长登基隆重仪式的特殊场所。萨摩亚人的"法雷"在整体上是一种由结构复杂的木质杆件构建起来的网架支撑体系，由此架构起一座由织物编织成的圆形或椭圆形的大穹顶，有些大型穹顶的檐口近乎延伸到了地面，说明当地平时降雨的强度很大。支撑大穹顶的立柱以当地特有的面包树为主材，搭建穹顶结构的椽子和檩条以椰子树杆为主材。穹顶的外部一般是将干燥的甘蔗叶、棕榈树叶或椰子树叶等，由妇女们编织成一条条草帘后，一层一层严严实实地覆盖上去，成为一种天然的防雨和保温材料。

由于萨摩亚与圭亚那一样气候炎热而又潮湿，因而很少采用封闭式围合的外墙，居住面也大多被架空于地面，从而形成了良好的通风和保温性能（图 7-36）。由于这种房屋没有围墙和专设的门洞，进入居住性"法雷"的客人因身份不同，会选择不同位置的两根立柱之间的空隙作为入口，从而进入萨摩亚人部落礼俗规定的室内空间部位。

用于聚会的大型"法雷"往往以中央一组立柱为核心，将整个室内空间划分出前、后、中央三大层次的空间区域。中央一组立柱的地方一般作为部落头领落座的位置，主持会议或宗教仪式的人通常站在前面突出的位置进行宣讲，而部落其他普通成员只能在外围一圈立柱附近的空地上盘腿席地而坐，毕恭毕敬，洗耳恭听（图 7-37）。显而易见，萨摩亚人这种大型公共建筑内部向心式的功能布局、空间伦理观念，与他们祖先在穴居时代原始部落形成的社会结构和风俗礼仪密切相关。

萨摩亚人这种复杂的"法雷"杆件网架结构，一直没有发展出像中国 6000 年前河姆渡人早已诞生的榫卯结构的连接方式。所有梁、柱、檩条和椽等木质杆件之间均采用由椰子树皮编织出来的绳子，将其一丝不苟地捆绑在一起，并在搭建房屋结构的木质杆件之间的连接和加固处，按照色调深浅不一的树皮编织出具有萨摩亚民族特色的装饰纹样（图 7-38、图 7-39）。

大型的"法雷"房屋一般需要全部落的人联手共建。他们使用这些纯天然材料建造的房屋，使用寿命可达 50 年之久，并不逊色于砖混结构的房屋。萨摩亚人的"法雷"与世界其他地方最初创建房屋时有着相似的空间文化心理图式，房屋造型与穴居时代形成的空间文化心理有着千丝万缕的联系。所以，在萨摩亚人的空间文化观念中，房屋的形体编织和搭建成圆形或椭圆形的穹顶是笼罩大地的苍穹，仍然信奉着这一原始宗教的宇宙空间观念。

■3 泥土的洞穴

土壤最初是由地球表层岩石长期经受大气、雨水、生物等综合作用，发生风化后不断演变的结果，同时也包括时刻和随处都在发生的大气降尘现象。例如，中国的黄土高原就是主要依靠来自西伯利亚和蒙古高原，裹挟着大量沙尘的西北季风长期不断"搬运"，进行尘降和积淀形成的结果。科学家研究结果表明，在各种自然因素的合力作用下，地球陆地表面每生成1m厚的土壤，一般需要15000年左右的光阴。地球上的土壤是孕育生命万物的物质基础，世界各民族之所以将大地比喻为母亲，主要是指土壤表层那种能够承载和永不歇息养育各种生命物种的天然属性。所以，在中国汉代的《说文解字》中，对于"土"字的象形解释是："土，吐也。吐万物也。"

土壤对于大地，犹如皮肤关乎于人类的有机生命机体，它通过呼吸保温蓄热，涵养水分，以维持人体生命机能正常的新陈代谢，这一点早已成为世界各民族的共识。例如，中国易学古籍《玉京山经》中的"忆昔盘古初开天地时，以土为肉石为骨"便是这种意识的解读。

分布在地球上不同质地的土壤，不但尽其肥力养育出不同特质的植物和肤色、文化品性各异的人类种群，而且因其易于提供相对封闭的空间环境和保温性能，成为人类和许多动物用以建造栖身之所的一大物质手段。所以，采用泥土构筑的居住空间也会成为保护人类或其他一些穴居动物生命机体的第二道肌肤。例如，中国唐代大诗人白居易在《钱塘湖春行》中所感悟的那样："几处早莺争暖树，谁家新燕啄春泥。"在此说明，春天里解冻的泥土成为燕子们衔来筑巢的理想材料。

特殊的地理位置和气候条件可能使东非地区成为人类最早的栖息地，或者是最先由古猿进化成人类的地方。因为在坦桑尼亚和肯尼亚的边界处，考古学家们发现了距今350万年的原始人类遗骸和活动足迹，这里便是"露西"老祖母的故乡。这里虽然地处赤道附近，然而在被称为非洲大陆屋脊的乞力马扎罗山的高海拔地区并没有形成热带草原性气候，而是一种从山脚下常年高温多雨，转而随地形和海拔升高而逐渐降温，直至山顶白雪皑皑的急剧多变的气候，以及由此形成多个迥然各异的植被垂直生长地带。所以，生活在乞力马扎罗山脚下的马萨伊人为了适应当地阶梯性的季节性气候变化和生态条件，他们年复一年地驱赶着一群群牛羊，跟随植物生长变化的轨迹，因而至今过着一种居无定所和十分原始的游牧和狩猎生活。

在马萨伊人的现实生活意识中，牛羊的头数是他们心目中真正的财富，而房屋只不过是他们临时需要的庇护之所，就像破烂以后可随时扔弃的衣服。所以对于马萨伊人来说，房屋在他们生活中的存在价值如同长途跋涉中的路人为了躲避不期而遇的风雨，需要寻找一处能够遮风挡雨的山洞，因此数千年来一直沿着一种非常原始而又廉价的木骨泥屋子。

马萨伊人的房屋首先是由树枝编织而成的洞穴

空间形体的网架，然后用手厚厚地将其通体抹上一种胶泥与牛粪一起搅拌均匀的混合物（图7-40）。因为，牛粪在非洲好多游牧部落的观念中是一种吉祥和财富的象征，而牛粪中含有的大量未被消化的植物纤维具有加强这种混合物的凝聚力和防止泥土干透和硬化后开裂的作用。此外，马萨伊人一直延续着原始社会女人主持家务，男人主要负责外出放牧和狩猎之类的生活模式，而建造房屋的重任基本也落在了女人的身上（图7-41）。

马萨伊女人建造泥屋，先是用一根根木棍按照预设的空间大小和形状树立一圈木桩，然后将手指粗细的藤条与木桩子捆扎在一起，像编织箩筐一样编制出双层网格状的围合骨架（图7-42～图7-44）。在留出门洞和小窗户后，她们再以泥巴作为两层网架之间的填充物，并予以捣实和外观抹平。这种采用细小树枝和藤条编织起来的房屋结构，因缺乏粗大有力的骨架材料作支撑，因而在房屋空间的跨度和高度上都受到一定程度的限制，入口也低矮和狭小，室内空间低矮昏暗如一个小山洞（图7-45）。

图 7-40　糊抹上牛粪和泥土混合物的屋子（新浪网）

图 7-41　马萨伊人部落中的女人与牛粪泥屋子（新浪网）

图 7-42　马萨伊人用木棍和小树枝编织的网格状墙体骨架（新浪网）

图 7-43　马萨伊人妇女在编织屋顶网架（新浪网）

图 7-44　马萨伊女人编织好的房屋结构

图 7-45　马萨伊人部落呈弧形摆列的牛粪泥屋子

在房屋的围护墙体建成后，马萨伊女人再用藤条皮将一条条长木棍捆绑和编织成一种中央微微隆起，向四周缓慢坡下的屋顶网架，并用当地盛产的蓑草一苤一苤地用绳子绑在上面，进行覆盖和封顶。

马萨伊人一直维系着原始部落遗存下来的部落

酋长和长老议会体制，他们依旧过着人类穴居时代钻木取火的生活，并信奉万物有灵的原始宗教，视牛粪为吉祥和财富的象征。因此，在整座房屋的结构完成后，他们会将房屋通体用牛粪和泥土的混合物抹得厚厚实实。据说，这种胶泥和牛粪的混合物可以使房屋室内形成冬暖夏凉的居住效果。

按照马萨伊人的风俗，每个女人在出嫁前必须亲自动手为自己建造一座牛粪泥房屋，以此获取男人的欢心，并将其作为自己未来的婚房洞室。马萨伊人的村落是由这种外部被牛粪泥土糊起来的一座座房屋，并呈向心式布局的聚落，聚落中央的空地是大家白天用于歌舞和聊天的公共活动场所，晚上则成为各家牛羊的公共场地（图 7-46）。

非洲民居建筑有着许多人类创造建筑之初，追求洞穴意象的共同特征。主要由于非洲许多原住民在不同程度上继续保持着相同或相似的原始社会时期的生产和生活方式，以及他们所采取的线形天然材料编织房屋结构的建造方法。因为，相似的生产和生活方式决定了他们在居住方式方面的认同感和非常接近的建筑文化价值观念。所以，非洲大陆有很多原始部落，他们经常就地取材，以土生土长的树枝、芦苇或藤条作为建造房屋的骨架材料，从而决定了一种十分类似的房屋结构和建造风俗，甚至是建筑造型的形式和尺度观念。这些原始而又极具乡土文化气息的非洲民居建筑，因受不同区域地理气候的影响，分别形成了适应热带气候的茅草屋和适应高海拔干旱地区的泥土房屋这两种基本形式。

例如，喀麦隆国位于非洲大陆的中西部，它的大部分国土面积属于高原和山地。喀麦隆的中部和西部均属于平均海拔在 1500～3000m 的高原地区，生活在该地区的毛斯哈姆人以当地唾手可得的芦苇秆为主材，捆绑和编织出的圆形房屋是一种室内基面直径约 7m、空间高度 9～10m 的卵形壳体结构。毛斯哈姆人以极其柔弱的芦苇秆创造出一种大负荷的高效承载结构。

为了获得良好的保温和防雨效果，他们就地取材，用黏土和沙子的混合物对其表面进行堆塑性的维护处理，塑造出一种凸起的倒 V 形或条状纹理。这些具有浮雕性纹理不但起到了简洁素雅的装饰效果，形成一种别具一格的地域性建筑装饰艺术，而且为日后维修屋顶过程中提供了可供攀登的落脚点，

图 7-46　喀麦隆乞力马扎罗山脚下的马萨伊人部落形态

成为一种功能性的设置。因其独特的造型，人们将毛斯哈姆人的这种房屋称为"蛋形泥屋"（图7-47）。

这种蛋形泥屋的顶端一般留有排烟和通风的洞口，雨季到来时可及时用东西封堵。毛斯哈姆人的普通家庭一般有数座蛋形泥屋，并用低矮的泥墙将它们连为一体，形成一种饶有风趣的院落，院内分别规划为睡眠、仓储和生火做饭等功能区域。这种奇特的蛋形泥屋蕴含着毛斯哈姆人生命崇拜的原始宗教意识，一个个从地面高高隆起的卵形房屋象征着生命大母神的巨乳，而形象生动的梭形门洞被他们认为是大母神生生不息的"生命之门"（图7-48）。

人类对于泥土蓄热保温性能的发现和利用，可能来源于对更原始的，深入土壤深处的生土洞穴的生活体验。地球上有不少地方的土壤层适合人工开凿洞穴，而且有许多地方的百姓至今离不开冬暖夏凉的生土穴居。所以，生土穴居是人类走出天然洞穴之后，最先尝试人工创建居住空间的形式之一。它经历了旧石器时代、新石器时代、青铜器文明，直至当今现代化高科技文明的时代。这些生土穴居的存在，让我们见证了人类文明从起源、发展到高度发达的每一步。并且，大地深处土壤除了通过缓慢吸收和储存太阳热能，缓慢呼出热量的过程，能够形成一种冬暖夏凉的穴居微气候环境外。对于生态环境日渐危机的今天，它具有屏蔽外界杂音、屏蔽电磁波侵袭、过滤有害气体，以及安神助眠等有利于人体健康的特异功能。

人工开凿的生土穴居形式多样，有单孔横穴、内部贯通的多孔横穴、竖穴与横穴结合的地坑式窑洞院落，以及像楼房一样的靠崖式多层横穴（图7-49）。为了克服靠崖式横穴面部表皮容易脱落或崩塌的弊端，人们还在土体内开凿横穴的外部接出一段用其他块体材料箍起的拱圈式过渡空间。在中国，这种在开凿的生土洞穴前用砖块、土砖和石材砌筑建造的过渡空间被称为接口窑洞。人工开凿的生土穴居形式和跨空尺度，取决于当地土壤的成分构成、土体结构的肌理状况，以及所在地区的气候条件和生活风俗等，从而成为一种文化底蕴浑厚、丰富多彩的生土建筑艺术。

中国黄土高原属于土状堆积物，西北季风年复一年的粉尘搬运和沉降是它的主要成因。所以，19世纪德国地质学家李希霍芬（Richthofen）提出的"黄土风成说"，已成为学术界有关中国黄土高原形成的主流观点。随着西北季风向东南方向的风力减弱，在中国北方形成了由西向东黄土高原土壤层的厚度逐渐变薄，颗粒变细，矿物质含量降低的不同黄土地质带。由于各地黄土高原在地质地貌和气候环境上的不同，从而产生了诸如靠山窑洞、沿沟窑洞和下沉式窑洞院落等不同类型的生土窑洞居住形式，有些地方的整个村落甚至都是由一系列的地坑窑洞院落串联形成的，完全隐藏于地表以下。

游殿村处于河南省偃师市东北方向的邙山山区，它是一座比较典型的利用地形、在地下开挖出来的地坑式窑洞村落。整个村落隐藏于地表以下，通过间断性的生土涵洞将14户人家的地坑式窑洞院落串通在一起，形成了长达数百米的地下街道，因而被当地人称为"九连洞"（图7-50）。

图7-47 毛斯哈姆人踩着倒V形浮雕纹样在围护泥屋

图7-48 喀麦隆毛斯哈姆人的蛋形泥屋

图7-49 20世纪40年代中国山西省吕梁山区的黄土靠山窑洞

图7-50 中国河南省偃师市游殿村的地下窑洞村落街道

图 7-51　希腊圣托里尼岛洞穴住宅内部通道

图 7-52　希腊圣托里尼岛穴住宅起居室

图 7-53　突尼斯马特马塔山区的柏柏尔人利用地形开凿和修建的靠崖式洞穴群

图 7-54　柏柏尔人开凿的横穴与砌筑的过渡空间

与此相比，坐落在爱琴海南部群岛边缘的圣托里尼岛是由一次次的火山爆发形成的不毛之地。虽然，这种由火山灰和黏土等混合物质构成的土壤对植物生长来说缺乏肥力，但却成为发展洞穴式住宅理想的地质条件。圣托里尼岛上的洞穴住宅群沿岛西侧边沿的崖壁层层展开，洞室之间彼此相通，内部空间层次丰富多变，且室内气候舒适凉爽。正是由于这种特殊的地质条件，这里从原先普通的传统穴居住宅形式，最终被打造成为如今世界著名的、以洞穴式度假别墅和特色酒店为代表的、地中海沿岸的避暑胜地（图 7-51、图 7-52）。

能够将土壤蓄热保温性能发挥到极限程度的地区，除了当地所具备的地质条件外，还在于极端气候条件下的生存环境迫使人们在创建更加舒适的居住空间的过程中，不断探索和挖掘当地土壤质地物理性能和地形面貌的更多潜力。例如，生存在撒哈拉沙漠边缘地带的马特马塔山区的柏柏尔人，除了在地表以下七八米深处发展出一种不受外部沙尘暴侵袭和烈日暴晒影响、洞内温度和湿度保持相对稳定、环境清爽温馨的圆形地坑式窑洞院落

外，他们还创造出一种多层成排的靠崖式横穴居住空间，使其成为一种地域性特色酒店。柏柏尔人先是选择适合开凿洞穴的山坡地形，然后对于崖面进行统一整形，通过开凿与砌筑筒形拱券结构相结合的办法，来梳理每孔窑洞间的空间关系和交通秩序（图 7-53）。

马特马塔山区气候干燥，土壤中大量的矿物质颗粒对于土体结构起着加强团聚和增强骨骼的作用，因而土壤层中的土体结构稳定性良好，架空力强，并易于开挖，较中国任何一处的黄土高原地区更适合发展洞穴式住宅。所以，马特马塔山区的靠崖式洞穴自由度大，内部空间可四通八达，甚至能在落差不大的底层洞顶上再开凿出两至三层的洞穴，建成一种成排的洞穴群。在此基础上，柏柏尔人就地取材，用泥土和石块在洞穴前砌筑起拱券式的门庭或过廊，形成一种统一整体而又美观质朴的崖面。这种像楼房一样的靠崖式洞穴群，内部既有通道和踏步进行水平和上下竖向连通，外部还有高低错落、变化多端的踏步进入。有些踏步坡道甚至从某一洞口的外轮廓或拱顶线盘绕而上，而挑出楼梯的结构部分同时又是下层洞口的檐口或阳棚。此外，这种内部空间构造复杂的洞穴群明显带有一定防御性目的，因此如同一种与周边环境浑然一体的土城堡（图 7-54、图 7-55）。

从生土建筑发展历程看，泥土作为一种创建空间的物质手段，先后经历了在原状地貌上开凿横穴和竖穴之类的减法建造方式、木骨泥屋、夯土结构和土坯砌筑等发展过程。当然，有些建造方式可能同时存在或被综合运用于同一项建筑空间的建造之中。例如，竖穴空间的围合体是通过掏挖的减法方式实现的，洞穴顶部分则采用木骨结构与草筋泥围护相结合的方法来建造。从原状土壤中掏挖出所需要的三维空间，是人类对土体结构在跨空方面物理

图 7-55　多层横穴的外部用泥土和石块砌筑和整修的崖面

图 7-56　中国重庆市巫山县骡坪镇农民在版筑土墙

图 7-57　20 世纪 40 年代中国保定农民在打制夯土砖

图 7-58　中国农民用木模具制作草筋泥砖

图 7-59　也门萨那古城土坯住宅的外立面局部

性能的探索开始，泥土在木骨架房屋的建造中只是起到围护和防火作用，而在夯土结构和土坯砌筑的空间创建中，泥土既是结构材料，又是围护材料。

夯土结构是人类采用石器或木器将具有一定湿度的土壤通过模型夹板聚合在一起，再经过人工捶打或捣实的外力作用来改变土体的自然结构和密度，使其坚固地板结在一起。夯土构筑物一般采用逐层堆高和逐层同时夯实的方法，最终达到建造空间所需的围合状态及高度（图 7-56）。然而，夯土结构在起初只是简单的堆筑方式，在空间建造中一般只作为围合的墙体部分，而屋顶需要采用其他材料来搭建。

由于夯土结构在塑造空间形式中有很大的局限性，人类因而总结经验，对其进行不断改进，从而又发明了一种小体块或模块化的夯土砖形式，或者直接将搅拌均匀后的草筋泥用一定尺寸规格的木模具规范化为块体形状的泥土建筑材料（图 7-57、

图 7-58）。用这些晾干后的泥土砖，人们可以建造出造型丰富的泥土房屋，甚至是带有十分精美的建筑装饰外表细节（图 7-59）。而且，泥土砖的发明，使泥土作为建造人类栖身空间的物质手段，由此进入到一种新的建造形式——生土砌体结构。

■4　砌筑的洞穴

砌体结构是指采用块体材料来砌筑建筑空间的主要支撑体系，是人类最早尝试建造空间的方法之一。砌体结构的特点在于很高的抗压强度，与极低的抗拉强度相伴，砌体结构因而更适合于建造房屋的承重墙体、柱体等结构部位。砌体结构构件之间所采取的轴心受压方式可以砌筑起垂直立面的墙体或柱体，而将构件之间承压轴心逐渐进行偏移，又

可以砌筑起弧形墙体和变化丰富的装饰肌理等效果。森佩尔认为，人类在探索空间建造的发展历程中基本沿着两种体系：一种是通过线性构件组合围绕而成空间域的框架建构，例如采用树枝、藤条、芦苇秆等杆件材料编织或搭建的方法；另一种是通过将单元块体承重构件重复砌筑而形成体量和空间的固体砌筑方法。在很久以前，人类已开始了用一

图 7-60　土耳其恰塔霍裕克城想象复原图

图 7-61　土耳其恰塔霍裕克城房屋复原想象图

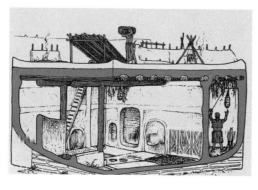

块块小泥砖砌筑起一座座冬暖夏凉的房屋、一座座村落，乃至一整座城市。

土耳其境内的恰塔霍裕克新石器文化遗址也叫哈图莎什城，约建于公元前 2000 年。据说，这片土地具有 7000 年以上的人类定居史，因此被认为是人类历史上最早的城市之一。恰塔霍裕克城的数百座房屋都是用晒干的土砖砌筑而成的，房屋结构是在泥土砖砌筑的墙体上架上木梁和木椽，然后铺上一层芦苇席后再厚实地压上泥土完成的，甚至就连房屋室内的卧具、坐具，以及一些柜具也是用这种黏土砖砌筑而成的。由于房屋与房屋之间互为依托，共用承重墙体，随机组合，使建筑空间依循地势自由进行拓展和发育，因而整座城市的建筑空间结构纵横交错，如体系发达的"犬鼠镇"洞穴世界（图 7-60）。

恰塔霍裕克城这种城市空间结构方式使房屋的外立面很少开设窗口，采光主要来自屋顶的小天窗。各家房屋的入口一般开在屋顶，人们只有通过木梯才能出入，明显带有很强的防御功能。恰塔霍裕克城既无城墙，又无地面街道，城市交通几乎是由一把把木梯衔接和连通的，并穿梭于各家屋顶之间的平台。恰塔霍裕克城的人与牲口一起住在这种泥砖砌筑的屋子里，人们习惯于白天打开屋顶天窗的活门板，在屋顶平台上散步、休闲和聊

天，晚上则通过木梯再回到洞穴一样的屋子里休息（图 7-61）。

虽然泥土砖之间的草筋泥浆黏结力较小，砌体在抗拉、抗剪强度等方面较低，但是泥土砖砌体在干旱少雨的地区具有良好的耐候性和隔热保温性能，因而成为许多极冷极热、干旱少雨和缺少木材地区居民理想的建筑材料，在世界各地成就了不少的古老文明。例如，尼罗河沿岸自古以来就缺少建筑用木材，虽然古埃及人用石块砌体结构创造了人类历史上著名的金字塔陵墓和大批神庙建筑，然而大量的宫殿和住宅建筑还是以泥土砖为主要建筑材料。

古埃及人将尼罗河岸边的淤泥放进模具中，抹去溢出模具的多余部分，倒出泥砖胎体后，将其暴晒在烈日之下，于是制作出他们建筑所需要的砌筑材料。古埃及人用这种泥砖建造的村落和城市虽然大部分被一次次的尼罗河泛滥所淹没，但是一些建在高处的小镇或村落还是幸运地保存了下来。而且，现存的传统民居说明，尼罗河沿岸这种泥砖制作和砌筑房屋的技术一直被沿用到现在，具有 6000 年以上的建筑历史（图 7-62）。

距离开罗市西北方向 700 多千米的大沙海边缘，有一座埃及历史上重要的城堡——锡瓦镇。锡瓦镇的大部分房屋虽建于 13 世纪，然而其核心部位大概建于公元前 6 世纪。这里的建筑物基本上用泥土砖砌筑而成，穿梭于锡瓦古镇迷宫一样的街巷之中，如同进入一种无底的洞穴世界（图 7-63）。

世界上现存体量最大的单体泥土砖砌体建筑，坐落于西非马里国中部的杰内古城。杰内古城位于尼日尔河与巴尼河冲击形成的三角洲地带，这里素来就有"尼日尔河谷宝石"之称。从公元前 250 年开始，这一地带就已有了人类居住的历史。绵延至今的杰内古镇从寺庙、王宫、官员府宅到普通民宅主要是用黏土制作的块体砌筑而成的（图 7-64）。杰内古城建于公元 800 年，城市空间形态基本呈向

图 7-62 古埃及科普特语后裔的泥砖村落

图 7-63 埃及锡瓦古镇鸟瞰照

图 7-64 马里国杰内古城泥砖砌筑的住宅

图 7-65 杰内古城的空间形态与自然环境

心式布局，世界著名的泥土砖寺庙建筑就位于它的核心部位（图 7-65）。

　　杰内人制作土砖的方法和过程比较特殊，其甚至堪称一种民间风俗活动。人们先将用于制作土砖的黏土从土场挖运到制作现场，堆成八九米高的土堆，再用石块将其圈围起来，加入草筋和水后，好多人像过节一样光脚丫在泥堆里欢快地踩踏着，直至均匀。然后，他们将这些踩踏均匀的泥草混合物填入模具之中，制作出泥砖胎体，并

将其露天晾晒，使其硬化和晒干。根据建筑部位和造型需要，杰内古城的土砖一般分为长方形和圆形两种，而且因为建筑物的性质和场所不同，当地人对于制作黏土砖的材料搭配有着风俗性的规定。

　　杰内古城大清真寺的存在，让我们看到了人类在泥土砖砌体建筑方面的最高水平。现存的杰内大清真寺除了祈祷室为 13 世纪所建外，其余部分均属 1907 年的二次重建。用于砌筑整座建筑的黏土

图 7-66　杰内古城泥砖砌体
建筑——大清真寺外观

图 7-67　杰内古城自愿参加
围护大清真寺的热心群众

图 7-68　外墙"挂"满维修
人员的情景

砖是就地采取的泥土、沙子、谷壳，经加水搅拌均匀后的混合物制成。它的结构方式和建筑造型是 15 世纪苏丹建筑艺术与撒哈拉地区乡土建筑风格的完美结合。更具意义的是，建造杰内大清真寺的泥土砖所表现出的造型语言和质感在这里被发挥得淋漓尽致，使其不失为一种杰出的泥塑艺术品。

　　杰内大清真寺占地 6375m²，建筑面积为 3025m²，最高处约为 20m（图 7-66）。建造如此大体量的泥砖砌筑物，工匠们聪明地将棕榈树枝作为筋骨加入到建筑的结构体系之中。一方面，一层层、一排排伸出墙体外立面，整齐排列的棕榈树枝的端头成为一种独特的建筑外观视觉效果；另一方面，这些露出墙体的棕榈树枝的端头也为每年一度的维修准备好了脚手架。杰内属于热带草原气候，泥土房屋每年都要经受 6 到 9 月的雨季浸泡，建筑

外表都会受到不同程度的损害。所以，每当每年雨季过后，虔诚的杰内人都会自发地来为大清真寺的外表抹上一层泥浆做保养。

　　每到这一天，古城里的男女老幼头顶各种奇形怪状的容器，盛满从巴尼河滩取来的泥浆蜂拥而至。年富力强的青年小伙纷纷爬上梯子和脚手架，把整座清真寺的外部通体涂抹一遍，为其换上一层灰色的泥巴新装（图 7-67）。所以，每次到保养和维护大清真寺的这一天，杰内大清真寺的外墙会"挂"满身着各色服装和浑身沾满泥巴的年轻人，如此轰轰烈烈的劳动壮观场面，称得上是一种奇特的盛大节日（图 7-68）。

　　杰内大清真寺的主立面以 3 座塔楼为主体造型，厚重粗壮的塔楼之间是由 5 根泥砖砌筑的柱子连为一体，形成如排骨一样的墙体结构和建筑外立面。这座像泥塑一样的庞大建筑物表现最为杰出的地方在于，工匠们以独特的空间结构和构造方式营造出一种纯天然的空调系统。该寺庙建筑空间中最为开阔的祈祷大厅以 100 根粗大的四方体泥砖柱作为支撑，并在屋顶留有 104 个直径约 10cm 的气洞（图 7-69）。

　　如此一来，与四通八达的拱形走廊的空间网络一起，形成一种完整的洞穴式空调原理的运行系统（图 7-70）。据介绍，这座用黏土砖砌筑的清真寺在当地户外气温高达 46℃的情况下，室内空气却依然凉爽宜人，通常保持在 24℃左右的恒温状况。而且，由泥土砖砌筑的墙体可以屏蔽外来各种杂音的干扰，有利于营造寂静神圣的宗教氛围。

　　墙体和屋盖是人类建构空间最基本的两大围护系统，而且是人类不断探索和创新建造空间方式的主要对象，特别是对建构跨空结构的覆盖围护系统的探索。然而，材料作为实现建筑空间必需的物质手段和基础，人类对于建造空间方法的探索，归根结底就是对于材料属性和运用方法的探索。因为不同的材料需要不同的结构形式和建造方式。

　　如上所述，土耳其新石器时代用土坯建造的恰塔霍裕克城和马里国杰内古城数百年前建造的大清真寺屋顶是以木材为跨空材料的，采用简支梁

图 7-69　里杰内古城大清真寺鸟瞰照

图 7-71　土耳其哈兰古镇用泥土砖叠涩砌筑的屋盖

图 7-72　土耳其哈兰古镇用泥砖砌筑的穹顶外观

图 7-70　杰内古城大清真寺走廊

"担"的方式。这种杆件材料需要具备一定的抗拉、抗剪强度，而喀麦隆毛斯哈姆人创建的蛋形泥屋和萨摩亚人的"法雷"屋盖采取了由线形材料编织的穹顶结构，以一种传递和改变荷载压力方向的方式来实现跨空和建构空间之目的。特别是毛斯哈姆人的蛋形泥屋，他们将屋盖与墙体两大围护系统合二为一，使其成为一个有机整体结构。

人类在探索建构天覆地载这种笼罩式洞穴空间的过程中，创造的另一大建造方式便是运用块体材料的砌筑结构。块体材料是继人类采用弹性线形编织材料之外，探索建造拱形跨空结构过程中所发现的另一理想的空间建构材料方式。一方面，块体砌筑结构通过将承重单元之间的承压轴心进行一定参数的逐渐偏移与逐个平衡的建造方法，砌筑起凸向荷载的拱线结构，并通过将跨空单元的拱线结构向某一方向进行连续平移和复制的方法，来形成一种类似横穴的圆筒拱券形的空间形式；另一方面，人们通过围绕某一垂直轴线，逐层缩小水平圆拱的直径，采用逐层叠涩内挑的砌筑方法，最终构建起一种穹隆形的三维空间形态（图 7-71、图 7-72）。

人类创造的砌体结构，最初是从石块和土块开始的。石材砌筑起初是人类从自然界的荒料中——挑选出的被认为大小和薄厚适中的石块来实现跨空结构的。日后逐渐发展到采用人工打制过的有尺寸标准或表面精细化的块体石材来建造诸如寺庙、宫殿等高档次的建筑（图 7-73）。砖砌筑是从最初的夯筑墙体、模具制作泥土块体，发展到使用人工烧制过的黏土砖块来砌筑跨空结构的另一方法。

受自然条件、气候特征和文化风俗等因素影响，各地居住者因地制宜，就地取材，创造和发展起来的各种乡土材料建筑和建造工艺，依然浓厚地保持着天然材料在建造空间中的原始工匠意味。例如，被誉为圆锥顶建筑之都的意大利南部的阿尔贝

图 7-73　中国陕西吴堡县采
用风化岩片石砌筑的窑洞

图 7-76　意大利阿尔贝罗贝洛镇圆锥屋顶建筑群鸟瞰

图 7-74　意大利阿尔贝罗贝
洛镇圆锥顶石屋室内

图 7-77　意大利阿尔贝罗贝洛镇石屋如斗笠一样的屋顶

阿尔贝罗贝洛镇圆锥顶石屋在造型上的独特
性一方面在于它所处的地理位置，复杂的人员构成
和文化交流的历史，使其打上了地中海沿岸诸如希
腊和叙利亚等中东地区乡土建筑特征的烙印；另一
方面，在建造方式上与当地的地理条件有着直接关
系。阿尔贝罗贝洛镇属于气候干燥的丘陵地带，地
面覆盖着丰厚的石灰岩，这种石灰岩的地表以薄厚
不一的板状叠加方式储藏着，因而有利于人们开采
和加工成建筑用材，阿尔贝罗贝洛人就是利用这些
石灰岩块材或板材建造起独具一格的无梁柱式建筑
空间。

阿尔贝罗贝洛人先是用石块砌起一定高度的
圆筒形围合墙体，然后用条状石板逐层向内微微挑
出，并不断向内收小砌筑直径，直至形成尖锥形的
穹顶。最后，再用白石灰对建成后的房屋室内外进
行抹面装修和粉刷装饰。这种石灰岩材料在与涂料
的结合中不断挥发出钙质元素，它不但可以起到消
除异味和杀菌的作用，而且会使室内空气一直保持
干净和清爽状态，因此有利于人体健康（图 7-74）。
在此基础上，圆锥形的穹顶和通气孔又保证了室内
空气良好的循环与交流（图 7-75）。

从观赏价值讲，这种建材从色调、质感和造型
语言上有着丰富的表现力和鲜明的地域性特征，特
别是因其外观造型如手工编织的斗笠而被称为"斗
笠屋"。阿尔贝罗贝洛镇依循丘陵性的地形高低起
伏地，遍布着上千座"斗笠屋"。这种由灰色石板
层层叠起的尖锥形屋顶使整个聚落形态形成一种动
感强烈、波浪起伏的宏大气势（图 7-76～图 7-78）。

阿尔贝罗贝洛镇石屋在宜居环境方面的出色表

图 7-75　意大利阿尔贝罗贝
洛镇圆锥屋顶内部

罗贝洛镇，至今保持着一种原始的无灰泥砂浆，用
石材干砌房屋的建造技术，而且保留着二三百年前
建造的这种房屋，有些甚至建于遥远的 13 世纪。
这些屋顶呈圆锥体的石屋是当地人用就近采集来的
一片片石灰岩干砌起来的，且结构坚固、通风良
好、安静舒适、冬暖夏凉，一直被使用到今天，成
为世界著名的乡土民居。

现在，当地人创造性地使用了一种天然植物作辅助材料——大麻纤维。即在石灰类黏合剂材料中掺入纤维性植物大麻后制作而成的灰泥。据测试，大麻在节能环保方面有着非常出色的表现，作为建材的大麻在光合作用下同样可以吸收大量的二氧化碳，达到净化和清洁空气的作用。一般情况下，每立方米大麻可以吸收 100 千克的二氧化碳排放物，是一种超级空气清洁和环保物质。

另外，大麻在吸收重金属，改良土壤和植物修复方面也独具特效。特别是在中国，大麻自古以来就是一味能够治疗便秘、腹泻、血虚津亏等疾病的良药。所以，一些艺术家将掺入大麻纤维的泥土用来做雕塑，工匠们用它制作保温性良好的泥砖，用以营造高档次的建筑。由于大麻属于多孔性植物纤维，具有很好的保温性能，因而在古印度人培育的棉花没有被传入中国前，大麻纤维一直是中国女人用来织布和缝制衣服的主要材料。所以，将大麻纤维、石灰和其他物质混合在一起制作的灰泥，用作砌筑房屋和室内外装修，不但可以起到一定医疗保健作用，还可以起到节能环保作用。此外，使用这类植物材料建造的房屋被拆除后，具有良好的还原性，不但不会对环境产生任何污染，而且会在改良土壤结构和改善大气环境方面起到积极的作用。

与阿尔贝罗贝洛镇相比，突尼斯南部的柏柏人与意大利地中海不远。他们在环境恶劣的沙漠中不但发展出与中国西北黄土高原相类似的地坑式窑洞院落和靠崖式窑洞住宅，而且在平地上采用不规矩的碎石块、泥土、石膏和遍地可取的沙子，堆砌起一种结构复杂的巢穴式楼房。柏柏人是北非真正的原始居民，这里在公元前 4000 年就一直是他们的家园。在柏柏人的生存和发展历史上，他们不但要与恶劣的自然环境做斗争，而且需要不断应付外族的侵略和迫害。所以，残酷的现实使他们不断转变居住理念，创造出别具一格的居住方式。

公元 7 世纪，为了防御从南部突尼斯不断向北逼近的阿拉伯人的侵略，柏柏人不得不将生活方便的平地住宅搬迁到地势险要和便于防守的山上。一方面，他们在山崖处凿穴居；另一方面，他们依山就势，就地取材，用石头、泥沙堆砌起洞穴式的山居住宅（图 7-79）。柏柏人的祖先可能从躲避沙尘暴和酷热的沙漠气候的穴居中得到启示，所以在用石头砌筑房屋时还是按照洞穴的空间形式来塑造。这种一味追求洞穴空间印象，不在乎建筑外形的房屋建造理念，反而形成了一种非常意外的建筑形式和地域民族风格。

这种石砌楼房非常注重实用，粗放厚实，充满质朴之气，好似儿童玩耍的泥塑模型，其质感有点像中国古代的陶屋明器（图 7-80）。但是，自由、灵活多变，往往在砌筑的窑洞式屋顶上又起一层院落和洞室，如同从天然洞穴的内部空间脱胎而出的石膏模型，充满了雕塑艺术之感（图 7-81）。

图 7-78 意大利阿尔贝罗贝洛镇石屋的一处门洞

图 7-79 突尼斯塔迦太基遗址石砌山居（董鸣毅）

图 7-80 柏柏人用乱石块砌筑的一排三层窑洞屋

图 7-81 柏柏人后期发展的石砌住宅

第八章

穴居文化之流变

穴居文化作为人类共同经历和用生命体验所形成的一种心理结构和精神文化积淀，对于后世人类的建筑文化的创造活动和精神生活产生了一系列的深远影响。走出洞穴之后，人类祖先在探索新的生存方式的同时，也在思考着如何重新安顿穴居时代祖祖辈辈所供奉的神灵。在创建天然洞穴以外的居住形式中，通过探索各种材料的建造方式来模仿洞穴，试图以此重新获得穴居时代的亲切感受和精神氛围。因而在落实感念祖先和崇拜祖先神灵的精神需要中，洞穴逐渐成了一种他们与祖先神灵相联系的文化符号、一种储存精神生活记忆的容器、一种为祖先神灵创建居所的原形或灵感来源。

洞穴是人类创建居住空间的智慧源头，人类在开始为神灵创建居所时的心理活动首先也是从追溯人与神共处的洞穴空间的环境意境中获取的灵感。所以，如果说原始洞穴储存着人类最遥远的精神记忆，那么洞穴之中那种专门用于供奉神灵偶像或者部落圣物的龛穴，则永远成为人类心灵深处一种充满神性气息的特殊空间形式，承载着人类最为原始而又纯真的宗教情节。

在人类原始的文化心理中，龛是神的居所、神话的诞生之处，诸神从天庭来到人间的出处。所以，我们看到新石器时代马耳他岛上的先民们为神灵打造的哈尔·萨夫列尼地下宫殿，以及地下洞穴式宫殿里为供奉诸神开凿的神龛。同样原理，古代罗马人为供奉诸神而建造的巨型穹顶之下的一圈神龛。后来，伊斯兰教徒将祈祷大殿里拱券式的"米哈拉布"壁龛看作通向圣地麦加和进入灵魂世界的入口。所以，无论是西方教堂里的建筑空间，还是伊斯兰清真寺的"依旺"宗教建筑形制和穆克纳斯穹顶构造，都能使人联想到神的世界是一种由洞穴与神龛构成的世界。

中国的象形字告诉我们，中国的可移动式神龛早在新石器时代的中期以前已经诞生，而黄土高原上历史悠久的窑洞能够让我们联想到中国最原始的

神龛。作为世界上农耕文明持续时间最长和自古以来崇尚以农业为立国之本的黄土地文明，培养了传统中国人对于黄土地无限神圣和敬仰的宗教情感，以及以祖先崇拜为核心价值的宗法制所建构起来的社会文化心理结构，土地崇拜和祖先崇拜因而成为华夏文明的两大精神支柱和社会存在的根基。所以，土地神龛和祖先灵位的神龛是中国古代祭祀文化中最基本的两大内涵，特别是作为土地之神居所的神龛代表了中国人对于所有自然之神的崇拜，因而成为一种最富活力和创造性的神龛艺术。

佛龛与佛教文化思想传入中国后，首先表现为与中国木结构的建筑造型和建筑文化理念相结合的本土化进程，因而出现了以中国古代宫殿式佛龛为代表的一系列屋形佛龛，以及采用减法方式而开凿的多种开口形式的佛龛。在大乘佛教人人可以成佛的修行理念的影响下，中国古人按照自己对于佛教文化思想的理解和修行方式不断进行着一系列丰富多彩的佛龛创造艺术活动。与此同时，在儒道释文化思想融合发展的过程中，中国古人创造出具有浓厚中国传统文化品质的佛龛形式，以及风俗性的佛龛家具和装饰性的佛龛工艺美术。然而，在式样繁多的佛龛造型中，作为最具神龛原始文化意蕴的窑龛是其他所有龛形的创意源头。其中，拱券形的门洞成为佛龛造型艺术中最基本的语言形式，特别是表现在石雕、砖雕或玉雕等方面的佛龛艺术。

中国化佛教文化思想和修行理念的形成，使中国佛龛艺术不但形成了自己在佛教建筑文化环境营造中的理念，影响到普通人家的生活环境和文化氛围，而且使中国的佛龛艺术不断走向系统化、多样化、灵巧化、民俗化，尤其是印度佛教在与西藏苯教中的辟邪符咒巫术思想结合中形成的，不同形制和造型精美的"嘎乌"护身盒，从本质上就是一种能够深入广大藏传佛教徒精神生活，可随身佩带的移动式佛窟。

■1 龛——宗教建筑空间的源头

龛作为一种空间形式有外龛与内龛之别。外龛，是指山崖或建筑外立面上一块凹进去的特殊形式的空间；内龛，是指洞穴内部或建筑内部空间的墙壁上一种凹进去的浅洞。然而，龛作为一种具有丰富人文内涵的空间概念，则是穴居时代人类精神生活的产物。即一种从洞穴内部洞壁上的龛开始认知的概念。从空间关系来理解，原始壁龛属于洞穴内墙壁上凹进去的一种浅度小洞穴，属于在主体洞穴空间层次上的一次局部延伸。

从人文概念下的龛的形成过程来分析，龛对于

旧石器时代生活在天然洞穴中的人类祖先来说，是指那种在地质变化中主体洞穴形成基础上衍出的一种可以对其加以特别利用的小洞窟。对于新石器时代生活在人工开凿或构筑物内部空间中的人类来说，壁龛是他们在洞壁和墙壁上特意开凿或预留下来的一种嵌入式局部空间。此外，龛有大有小，有落地式和悬空式两大基本类型，因人类对其有不同功能上的需求而在文化属性上发生了质的转变，赋予了不同的人文内涵。

试想，如果用几块挡板将一个落地式壁龛进行

横竖、上下和左右数次分隔，可以形成一种用于放置物品的壁橱，由此创造出人类柜式家具的雏形。例如，在苏格兰新石器时代的聚落遗址中，公元前3000年左右的斯卡拉布雷人用数块石板砌筑起一种嵌入墙体的落地式壁橱（图8-1）。

图8-1 新石器时代斯卡拉布雷聚落遗址中的石板壁橱和壁龛

脱离地面的壁龛常常被用作摆放较为珍贵或易损的物品，特别是在人类空间伦理观念形成之后，那种位于室内主要视觉立面的往往成为摆放某些比较庄重的，部落崇拜之物或偶像的壁龛（图8-2）。例如，考古人员在中国4000多年前的西安客省庄龙山文化遗址的半竖穴居住空间中，在正对入口的墙壁上发现有保存火种罐的壁龛。在原始社会，火种罐一般是由部落首领亲自管理的，掌握火种的部落女首领，因而可能成为火神或灶神的前身，而摆放火种罐的壁龛久而久之便被赋予了神性色彩，于是衍生为神龛的概念。

图8-2 土耳其卡帕多西亚洞穴住宅中放置物品的石龛

凹进墙体的壁龛，特别是脱离地面，与地面有一定距离落差的壁龛，虽然在空间关系上依旧从属于主体洞穴，或者是由主体洞穴基础上衍生出的小空间；但其由于在视觉上所呈现出的半隐蔽性，因而往往在人们的心理上容易产生某种特殊的距离之感。这种心理距离，要么是一种让人自觉意识到不便随意触及或者不能去打扰的隐秘之处（图8-3）；要么属于一种脱离世俗生活氛围，在精神上让人顿生敬畏之意的特别之处。避免被他人轻易触及的壁龛是以保存或保护为主要目的，带有一定的隐藏动机。如同小孩善于将自己的私密之物藏匿于屋内某个犄角旮旯。基于同样理由，洞穴中的部落首领，也许会将一些非常珍贵的公共物品放在一种不便被人发现的龛穴里，对其进行一种特别的关照和爱护。

脱离世俗生活需要的壁龛通常产生于人们的敬仰之心。人们从陈设位置和方式上特意为陈设物开辟一种远离普通物品在视觉上的干扰，使其在整体空间中起到凝聚气场的作用，在公众心理上造成一种高高在上的敬仰意识（图8-4）。例如，在显要位置开凿的龛穴，特别用于供奉全部落共同崇拜的象征部落酋长神圣权力的石斧、部落始祖的头骨，或者具有重要象征意义的物件等。

原始社会普遍存在着万物有灵的宗教心理，洞穴中的壁龛往往因而不止一处，特别是那种专门为信仰而打造的洞穴神殿，人们对于不同职能的神祇都会予以精心的安置和供奉。例如，5000多年前，由人工开凿的马耳他的哈尔·萨夫列尼地下宫殿，内部开凿有许多供奉神像的壁龛。在马耳他新石器时代晚期的吉甘提亚巨石神庙的各殿中，内部就设有许多神龛，并发现有供奉的丰臀巨乳的生育女神塑像（图8-5）。

图8-3 土耳其卡帕多西亚岩窟教堂神龛

在《牛津英语词典》中，"shrine"是圣地、圣祠、神庙、神龛的意思，特指一种神性意义的地方。从洞穴主体空间自然形成的龛穴发展到人工专门开设的神龛，与人类从懵懂模糊的崇拜意识到有形的图腾文化，有着相辅相成的关系。壁龛这种容易在人们心理上产生距离之感的空间，使天然洞穴中自然形成的龛穴最初成为人类寄托宗教情怀的共同选择。随着人类精神世界的不断丰富和空间建造技术的进步，又反过来对龛穴的塑造和形式感有了

图8-4 马耳他岛哈尔·萨夫列尼地宫中的神龛

图 8-5　马耳他巨石神庙中的神龛

图 8-6　罗马广场万神庙穹顶大厅里的主龛

图 8-7　梵蒂冈圣彼得大教堂拱券式门洞两侧的神龛

更加丰富的追求，赋予了它更多的精神内涵。所以在世界建筑史上，壁龛作为一种特殊的建筑空间形式，蕴含着浓厚的宗教色彩和许多美丽的神话传说，往往成为人类展示神灵存在的载体。例如，中国国学大师郭沫若先生在他的诗集《女神之再生》的序幕里这样写道："女神各置乐器，徐徐自壁龛走下，徐徐向四方瞻望。"纵观世界各类文化艺术作品，壁龛好像不约而同地被人们描述成为众神出现的必由之处。

由于人类对于壁龛的精神寄托和形式创造非常关注，从而使壁龛成为各民族传统建筑艺术中一种体现民族文化精神的符号，并逐渐发展成为建筑艺术中最为精彩和极具创造性的部分。故此，壁龛不仅仅是一种能够丰富建筑空间的语言形式，而且是各民族创造自己独具精神风貌建筑艺术的一大灵感来源和精心打造的对象。由于壁龛在宗教建筑中

所产生的文化价值和突出表现，竟然使众多学者认为壁龛应该最早出现于宗教建筑，或者是一切宗教建筑起源于神龛。例如，万神庙是现存古罗马时期最具代表性的建筑。对于如此高大而宏伟的穹顶建筑，古罗马人几乎没有做出任何形式的表面装饰，而是以简洁质朴的穹顶空间给人营造一种原始意象中的洞穴空间的体验氛围。

万神庙内为供奉众神在环绕大厅的围壁上建造了一圈壁龛，目的无疑是在追溯一种原始洞穴中的神龛意象和空间环境氛围。在此，万神庙近乎完美的集中式建筑空间形制，以及对其所进行的各种空间形式的铺垫和气场营造，最终目的似乎都是为了烘托与正门相对应的，穹顶大厅围壁正中央的半穹顶形主龛，偌大的空间建造就是为了衬托出为众神打造的一系列的壁龛神位（图 8-6）。

壁龛在西方教堂建筑中的意义，我们还可以从梵蒂冈圣彼得大教堂的室内空间序列中更加深刻地体验到。圣彼得大教堂是罗马基督教的中心，被誉为世界第一大教堂。圣彼得大教堂建筑是意大利文艺复兴与巴洛克艺术的结晶和数位大师的共同作品。该教堂建筑总面积 15000m²，可容纳 6 万名信徒，中央大厅是由米开朗琪罗设计的双重穹顶结构。

可以讲，圣彼得大教堂从拱券形门洞两侧用于展示"忠诚"与"仁爱"雕宿神像的一对壁龛开始，整座教堂的内部就是以造型各异、大小不同、高低错落、精雕细刻的一个个神龛构建起来的神位空间，给人一种壁龛套壁龛的空间印象（图 8-7）。该教堂在以壮观的体量为引导逐渐走来的步层重构的空间序列中，各种造型精美和构思巧妙的壁龛使整个教堂呈现出一种深远、凝静而神秘的宗教气息，整体上就像一个大岩洞（图 8-8、图 8-9）。

伊斯兰教寺庙里中的壁龛被称为"米哈拉布"，一般设在礼拜殿内后墙的正中央，象征通向圣地麦加克尔白天房的方向，是穆斯林信徒作礼拜时面对的一种拱券形壁龛（图 8-10）。在中国，信奉伊斯兰教的少数民族将清真寺中的"米哈拉布"称为"龛窑""凹壁""窑殿""窑窝"等（图 8-11）。不过，传统的伊斯兰教义在原则上不主张偶像崇拜，"米哈拉布"内一般除了写满向真主安拉致敬的赞词外，不会出现画像或偶像。

在阿拉伯语中，"米哈拉布"一词原本与宗教好像没有直接关系。一般是指具有特殊意义的一间房子，象征王者、至尊身份的人的住处，或者是指某一场合中的座位最为突出和地位显赫者专享的位置。在先知穆罕默德许多文献资料的表述中，"米哈拉布"多被看作私人的礼拜室；而在《古兰经》中，"米哈拉布"是指某一圣所或礼拜之处。后来，清真寺建筑内的"米哈拉布"穆斯林看作进入灵魂世界的入口，因此也被西方人普遍称作"圣龛"。

清真寺在阿拉伯语中的读音为"麦斯吉德"，它的本意仅是一种礼拜场所，不一定为此专门建造构筑物。早期伊斯兰教堂内并没有壁龛式的"米哈拉布"，只是按照第三位正统哈里发的号令，在礼拜殿平整的"基布拉"（朝向墙面）上所做的，便于明确朝拜方向的一种标记。据说世界上第一座设有壁龛式"米哈拉布"的清真寺是 1300 多年前，

图 8-8　圣彼得大教堂中央穹顶大厅里各种造型的神龛

图 8-9　圣彼得大教堂中央大厅一角

图 8-10　埃及开罗古城瑞法伊清真寺大殿中的"米哈拉布"

由阿拉伯伊斯兰帝国第一世袭制王朝时期的倭马亚王朝，是在首都大马士革建造的倭马亚大清真寺的大殿出现的（图 8-12）。

图 8-11　梁思成拍摄的西安市明代大清真寺殿中的"龛窑"

图 8-12　大马士革倭马亚清真寺的"米哈拉布"

图 8-13 埃及卢克索神庙遗址中罗马帝国时期的教堂壁龛（龛内至今残留有罗马帝国时期的壁画）

图 8-14 距今 2300 年帕提亚安息帝国都城壁龛式门洞建筑遗存

图 8-15 伊朗伊斯法罕聚礼清真寺

　　最初兴起的伊斯兰教堂大多直接由罗马帝国时期建造的教堂建筑改建而来，或者好多是由东罗马帝国时期生存下来的工匠们参与建造而成的，因而在整体上是对罗马帝国时期建筑技术与艺术的传承和发展（图 8-13）。例如，倭马亚大清真寺的原身是罗马帝国时期修建的朱庇特神殿，后来为了纪念施洗约翰而被改建为基督教圣约翰大教堂，到倭马亚王朝时又被直接改造成为伊斯兰大教堂。因此，从建筑艺术的文脉关系讲，伊斯兰世界的建筑艺术应主要继承了古罗马帝国时期的建筑文化遗产。然而，阿拉伯人在继承和发展罗马式穹顶大厅主要特征的基础上，经过对壁龛造型艺术的不断发挥和再创造，最终形成了伊斯兰建筑艺术中非常独特的"依旺"形制，并发展成为世界建筑史上的三大建筑文化体系之一。

　　大穹顶覆盖下的集中式建筑空间和拱券式门洞是伊斯兰建筑的主要特点，特别是对于"依旺"建筑形式的广泛运用和发展，而这种"依旺"就是一种气势高大而轩昂的壁龛建筑造型。"依旺"，波斯语音译，最初是由伊朗北部帕提亚人创造的一种建筑形式，曾经在帕提亚时期（安息帝国时期）被广泛运用于宫廷建筑的大门和觐见大厅（图 8-14）。"依旺"建筑形制的显著特征是由拱顶覆盖下的，一个三面围合，一面对外开放的长方形建筑空间，这个可能是适应伊朗北部气候特征的产物。

　　一座典型的伊斯兰教堂一般是大穹顶下的一种四面"依旺"的方形基座，与一圈如隧道一样的拱券式回廊相贯通的大四合院（图 8-15）。伊斯兰教徒采取十分夸张的手法极力塑造象征苍穹的穹顶，除了采用具有代表性的类似洋葱形状的穹顶结构外，对于建筑空间之间的联系和对外开口均擅长采用拱圈形式结构。所以，大穹顶、半穹顶、拱圈结构的回廊、门洞和龛穴等，构成了伊斯兰建筑艺术的基本特征和造型语言形式，丰富多变和深浅各异的洞穴式空间体现出伊斯兰教特有的文化性格和思想内涵（图 8-16、图 8-17）。

伊斯兰教徒对于清真寺巨型穹顶的执着追求起因于伊斯兰教中的宗教哲学和神学思想，穹顶在他们的空间意识中就是象征浩渺无垠的苍穹，正如《古兰经》中所讲的"真主建立诸天，而不用你们所能看见的支柱"。因此，为了追求宇宙苍穹的浩瀚气势，对于穹顶结构的设计和建造被伊斯兰教徒认为是一种对于消隐的追求。然而，为了解决超大尺度的穹顶空间给人在视觉上造成的过分空虚，伊斯兰的工匠们又创造性地将穹顶造型分形设计成为由无数个体量和尺度微小化了的，清晰可见的穹顶造型的盒子基本单元，以此对穹顶内部的空间形体重新进行二次构造。

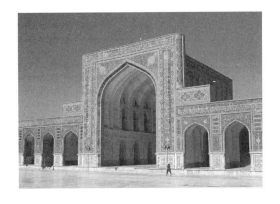

图 8-16 阿富汗赫拉特省府建于 14 世纪的礼拜五清真寺院内一面

图 8-17 伊朗贾玛清真寺由穹顶和龛穴式依旺构成建筑外观造型

工匠们在依附穹顶母体空间形体的基础上，对这种离子化单元的穹顶形体不断进行组合、重构，以及向上逐层进行等比例缩小和调整，从而形成一种被异化了的跌宕起伏、变幻莫测和层次丰富的三维结构的穹顶空间形态。他们用变化丰富的单元构造语言来破解因超大穹顶带来的单调和空旷的弊端，从而产生了伊斯兰建筑艺术中一种非常经典的穹顶结构和建筑空间形体——穆克纳斯穹顶。这种穆克纳斯穹顶构造充分体现了伊斯兰教对于物质、时间和空间原子化的哲学思想，以及对于宇宙万物存在关系的认知思维模式，但其空间形态更像是一种魔幻般的喀斯特溶洞（图 8-18）。

洞穴原本作为人类祖先在残酷的生存环境中寻找的庇护之所，走出洞穴后的人类久而久之普遍将其看作自己生命的出处，灵魂的归宿，祖先一直守候的神灵世界。这种文化现象的产生，无论是处于感恩，还是一种怀旧式的乡愁，人类普遍存在的这些心理活动因而成为原始洞穴不断走向神圣化文化心理的动因。在人类文明模式不断更新或向前迈进的过程中，洞穴中那种忽明忽暗的深邃感、使人能够听到心跳的寂静之感，以及洞穴中每一滴都能够

图 8-18 伊朗谢赫洛特芙拉清真寺穆克纳斯穹顶结构

图 8-19　山东省曲阜市附近尼丘山脚下的夫子洞

图 8-20　土耳其格雷梅洞穴教堂中的壁龛

图 8-21　中国河南省巩义市北魏石窟寺佛龛

穿透人们神经的泉水滴落之声等，都会唤醒人类那种原始而神圣的洞穴空间环境的潜意识，那种人与神共处于洞穴的穴居时代。

回顾人类文明发展的历史，我们会发现东西方文明中都普遍存在着一大共同特征，那就是原始洞穴在人类心灵深处储存的某种特殊意象和文化记忆，成为后世人类不断创造新神话的源头。因此，原始洞穴相继成为一些圣人、先哲们生命降落和悟道的绝好去处，成为一种孵化人类古代文明一系列思想和智慧的"暖巢"。

公元前 551 年 9 月 28 日，相传中国春秋时期一位年轻的鲁国孕妇在从娘家回来的路上突然感觉到要临产，是山东曲阜东南方向 20 多公里的一处山洞为她提供了方便，使影响中国人思想意识 2500 多年的孔夫子才得以顺利降生。因该洞穴地处尼丘山的脚下，孔子因而取名"孔丘"（图 8-19）。继500 多年之后，主导西方人精神世界近两个世纪的

基督教创建者耶稣，传说是在耶路撒冷南郊的马赫德山洞里奇迹般诞生的。然后又过 500 多年，正当伊斯兰教先知穆罕默德在麦加城郊区的希拉山洞里苦思冥想时，据说天使降临到他的面前，告知他是真主安拉派遣到人间的最后一位使者。

洞穴在人类文明的记忆里，从生命的故乡到灵魂的归宿，先后经历了从生存的生理需要到梦回魂绕的情感归宿的本质转变；从庇护生命的实用功能上升到寄托人类情感的精神容器，继而一步步走向了神性化的一种建筑空间形式。随着人类情感在时空隧道的穿越中不断丰富，离开原始洞穴之后的这些复杂感情久而久之地被转化成为一种人类对于建造形式的追求和再创造，使洞穴空间形体成为一种崇高而令人敬仰的情感象征，尤其是洞穴中原本就具有的特殊使用功能和负有精神内涵的龛穴，成为深藏在人类心灵深处的一种文脉清晰，永远保持其特殊地位的穴居文化精神的符号（图 8-20）。

纵观人类宗教信仰和崇拜文化的发展历史，诸如孔夫子、耶稣和穆罕默德等世界各古代文明圣贤的出现和神话传说，他们之所以与洞穴有关联，就是因为人类将洞穴普遍看作哺育人类文明的母体、祖先神灵的居所、一切精神文化或宗教理念生成的发源处。所以，只要以洞穴为媒介，那些后来出现的圣贤和新神话才能带有本源性的神气、灵气与仙气，然后以壁龛的形式灵活介入普通大众的生活环境氛围之中（图 8-21）。所以，如果将一些宗教理念转化成系列性的空间建造语言，特别是不同形式和风格的壁龛本身就可以成为一种神灵的化身。这便是神象不断得到发展和世界各民族对其一直保持敬意的本因所在。可以说，一种形式或形制，安置于不同场所的神龛就等于一种特殊精神的指向，生成一种不同内涵的精神气场。例如，一座安置于祖坟墓地里的小神龛就等于一个家族的祖祠；无论多么偏僻的小神龛，就能代表上帝无处不在的宗教关怀，甚至是一座教堂的存在（图 8-22、图 8-23）。

神龛的形成和发展，是将上百万年积淀下来的穴居文化精神满载于壁龛为一身，从而成为人类传统建筑环境，特别是在宗教建筑的环境营造中最为关注和重点装饰的对象之一。我们可以看到，从简单原始的彩绘神龛到对于各种壁龛造型的刻意追求、精雕细刻的边框装修，以及因自然环境和民族文化理念不同而形成的多样化风格等，最终使壁龛成为世界建筑艺术史上极其精彩的一道风景。例如，"依旺"形制的伊斯兰建筑在随伊斯兰教传入印度后，受热带季风性气候和地域性建筑风格的影响，印度人创造出一种丰富多彩，集通风和采光为一体的镂雕式壁龛艺术，以此营造出宁静和充满遐想的地域性宗教建筑环境的氛围（图 8-24）。例如，建造于 400 年前的西迪·赛义德清真寺，它以精美的石材透雕图案的壁龛式采光窗堪称一绝（图 8-25、图 8-26）。

在有些地区，神龛原本作为宗教崇拜的神圣空间最终却演化为一种营造世俗建筑的空间文化意境，体现民族文化性格的核心元素。例如，由于壁龛在日本人居空间环境中的重要意义，壁龛成为日本民居文化艺术的一大特征。日本是一个多灾多

图 8-22 法国巴黎拉雪兹公墓家族小礼拜堂

图 8-23 意大利白云石山区村庄小神龛教堂

图 8-24 印度最古老的奎瓦吐勒清真寺镂雕采光窗龛

图 8-25 印度西迪·赛义德清真寺镂雕采光窗龛（甲）

图 8-26 印度西迪·赛义德清真寺镂雕采光窗龛（乙）

难，却又十分秀美的岛国。我们从日本传统建筑对于木材天然品质的珍惜，对于木材树瘤和疤痕的特意彰显，不擅长重彩装饰的做法可以看出。特殊的自然环境不仅养成了日本大和民族顺应自然、亲近自然、注重和谐的民族文化品质，而且形成了他们细腻而敏锐的思想性格和审美情趣。

壁龛是日本和式住宅主体空间中的视觉中心，一般高出榻榻米居住面 10～30cm，从空间关系上是对壁龛设置的一种铺垫和衬托，因而起着营造一种精神气场的作用。日式壁龛从原始的神灵崇拜最终演变成为一种以悬挂卷轴书画，矮几上设香炉，或花瓶中插时令鲜花的室内装饰艺术的风尚。此外，日本人喜欢在壁龛中供奉时令鲜花，是一种将自然生命万物纳入室内环境的审美观念，内心出自

图 8-27　日式民居中壁龛
（甲）

图 8-28　日式民居中壁龛
（乙）

"一花一世界"的佛教禅宗文化意境，日常生活中保持着原始的神龛崇拜意识（图 8-27、图 8-28）。

综上所述，壁龛作为人类文明在历史长河中形成的一种观念性的精神文化符号，它可以脱离原始洞穴的空间形体而另行存在。随着人类建筑空间建造方式的发展，它既可以采用土墼砌筑、砖砌或石砌的方式凹进建筑室内外的墙体或柱体；也可以是开凿在夯土建筑的墙体上、露天的自然山体和悬崖峭壁上。而且，无论多么渺小、简陋，独立存在的神龛，无论它处于渺无人烟的荒野、山脚，还是传统聚落的街道十字路口，都可以让人们觉得灵魂有了得以落脚的地方。因为，在人类的灵魂深处，只要有神龛，它就是一座与神同在的寺庙或教堂，人类灵魂也就有了得以慰藉的栖息之所。

■ 2　中国的神龛文化

与世界各地的古老文明一样，中国的神龛文化也应起源于穴居时代万物有灵的原始宗教。随着人类生命意识的觉醒和灵魂观念的产生，穴居时代的人类先祖经常经历着一幕幕与亲人生死离别的残酷现实和悲痛不已的情景，并不断刺激着他们的神经系统。这种此起彼伏和不断重现的情感波动逐渐唤醒了他们悲伤、痛苦和与亲人眷恋不舍的生命文化情怀，时常发生一些自己与逝去已久的亲人偶尔在梦中意外相见的现象，从而促使他们萌发希望通过某种方式，搭建某种"梦境平台"，能够实现与逝者进行灵魂对话的念头。

象征死者灵魂存在的灵位或牌位早已出现在新石器时代的人居环境之中。人类祖先在离开洞穴之后，曾经历过很长时间居无定所的游牧或狩猎生活，途中如何安葬死者亡魂一直困扰着他们。许多史前人类居住遗址状况告诉我们，如何安置亲人的遗骸和亡灵问题直接影响到先民们对于居住方式的选择和居住环境的营造。史前人类在安置亡灵中所表现出的越来越成体系的丧葬文化风俗，就像美国著名城市理论家和社会学家刘易斯·芒福德认为的那样："首先获得永久性固定居住地的是死去的人"[1]，说明安置祖先亡灵是史前人类营造人居环境中非常重要的一项内容，而且至今保留在一些文明形态比较原始的部落生活之中。

在人类丧葬风俗史上，走出洞穴的原始人类曾经将去世后的亲人遗骸重新安放在他们祖先原来居住过的洞穴里，并定期返回祭拜。然而，随着后人生活的足迹距离他们原始的栖息地越来越远，返回他们的祖居洞穴去祭祀先灵的可能性越来越小，那么某种适应新的居住方式和生活环境的祭祖方式便应运而生，各种有着洞穴原始印象，供奉祖先灵位的神龛形式不断出现。例如，在中国东北的大片原始森林之中，长期生活着以狩猎为生，居无定所的鄂伦春族。

他们平时把一种名叫"毛木铁"的祖先偶像放置在鹿皮口袋或者用桦树皮制作的盒子里，并将其挂在帐篷后面的一种被称为"神树"的木桩上。那么，鄂伦春族创造的这种口袋或盒子就相当于一种随游牧生活步伐移动的神龛（图 8-29）。从本质上，这种袋子和盒子替代了他们的祖居洞穴，成为一种可移动的神龛。每当祭祖的时候，鄂伦春人会将这种装有祖先偶像的口袋（神龛）从帐篷外请进来，然后进行祭拜（图 8-30）。

图 8-29　中国鄂伦春族传统
的"风葬"习俗

图 8-30　中国鄂伦春族的
"毛木铁"偶像

①　[美]刘易斯·芒福德著. 城市发展史——起源、演变和前景. 宋俊岭，倪文彦译. 中国建筑工业出版社，2005年，第 5 页。

人类在走向固定居所的过渡中，从起初用石头在掩埋亲人遗体的地方做标记开始，继而到用石块堆筑或用石板搭建起一种可供摆放偶像的原始石龛，再发展到人工在崖壁上开凿龛穴或者在夯土墙上开凿出一种圆拱形窑穴，或者采用上好木材精雕细刻而成的可移动的神龛等。随着人类建造居住方式的改变，神龛作为一种象征祖先神灵存在的物质表达形式，不断进行着更新和形式上的创新，最终发展成为一种千变万化的建筑艺术和工艺美术品创造活动。

崇拜和祭祀祖先是原始社会最为隆重的祭祀活动，也是人类信仰文化史上的基本内容之一。中国新石器时代内蒙古兴隆洼文化遗址出土的女神像（图8-31）和辽宁喀喇沁左翼蒙古族自治县东山嘴红山文化神坛、神庙遗址出土的孕妇女神像说明，作为一个原始部落发育和象征繁衍壮大的生命之神，体态丰满、大腹便便的孕妇被当时供奉为一种保佑部落人丁兴旺，祈求生命繁盛的崇拜偶像。

在祭祀风俗的演变中，中国贵州省的苗族人依然保持着十分原始的仪式，从新石器时代就已开始了每12年举行一次盛大祭祖活动的风俗。每到节日这一天，苗族人会将供奉在原始洞穴中的木雕祖先偶像请进村寨里，供奉在专设的祭坛上，然后进行椎牛、杀生、歌舞、集体聚餐等庆祝活动，直到祭祖活动结束后又将神像重新送回山洞里。在送祖神的当天，寨子里的族人们会抢食一种用糯米制作的男女生殖器造型的食物，并伴随着篝火狂欢。这一天，寨子里的年轻人会身着盛装，打破平时男女间的各种禁忌风俗，允许他们自由野合，实际上属于一种生殖崇拜的狂欢节（图8-32）。

夏商时期，中国古人对于祖先崇拜的祭祀活动逐步走向了规范化和制度化，特别是西周"左祖右社"的《周礼·考工记》所记述的，说明周人将对于祖先的崇拜突出到了与自然之神崇拜的同等重要地位，并将其作为营造国都和城市空间的重要文化内涵。

从仰韶文化时期的西安半坡和临潼姜寨聚落形态的遗址可以看出，原始聚落的空间布局意识就像是一颗枝叶繁茂和根系发达的参天大树，清晰地呈现出由血缘关系构建起来的生命不断繁衍的文化图式。聚落中的功能设置和布局主要围绕着有关生命存在的过去、现在和未来三大精神内涵而展开。例如，聚落公墓是将本氏族死去的亲人们共同安葬在一起，组成了一种与生者聚落模式相对应的生命彼岸的"氏族聚落"格局。在此基础上，生者为了方便祭奠他们的共同祖先而最终统一设定了一种如中国流行至今的清明节之类的特殊祭日，并逐渐发展起一种中国封建社会时期更大的神龛——祠堂。

祖先崇拜包括对始祖、氏族祖先和家庭祖先的敬仰。在以一夫一妻制为社会最基本结构单元的中国农耕文明社会时期，各家各户除了在自家堂屋里设有祭祀家庭祖先的神龛外，还要定期去本家族祠堂参与祭祀他们更为遥远的共同祖先。人类对于祖先的崇拜，一是从灵魂深处维系一个种姓氏族的血脉延续，二是人类在无力面对各种灾难和命运不济时，就像一个小孩脱离不了父母亲的关爱和保护，总有一种只要向祖先祈求就可以得到超能力帮助的

图8-31 内蒙古兴隆洼文化遗址出土的女神像

图8-32 贵州省龙里县果里村苗人椎牛祭祖

原始宗教崇拜心理。

中国人的祖先崇拜在西周时期发生了巨大变化，道德化的祖先神性消解了它原来的自然权能，从而使它的社会权能得到了最大化的加强，并以此建立起庄严的宗法制度。自此以后，周人有关祖先崇拜的风俗和礼制，从家庭空间布局、村落空间组织到城市空间规划等方面，影响中国人的生活环境3000年之久。

在崇拜自然之神方面，作为一直崇尚农耕文明的中国古人，对于土地之神的崇拜和自己生命故土的留恋远胜于世界上的任何民族。在世界文明史上，中国是一种非常早熟，且又持续时间最长，以黄河流域为辐射核心的黄土地农耕文化，传统中国人对于土地之神的祭拜因而一直延续着非常原始的宗教情节。在古代社会，中国人将祭拜土地之神的祭祀礼仪称为祭社，无论是春播秋收，还是破土建房，选择墓穴，人们都必须选择良辰吉日，事先举行一番庄严的祭社仪式。社神崇拜到周代时显得更为重要，甚至将其与国家命运联系在一起。周人通过每年盛大的祭社活动希望国家风调雨顺、五谷丰登、国运昌盛，社稷因此被提升成为国家的代名词。

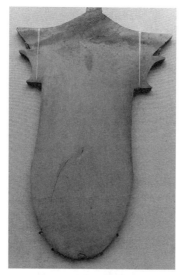

图 8-33　广西隆安大龙潭出土的楔形双肩大石铲

图 8-34　重庆大足南宋时期南山石刻三圣母龛的中间为后土娘娘像

图 8-35　山西省临汾小晋祠"子孙圣母祠"里的三霄娘娘元代彩绘泥塑像

《周礼·地官·大司徒》曰："设其社稷之壝，而树之田主，各以其野之所宜木，遂以名其社与曰医。"其中大意是，树是社的标志，代表一方土地之主。所以，社稷便是指天下所有土地的主人。周人先祖后稷是中国上古时代一位向民众传授耕种技术的农业专家，被后世周人崇拜为五谷之神。土神与谷神合构的社稷从而成为国家的代名词，说明周人以农业立国之本的理念。然而，西安半坡仰韶文化遗址考古发现说明，6000多年前的半坡人早已开始了以盛满粟的陶罐埋进土里的仪式来祭献土地之神，感恩土地之神的养育之恩。另外，从中国各地新石器遗址出土的一些特殊造型的石器来看，诸如广西隆安县出土的，堪称人类历史上最大的楔形双肩大石铲，绝非一般实用性的农耕用具，而是一种作为土地之主身份或权力象征的祭拜之物（图8-33）。

汉字是世界上极少使用至今的象形文字体系。它显示出华夏先民认识事物的思维方式，储存着大量的原始社会人类认识世界的文化思想信息。例如，"土"在中国甲骨文字中被表述成一个象征女性生殖器的"0"形符号，竖立在一条象征大地的地平线上，即"Ω"形的文化图形。说明中国人在殷商以前就已经将生生不息、承载生命万物的大地视为孕育生命的伟大母亲，带有浓厚的生殖崇拜的原始宗教意识，因而将土地之神称为"地母"。在有关创世纪的神话里，中国人世世代代地传颂着人祖女娲如何抟土做人的故事，女娲可能就是中国最原始的土地之神。

东汉年代的许慎之在《说文解字》中对"土"字这样解释道："「，二，土之叶物出也。𠁥地之下，地之中，物出形也。"意思是"土"字的上一横象征大地，下面一横代表土壤，一竖则象征从土壤中生成，长出地表的生命之物。东汉经学家和训诂学家刘熙也在《释名·释地》中注解道："地，底也，言其底下载万物也。""土，吐也，吐生万物也。"说明汉代时期的中国人将土地的品质提升到道德的范畴：一是"载万物"；二是"吐生万物"。

长期从事农耕生产的中国古人把土地孕育生命、供养人类生存的天然属性与伟大无私的母性相联系，基本上奠定了土地之神的道德品质和精神内涵。不难理解，能够兼备生生不息和厚德载物双重功德的土地之神，最应属于创世纪传说中的母系氏族首领女娲。所以，中国许多地方的百姓一直将土地神称为"后土娘娘"或"土地婆婆"（图8-34）。

原始社会神祇概念的形成，主要由于人类在各种自然灾害面前挣扎无望的情况下，希望得到避害就利的超能力帮助和获得精神上的扶持。中国一些重要历史人物之所以能够登上一般人无法替代的崇高地位，往往由于传说中他们对于公共事业所做出的特殊贡献和荫福后人的伟大功德。所以，人类文明起步于母系氏族社会，历史上所传颂的部落女首领因而成为集各种人间美德和民众希望于一身的神祇。例如，女娲首领之所以被中国人最先崇拜为土地娘娘，她除了具备"抟土做人"，创造新世纪人类的丰功伟绩外，还能在危难之际挺身而出，炼五色石用以补天，阻止了五六千年前人类所共同遭遇的大洪水，挽救了天下苍生，从而成为中国人信奉至今的大地之母（图8-35）。

然而，随着男权社会的到来和一个个德高望重的男性人物不断涌现，并被纷纷捧上了神坛，土地神龛里的偶像从而不断得以更新或角色转换。例如，相传后稷因教民耕种，开启农耕社会而被供奉为社神；共工氏之子句龙，因能平九土，治水害而被以社神祭祀；大禹因为天人鞠躬尽瘁，死后化为社神；相土因成功将野马驯化成一种重要的运载工具，使商部落迅速强大而被尊为社神等。

社祭原本为一项国家级重大的祭祀活动，但是随着中国古代社会结构不断走向成熟和完善，与之相应的神界机构和神权分工也随之被细化和渐趋复杂。各阶层的神祇分工更加清晰明了，人们对于土地之神的祭祀从而有了严格的礼制规定。在后期社会民间，土地之神逐渐被世俗化为一种慈眉善目、心宽体胖、白眉长须，手持拐杖的老人形象，纷纷出现在了普通老百姓家的神龛里。

这种民间供奉的土地之神，相当于中国古代社会最基层的里长、保长，或者是一位明白事理的乡绅，从而有了土地爷或土地公的俗称。这些在神界地位低下的土地爷分管着不同场合的一方水土。有些地方的小土地爷甚至还带有配偶，完全被世俗化为一对长寿和富贵老人。这种在民间被一起供奉在神龛里的土地爷爷和土地奶奶，一般手持大寿桃和大元宝，承载着中国普通百姓对于健康长寿和丰衣足食的美好愿望（图8-36）。

神龛的形式和设置与人们的精神需要和崇拜对象相关。起源于万物有灵的原始宗教基本上可以将其概括为人类对于天、地、人三界神灵的崇拜。天界之神关系到人类在从事农牧业生产中所期望的风调雨顺，主要与日、月、星辰和雷、雨、风云等气候环境要素相关，影响自然气候变化；地界之神关系到人类赖以生存的地理环境要素，即土地、山川、河流、方位之神，以及植物之神等；人界之神主要是指人类对祖先、圣贤、行业师祖等的推崇，以及关系到人居环境质量和生活所需的器物等神祇。

天界与地界之神属于自然之神，这些神祇的作用关系到国计民生、国运昌盛等天下大事，大多属于高级别的祭祀礼仪。但是，无论是最高级别的国祭，还是宏伟高大的庙宇，神祇偶像最终还是以各种各样的龛进行陈设和侍奉的。或者说，庙宇建筑的本身就是一种结构复杂、由多重空间构建而成的巨型神龛。而人界之神上至太庙，下至黎民百姓的宗祠、住宅堂屋里的祖先灵位，以及黎民百姓普遍参与的各种公共祭祀的场所等，都会以不同形式或形制的龛加以呈现，离不开龛穴的原始意象。

概括地讲，人类对众神灵的祭拜心理较为复杂，无论是出自内心的敬畏、祈求、期待，还是感恩，三界神灵的"态度"几乎关乎每一个人方方面面的生存需求和命运发展。所以，对于整个古代世俗社会来说，任何群体和个人都会以自己的方式自愿予以祭拜，并因地制宜，量力而行地对各种神灵予以安置。

从中国古代象形字的直面意思来解析，"龛"表述了一种龙被安置在盒子里的状态。其本意是指一种盛放刻有龙图腾纹样圣物的盒子，表达了华夏先民对于部落图腾物的敬重和珍藏。说明中国古人

图8-36 共享香火的土地爷爷和土地奶奶神龛

图8-37 陕西省蓝田县境内秦岭古道上的龛式微型山神庙

在发明文字之前，很早就已出现了为保护部落崇拜之物而专门制作了一种盒子状的器物，以便他们在部落迁徙过程中携带和祭拜。所以，这种专门盛放圣物的盒子便是华夏先民在走出天然洞穴之后，在游走与定居生活过渡中的宗教性圣物，本质上就是创造了一种象征祖居洞穴的可便携的神龛。在此暂且不论中国历史上的第一种便携式神龛是木制的、石制的，还是采用柔性材料编制而成的，但是说明了当时人们对于安顿圣物或神灵是何等的虔诚和庄重。

从文化心理学来分析，先民们在精心考虑如何安顿神灵和创造各式神龛的同时，与其说他们在虔诚地侍奉神灵，倒不如说是在关照自己的生存环境状况和从中获得精神上的慰藉。例如，在崎岖险峻、豺狼虎豹可能随时出没的古道上，一座即使非常简陋和微小的山神龛，也会使人顿时觉得不再孤单，增强了过路者生存的勇气（图8-37）。

在这种小山神庙的门脸上，路人因为看到神龛门脸上"坐在什字口、保佑八方人"的石刻对联，或者"庙小神通天、天高日月长"之类的对联而会感到一种莫大的精神关怀（图8-38～图8-40）。再如，在传统中国人的信念中，一棵枝繁叶茂、年代久远的参天大树是一个村落人丁兴旺、历史悠久的象征，因而常被大家信奉为树神或神木。时至今日，中国南方许多地方还流行着为体弱多病的孩子拜认这种神树为干爹的信仰风俗，人们希望它能保佑自己的孩子健康茁壮成长，因此定期祭拜它（图8-41）。

传统民居院落的环境营造集中体现了中国神龛文化的精神内涵，特别是在实力雄厚的大户人家。中国传统的民居院落通过设在不同空间部位和不同

图 8-38 太行山区一村口龛
式微型山神庙

图 8-39 山西省悬空寺金龙
峡一处山神龛

图 8-40 甘肃省平凉市崆峒山山神龛

图 8-41 福建省漳州市洪坑村树神龛

性质的神龛，体现了传统中国人崇拜天地、祖先神灵和历史圣贤三界神灵的祭祀文化理念，在精神上希望得到人性全方位的关照。即中国农耕社会时期"天地君亲师"的人居环境营造的文化价值观念。这些神龛的位置是按照院落的空间秩序和人们日常生活的行为轨迹进行设置的，在不同的空间产生着不同内涵的精神能量（图 8-42）。

四合院是中国人传统居住空间的基本形式，他们通过设在与大门对应的照壁上的土地神龛，延续着人类原始的对于自然之神的崇拜意识；通过向自然之神的虔诚祈祷和恭敬侍奉，希望实现风调雨顺、五谷丰登、丰衣足食（图 8-43）；人们通过供奉在祠堂或堂屋里的香火神龛祭祀祖先，表达出中国农耕文明时期所遵循的以血缘为纽带，团结族人、人丁兴旺、家族昌盛等封建宗法制观念，期望祖先神灵荫福子孙平安和吉祥；家家户户通过设置在厨房灶台旁的灶神龛，延续着原始社会以来火神崇拜的信仰传统；通过每年浓重的欢送和迎接仪式

来传达人们对于火神的感念之情（图 8-44）。虽然，火神在中国历史上先后经历了火婆婆、灶祖母、灶王、灶君和灶王爷等不同时期的角色转变和称谓变化，然而火神的功德一直通过供奉和祭祀神龛的风俗被传颂下来，并不断得到丰富。

祠堂和堂屋里的香火神龛在中国传统民居的院落里最为庄重和讲究。这与中国人自周代以来崇拜祖先，注重男性血缘关系的封建宗法制度密切相关。中国人常说的香火传承，就是指后继有人焚香祭祖的意思。作为家族性的神龛，除了古代社会在形制上有严格的等级规定外，祭祀祖先和与祖先进行灵魂沟通的功能基本相同。例如，每年春秋大祭，全族人会聚集在祠堂祖先的神龛之前，行祭祀大礼，希望由此达到团结族人，维系血缘关系，教育族人荣辱与共、光宗耀祖，传授家训之目的。同时，这里也是与祖先同喜同乐的场所。每逢重大风俗节日或嫁娶、添丁入族谱、子弟登榜提名等重大喜事，本家人会汇聚在祖先神位前焚香叩首，献上

图 8-42　一处孔夫子圣贤龛

图 8-43　陕西省富平县底店镇立秋时老夫妇行"秋抱"祭土地爷之礼（中国民俗摄影协会）

图 8-44　浙江省嘉善县西塘镇人祭灶神风俗

图 8-45　四川省广安市邓小平祖宅翰林院正堂里的"天地君亲师"香火神龛

美食佳肴，禀告祖先，与列祖列宗们共同庆贺。

另外，祖先神龛前也往往是家族内部分辨是非、调节本族成员之间各种矛盾和利益冲突的小法庭，可以处置一些内部族人违反家族家规的公堂。所以，中国传统民居院落中的香火神龛是一个家族或家庭最具神性气场的地方，它展示了一个家族的历史背景、血脉关系和治家理念。通常，香火神龛的前面设有供桌，供桌上有蜡台、香钵、香筒，以及酒壶等祭祀礼器（图 8-45）。

在中国传统的人居环境中，如果说作为集中体现传统社会伦理道德价值观念的香火神龛最为庄重和讲究，那么作为供奉承载生命万物和化育生命的民间土地神龛则显得丰富多彩，生动活泛，充满了无限的大众化创造智慧。因为，在如何安顿土地神方面，身处社会不同阶层和经济地位的人都各自发挥自己的聪明才智和创造潜能，成为他们精神生活中的一大基本内容。虽然，土地之神从原始社会的地母概念转型为后来的土地公公或土地爷的称谓，但是从来没有改变和减弱传统中国人对于土地之神的一贯崇拜和敬仰，而且更加广泛地深入到普通老百姓的精神生活之中。因此，农耕时期的中国百姓尽其所能地表达出他们对于土地之神的敬仰和感恩之情，按照自己的实际物质条件，在各种范围的庙界中为土地之神创造出非同凡响和生动有趣的栖身之所。

中国很早就进入到农耕文明社会，土地对于绝大多数古代中国人来说几乎是自己赖以生存的根本。而且，这一现象一直延续到 20 世纪末，中国掀起的城镇化现代文明社会建设。在中国传统汉族百姓的生命观念中，每个人的生命在天地间都有一处扎根于土地的归属地界，如同在自然界中被先天注册了籍贯一样。即一种专属于个体命运的"庙王土地"。所以，在中国传统的人居环境中，从山口、河岸、村口、田间地头、大树下、街道的某个拐角处以及民居院落等，处处都可以看到百姓们自发为一方土地之神或自己的"庙王土地"建造的土地神龛（图 8-46～图 8-48）。

也许，这些土地龛只是简陋堆砌的几块石板条、砖瓦，或者在土墙上铲出的一个浅土窝（图 8-49）。可以说，土地神龛在中国是一种极具民间艺术色彩和自由发挥的建筑小品，它不但带有浓

图 8-46 四川大树下的一处
清末土地龛

图 8-47 四川省万昌江边民
国初年的土地龛

图 8-48 四川省合江县福宝
古镇街角土地龛（汇图网）

图 8-49 由乱石块堆砌的土
地龛民居院墙

图 8-50 陕西省泾阳县民居
山墙上的土地龛

厚的乡土建筑色彩，而且体现出鲜明的文化个性，注入了每一位建造者对土地之神的文化价值观念和情感色彩。

虽然，传统中国人由于在唐代以后开始受到儒、道、释思想和封建礼制影响，神界不同派系之间不断进行着重组和杂糅。然而，这些变化并没有使社会下层老百姓迷失自己的信仰方向和文化价值取向。他们一如既往地将自己的灵魂皈依于原始农耕文明社会时期构建起的精神世界，对于土地之神的崇拜依然是他们最基本的宗教情节。有趣的是，土地之神在中国不知什么时候和什么原因被降格为一种世俗小仙，人格化为一位善良豁达、乐于助人、无所不知、低调可亲的贤达老人。

在普通老百姓的心目中，土地之神不但保佑着殷勤辛苦的人会劳有所获，还会为每个家庭成员的身体健康、出入平安，以及家庭和睦等日常琐事费心操劳，甚至还会替他们尽职尽责地守护着鸡、鸭、牛、羊等家禽家畜，保佑他们茁壮成长，人畜两旺。因此，土地神在中国民间又获得了一个"福德正神"的名号。所以，在古代社会缺乏科学知识，防灾能力低下和靠天吃饭的老百姓，土地神对于他们来说就是家家户户必请的福兴之神，并将其神龛位设置在民居院落空间中的关键部位。

依靠黄土地和顺应自然的生存理念，培养出了中国传统老百姓敦厚朴实和勤奋务实的最基本的文化性格。注重现实的中国百姓逐渐淡化和远离了封建礼制社会所规范的，对于与自己实际利益关系不大的"高大上"之神，以及那些名目繁多的诸神偶像和众神。他们大多将自己对于美好生活的期望完全寄托到这位法力有限，但可以"诉说衷肠"的土地小神仙的身上。此外，以家庭为最基本经济单位的小农经济使中国人选择了对外封闭、对内开放、含蓄内敛的四合院居住方式，各家各户因而将自己请来的土地之神安置在正对大门口的山墙或照壁上，在院落空间的伦理秩序上享受着"头等"祭拜的待遇。

此外，受道家风水观念的影响，中国传统的四合院居住环境是一种八卦图式的人体空间图式，风水观念中的大门应该位于生生不息的巽位，体现着老子所讲的"玄牝之门"的生命哲学理念，而土地神龛便被隐喻为孕育生命的生命女神的腹部。所以，土地龛在中国传统的四合院空间意象中首先表达了一种人丁兴旺、多子多福的概念，保持着人类文明最原始的大母神崇拜意识（图 8-50～图 8-53）。

陕西关中和山西晋南地区的传统民居广泛采用了一种空间狭长的四合院形式，利用这种院落空间形成的穿堂风有利于克服闷热少风的夏季气候。这种四合院在纵深有余，宽度不足，没有空间设立照壁的情况下，土地龛要么被安放在大门外的左手处，要么被安顿在大门道内一侧的墙体上，甚至被镶嵌在门楼里面的墙柱上，形成了一种别开生面的土地龛形式（图 8-54～图 8-57）。

与此相反，生活在相对地广人稀的陕北黄土高原上的人们，沿黄土坡的等高线因地制宜地建起了一种台地式宽体四合院。这种四合院民居的纵深尺度严重不足，而宽度绰绰有余，当地百姓从而将土地爷爷和土地奶奶分别安放在二道门（仪门）两边

图 8-51　陕西省神木县高家堡民居土地龛

图 8-52　山西省王家大院静思斋

图 8-53　陕西省米脂县城马家院落中带土地龛照壁

图 8-54　陕西省乾县农家院大门口的土地龛（张海峰拍摄）

图 8-55　陕西省永寿县院落门楼腿上的土地龛（齐爱国拍摄）

的门墙上，并称其为天地神龛（图 8-58）。在没有条件建二道门房的情况下，有些人家可将土地龛直接嵌在上院窑洞崖面的正中位置或两孔窑洞之间的窑腿上（图 8-59）。

　　流落于民间的土地神失去了和原初与其他大神一样所享有的祠庙之类的大屋待遇，而是随遇而安，亲民而接地气。我们常常可以看到，落脚于贫困人家的土地神殿堂可能是一种在夯土墙上简单开

凿的窑龛，稍微讲究点的人家也许会用几块青砖为其做一个拱券形的门洞（图 8-60）。或者，有些山区人家在用乱石块堆砌的墙体上做一种粗略的拱券式小浅窑，然后请匠人做一个砖雕的，有点体面的民居式样的小门楼（图 8-61）。

　　如果被那些殷实富足的大户人家请去，土地神的居所往往会被打造成一件造型豪华、美轮美奂的砖雕或石雕艺术品。这种被微缩了的宫殿式建筑，

图 8-56　山西省万荣县闫景村李家大院门道里的土地龛

图 8-57　陕西省旬邑县唐家大院门道里的土地龛

图 8-58　陕西省米脂县常氏庄园仪门两边的"土地爷、土地奶神龛"

图 8-59　山西省榆次区后沟村两孔窑洞之间的土地龛

图 8-60　陕西省永寿县夯土墙上的土地龛（齐爱国拍摄）

图 8-61　山西省榆次区后沟村石块干砌的土地龛

图 8-62　陕西省旬邑县唐家大院砖雕土地龛

图 8-63　山西省晋北古民居影壁上具有反映儒道释多重文化思想内涵的砖雕土地龛（津门网）

其大殿的屋脊、鸱吻、柱子、斗栱、雀替、柱础、楹联等应有尽有，规格之高突破了任何一个朝代对现实版民居建筑的礼制规定，人们可以将现实生活中无法享受的高级别建筑之美敬献给予自己命运休戚相关的土地之神（图 8-61、图 8-62）。在此基础

上，许多人家的土地龛造型又受到道家返璞归真、崇拜自然的思想影响，土地龛的门脸被设计成一种崇山峻岭中的云洞式样（图 8-63）。同时也受到佛教文化艺术的影响，许多人家的土地龛又掺杂了须弥座造型和佛家吉祥文化思想的浮雕装饰纹样。

■ 3　移动的佛窟

　　佛龛作为一种安置佛教崇拜偶像的特殊方式，它的形成和演变经历了另外一番文化历史和发展途径。当佛龛进入中国本土后，久而久之就与原本土生土长的中国各种神龛一起，被中国普通老百姓混为一谈，淡化了它的本来面目，剩下的只有一个单纯而抽象的概念——神龛。

　　中国本土的神龛在起源上可能与其他大多数民族崇拜文化中的神龛有着类似的成因，主要在于壁龛作为一种特殊的空间形式与用以崇拜和供奉之物相结合，可以产生一种令人崇敬的心理反应。然而，源自印度的佛龛是多种因素影响的结果，它与佛教的文化理念、发展过程、修行方式，以及特殊的气候环境息息相关。因此，如果要了解佛龛，就得首先明白"佛"与"龛"的概念和关系。

　　"佛"，出自梵语"佛陀"，是指佛教创始人乔答摩·悉达多，即释迦牟尼。在印度原始佛教的本义中，"佛"是指那种修炼达到大彻大悟之境的"觉者"。"佛"的概念说明，成为一位大彻大悟的"觉者"的前提，必须经过一番十分艰苦的修行、研习和感悟过程。中国古代关于大唐高僧玄奘西天取经，历经九九八十一次磨难的故事，就反映了佛

教徒一种虔诚修行的行为和坚韧不拔的意志。

　　通常，修行有两种途径：一是通过静听高僧演讲，传授佛法，获得对佛教教义本质的认知；二是通过独处和静心思考，终得醒悟，获得佛教真谛。佛教这两种成"佛"的修行方式，形成了与之相适应的两种空间场合或空间文化性质。即一种用于听讲的法堂和一种用于独身参悟的僧房，这便是佛教建筑诞生的起因。特别是用于独处苦修的小空间，给每位个体修行者提供了一个不受外界干扰的微空间形式和环境（图 8-64）。

　　"遁世"是古印度修行观念中的一个重要环节，也是每一个修行者超脱世俗世界的必由之路。在修行中，佛教徒们逐渐体会到非常适合静心修行和远离尘世的理想之地，往往是那些藏匿于茫茫荒野之中的岩窟洞穴。所以，遁隐山林和开凿洞窟，成为后世修行者竞相追求的佛家净地。所以，大约在公元前 273 年到 232 年期间，古印度孔雀王朝的第三代君主阿育王时期，印度佛教开启了凿石窟为寺庙之风。

　　古印度教的宇宙观认为，须弥山矗立于世界之中央，是宇宙之轴，因而是众神聚集的圣地。佛教

图 8-64 敦煌莫高窟壁画中
类似用于个人静修的毗诃罗
式草庐（自王贵祥《东西方
的建筑空间》转载《敦煌建
筑研究》）

图 8-65 印度博帕尔的桑契
大窣堵波

图 8-66 印度新德里国家博
物馆里的早期窣堵波模型

徒们也由此相信，在天堂与地狱的两极世界中，山上应是神之理想居所。例如，位于印度马哈拉施特拉邦境内，始凿于公元前2世纪的阿旃陀石窟，全部被开凿在距离地面10～30m的文底耶山的山崖上。所以，如能在山上开凿的洞窟中修行和生活，本身就具有一定的神圣意义。

另外，印度境内主要以热带季风性气候为特征，夏季炎热难耐，而在山体上开凿的洞窟与外界气候相比，室内温度起伏不大，相对稳定，具有冬暖夏凉的微气候特征，有助于修行者安心养神和静心冥想。所以，佛教的修行理念和环境意识在客观上又促进了石窟寺佛教建筑的兴起，石窟也随之发展成为佛教建筑艺术中的重要组成部分。

在古老的佛教建筑中，千姿百态的佛塔尤为经典，堪称佛教建筑艺术的重要标志。随着佛教的广泛传播，窣堵波原本是安葬佛陀舍利和遗物的坟冢，逐渐被发展为一种丰富多彩的佛塔建筑艺术。例如，现存最古老的窣堵波是建于公元前1世纪的印度桑契大窣堵波，它基本奠定了后世佛塔的文化内涵和造型特征（图8-65）。桑契窣堵波的主体是半球体状的覆钵丘，内部空间被用于安葬圆寂后的佛陀舍利（图8-66）。覆钵顶上一圈石做的方形围栏被称为平坐，平坐的中央竖立着一根顶端带有三层圆盘状相轮的杆刹。

中国学者王贵祥先生认为，印度窣堵波的最初形式，可能源自古印度佛教徒对菩提树的崇拜。传说佛陀曾在菩提树下出生、得道和圆寂，佛陀寂灭后的菩提树由此被看作佛陀的象征，因此成为人们礼拜的偶像[①]。由此可以认为，窣堵波顶上的平坐和杆刹造型就是早先用于围挡菩提树的石栏。另外，在古印度有关创世纪的神话传说中，构成窣堵波主体的覆钵与"太初之丘"有着历史渊源，覆钵半球体状的穹顶形空间犹如孕育宇宙万物的"子宫"，而带有相轮的杆刹又具有"宇宙之树"或"宇宙之柱"的象征意义。所以，窣堵波是佛陀精神和古印度教宇宙观的结晶。

相传，阿育王曾出巨资建造了84000座窣堵波，并将分成84000份的佛陀骨灰，分别藏于这些分布于全国各地的窣堵波塔之中。佛塔的兴起使人们将最初焚香散花，围绕菩提树祭拜释迦牟尼的礼仪，逐渐演变成围绕佛塔进行"右绕三匝"或"右绕十匝"之类的礼俗，并影响石窟寺内部的空间布局。然而，石窟寺里的佛塔与露天佛塔的意义大不相同，露天佛塔主要面对广大普通民众，而石窟寺里的佛塔是为僧人的修行而专门设置的。同样，根据僧人日常修行和生活的主要内容，石窟寺里的石窟也相应区分为支提窟和精舍窟两大基本类型。

支提窟在寺庙石窟群中处于核心地位，相当于地面寺庙建筑群中的法堂建筑。"支提"一词本身就是"塔"的意思，支提窟的内部空间以窣堵波为主体，位于后半部的中央位置，因而也被称作"塔堂窟"。支提窟的室内面积比一般石窟大许多，在围绕窣堵波塔的两侧一般分列有两排浮雕柱，从而与洞壁之间形成一种U形的环廊，适合僧人平日进行绕塔诵经和礼拜（图8-67）。精舍窟为僧人起居生活之用，中央为共享大厅，左、右和后面的三面洞壁上是专为比丘平时独自静修开凿的一个个小禅室，因此也叫"毗诃罗窟"或"比丘窟"（图8-68）。

洞窟空间形制发生变化的主要原因在于，佛教徒们对于佛陀崇拜方式在观念上的认识发生了重大转变，尤其是在小乘佛教的后期出现了人形佛像。在佛陀涅槃之后，信徒们从最初的围绕菩提树、窣堵波进行祭拜，最终转变为向自己所塑造的带有人形佛像神龛的窣堵波佛塔进行祭拜。在佛教传播的初期，释迦牟尼曾告诫自己的信徒，要在实际的修行中体悟佛教精神，而不是搞形式上的偶像崇拜。

① 王贵祥. 东西方的建筑空间. 百花文艺出版社，2006年，第130页。

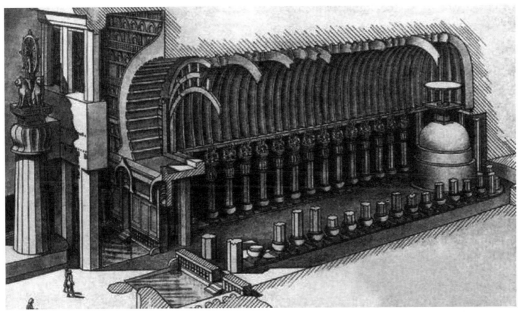

图 8-67　公元 1 世纪中期
卡尔利石窟第 8 窟支提窟
解剖图

图 8-69　阿旃陀石窟开凿
于 6 世纪的 4 号窟——僧窟
（精舍窟）

图 8-68　阿旃陀最古老的 10 号窟素面窣堵波塔

图 8-70　阿旃陀 19 号窟开
始出现佛龛

因此，信徒们将自己对于佛陀的敬仰之心最初寄托
于见证佛陀大彻大悟和涅槃的菩提树身上，菩提树
因而在他们的心目中成了佛陀的化身，认为任何
形式的偶像都无法体现佛陀的神圣和伟大。正因如
此，早期在石窟寺里出现的支提窟里的窣堵波，是
一种不加任何雕饰的素面塔（图 8-69）。

　　窣堵波的诞生是佛教徒在认知和理解佛陀精
神上的一次大的进步，成为一种人们运用建筑艺术
的造型语言来对佛陀精神进行阐释的物语探索。然
而，随着佛教的广泛传播和信徒队伍的不断壮大，
佛陀在广大信徒的心里逐渐被神灵化，因而在小乘
佛教的晚期出现了供奉人形化的佛陀雕塑形象，并
进一步在窣堵波的覆钵体上加凿了用于供奉佛像的
神龛（图 8-70）。至此，窣堵波造型与佛龛的结合，
预示着佛塔建筑基本形制的产生，特别是信徒们以
虔诚的态度将佛像以神龛的形式呈现起来。

　　当佛陀的人形偶像出现之后，佛像在广大佛教
徒们的心目中变得越来越突出，佛像在覆钵上的尺
度不但逐渐被放大，而且最终完全从窣堵波的塔体
上脱离出来，独立出现在一些专门打造的石窟之中，
从而替代了窣堵波塔在支提窟空间中的主导地位。
于是，佛窟的概念由此形成（图 8-71、图 8-72）。

图 8-71 埃洛拉第 10 窟

图 8-72 1 世纪开凿的阿富汗巴米扬大佛

图 8-73 敦煌研究院 1908 年伯希和考察队拍摄的莫高窟

由于佛教文化的盛行和广泛传播，佛教石窟寺的建筑形式也随之从新疆、甘肃的河西走廊，到华夏文明的腹地，由西向东，沿着北方古丝绸之路传遍中华大地，以及周边国家和地区。沿途先后出现了诸如新疆拜城克孜尔千佛洞、甘肃河西走廊敦煌莫高窟、安西榆林窟、天水麦积山石窟、永靖炳灵寺石窟、大同云冈石窟、洛阳龙门石窟、邯郸响堂山石窟等中国诸多著名的佛教石窟（图 8-73～

图 8-77）。

众多专家多年的研究结果认为，源自印度的佛窟艺术传入中国后，在与中国传统主流文化和地域文化的融合中不断发生着变异。这种变化与佛教传入中国的路线、时间和先后顺序密切相关，从佛龛形式到佛像造型，整体上呈现出中国本土化和地域乡土化的趋势，并最终演变成为丰富多彩的中国化的佛龛艺术。例如，处于佛教传入中国地理位置较

为前沿，较先开凿的甘肃省肃南裕固族自治县的马
蹄寺延续开凿了 1600 多年。马蹄寺中规模庞大的
500 多孔大小各异的摩崖窣堵波塔龛窟构成了它最
为壮观的一面，尤其是那些明显保留着印度窣堵波
塔与佛龛结合的塔龛窟形式（图 8-78）。

　　佛教造像运动的兴起，主要由于古希腊文化沿
古丝绸之路进入印度和大乘佛教的出现。在印度贵
霜时期，以犍陀罗地区为中心开始盛行希腊化文化
艺术，使贵霜族人打破了传统佛教不设偶像的清规
戒律，开始效仿古希腊人用人体造型艺术来塑造他

图 8-79　北魏砂岩雕塔龛

图 8-80　唐代定磁子佛龛

层的普通百姓完全被禁锢于人伦关系之中的封建宗法思想，因此在心理上缺乏对于人性的终极关怀。故此，大乘佛教所主张的普世化成佛思想和有关为人类来世预设的"极乐世界"之愿景，不但很快得到了下层黎民百姓的积极响应，并且为中上层人群如何超越现实社会世俗意识，打开了心灵境界的大门。

正因如此，大乘佛教与中国固有的文化思想性格之间有着天然的互补性，中国佛教文化在发展中主要吸收了大乘佛教的思想意识和修行理念。与此同时，中国道家淡泊名利、返璞归真、小国寡民的思想又与小乘佛教远遁尘世、注重自我解脱的修行观念好像一见如故，一拍即合，从而使中国传统文化的发展性质转向了一种儒道释相统一的道路，形成了一种儒学治世、佛教养心、道教养身的社会文化心理。

真正引起佛像文化艺术发生巨大变化的是大乘佛教所主张的大众化佛性思想的盛行，认为任何人只要历经几个阶段的修行，均可以达到悟道成佛的终极目标。如此一来，无论出身贵贱和身处何方的佛教徒都会因地制宜，寻找到适合自己修道成佛的途径和方式。这种修行观念的流行，使众多佛教徒领悟到信奉佛教的人不一定要抛家舍业、远离世俗社会、隐居山林，过着一种不识人间烟火的苦行僧生活。所以，随着大乘佛教修行思想观念的不断普及，大家逐渐意识到佛像不能只是被供奉在寺庙里，永远固定在石窟中，而是需要一种能够深入所有俗家弟子的日常精神生活，让佛性能够启迪大众__心_、__能够随意翻新的修行供奉方式与佛龛形式。

大乘佛教的修行理念无疑满足了中国人自古以来家庭观念厚重，注重实际的原始农耕文明时期开始形成的文化性格，特别是受《孟子·离娄上》中"不孝有三，无后为大"之类封建伦理道德观念的制约，从而造就了中国人既有独善其身、自我救赎的一面，也有人人可以修行成佛、成圣、成仙的具有中国特色的佛教文化思想品质。

隋唐以后，中国又出现了大量的供养人石窟、石像和塑像。这是一种信奉佛教的人通过塑造偶像来替代自己侍奉佛陀，唯有中国人才会想出的独特修行方式。所以，相对于比较抽象的原始窣堵波造型，佛像的直观视觉效果更加容易在普通信徒的心理产生反响。这种现象的出现，无疑有利于佛教文化精神的普及和传播。为了适应不同身份和不同环境的修行，人们对于供奉佛像的方式不断地进行创新和改造，从而创造出一系列适应性强、丰富多彩和灵活多样的佛龛艺术形式（图 8-79～图 8-84）。

佛教进入中国并非一帆风顺，而是经历了一个漫长而曲折的过程。因为，佛教作为一种具有强烈外族文化色彩的宗教进入中国时，需要克服佛家术语与本土文化思维方式在思想交流中的障碍，解决与正统儒家思想在许多观念上的冲突问题，如何与道家思想观念进行契合和对接，以及与中国本土固有文化风俗和伦理道德相抵触等诸多问题。所以，印度佛教文化能够在中国传播，实际上一开始就走上了一种与中国本土文化相结合的道路。在佛教建筑文化上，也是一种不断中国化的过程。

2008 年 1 月，考古人员在湖北襄樊市一处工地

们心中理想的佛陀偶像，从而孕育出对周边及东亚地区影响深远的犍陀罗佛像艺术。在此情况下，由于阿育王时代出现的大乘佛教将"救赎一切众生"的教义视为成佛的一种最高境界，因而与坚持"自我救赎"的小乘佛教之间产生了根本性的分歧，最终形成了自己独具一脉的佛教文化流派。在大乘佛教宗教观念的影响下，由于不同的修行观念而引发的佛像供奉方式也随之发生了重大变化，从而在本质上促进了佛龛艺术的创新和发展。

在古代中国，由于占主导地位的儒家思想主要关注社会中上阶层人群的思想意识，而处于社会底

图 8-81 唐代石雕两层阁楼式佛龛

图 8-82 山西省沁县出土北齐盝形佛龛

图 8-83 北魏石雕二佛并坐圆拱龛

图 8-84 唐代石雕如来三尊佛龛

出土了一件三国时期的"浮屠祠"陶楼。该陶楼造型显示,它是一座具有中国汉代建筑文化特征的带有院墙和门楼的双层四角阁楼式佛塔,只不过塔顶上有一七重轮盘杆刹,是我国迄今发现时间最早的佛教建筑实物模型(图 8-85)。

佛教在进入中国之初被称为浮屠教,很可能与佛教在中国传播时的方式和历史过程有关。浮屠,指窣堵波塔,因佛教进入中国时的名称被误译而得此名。当印度佛教在中国立足未稳,文化理念在广大受众心里尚不清晰和难以在短期内接受的情况下,起先给受众印象深刻的也许是印度高僧来到中国时随身所带的浮屠塔形的佛像神龛。窣堵波塔作为一种纪念释迦牟尼的礼拜性建筑,是佛教建筑文化发展的源头和象征佛教文化精神的标志。印度高僧在长途跋涉的佛法宣扬中,由于微型浮屠塔佛龛便于携带和礼佛,其特殊的造型艺术比缓慢的佛教思想教化更容易迅速形成影响。所以,印象较深和又被误读的窣堵波佛塔在中国人的眼里,便成为印度佛教的名称和文化形象。然而,据多处文献记载,中国第一座佛教建筑洛阳白马寺中的浮屠塔,是一座在中国汉代形式的四合院中央建起的内部设佛龛的木结构方形塔,说明佛教建筑在中国之初就呈现出本土化的倾向。

与此同时,中国化佛龛艺术发展在延续传统圆

图 8-85 湖北襄阳安乐窝出土的浮屠祠（大公佛教）

图 8-86 莫高窟第 259 窟里的圆拱形佛龛

图 8-87 莫高窟第 254 窟北魏时期的阙形龛（赵晓星）

在莫高窟第 254 窟中呈现的阙形龛的正立面基本为长方形，龛门由重檐庑殿顶与两侧一对母子阙构成，且瓦花、屋脊、鸱尾、斗拱、椽、柱等皆雕刻得一应俱全（图 8-87）。同时说明，佛教文化在传播中不断与中国传统的皇权思想相互渗透和借重，在树立自己宗教权威形象的同时，也为佛教建筑的空间形制导入了中国世俗社会的等级制度理念。

在文化理念方面，秦汉时期的中国社会普遍流行"仙人好楼居"之类的具有浪漫主义情调的道家仙游思想，人们普遍认为通过"登高望远"可以实现自己"与神仙交通"的美好愿望。这种思想与佛教徒相信高居山上容易获得功德圆满的修行意念不谋而合，因而使高台和楼阁式建筑在汉代盛行的同时，也逐渐替代了以印度窣堵波佛塔造型为代表的中国式佛塔建筑形式（图 8-88）。与此同时，佛龛原本作为在特殊位置设置的一种嵌入式的供奉佛像的空间形式（如原本在窣堵波塔的覆钵上开凿的佛龛），则成为佛教建筑文化进行本土化中一项最具创意和探索性造型艺术，从而掀起了一种中国式佛龛创造的工艺美术运动（图 8-89、图 8-90）。

唐宋之后，中国化佛教文化发展已自成思想体系，佛龛不仅仅是一种佛教建筑文化的标志，而且成为体现中国佛教建筑环境营造中的一种艺术手法和景观要素。中国古代工匠本着小物大作之匠心，逐渐将佛龛艺术发展到寺庙建筑园林景观中的石灯、纪念石柱、经幢等元素上，形成了自己的佛教建筑环境文化艺术思想（图 8-91～图 8-93）。

大量现存的古代寺庙壁画和佛教雕塑艺术，特别是地处偏远山区的石窟寺里的佛教雕塑和壁画艺

拱形龛形式的基础上，主要表现为一种与中国传统土木结构建筑和文化理念相结合的过程，屋形龛因而成为一种发展主流。例如，敦煌莫高窟北魏时期的第 259 窟在大量采用圆拱形龛的同时，出现了成排的阙形龛（图 8-86）。特别是在第 254 窟前厅洞壁上出现的雕刻与彩绘相结合的阙形龛说明，中国汉代建筑的造型、形制和文化理念已经被融入佛龛造型艺术的创造之中。

在中国古人的宗教意识中，无论是外来的释迦牟尼，还是本土宗教中的玉皇大帝或王母娘娘，大神应该如皇帝一样享受宫殿大屋之类的最高级别待遇。因为门阙和宫阙属于中国秦汉时期高级别建筑身份的象征，也是中国古人当时想象中天庭建筑的主要特征。更重要的是，阙形龛的出现成为中国化佛龛的一大起点。

图 8-88 山西云冈第一窟于北魏时期仿木阁楼式中心塔

图 8-89 洛阳龙门石窟北魏宫殿式佛龛

图 8-90 甘肃炳灵寺第 3 窟唐代屋形佛塔

图 8-91 河北廊坊唐代隆福寺长明灯楼

术，可以让我们比较全面和清晰地看到中国佛龛的主要类型和发展思维方式。这些宝贵的文化遗存主要集中在敦煌、麦积山、龙门和云冈等佛教石窟之中。例如，敦煌莫高窟前后经历了前秦、北朝、隋唐、五代、西夏、元、清1600余年的发展。属于开凿时间早、规模宏大、内容丰富、文脉清晰、营建时间持续最长的一处佛教文化艺术宝库，它可以让我们清晰地观察到中国化佛龛艺术的起步和演变过程。莫高窟佛龛以出现的时间和顺序可归纳为：拱券形龛、阙形龛、方口龛、敞口龛，以及晚期时候出现的，体现北方游牧民族文化特色的盝顶帐形佛龛等形制（图8-94）。

拱券形龛属于比较原始而又最基本的一种龛形，其形状可能出自最早的窣堵波覆钵体上，也可能源自小乘佛教个人坐禅修行和求得解脱的"毗诃罗"式的草庐形状。其特点为拱券形门洞和穹隆形顶（图8-95）。敞口龛也称梯形龛，龛内空间的平面外大而里小，呈梯形或宽口向外的马蹄形，顶部向里倾斜，有利于获得更宽的观看壁画的视角效果（图8-96、图8-97）。

图 8-92 北京云居寺唐塔

图 8-93 大同市辽代经幢

图 8-94 山西大同云冈石窟盝形龛

图 8-95 莫高窟第 301 窟北周时期壁画中出现的浮屠塔形佛龛

图 8-96 莫高窟第 328 窟初唐时期的敞口龛

图 8-97 莫高窟第 45 窟盛唐时期的马蹄状敞口龛

图 8-98 莫高窟第 45 窟初唐时期的双层方口龛

　　方口龛是指龛口的立面接近正方形，口角一般被处理成圆角。方口龛有单层和双层两种形式。双层龛是指以大方口龛内壁的正立面为基面再向内开凿出另一层小方口龛。即大方口龛里再套一层小方口龛的做法（图 8-98）。这种龛形可使佛像在陈列时主次分明，层次丰富。盝顶建筑是元代时期流行起来的一种宫殿式建筑之一，带有明显的北方游牧民毡帐文化色彩。盝顶帐形佛龛也称楣拱龛，有些近似于方口龛，只不过它的顶部一般为四面坡的盝形，中央平顶则表现为棋盘式木作棚顶效果（图 8-99）。

　　唐宋以后，儒、道、释三教合一发展所形成的儒学治世、佛教养心、道教养身的社会文化心理，使佛法修行成为一种大众化的精神诉求。这种多元化的佛教修行观念，为佛龛形式的创造提出了越来越多的新要求，也为佛龛的普及开辟了广阔天地。

图 8-99 莫高窟第 159 窟西墙壁上中唐时期的盝顶帐形佛龛

图 8-101　北齐白石菩萨佛龛

图 8-102　唐代青石彩绘佛龛

图 8-100　南北朝石雕加彩佛龛

因为，如何使传统的固定佛龛走出因地处偏远而不便于普通佛教信徒进香和礼佛的寺庙，以某种通俗而便捷的方式进入社会大众修行的精神生活之中，成为传统佛龛面临变革的一大内在需求。并且，据说公元 67 年汉明帝时期，中天竺高僧摄摩腾和竺法蓝来到洛阳时就是携带一种小型佛龛和佛像。所以，各种形式的小型化和可移动佛龛，为广大俗家佛教信徒的修行打开了方便之门。

尺度适宜和便于个人修行的各种形式佛龛的不断涌现，在中国社会迅速形成了一种只要心中有佛，只要家中有一处可安放佛龛的方寸之地，就可在人们心灵世界获得一片净土的佛教信仰风俗。如此一来，无论做官、经商，还是种田的人，他们只

要在自家小佛龛前早、晚供上一炷香，合一合掌，念一声"阿弥陀佛"，都会觉得自己完成了一天的礼佛事宜和修行仪式。因此，在不耽搁大家世间凡事的情况下，平常人不用出家，便可实现自己在精神境界上的提升，并从中获得精神上的慰藉。

与此同时，美轮美奂和丰富多彩的佛龛艺术在中国进而演变成一种大众化的审美对象，并进一步演变成为中国人营造家庭室内环境重要的陈设艺术品。在此基础上，人们在考虑佛龛与家具的搭配中，围绕供奉佛像和礼佛事宜相关的诸如佛案、香钵、香筒、蜡台等系列家具也应运而生，从而成为传统中国人家舍得花钱置办的，构成家庭文化涵养氛围的重要物件，甚至成为一种可以增值的收藏艺术品（图 8-100～图 8-102）。

在某种程度上，神龛的本质就是人类虔诚而精心地为神灵或崇拜偶像创建的一种居所。如同中国人在上古时期为盛放刻有龙图腾纹样的部落圣物而精心制作的专用盒子，古代印度人为安葬释迦牟尼骨灰而创造的窣堵波塔。综合神龛艺术形式发展的基本特征，人类在创建神龛的过程中，主要以自己

图 8-103 宋·八面亭式石雕佛龛

图 8-104 清·银质烧蓝百宝嵌楼阁式龛

图 8-105 清·掐丝珐琅花梨木轿式龛

图 8-106 清·塔形佛龛

图 8-107 美国纽约大都会艺术博物馆藏北齐石雕佛龛

最理想的居住方式为参照，并将自己对于神灵精神理解的观念和敬仰之心融入佛龛艺术创造的每一个细节。

故此，中国本土化的佛龛主要以屋形龛为创作原形，特别是以宫殿式建筑龛为大宗正统，以及其他常见的塔式、阁楼式、亭式龛等多样化的形式。其中，三塔龛和五塔龛属于藏汉建筑艺术结合的经典之作，楼阁式龛体现了中国化佛龛的最大文化艺术特征。亭式龛造型主要源自中国园林景观建筑的启发，包括有圆亭、四方亭、长方亭等式样，以及相应的四角、六角和八角亭形制，带有浓厚的文人情怀。从屋顶样式来归纳，中国的屋形龛又分别为歇山、悬山、攒山、盝顶等式样（图 8-103～图 8-106）。

在式样繁多的屋形佛龛中，作为最具神龛原始文化意蕴的拱券式窟龛成为所有龛形的始祖而被普遍采用，或者说窟龛是其他所有龛形的创意源头。所以，拱券形的门洞成为佛龛造型艺术中最基本的

语言形式，特别表现在石雕、砖雕或玉雕等方面的佛龛艺术。在装饰艺术表现方面，中国本土化的佛龛灵活机动地发挥了雕塑、雕刻和彩绘等艺术表现语言，常常将洞窟的空间形式和平面性的佛教文化的装饰图形进行巧妙转化和变体设计，使其成为一种综合性的表现艺术（图 8-107）。

从现存的各类古代佛龛艺术形式可以看出，中国化的佛龛造型和装饰纹样不但融入了不同民族、不同时代和地域特色的生活和宗教文化元素，而且在如何满足佛教俗家弟子不同的社会地位、文化背景、审美情趣和经济条件下修行方式的基础上，进一步创造出了一系列的诸如盒式、柜式、屏风式、轿式，以及舞台式等的风俗性佛龛造型艺术（图 8-108、图 8-109）。

盒式佛龛小巧玲珑，展开后如几页可折叠的小屏风，礼佛后又将其合起，立马成为一种非常精致的小木盒或金属盒，这样会使佛像免受灰尘影响。盒式小佛龛既不占空间，又便于携带，除适合居住

图 8-108　清代木作柜式佛龛

图 8-110　美国纳尔逊美术馆收藏的五代便携式木雕佛龛

图 8-111　美国纽约大都会艺术博物馆收藏的明代便携式木雕佛龛

图 8-109　清代木作戏楼龛

图 8-112　清·紫檀雕花框漆腻子无量寿佛挂屏龛

空间局促的小户人家外，也便利于那些常年忙碌在外的人随行携带和随时祭拜（图 8-110、图 8-111）。柜式佛龛的体量较大，上半部分一般是用于供奉佛像，下半部分是放置一些礼佛道具的橱柜，一般适合建筑面积较为宽裕的家庭使用。

　　屏风式佛龛在式样上比较丰富，除了自身有三屏、五屏之别外，还可以和其他家具进行组合形成新的龛形。屏风式佛龛在形制上也较为讲究，一

般属于有佛堂或具备专用修行空间的大户人家，甚至是宫廷大内。北京故宫藏有一件"紫檀雕花框漆腻子无量寿佛挂屏龛"，宽 93cm、高 166cm、厚72cm。所谓的"漆腻子"就是用净泥压膜成型的，藏传佛教中的彩绘"佛擦擦"。这件挂屏佛龛原供奉于乾隆御花园里的萃赏楼内，并配有一对"便有香风吹左右，似闻了义示缘因"条幅（图 8-112）。

　　佛龛在与中国文化和审美趣味的相结合中还发

图 8-113 隋·范氏造佛像龛（波士顿美术馆）

图 8-115 洛阳博物馆藏紫檀木雕葫芦龛

图 8-114 宋代官窑佛龛

展起了具有民族文化特色的佛教工艺美术。在继续发展石雕佛龛艺术的基础上，中国工匠又精雕细刻地发展出各种造型的木作、玉作、金属、陶瓷、石雕、砖雕，以及元代以后出现的掐丝珐琅等佛龛艺术（图 8-113、图 8-114）。为此，清代乾隆年间还颁布了有关宫廷佛龛的制作规范——《活计档》。此外，中国化佛龛艺术的另一大亮点便是受道家生命崇拜文化思想影响而创造出一种葫芦形的佛龛，葫芦因腹中多籽，藤蔓绵延不断的天然属性，使华夏先民在六七千年前的远古时代就已将葫芦作为生殖崇拜的偶像，具有人丁兴旺、生生不息的象征意义，是中国传统文化中传播生命信息的代表性文化符号。

道家的哲学思想以"道生万物"的生命文化为理念来看待宇宙世界存在的一切自然现象，在继承和延续葫芦崇拜这一象征生命之源的原始宗教文化理念的基础上，葫芦成为道家文化身份的象征。所以，在儒道释融合发展的过程中，葫芦状的塔刹最终成为中国化佛塔建筑造型的重要标志。另外，受道家仙道思想的影响，传统中国人眼里的葫芦通常是一种悬在道家腰间，装有可以让垂死之人起死回生的灵丹妙药的宝器。例如，《后汉书·方术列传》中将一位身怀绝技，乐善好施，能够从病魔手中挽救黎民百姓性命的老翁称赞为"悬壶济世"的高人。从此以后，悬壶之人在古代中国便成为医生的一种代名词。在古代民间，由于葫芦在汉语的发音又与百姓的吉祥观念中的"福禄"读音极其相似，

图 8-116 北京尹晓明先生收藏的明末清初的佛龛式药箱

图 8-117 男性佩戴的清代铜质镶嵌银工艺嘎乌

图 8-118 男性佩戴的银镏金镶宝石拉丝工艺嘎乌

图 8-119 女性胸前佩戴的镏金嘎乌

因而被工匠们进一步转型设计为一种具有中国民俗吉祥文化特色的佛龛形式——葫芦龛（图 8-115）。

"救人一命，胜造七级浮屠"，这是佛教进入中国后形成的一个劝人行善修行的著名成语，它与中国固有的"悬壶济世"一词寓意相通。这一形容救人性命、功德无量的修行佛语与救死扶伤的医生职业道德从而被天衣无缝地联系起来，并使行医治病的古代药箱赋予了佛家普度众生的精神内涵。于是，工匠们将佛龛与药箱或药柜相结合，创造出了一种彰显救死扶伤和治病救人的人道主义思想，以及职业道德风范的医疗专用家具——佛龛药箱，如同现代药箱上刷上了国际红十字会的标志（图 8-116）。

可以说，这是中国古代工匠在佛龛艺术方面的一大创举。然而，如果说葫芦形佛龛是中国土生土长的道家思想对于佛教文化行善修行观念的一种阐释和丰富；那么中国藏民生活区流行的"嘎乌"小佛龛，便是一种将印度佛教文化与西藏苯教护身咒符风俗文化结合的神秘产物。

佛教传入中国大致分为北传、汉传和南传三大派系，这三大体系虽然均属于大乘佛教，但在修行理念方面各有千秋。藏传佛教也称喇嘛教，是由印度和尼泊尔直接传入，而"嘎乌"却是一种藏传佛教修行理念与西藏本土原始宗教中的辟邪护身之类的巫术文化相结合的产物。由于独特的地理位置，西藏原始苯教有着自己悠久的历史和信仰体系，藏民的"嘎乌"因而在形式和佩戴方式上有着自己的特点。西藏苯教一直保留着"万物有灵"的人类原始宗教的信仰成分，有着浓厚的念咒驱邪、驱鬼、占卜等巫术意识和信仰风俗。当佛教在西藏推广受阻时，是苯教中的神灵理念成为与佛教相融的切入点，并被纳入佛教护法之神的行列，因而才得以展开。所以，中国藏民的"嘎乌"与印度、尼泊尔、泰国，以及东南亚等地区有着很大区别。

"嘎乌"在藏语中是护身盒的意思，它在辟邪和护身方面的真正意义在于小佛龛里承装的小泥佛、附有经文的绸布片和舍利子，或者有高僧念过经咒的药丸、活佛的头发，以及衣服上的碎片等。

而且，"嘎乌"盒子里的泥佛像，尤其以活佛的尸身血水与泥调和后做成的弥足珍贵。"嘎乌"制作一般分为金、银和铜三种质地，外部表面多见有镶嵌的玛瑙、松石和雕刻成各种吉祥纹样的装饰图案。"嘎乌"在礼制上不但因性别不同而形状各异，而且佩戴的部位和尺寸大小都不同。男性所佩戴的"嘎乌"一般接近于方形盒，斜挂于左腋与左臂之间（图 8-117、图 8-118）。女性藏民佩戴的"嘎乌"一般为圆形或椭圆形的盒子，用项链或丝带挂在脖子上，垂悬于胸前（图 8-119、图 8-120）。除此之

图 8-120 女性胸前悬挂的
银质圆形嘎乌

图 8-121 男士佩戴在发髻
上的嘎乌

外，四品以上官位的传统贵族在自己的发髻中还佩戴一种非常别致和精巧的小"嘎乌"（图 8-121 ）。

男性佩戴的"嘎乌"一般较大，最大者约有25cm。用作耳坠的"嘎乌"最小，约为2cm。溯其根源，"嘎乌"是佛龛艺术与西藏苯教中的辟邪符咒巫术风俗文化的结晶，佛龛造型的护身盒成为这种文化风俗的载体。在实现藏传佛教修行理念和适应藏传佛教修行方式的过程中，佛窟被工匠们微型化设计成为一种便于携带和礼佛的小佛龛。

由于藏传佛教主要以传承密宗派理念为特色，因而对于藏传佛教的信徒们而言，"嘎乌"便是他们出门时随身相伴的密坛。"嘎乌"作为与藏民朝夕相伴的一种独具特色的配饰，一是方便他们时刻祈求得到本尊加持，二是方便他们修法时用于祭拜。

第九章

中国的穴居文化

华夏文明是世界文明史上唯一一支从未间断过的古老文明。它的形成、发展、壮大和繁盛与中国黄土高原的形成有着直接关系。中国的黄土高原以其特有的品质不但养育了一代又一代华夏儿女，而且孕育出世界上发达而又持久的农耕文明，华夏文明因此也被称为黄土地文明。正是黄土高原这一得天独厚的地质面貌和土壤结构，才使中国成为世界上穴居建筑和穴居聚落分布区域最广、穴居类型最多、穴居文化历史最为悠久的国家，至今仍有上千万人口继续着以各种窑洞为居住方式的穴居生活，从而成为人类居住文化史上弥足珍贵的活化石。中国的窑洞穴居不但属于一种居住形式，而且创造了精神内涵十分饱满的穴居文化、生活风俗，以及人与自然相处的黄土地文化的哲学世界观。

中国的黄土高原以其独特的物理属性和土质结构，不但使中国人在世界人类历史上发展出早熟的农耕文明，而且使生存在黄土高原上的华夏族人即使采用最简单的工具，也能创造出一系列类似的原始洞穴。即一直沿用至今的各种形式的生土窑洞、窑洞院落、窑洞聚落等穴居形式。在穴居发展和演变过程中，华夏先民不但建构起中国古代自成体系的建筑空间文化、建筑形式和建筑结构体系，而且在适应穴居空间的生活中形成了自己的居住文化和生活风俗。

中国黄土高原在地球上特殊的地理位置、气候特征和土壤条件，不但使华夏先民在摸索如何适应黄土地自然属性和按照气候规律进行农耕生产中形成了自己的自然观，而且在与黄土地打交道的过程中参悟出自己的宗教信仰、人生理念、审美意识和伦理道德观念，以及与黄土地自然品德相得益彰的文化性格。

各种形式的穴居窑洞是生存在黄土高原上的人们的第二天地，他们在人类文明发展的关键时刻以一孔窑洞为单元空间，通过树立闹洞房的婚俗来构建起社会的基本伦理，并以此奠定了中国农耕时期的社会文明意识。黄土高原上的人在黄土窑洞中出生、娶妻生子，创造和丰富着黄土地文明，死后则重新回归到另一种形式的黄土窑洞之中，一代代重复着如黄土地上的生命万物一样的生命轮回。所以，对于生存在黄土高原上的传统中国人来说，穴居窑洞既是人的居住空间，也是神的居所。

起源于黄土高原的黄土地文明是一种洞穴文化心理与大母神崇拜相结合的生命文化体系，洞穴空间因而被信奉为人类生命之源、祖先灵魂的归宿，是人与神灵交感的地方。所以，在中国道家的文化心理中，洞穴是人类获得生命重生，实现天人合一和得道成仙的地方。由此产生了一种诸如"神仙洞府""洞天福地""别有洞天"等，与西方文明思想价值观念截然不同的审美观念和返璞归真的生命文化理念。在这种"仙洞"文化思想的影响下，人们可以借助与外界相对独立的洞穴空间属性来实现自己的理想社会，获得在现实生活中无法实现的美好愿望，从而影响传统中国人对于理想人居环境的创建、风景园林文化意境的营造，以及文化艺术的创意等意识。

■1 中国的穴居——窑洞

中国人的穴居以黄土高原上古老的生土窑洞最为著名，它是一种在黄土地土壤中通过人工掏挖出来的洞穴空间，而且是一种从人类走出天然洞穴之后一直沿用至今的居住方式。所以，中国生土窑洞的存在和延续堪称人类居住文化史上的奇迹和活化石。

盘古开天辟地之说是华夏大地远古时期就已形成和口口传送至今的，有关创世纪宇宙诞生的神话故事。三国时的吴人徐整在《三五历记》里如此描述："天地混沌如鸡子，盘古生其中。万八千岁，天地开辟，阳清为天，阴浊为地。"意思是在宇宙生成之初，天地不分且漆黑一团，混沌如鸡卵。经过18000年之久的大自然造化，蛰伏于这一卵形混沌之中的创世之神盘古苏醒了，他双手挥舞大斧向四周的黑暗不停地砍啊，劈啊，终于开创出苍天大地、河流山川等生生世界。

不难看出，华夏先祖这种有关创造宇宙世界的生动想象，明显与自己长期从事挖掘窑洞的实践活动和穴居生活密不可分。所以，盘古开天的故事让我们似乎亲眼看到了当时生存在黄土高原上的华夏先祖挥动着笨重的石斧，大汗淋漓地挖掘窑洞的情景。徐整在此所讲的"万八千岁"恰逢人类即将迎来全新世，离开天然洞穴的旧石器时代的末期，说明华夏族人约在2万年前早已开始了人工挖掘生土窑洞的活动。

中国黄土高原有着2000多万年的沉积和发育历史，但主要由于第四纪冰川期青藏高原隆起时所引发的喜马拉雅山、昆仑山、祁连山、秦岭等一系列东西走向的山脉和丘陵的形成，以及在此基础上东亚大陆季风性气候的生成。强劲的西北季风年复一年地将中亚内陆和中国西北部地表上的沙土沿途搬运到境内数千米高的天空，永不停息地降落和沉积在地表，从而有了现在这种波澜壮阔的黄土高原地貌。此外，青藏高原的隆起，不但使华夏大地出

图 9-1　陕西省蓝田县上陈村旧石器遗址考古现场

图 9-2　蓝田县上陈村旧石器遗址发现的部分石器和动物化石

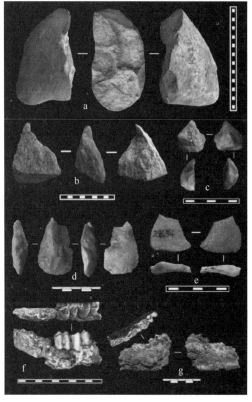

图 9-3　青海省海原县林子梁横穴遗址 F3 复原图（中国建筑艺术史）

图 9-4　陕西省武功县赵家来村 F11 客省庄二期窑洞院落遗址复原图（中国建筑艺术史）

逐渐形成了如今这样千姿百态的黄土塬、峁、梁，以及纵横交错的千沟万壑地貌。在中国黄土高原发育和成熟期间，生物界灵长目动物中的古猿正在经历着向人类进化的主要过程，华夏文明的雏形也正是在这种情况下逐渐孕育而成的。

历经数百万年黄土的逐层沉降和积淀，中国的黄土高原土壤形成了自上而下密实度和抗剪强度逐渐增大的特征和结构规律。因此，最适合开凿窑洞的黄土层通常以离石黄土最为理想。离石土也叫"老黄土"，具有土壤层厚度大、钙结核物含量丰富、紧密黏重、湿陷性小等特点，在抗压、抗剪强度方面性能优越，可以开凿出较大跨度、结构稳定和较长寿命的拱券形窑洞空间。

第四纪冰川期的气候以几次大的冰期和间冰期循环交替为主要特征，黄土地土壤蓄热保温的物理属性可以使深入土层中的窑洞空间冬暖夏凉，温馨舒适，从而使活动在华夏大地的远古人类能够在残酷的气候条件下得以生存和繁衍，并数次躲过大批哺乳动物因极端气候变换而造成的灭顶之灾。

由于黄河中游地区的黄土高原地质主要以离石黄土结构为主体，因而使陕西、甘肃、山西和河南西部等地成为古人类理想的开凿窑洞的区域，继而成为孕育华夏文明的发祥地。例如，被入选为"2018 年度中国科学十大进展"的，由中英科学家联合团队历经 13 年的考古发现和研究，在陕西省蓝田县发现的上陈村旧石器遗址证明，华夏祖先早在 212 万年前就已生活在这里，成为迄今为止在东北亚地区发现的除非洲以外的人类最古老的活动遗址点。而且，在上陈村遗迹点发现的 96 件旧石器中的大部分均分布在古土壤层中，说明当时人们采取的应该是人工开凿洞穴的居住方式（图 9-1、图 9-2）。

黄土高原在形成过程中受到地形地貌和气候影响，适合开凿窑洞的老黄土层所处的位置和距离地表的深度差异很大，人们在选择开凿窑洞的位置和探索窑洞形式的过程中需要因地制宜，从而形成了不同的窑洞形式和开凿方式。一是利用冲沟、川谷两侧的崖面或黄土塬的边坡落差面开凿横穴，形成了一种沿等高线分布的靠崖式窑洞聚落。这种依靠崖面开凿窑洞的方法最能节省人力、土方和劳动量，因此应该属于最原始的一种窑洞（图 9-3、图 9-4）。此外，河沟、川谷的底部往往是冲击形成

现了由西向东呈阶梯状逐级降低的地形态势，而且使整个地球的大气环境发生了巨大变化。

构成中国黄土高原的午城黄土、离石黄土和马兰黄土堆积层先后经历三次大的发育过程，主要是在第四纪大冰川期的干旱少雨，年、日温差逐渐变大等气候条件下进行的。随着后期暖湿性的全新世气候的到来，不断经受雨水侵蚀和冲刷的黄土高原

的肥沃土壤，非常适合耕种。

二是地处干旱，没有沟壑崖面或边坡地形可供利用的黄土塬地带，古人们利用黄土高原土壤结构直立边坡不倒的稳定性特征，进一步探索出将竖穴与横穴相结合而开挖出的地坑式窑洞院落。地坑式窑洞院落首先是在黄土塬面上向下开挖出一块方形或长方形的类似于天井院的大地坑，然后再在地坑的四壁上挖掘出横穴和上下出入的门洞和坡道。

地坑式窑洞院落是原始先民在充分掌握黄土高原土壤结构特征和总结横穴开挖经验的基础上，充分发挥横穴与竖穴两种空间优势，以适应在地势平坦地区生存而发展起来的一种综合性穴居空间形式。这种空间组合形式因与中国传统的四合院民居空间形制基本一致，所以被人们称为地坑式窑洞四合院。

还有一些有局部边坡地形可以利用，将靠崖式窑洞与地坑式院落两者优点相结合的多种窑洞院落形式。陕西省岐山县周公庙龙山文化遗址考古发现说明，这种地坑式窑洞院落早在5000年前已经形成。这座地坑院遗址的正面是两孔横穴窑洞，室内空间面积约10m²，天井院基本呈圆形。考古人员根据现场遗存的柱洞分析，这座地坑院的上方曾搭建有茅草棚架，因而是一种独特的两室一厅带顶棚的穴居庭院。

黄土高原土壤之所以成为原始人类抵御第四纪严酷气候的栖身之所，还在于它的竖向结构机理、适度的松软度和柔和性，因而只要使用具备一定硬度和锐度的木器、骨器和石器，人类就能掏挖出可以容身的洞穴居住空间。因此，在陕西、甘肃、山西、河南等黄河中游地区的旧石器遗址发现和出土的大量石质锐器，便是一种非常实用的挖土工具，说明黄土窑洞在这片土地上很早就被发展成为一种居住方式。然而，黄土窑洞的跨度、高宽比和安全性均取决于人们对于土拱力学肩剪力的掌握程度，以及土质结构和当地气候对于窑洞安全性能的影响。这些经验都是生活在黄土高原上的原始先民祖祖辈辈在辛勤劳动的实践中不断摸索，用一次次因窑洞塌方造成的生命代价总结得出的。

土质结构和气候状况对于窑洞空间形式的影响我们可以通过比较取得验证。例如，降雨量稀少的陕西省榆林市定边县红柳乡可以开凿出8m宽跨度的靠崖窑，而雨量较为充沛的河南省西部地区有些窑洞的跨度不足3m。再如，甘肃省镇原县常山H14遗址显示，该窑洞曾因洞顶塌方而用树枝搭建了一种顶棚。根据当时人类的生产、生活方式和挖掘土方的技术发展程度来判断，横向洞穴应该属于一种比较原始的人工挖凿的洞穴形式，而且是一种最具发展潜力，不断得到完善和改进，沿用至今的一种窑洞形式（图9-5、图9-6）。

当人类的活动范围逐渐走向便于耕种和土地肥沃的平原地带，开始从事养殖业和农耕生产的定居生活方式时，先民们便开始了在地势平坦的黄土地上尝试创造竖向洞穴，然后再从竖穴、半竖穴，再到茅茨土阶的地上房屋，最终发展成为中国土木结构的建筑形式。

从安全角度出发，开凿靠崖式窑洞首先需要选择地质结构稳定，老黄土层厚实，塬面构造整体完

图9-5　甘肃省平凉市靠崖式窑洞院落

图9-6　甘肃省镇原县一处五孔靠崖式窑洞院落

图9-7　甘肃省镇原县许家台村簸箕状的靠崖式窑洞院落

图9-8　甘肃省镇原县太平镇靠崖式窑洞院落

整，没有断裂缝、塌陷或受流水侵蚀迹象，坡度适当的崖面。通常，靠崖式窑洞以三、五孔并排为一组，中间一孔为正窑，内部凿有门洞用以贯通，沿沟边缘砌筑挡护墙或夯土挡墙，从而构成一种独特的山地窑洞宅院（图9-7、图9-8）。

有地形可利用的条件下可以开凿出朝阳的U形院落空间，呈簸箕状的三面围合的崖面。正面开三孔靠崖窑用作居住，两侧开一两孔矮窑做牲口圈或储藏室。在选择靠崖式窑洞的基址时还要考虑窑洞的坐向，如何利用地形来回避冬季寒冷的西北季

图 9-9　甘肃省环县一处靠
崖式窑洞院落

风和沙尘飞扬，从而获得更多的阳光照射，达到中
国风水学说所讲的"负阴抱阳"的理想院落形态
（图 9-9）。

　　选择窑址还要考虑沟道的走势、洪水期的历史
最高水位和流向，使宅基所处的地形和位置必须避
开遭受流水的直接冲击和长期侵蚀（图 9-10）。中
国黄土高原上的靠崖式窑洞主要以冲沟和川谷两边
的边坡为依靠，几条冲沟的汇集处会自然形成一片
开阔地，成为整个窑洞村落活动的中心，来自不同
方向的蜿蜒小路也会在这里交会，而那些沟口或川
口宽阔的地段会形成一种独特的山地小镇。由于这
种靠崖式窑洞院落是遵循土质结构的自然肌力和地
形地貌开凿和建造而成，因而呈现出一种高低起
伏，峰回路转，错落有趣，充满大自然韵律和节奏
的台地式聚落形态（图 9-11、图 9-12）。

　　靠崖式窑洞也叫沿沟窑或靠山窑，具体名称要
视其适合开凿横穴的自然条件，但前提都是需要一
种适度的黄土崖面。有些地方的黄土塬崖面土质结
构优良，崖面高度宽裕，当地人还可以在一层窑洞
的顶部再开出一层窑洞，形成一种窑上有窑，两层
楼式的窑洞住宅，甘肃陇东地区将这种住宅生动地
描述为"架板庄子"（图 9-13、图 9-14）。上方一层
的窑洞一般被称作"天窑"或"高窑"，有一定的

图 9-10　陕西省佳县白云山
脚下的靠崖式窑洞村落（折
小军拍摄）

防御自保功能。

　　在社会动荡的年代，高处的窑洞常常备有食物
和饮用水，紧急情况下全家人可以通过活动木梯爬
到"天窑"里躲避匪患，待抽掉木梯后，让匪徒无
从下手（图 9-15、图 9-16）。有些"天窑"还可以
通过室内暗道与底层窑洞相通，暗道入口一般设置
在某个让人意想不到的地方，并采用巧妙的方法予

以隐藏。例如，将入口伪装成加有背板和放置东西
的窑龛。

　　在众多靠崖式窑洞住宅的形式中，最为经典
的是一种逐层递进的台地式组合院落。即下面一家
窑洞的顶部作为上面一家窑洞前狭长的院落空间
（图 9-17、图 9-18）。财力充足的大家庭往往选择坡
度较缓、视野开阔和相对独立的山峁，依山就势，

图 9-11　哈里森·福尔曼（美国记者）20 世纪 40 年代拍摄的山西吕梁冲沟窑洞村落

图 9-12　甘肃省宁县沿沟多层台地窑洞村落（王勇拍摄）

图 9-13　美国记者哈里森·福尔曼在中国陕北拍摄的"架板窑庄"

图 9-14　陕西省千阳县一位老太太爬上高窑（赵文利）

图 9-15　陕西省彬县碳店乡早饭头村清代双层窑洞

图 9-16　陕西省彬县清代双层窑洞

图 9-17　甘肃省镇原县城关镇靠崖式窑洞村落

图 9-18　陕西省绥德县党氏台地窑洞院落

开凿出一层层靠崖式窑洞院落，通过不断转变坡道、隧洞和每层院落的轴线方向，形成一种灵活多变的多进式台地窑洞院落格局（图 9-19）。

这种大型组合台地窑洞院落的建造往往需要两三代人的努力，几乎耗去几代人积攒的财富，但也象征着一个家庭殷实富足和繁衍壮大的程度。例如，陕西省米脂县刘家峁的姜家大院，选择一处名叫牛家梁的山峁窝窝处，采用两条成角轴线，左右转换的坡道和两处涵洞，将上、中、下三层台地院落组合成一个有机整体。走在这座多层台地院落，无论是

自下而上，还是从上到下行走，都有一种步移景异，天际线不断随之变幻的山地景观体验（图 9-20）。

靠崖式窑洞属于一种在老黄土层中采用减法方式挖凿出来的使用空间，人们在不断掌握黄土结构属性的基础上，探索出许多布局合理，符合家庭成员构成和生活方式需要的空间组合方式，甚至设置一些适应时代环境需要的特殊功能。例如，陕西省富平县米家窑村有四组沿用 100 多年的清代窑洞，而且每组窑洞的内部空间组合各有千秋，其中米家主窑的内部构造尤为特殊。

米家主窑选择在一面大致南北走向，面朝东方的崖面上，一个急转弯的弧形拐角处。内部空间由主窑和主窑内两侧的两孔附属空间的窑洞构成了一种两室一厅的空间格局，属于一种在大窑洞中套小窑洞的做法。主窑大门洞有门道，门道的两侧墙壁上分别凿出天地之神龛、神龛下方还开凿有作为鸡窝的龛穴。主卧室窑洞的背墙朝东，因而是开采光窗的理想之处。次卧室窑洞被分割出一小块空间做过厅，采光窗朝北。

比较特殊的是大门洞过道的上方还架有一层小二楼，有一架斜靠的木梯通向上面。小二楼上设有可供一人休息的小土炕，通过观望小窗孔便可以将沟口外发生的一切一览无余。这个小二楼有其特殊用途，战争年代曾作为一种隐蔽的预警室，保护过一位大首长的安全。第二组窑洞也较为特殊，主窑较为高大，室内上半部用木椽排列横担后铺上芦苇席，再抹层麦秸泥，从而成为一种两层空间，而隔壁次窑通过土阶坡道与主窑二楼相通。米家窑的第三、四组为串窑，内部空间也各有特色，分别为一串二室和一串一室的窑洞空间（图 9-21、图 9-22）。

对靠崖式窑洞威胁最大的是因长期遭受雨水侵蚀所造成的窑脸表面不断脱落或塌陷，久而久之会使窑洞室内空间的纵深距离逐渐缩短。对此现象，一般的补救方法是每隔数年主家就得对整个崖面和窑脸进行一次修整，当地人叫洗墙。然后，人们将窑洞的内部空间向里再次挖掘和推进，以此补回因窑脸塌方造成的室内使用面积减少。然而，对于那些家境殷实富足的人家来说，窑脸保护会成为一项非常体面的装修工程。

窑洞主人还通过用青砖对窑脸的墙脚、墙裙、拱券边沿、崖面顶部等容易受雨水侵蚀的部位进行一番包贴和镶贴，并砌筑出一道精美的檐口（图 9-23、图 9-24）。另一种较为复杂的做法是，用条砖或胡墼在窑脸前砌筑一段与窑洞口对接的拱券

图9-24 陕西省长武县土掌村靠崖窑用青砖装修的墙裙和水井龛窑

结构，以此起到保护窑脸的作用。这种在窑脸前外加一段的拱券窑洞被称为接口窑，是对原始靠崖窑进行改进和完善形成的衍生窑洞类型（图9-25）。

接口窑有两种做法，一是在每孔窑洞前单独砌筑一座拱券式的门洞，成为一种外加的门脸，因而有几孔窑就会出现几座拱券式的门脸。二是在整排窑洞前加筑一排拱券式门洞，从而形成一面整体的外加崖面。砌筑接口窑的方法有多种，人们根据自身的经济状况可以就地取材，因材施工。经济状况差一些的人家一般采用胡墼来砌筑，或者就地采集一些碎石片进行垒砌，有钱人家往往采用青砖或经过精心加工的规整石块砌筑而成。独立式接口窑的顶部还可以做成一种双坡屋面和精美的檐口形式，屋面覆盖青瓦后会成为一种门楼造型。人们会在一体化加筑的接口窑窑洞拱顶的上方架构一排挑檐，在整排窑洞前形成一种穿廊结构形式。这种带挑檐的接口窑一方面有利于保护崖面和窑脸，另一方面可以防止雨水飘进室内（图9-26）。

地坑院也叫下沉式窑洞院落，生活在黄土高原上各地方的人对它都有自己的叫法，而且因空间形态不同有更具体的名称。开凿一座安全可靠的地坑院，既要考虑防止窑顶积水塌陷的不利因素，选择土质结构完整良好的土地；又要考虑如何节约耕地，省时省力，减少土方劳动量等经济因素。因此，各地百姓综合各种有利和不利因素，因地制宜地创造出全下沉式、半下沉式以及平地式三大基本类型的地坑窑洞院落。

全下沉式地坑院是一种在四面无任何地形利用的平地上直接开挖出的地下天井院落，但因各地气候环境不同，这种全下沉式天井院的长宽比差别很大。例如，在塬面地形平整度好，冬季风力不是太强劲的陕西关中、河南西部和山西南部地区的平原地带，这种地坑院多为长宽接近的正方形天井院，四个方向的立面一般各开两孔窑洞，其中一孔为入口涵洞和上下坡道（图9-27）。

相比之下，位于甘肃陇东一带海拔和地势高凸，周围又无遮挡地区的地坑院，由于每年冬春季都要面临高强度的沙尘暴袭扰，因而常常出现一种坐北朝南和东西窄长的特殊地坑院落形式。这种窄长形地坑院东、西方向崖面只留有开凿一孔窑洞的宽度，这样可以让大风从天井院的上空快速越过，不给风沙留有下行的时间与空间（图9-28）。

图 9-29　甘肃省镇原县马堡
村半下沉式窑院的门洞

图 9-30　陕西省耀州区关庄
镇占张村几户相通的平地式
地坑院

图 9-31　地下街道窑洞聚
落实景（《中国窑洞》任志
远 摄影）

图 9-32　陕西省三原县全下
沉式地坑院坡道入口

图 9-33　全下沉式入口

亲戚之间相邻的平地式地坑院落可以通过地洞将两三座地坑院贯通在一起（图 9-30）。有些地方则利用天然冲沟的有利地形，将沿沟壁两边的崖面修整后，开出一户户地坑窑洞院落，形成一种独特的地下村落或街道（图 9-31）。

进入地坑式窑洞院落一般采用明坡道与涵洞结合的方式，各地对于坡道和入口的处理方法不同而成为创建这种窑洞院落中最具变化和地域特色的部分（图 9-32）。进入全下沉式地坑院落的坡道存在的主要弊端是因北方秋雨漫流所造成的坡面泥泞和上下不安全，夏季暴雨突袭时所产生的大量雨水沿坡道灌入地坑院内和造成的坡道溃烂，以及高海拔地区每年遭受的季节性沙尘暴袭击。

人们为克服这些弊端采取的相应措施分别为，一是用砖或碎石块铺设坡面来对其进行保护和防滑处理；二是采用砖砌或土坯砌筑拱券涵洞的办法将整个坡道完全罩起来。一般地，处于高海拔和风沙较严重的甘肃陇东地区和陕西关中西北部旱塬上的人擅长采用将整个坡道保护起来的方法。虽然，受具体的地形和经济情况影响，人们对于地坑院入口的处理会尽其所能，将其看作家庭的脸面和形象来塑造。

全下沉式地坑院的坡道较长，因而有相当一部分距离是在涵洞中与地坑院中的一孔窑洞对接在一起的。对于暴露在外的坡道部分各地百姓都有自己的处理方式，经济条件好的人家往往要用青砖将坡道口精致地加固和装修一番，砌筑成一种别致的造型，如同一座大半节被嵌入地下北方四合院民居的门楼（图 9-33、图 9-34）。

有些平原地带的全下沉式地坑院由于布局整齐，两排面对面的地坑院形成了一种特别风趣的街道，所以大家干脆都在坡道入口处建起一座座很体面的砖瓦门房。这种村落的街道，使人难以想到两

半下沉式地坑院是由于有落差地形条件可以利用，但崖面高度不足以用来开凿窑洞，需要再向下补挖一定深度而采取的因地就势做法。这种地坑院坡度缓而短，因而出入比较省力（图 9-29）。平地式地坑院一般以黄土塬的边缘为门墙崖面，在留足开凿门洞和院落外围墙厚度的基础上，再开始挖掘由四面崖面围合而成的天井，形成一种院内地坪与门外地坪落差很小的窑洞院落，从空间形态的感受上如同在平地上用夯土墙建造的四合院。

在地势允许的情况下，有些属于兄弟家或本家

图 9-34　全下沉式地坑院入口造型

图 9-35　门房内的全下沉式地坑院的入口

图 9-36　全下沉式坡道口建门楼

图 9-37　由拱券式的隧道完全罩起来的坡道

图 9-38　用土坯拱券保护起来的坡道

旁一家接一家青瓦门房的背后和地下，隐藏着一个个全下沉式的地坑窑洞院落（图 9-35）。有些受经济条件限制的家庭会在坡道入口的险要关隘处，独立建造一座像纪念碑式的门楼，而且门框、门扇和抱鼓石一应俱全，照样可以起到一定的安全保护作用（图 9-36）。

　　生活在黄土高原高海拔地区的人对于这种全下沉式地坑院的坡道有着自己的独特做法。他们普遍采用胡墼或砖砌筑一种向地下倾斜的尖拱券形的隧洞，一直通到地坑院内一孔窑洞的室内地坪上。家庭条件好的人家又会进一步在这种胡墼拱券的外部用青砖和青瓦做一种双披肩的坡顶，入口门洞被装修成一种非常别致的单孔窑洞（图 9-37）。而经济不太充裕的人家在用胡墼做完拱券后，则在入口砌筑一座类似一边坡的门房或门脸，最后用麦秸泥对其通体刮一遍腻子，倒也大方。有趣的是，如果从侧面看这种用胡墼拱券罩起来的地坑院坡道的外壳时，倒像一只踩在地上的大脚丫（图 9-38）。

　　可以肯定，这种将坡道上空完全罩起来的做法有多方面的好处，它除了在下雨天使人出入方便外，还具备抵挡沙尘暴直接冲入和防止暴雨直接灌入地坑院内的有效功能，对于改善整座地坑院落内的气候环境起到不小的作用。

　　黄土高原窑洞人家对于半下沉式地坑院的入口处理倒显得灵活多变，受制约的因素相对少了许多。由于半下沉式地坑院落的外部地坪与院内

图 9-39 半下沉式地坑院入口

图 9-41 半下沉式地坑院坡道与门洞

图 9-40 半下沉式地坑院树根下的门洞

洞方向没有开凿常规窑洞，因此不用注意盘根错节的树木根系对窑洞结构的影响，即便是在草木丛生和根系发达的参天大树之下，也不会阻碍人们对于理想风水入口位置的选择。因此，在一些比较偏僻的地坑院村落，经常可以看到一些年代久远的半下沉式地坑院门洞的两侧或顶部是古树参天，甚至是人每日从粗壮有力的古树根部穿洞而过，真有点道家所追求的"仙人洞府"的环境意境（图 9-39～图 9-41）。

然而，直接采用减法在古黄土层中掏挖得出的各种窑洞空间，具有采光性能弱、空气不流畅、室内空间易返潮和洞顶偶遇塌陷等自然缺陷。所以，随着人们对于砌体结构和拱券技术的掌握，在利用和发挥土壤蓄热保温等自然属性的基础上，创建出了一种在四面没有任何天然支撑的，从平地上能够筑起的独立式窑洞，这种完全由人工砌筑起来的窑洞便是陕北老百姓所说的"四明头窑"。

所谓"四明头窑"，便是指一种四面临空和围合的墙体都可以接受阳光照射的砌筑型结构的拱券型窑洞。拱券窑洞属于一种利用砌筑在一起的块体材料之间产生的侧压力，来构筑的一种弧线形的跨空结构，在建筑学术语中称其为"法券""券洞"，陕北民间称其为"夯劲"。

采用拱券结构砌筑的独立式窑洞在中国发展起了三种砌体材料的基本形式：胡墼箍窑、石箍窑和砖箍窑。胡墼是一种采用木质长方形的模具，将不含任何植物杂物和昆虫尸体的湿黄土填入其中，然后再用石锤夯实和打制而成的一种长方体形状的砌体材料，实际上属于一种规格较一般青砖体块大很多的土坯砖（图 9-42～图 9-44）。

这种被晾干后的胡墼通常与夯土墙体相结合，用来建造一种纯生土的独立式窑洞。这种土坯之所以被中国人称作胡墼，说明这种制作技术可能来自古丝绸之路上的西域诸国。因为中国古人传统上将沿北方陆路丝绸之路传入境内的东西和技术，都习惯在其名词前冠以"胡"字予以特指，例如胡萝卜、胡琴、胡椒等。对于来自南方海上丝绸之路的东西，人们习惯上在其名词前加上一个"番"字，例如番薯、番茄、番瓜等。

胡墼窑洞同样属于一种纯生土建筑，它以另外一种独特的方式利用了土壤蓄热保温的性能。人们

地坪的落差相对较小，而且入口处的这一崖面在院内一般不具备开凿窑洞所需的土壤结构强度和高度，因而可以较为随机和灵活地选择开凿门洞的位置。

一方面，由于院落的内外标高落差不大，坡道短且坡度缓，所以人们可以灵活机动地调整坡道的走向和路线方式；另一方面，由于进入院内的门

图 9-42　打胡墼前摆放模具（关中村在线）

图 9-43　湿土填入模具后夯实（关中村在线）

图 9-44　摞胡墼晾晒（关中村在线）

图 9-45　甘肃省镇原县屯镇马堡村用胡墼建造的独立式窑洞

图 9-46　甘肃省镇原县开边镇见到的胡墼箍窑

在实现近似于原始生土窑洞空间生活感受和冬暖夏凉居住效果的基础上，又克服了减法窑洞在采光和通风等方面难以回避的问题，特别是减法窑洞对特殊地形地貌的依赖。用胡墼砌筑的窑洞最适合干旱少雨的黄土高原地区，人们可以利用丰厚的黄土资源，就地取材，建造成本低廉的居住空间。所以，来自西域的胡墼打制和建造技术，为黄土高原上不便于开凿窑洞地区的百姓改善居住条件，创造新的建筑形式提供了便利条件，特别是为生活在缺乏建筑所需木材和石材，冬季昼夜温差太大的高海拔地区的人们提供了很大帮助。而且，这种采用胡墼建造的生土窑洞不但还原性能良好，经过几十年烟火生活使用和大气环境综合作用，最终会变成一种有机肥料。在不对生态环境产生任何污染的条件下，这种生土窑洞被推倒和粉碎后，又会重新回到黄土地（图 9-45、图 9-46）。

　　在世界建筑史上，中国古人对于土木结合的建筑结构显得格外热衷，特别是在六七千年前的河姆渡文化时期就已发展起了非常复杂，以榫卯为连接方式的木质框架结构，而在以砖石为砌筑材料的

拱券建筑结构方面的发展显得非常迟钝和缓慢，几乎没有创造出什么大的业绩，这可能与他们从原始农耕文明起源时期就已奠定的文化品质有着直接关系。黄河流域的黄土高原是华夏文明的发祥地，从新石器时代华夏先民在创造陶复陶穴居住空间的过程中，将竖穴空间与抹着草筋泥的木结构屋顶结合开始，到茅茨土阶的原始宫殿建筑雏形的形成，土与木在中国建筑的起源中一直紧密结合在一起。

　　在文化理念方面，中国的农耕文明是一种将生生不息看作宇宙存在最大价值的世界观，生命往复和永不枯竭是这一观念基本的文化内涵。在以《易经》为思想源头的黄土地文明观念中，"土

图 9-47　河南省嵩岳寺北魏时期佛塔砖拱券

图 9-48　隋代建造的现存世界上最古老和跨度最大的敞肩圆弧石拱桥

图 9-49　陕西省米脂县高庙村常氏庄园清代建造的石箍窑

图 9-50　陕西省神木县沙峁镇石箍窑顶上的"秃扫草"

图 9-51　陕西省绥德县采用沟底碎石块砌筑的窑洞

建造石箍窑首先需要根据窑体的自重和负荷打好地基，然后从砌筑窑腿做起。当窑腿砌到可以扳拱的高度时开始支撑拱券模板，支好拱券模板架后用湿黄土堵填缝隙，拍实抹光。石砌拱券的步骤是首先从拱券的两端开始，并向拱顶逐层堆砌。在此期间，每砌起数层石材便要向两拱之间形成的窑腿沟中随时填土，并逐层夯实，直至完成最后一块用于拱顶中心"合龙"的石料。

合龙后的拱券待干燥到一定程度时要在顶上覆土夯实，通过 1~1.5m 厚的覆土重量对拱券起到固形和稳定结构的作用，同时还兼顾防晒和保温功能。在用石材箍窑的每一过程中，工匠师傅还要随时向石料的缝隙间浇注泥浆，这种泥浆必须是用经过仔细打磨和筛选过的老黄土粉末加水调和均匀后才能使用，为的是让细腻的泥浆能够顺畅地流向石缝中的每个末端和尽头，制造一种真空缝隙。

陕西北部的黄土高原蕴藏有适用于建筑使用的非常丰富的砂岩资源，因而也是中国境内石箍窑建筑比较常见和建造经验最为丰富的地区之一（图 9-49）。陕北人在建造好的石箍窑顶的覆土中还要撒上一种名叫"秃扫草"的植物种子，这种植物的根部具有良好的吸水性，雨季时可以吸收土壤中过多的水分，在保持窑顶覆土不会流失的基础上，又可使其保持一定的湿度。

此外，覆土中生长茂盛的秃扫草也使这种石箍窑的顶上常常呈现出一种屋顶花园的意外景致（图 9-50）。另外，陕北人还善于用黄土高原冲沟底部采集的碎石片箍窑，技术难度更大，工艺要求更加严谨。从延安市延川县小程村发现的距今约 1500 年的石箍窑说明，用这种随手可得的乡土材料箍窑，照样可以达到非常坚固、耐用和冬暖夏凉的窑洞居住空间的效果（图 9-51、图 9-52）。

砖作为一种砌体结构材料在中国大概产生于 3000 年前的西周中晚期，它先后经历了从烧制陶器、瓦当，再到建筑装饰用砖，秦汉时期发展到了一次艺术高峰，但主要用于大型宫殿和陵墓建筑，这便是人们所称赞的"秦砖汉瓦"之风。砖用于拱券窑洞的建造，克服了雨量较为充沛地区生土窑洞在耐候性方面存在的问题，也弥补了一些地区的土质不适合打制胡墼，又缺乏可供开采建筑石材的缺陷。

传统砖箍窑的建造需要预先用生土夯筑起 1m 多厚的窑洞背墙，该墙的高度一般要达到拱顶线以

生木"被认为是宇宙物质构成逻辑关系中的一大天理，而将石材看作自然界中最缺乏生命迹象的物质元素。所以，中国成熟的砖石拱券技术最早应该是在南北朝时期伴随印度佛教建筑的传入而开始出现的。元代时期，由于有大量西方外来工匠直接参与一些大型建筑工程而使其迅速发展起来，而且通常只是被大量用于陵墓建筑，或者其他公共建筑设施（图 9-47、图 9-48）。

图 9-52　陕西省延川县碾畔村匈奴人建造的千年石箍窑（人民网）

图 9-53　陕西省米脂县城马家清代砖箍窑院

图 9-54　山西省介休市小程村覆土式砖箍窑

图 9-55　陕西省府谷县一处清代覆土式的胡墼箍窑

图 9-56　内蒙古乌兰察布兴和县大南山清代覆土"泥墼窑"外观

图 9-57　乌兰察布兴和县大南山清代覆土"泥墼窑"内部

上未来窑背覆土厚度的高度，然后按照窑匠师傅在背墙上勾画好的拱券弧线的跨度和高度尺寸来打地基，接着砌筑两侧的窑帮，用土堆起实心券模。实心券模要从宅基的地坪开始用湿黄土堆起，而且务必做到每堆土一层，夯实一层，直至在背墙上画好的拱券形线的位置。如此这般，才能确保券模稳定而不走形。

堆好、夯实和拍光的实心券模的形状和体量，便是未来窑洞室内的空间形状。夯筑起的拱券实心模要用铁锨一边拍打、一边整形，使其外形达到弧线圆浑、流畅和表面光亮的程度，并且要不断经过窑匠师傅的检测和修整，达到精益求精、丝毫不差的程度。故此，所谓的砖箍窑便是在拍好的窑券模上一层层地把砖块干摆上去，窑匠师傅箍窑水平的高低就看他摆上去的砖缝能否达到纵看笔直成线、横看错缝严谨工整的程度，并且不能有纹丝晃动的迹象。这便是确保砖箍拱券结构坚固和美观的基本前提。

砖箍拱券完成后便开始向窑背堆填覆土，在覆土过程中还要随时关注窑背的部位、覆土的先后顺序和覆土的土方量，始终保证砖拱券平衡受力。通常，窑洞室内空间的容积与实心券模的夯土体积和给窑背覆土的体积三者必须相等，这是自砖箍窑诞生以来工匠师傅们得出的实际经验和形成的行业规矩（图 9-53、图 9-54）。

胡墼箍窑的施工方法更为特殊，而且要求窑的背墙更加坚固和厚实。对此，陕北民间总结出"砖窑靠帮，泥窑靠窑背"的经验之说。箍窑用的胡墼和砌墙用的胡墼制作方法不同，箍窑用的胡墼通常要用加入草筋或麦秸，经搅拌均匀后的泥土制作。这种用草筋泥模制的楔形土坯需要经过晾干晒透后方可使用，因而也被称作"泥墼"。胡墼箍窑一般采用木结构拱券模具，将其架好和固定在砌筑好的窑腿上后，窑匠师傅再开始砌拱券。砌拱券讲究从窑背墙处开始，然后一圈一圈向前部推进。砌筑后的胡墼拱券一般也可以在拱背上进行覆土，覆土的方法、步骤和注意事项一般与砖箍窑覆土基本相同（图 9-55～图 9-57）。

在一些常年气候干燥的陕甘宁三省区相邻的内蒙古、青海及山西北部地区，这种用胡墼箍出的拱券窑洞也可以不做覆土处理，只用麦秸泥对其外表进行通体抹光修饰，原形原貌地呈现出一种薄壳形的泥拱券窑洞风貌和气质（图 9-58、图 9-59）。还有一种做法是待泥拱券完成后，在窑背上用湿土堆

图 9-58 宁夏回族自治区薄壳形的胡墼箍窑

图 9-63 陕西省神木县沙峁镇一户石箍窑洞住宅室内

图 9-59 宁夏回族自治区同心县胡墼拱券"发券"民居（陈丽莉）

图 9-64 陕西省绥德县清代贺家庄园的窑上窑

图 9-60 甘肃省宁县清华村胡墼砌筑的窑屋

成双坡形，拍实晒干后再在上面铺瓦，形成一种双坡屋面的房顶，而且屋脊和檐口俱全，因而当地人赐予它一个别致的名称——窑屋。

这种窑屋还可以采用青砖对其关键部位进行包镶装饰，既能起到防御雨水侵蚀的破坏作用，又可获得良好的装饰美观效果（图 9-60）。另外，在陕甘宁三省区相邻的一部分缺乏砖石资源的草原与沙漠的接壤地带，人们将韧性良好的柳树枝捆绑成束，在夯筑好的土墙上扳弯成拱券形屋顶，再用草筋泥抹面处理，形成一种名叫"柳笆庵"的窑洞形式。

经中国人吸收和变化的独立式窑洞多以多个单拱券空间连续的形式进行建造，也出现了不少拱券窑洞与房屋结合在一起而形成的双层复合结构的窑洞住宅形式。若上下两层均为拱券式窑洞，一般被称作"窑上窑"；若下层仅为一排拱券窑洞，在覆土后的窑背上面再建上一层砖木结构的房屋时，则被称为"窑上房"（图 9-61）。其中，窑上房的形式较为多见，甚至可以建两层以上。

图 9-61 山西省碛口古镇西湾村清代窑上房式民居

另外，独立式窑洞也有结构复杂的多拱券组合砌筑的窑洞。除了常见的十字拱窑洞外，还被进一步发展成为一种以大拱券空间为主体，与多孔小拱券空间组合的独特形式，由此构成多层次的窑洞室内空间，获得更大使用空间和多方位的自然采光效果（图 9-62、图 9-63）。独立式窑洞在中国黄土高原上的出现，可以使人们主动摆脱地形地貌的限制，并节约用地，特别是人口密集的山地城镇。人们可以因地制宜，根据需要进行合理组合，灵活机动地发挥拱券窑洞的组合形式（图 9-64）。

图 9-62 山西省双林寺多拱券组合的砖箍窑

■2 生土窑洞与黄土地文明

在文化心理中，世界上没有任何民族像华夏族人那样与土地保持着如此深厚的感情，甚至是一种经久不衰的宗教情感。因为黄土地不但倾其肥力养育了黄土高原上华夏民族的子孙后代，孕育了永不枯竭的华夏文明，而且以其自身的物理特性为华夏儿女提供了各种形式的栖身空间。

首先，黄土高原温顺、敦厚、适度松软的土壤，即使采用最为简陋的劳动工具也可以从事植物种植，从而使黄河中游渭河流域的关中平原率先步入刀耕火种的原始农业时代，成为世界历史上最古老的农耕文明区域之一，华夏文明重要的发祥地。其次，华夏文明是世界上发展最为成熟，历史最为持久和从未断裂的古老文明。生存在黄土高原上的华夏儿女在长期从事农作物耕种和栽培的实践中，通过不断了解黄土地壤属性与农作物间的关系，不但形成了自己的自然观、社会观、审美观、宗教意识、伦理道德观念等，而且感悟出自身生命的本源问题，形成了自己独特的认知事物的思维模式和民族文化性格。再者，华夏儿女通过侍弄黄土地，不但获得维持自身生存所需的物质资源，而且在开凿生土窑洞、发明夯土技术、创造各种形式的土木建筑的过程中形成了自身的生活模式、风俗文化，以及独特的文字形式。因为在很大程度上，中国汉字的起源与黄土高原上的洞穴生活和土木建筑形式也密不可分。

根据考古学家在江西省万年县仙人洞里发现的距今12000～14000年，世界上最早栽培稻植的硅石标本来看，中国的原始农业生产大约源起于12000年前。当时，适逢地球上全新世气候的来临，同时也是人类文明从旧石器时代向新石器时代的转型期。由于大气环境渐暖，遍布于地球中、高纬度的冰川大量消融，造成了海平面大幅度上升，由此引发了人类活动足迹跟随喜暖型动植物一起，从低纬度逐渐向中高纬度和海拔较高地带迁徙的现象。

大约在5000年以前，经过第四纪地质变化和季风性气候影响下的华夏大地同期出现了三大类型的文化区域。一是在黄河中下游、辽河和海河流域等地区出现了以栽培和种植粟、黍等农作物为象征的农耕文明区域，并兼有驯养猪、狗、牛、羊等活动。二是出现了以水田种植水稻为主要粮食作物，同时驯养猪、狗、水牛、羊等活动的长江中下游农耕文明区。三是长城以北大部、内蒙古、新疆，以及青藏高原等地区，以采集狩猎为主要生产活动的游猎文化区。然而，在五六千年前的新石器时代中期，地球上曾经发生过一次十分罕见的大洪水，从而造成了许多低海拔地区的农耕文明销声匿迹和文化历史断裂的重大事件。例如，考古学家根据遗址中的植物孢粉、淤泥层里的埋藏等情况进行分析，证明位于钱塘江和太湖流域的良渚文化，正是毁于这一次全球性大洪水。另外，专家们推测认为，著名的河姆渡文化也同样毁于这次大洪水。所以，中国远古社会口头传承下来的有关创世纪的文化历史和神话传说，大多以当时黄土高原上的自然环境为背景，各时期的文化遗址发现和考古也保持着清晰而连贯的历史文脉。

大洪水过后的华夏大地满目疮痍，凄惨荒芜，甚至面临着华夏族人种覆灭和后代如何延续的人口严重缺失的问题。迫于形势，传说幸存下来的伏羲和女娲兄妹俩只能以身作则，兄妹成婚，以续人间香火。例如，陕西关中西府一带至今流传着伏羲和女娲兄妹成婚时因自觉害羞，"乃结草为扇，以障其面"的相关传说。然而，如此宏大的造人工程仅凭伏羲女娲兄妹二人是难以胜任的，于是有了女娲抟土作人之说。即，汉末学者应劭在其杂史《风俗通义》中所讲的："天地初开，女娲抟黄土做人，剧务，力不暇供，乃引绳泥中，举以为人。"意思是大洪水过后，为恢复天地间的人气，女娲便用黄土和泥做人。为了提高效率，女娲将绳子浸入黄土泥浆之中，绳子每被提起一次，便会携带出一个个会变成男女女女的泥蛋蛋。

自古时期口头传颂下来的用黄土泥大变活人之说，也许是中国人之所以成为黄种人的理由。显然，华夏民族有关抟黄土做人的创生构想，是从自己利用黄土温顺柔和，便于塑造形象的天然属性出发，以及制作陶器的经验中获得的启发。例如，有关黄土生人的创世构想在陕西省洛川县民间还有一种更为有趣和生动的说法。据说女娲每日用黄土和泥，按照自己的模样捏出一批批小泥人，吹口气后它们立马变成一群活蹦乱跳的童男童女。然而，正当女娲将做好的泥人放在河边晾晒时，一场瓢泼大雨突如其来，女娲急忙将这些泥人往窑洞里搬，可惜还是有些泥人被雨水淋得缺胳膊少腿。于是，这世界上有了后来的残疾人，而那些没来得及搬进窑洞的泥人被雨水冲进了河里，变成了河水里的鱼鳖海怪。

中国古人对于土地属性的认知主要来源于自己在培育植物过程中的长期观察和联想。他们与土地之间的感情也是年复一年地从土壤中索取食物的切身感受中逐渐产生和加深的。故此，《说文解字》云："土，吐生万物的土地。'二'像地的下面，像地的中间，'｜'像万物从土地里长出的形状。凡是从土的部属都从土。"

我们从中国古人创造象形字的思想意识来分析，他们对于土地的认知可大体总结为两德，一是"载万物"之德；二是"吐生万物"之德。中国人之所以在黄土高原上创造出世界瞩目的农耕文明，正是由于他们在认知天地万物的过程中形成了一种特殊的思维模式，培养出一种观象取义、近取自身、远取万物，使天性、人性、物性交感互通的心理结构图式，以及天人感应，万物一体的世界观体系，因而在客观上把自己的生存质量寄托在顺应大自然规律的信念方面。

在构筑社会文明的价值体系方面，中国古人将承载万物、吐生万物之大德与孕育生命和繁衍生命的伟大母性相贯通，将自己对于土地的感恩和赞美融入对于大母神的崇拜和敬仰意识之中，由此构成了一种带有人间情感的对于大自然崇拜的文化理念。在进入对偶婚姻模式的社会文明阶段时，中国古人又从天与地的对应关系出发，确立了一种以一对夫妻为基本构成单位的伦理秩序和社会结构方式。即《易·说卦》曰："乾，天也，故称乎父。坤，地也，故称乎母。"而《礼记·郊特性》中的"夫妻礼，万世之始也"说明，中国古代很早就树立了家国一体的社会意识。在此基础上，他们又以"天地合而后万物兴焉"的自然界伦理为参照，将夫妻和合的家庭基本伦理提升到了国家和社会伦理层面。

中国人在漫长的农耕文明时期，无论是侍候农作物、驯养动物，还是人类自己生儿育女，孕育生命和辅助生命茁壮成长成为他们主要的物质活动和精神活动的内容。因此，在华夏先民的精神世界里，生生不息和生命繁盛被看作是宇宙世界之本原，也是自己最基本的道德标准。即《周易·系辞传》所云："天地之大德曰生。"在这种生生观念的影响下，中国古人相信宇宙间的生命万物共生相融，彼此照应，与宇宙间的日月星辰、风雨雷电等一切自然现象息息相关，人间的一切行为必须顺应自然变化之规律。这便是中国黄土地农耕文明所酝酿出的天道、地道、人道，一种三才合一的有机世界观。正因如此，中国古代社会的重要活动、国家管理机构的设置，甚至是官服上的图案与色调，均追求与自然时空运行的方位和季节气候相一致，与构成客观世界的物质元素相呼应。

东汉王充在《论衡·自然》中讲："天地合气，万物自生，犹夫妇合气，子生矣。"中国古人这种天道、地道与人道三位一体的有机世界观念使人们相信，夫妻伦理的重要性涉及现实生活中的风调雨顺、五谷丰登、人丁兴旺、国家昌盛，乃至黎民百姓安居乐业等美好诉求。与之相反，如果人的行为脱离了自然规律之大道，或逆行倒施，特别是违背宇宙世界的生生之大道，将会招致大自然的不悦和报复。正如《易·象·归妹》所言："归妹，天地之大义也，天地不交而万物不兴。"意思是说，男婚女嫁是天经地义和顺乎自然的大道理，如果人间阴阳关系不协调，也必然影响生命万物的繁盛。

象征新石器时代技术文明程度的标志是大母神时期人类利用泥土的可塑性，经烧烤硬化后制成的各类得心应手的生活容器和祭祀礼器。陶器发明的另一层意义在于，它不但使人类的物质生活和精神生活更加便利和丰富多彩，而且成为一种能够储存文化记忆的文字和图形的载体，它克服了《周易·系辞》所讲的"上古结绳而治"的那种简单粗略，无法长久保存文化信息的弊端。例如，考古发现的7000年前的安徽双墩遗址在陶器上的刻符、6000年前半坡仰韶遗址陶器上的刻符，以及5000多年前江苏青墩遗址陶器上的刻符等，许多文字的雏形和符号都是因为陶制品的特殊性而被保存下来。所以，陶器刻符的出现，对于中国象形字的形成和发展起到了很大的促进作用。因为，在陶器泥胎上刻画比在龟甲或兽骨上进行镌刻明显容易了许多，而且在文化普及和传播方面凸显出很大的优势。

数千年后的北宋年间，在泥胎上刻字，经火烧硬化后形成了一种可以任意组合和编辑的单元字模。然而，这种将泥土文化提高到空前文明程度的

人却是一位名叫毕昇的普通百姓。而且，这种陶制活字字模的发明改变了人类文明发展的进程，使活字印刷术与指南针、火药、造纸术一起成为中国黄土地文明奉献给全人类的四大技术发明。

相传，汉字的初创者是5000年前轩辕黄帝时期的一位名叫仓颉的史官。据说他从鸟兽走后留在地上的爪蹄印痕得到了启发，从而创造出中国最原始的象形字——鸟兽文字。客观地讲，仓颉的功绩只不过是在其他先民长期进行文字创造成果基础上的集大成者。据说，仓颉本人长相异常奇特，东汉王充在《论衡·骨头像》篇中描述道："仓颉四目"，说明此人是一位善于观察，好奇心很强的人。他的出现，是中国历史上有文献记载的第一位"四眼"型的大知识分子。传说仓颉出生于陕西省白水县北塬乡，这里属于陕西关中渭北旱塬地带典型的地坑窑洞院落的分布区。他所活动的时代应当属于穴居和半竖穴居住形式并存的仰韶文化时期，与西安半坡文化遗址或临潼姜寨文化遗址的后期文明程度十分接近。

中国象形字的原型创造原本出自一种对于实物形状和现实景象所进行的简单模仿或勾画，经历了从表象到表意漫长的演进过程。到甲骨文时期，中国的象形字已经具备了指事、象形、会意、形音等象形字的基本属性。所以，只要通过对古代汉字的间架结构、偏旁部首等构成因素进行逆向分析和研究，便可发现其有关表现房屋和居住环境方面的文字都与它起源时的人文背景密不可分，特别是融入了当时农耕文明时期的思想意识和房屋建造的方式，以及建筑材料的构成等信息。值得一提的是，通过对一些父子造型的意象和所表达的文化内涵进行分析，我们可以进一步了解到穴居建筑形式对于中国黄土地文明在形成过程中所产生的作用和深远意义。

象形字的首要特点就是模仿物形，这是汉字创作意识的出发点。在有关表述房屋建筑的古汉字中，与人类居住活动关系最为密切的莫过于"穴"字。由于穴居在中国原始社会的居住文化中有着特殊地位和影响力，因而与表述建筑形式和居住文化内容相关的许多文字都发生了关系，由此衍生大量的象形文字。据有关学者统计，"穴"作为一种义符性文字，比其他部首字出现的频率平均高出了百分之二十以上还多。例如，《说文解字》云："穴，土室也。从宀，八声。凡穴之属皆从穴。"其大意是，但凡与表达土室、土屋相关的文字，都与"穴"有着相属或直接联系。由此可见，中国先民对于居住空间的认知和理解主要形成于他们的穴居时代。

如果进一步对构成"穴"字本身的字义和字符进行解析，会发现它原来属于一种半穴居形式的居住空间。原始"穴"字顶部的"宀"在《说文解字》中这样解释道："宀，交覆深屋也，象形。"它形象地勾画出一种顶部有扎结而成的圆锥形雨棚，下部为半地穴式空间。"穴"字下半部的"八"表现了一种掏挖进入地下的土室，一种由上而下逐渐变宽的空间形态，这与早期袋状竖穴的空间形状基本一致。中国古汉字在表述房屋概念时，一般将其称为"宫"或"室"，而"宫"字的本身就是表达

图 9-65　仰韶文化时期的陶釜

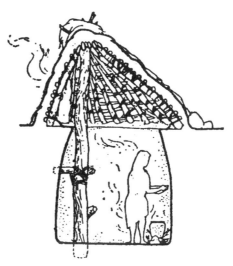

图 9-66　河南偃师汤泉沟竖穴遗址 H6 复原图

图 9-67　汉阳陵汉代跽坐拱手侍女俑

图 9-68　汉画像石《宴饮》中的坐姿

一种上部有一孔用于排烟的窗口、下部有一"口"门洞的半竖穴式圆形木骨泥屋，这种圆形木骨泥屋的穹顶在西安半坡聚落遗址中非常多见。类似的象形字很多，如"穹""窖""窗""窟""窝"等，也都衍生于穴居建筑空间形式及生活内容，这种文字在《说文解字》中共收集了 51 个之多。

在高足家具出现和兴起之前，中国古人的室内起居生活方式明显保留着穴居时期积养而成的举止习惯，待人会客时保持着席地而跪坐的跽踞姿势，或者被认为是比较随意的箕踞和蹲踞方式。在古代中国，箕踞被认为是一种不拘礼节的野蛮之举，而蹲踞也常被用以描述兽类蹲立或踞伏的样子，常以此鄙视那些未被文明开化的北方游牧民族。如《周书·于翼传》云："狄人虽蹲踞无节。"考古人员对于河南省偃师汤泉沟新石器遗址的竖穴进行过实地测绘，发现这种圆形袋状竖穴空间的入口直径一般仅为 1.5m 左右，从洞底到地面的高度略大于正常人的身高，洞底居住面直径稍宽松于成年人平躺时的身体长度，大致在 2m 左右。[①] 故此，在那种没有被褥覆盖和衣不遮体的竖穴时代，长期面朝火塘侧身蜷卧会使人养成一种独特的睡眠姿势。对此，张良皋先生在《匠学七讲》一书中提到，面向火塘，蹲踞而眠也会成为一种可能。

大量仰韶文化时期出土的灶釜陶器中，陶釜与陶灶组合起来的总高度很少大于 60cm。根据陶制灶釜的体量大小、样式、操作方式，以及在袋状竖穴空间中摆放的位置等进行分析，烧火煮饭的女人只有采用跽踞的方式才方便使用这类灶具（图 9-65）。所以，华夏先民在适应这种竖穴空间的生活中，养成了他们的站、坐、卧等一系列起居肢体习惯。例如，"宫"的本身就是从"穹"的字形演化而来的，它表述了一种人在穹庐形屋顶的半竖穴式建筑空间中的生活状况。所以，《说文解字》曰："穹，窮也。从穴，躬聲。"仿佛让我

们看到了在狭小低矮的半竖穴空间里，有人弓腰塌背，一副窘困的样子（图 9-66）。然而，在高足家具出现以前，由这种竖穴生活习养而成的跪姿成为中国古代居住礼仪和风俗的源头，并影响整个华夏文明所覆盖的区域，有些地方甚至一直保留到现在（图 9-67、图 9-68）。

① 杨鸿勋. 中国古代居住图典. 云南出版集团公司，云南人民出版社，2007 年。

中国黄土地文明发展的一大历程便是从明礼做起的，而所谓明礼便是首先从确立固定的对偶关系做起，进而以夫妻之礼为基础构建起完整的社会伦理秩序。正如《礼记·曲礼》所云："夫礼者，所以定亲疏，决嫌疑，别同异，明是非也。"因为，母系氏族社会时期广泛实行群婚制，成年男女之间没有固定的对偶关系，大家过着一种只知其母而不知其父的群婚生活。生产资料和生活资料均由部落女首领掌控和分配，实行集体供给制度。但是，随着男性在社会生活中的作用和地位不断上升，对偶之间的关系日趋稳定，氏族内部成员之间在亲情关系上逐渐产生了远近和亲疏的重大变化，直系血缘关系的成员在生活和经济利益方面愈加靠近和紧密，从而最终导致了氏族社会公有制的瓦解。

以一对夫妻为社会结构最基本单位的家庭私有制经济的形成，使母系社会氏族内部以始祖母为核心的"泛亲"式社会关系逐渐向宗族式的"近亲"关系过渡，并最终转变成为一种以一对夫妻中的男性血缘关系为纽带的嫡亲式的宗法制伦理模式。在此基础上，中国的农耕文明社会又将这种家庭式的宗法制提升到了国家体制层面，使国成为千家万户之大家，君王视百姓为子民，要爱民如子等家天下的观念。然而，如此恢宏而又错综复杂的社会变革，华夏先祖却是首先从很普通的闹洞房风俗培育而起的。

根据风俗传说中的内容来判断，华夏族婚姻方式的转型大概发生在部落联盟时期。当时，黄帝为了战胜蚩尤部落而联合了许多大小部落，并形成了一个强大的统一战线。然而，华夏大地这一时期的文明程度整体上还一直停留在群婚制的原始社会后期，联盟内部成员之间因乱婚、近婚等事件引发的打架斗殴和骚乱案件频繁发生。为了巩固部落联盟，防止内乱，以及确保部落持续稳定的人丁兴旺和高质量发展，黄帝决定必须采取一种果断而又特殊的方式，以改传统不良婚姻习俗所造成的不利局面。

据说，黄帝事先为指定的一对男女准备好一孔窑洞，并将双方的亲朋好友和部落相关人员召集在一起，亲自主持一场特殊而又隆重的结婚仪式，当众将这对新人送进窑洞。然后，黄帝又让人在这孔窑洞的周围筑起高高的院墙，将他们隔离起来，只留一个用于送生活用品的门洞，让他们俩在窑洞中烧水做饭，互帮互敬，培养起一种永久性的伴侣关系。而且，新婚夫妻在这种窑洞里要经过一段时间的相互厮守和适应，从最初的几个月到后来的十多天。轩辕黄帝在婚配方式上的这一革新之举有两大意义，一是要求一对男女要树立白头偕老的对偶信念；二是告诫那些没有婚配的人对于已经明媒正娶的两性关系不允许侵犯和骚扰。后来，这种结婚仪式被逐渐发展和丰富，最终留下今日中国各地闹洞房的风俗（图9-69）。

黄土高原上的人如同一粒粒与沙尘一起被西北季风裹挟而来的植物种子，从数千米高空随意散落在无边无际的黄土高原之上，生根发芽，传播生命，一轮又一轮，一茬又一茬地世代相续。华夏先民从黄土地吐生万物，一岁一枯荣的自然现象中感悟到自己生命的出处，从而将自己与其他生命万物的存在一起归功于黄土地的孕育和滋养，悠然生起了对于大地母亲的敬仰和崇拜之情。他们由此及彼，反观自身，将一岁一枯荣的自然现象与自己的生老病死和子孙繁衍的生命轨迹相联系，并由此领悟出自己生命的归属。因为黄土地上的人个个出生在黄土窑洞里的土炕上，他们小时候泥里滚，土里爬，长大成人之后面朝黄土，背负青天，劳作一世，死后又被安葬在窑洞式的墓穴中，一堆黄土又使他们重新回到大地母亲的怀抱，实现了入土为安的生命归宿。

黄土地上的人祖祖辈辈用生命与黄土地打交道，习性互通。从女娲抟土做人的创世纪神话传说、"陶复陶穴"和"就陵阜而居"的穴居生活，到"有一把黄土就饿不死人"的黄土地民谣，黄土地的物理特性和宽厚仁德的本性不但使他们领悟出生命的本源问题，而且关照着他们生命活动中的每一个过程。例如，黄土高原上的人家每年年底用打碎和筛过的老黄土面加水调和成的泥浆，将黄土窑洞的里里外外粉刷得焕然一新，成为迎接新年最隆重的仪式。再如，陕西关中和山西汾河一带的百姓每年在开耕节（踏青节）的这一天，家家户户都要用老黄土炒制一种名叫"棋子豆"的小食品。

制作"棋子豆"，先要将干净的老黄土面和多种香料粉搅拌匀在一起，倒进一口大铁锅中不停翻炒（图9-70）。当这些黄土面被炒得直冒土泡和热气时，将切好的面丁倒入其中，并不停地翻炒，一直炒到土里的小面丁看起来皮黄，吃起来脆响，闻起来香气扑鼻为止（图9-71）。

中国的黄土地文明创建于大母神时代，她们珍惜生命，爱护生命，一丝不苟地关注生命，期盼生命的壮大和繁盛，因而用生生不息精神理念来统摄宇宙世界。在大母神崇拜的文化理念中，宇宙的原初为"混沌如鸡子"，本身就是将其看作能够化育万物的生命之源，一种集天、地、人三才合一的有机生命体，从而构建起了一种黄土地文明所特有的有机文化体系。正如《吕氏春秋·有始》所讲

图9-69 陕西渭北地坑院内闹洞房

图9-70 陕西渭北人将面丁放进伴有香料的老黄土中反复翻炒

图 9-71 将在香料土中炒熟的面丁用笊篱打捞出来

图 9-72 电视剧《平凡的世界》中陕北人家的窑洞生活场景

的"天地万物，犹一人之身"的观念。这种特质文化观念是将生命看作一种可以跨物界、跨时空，不断进行形式转换和可以随机进行异质同构的永无休止的生命转型过程，正如陕北民间剪纸艺术《牛耕图》所表达的那样，人与牛、与蛙、与草木之间所进行的生命形式的轮回转换。这种以人与万物生命一体的价值观念就是由黄土高原上的女人们，通过自己灵巧的双手将其传承下来的。

中国自古以来以农业为立国之本，往往将"土"与国家命运和王权相关联，因此每年都会以国之大礼来祭祀。例如，《诗经·小雅·北山》云："普天之下，莫非王土。"对于个体生命的构成而言，人人必须与宇宙世界相统一，是一种大宇宙孕育出来的生命小宇宙，因而也应该"金、木、水、火、土"五行俱全，如此才可以身体健康，命运也才能得以顺达。中国古老的"五行"宇宙物质构成之说又与地球方位观念相融合，将"土"与"中"相对应，"土"居中央，在空间伦理中被视为至尊方位。如《乐记·乐论篇》所云："正中无邪，礼之质也。"此外，在传统的风水观念中，天下土壤共分五色，黄土居中央，在五行中因而被奉为至尊，象征上古时代兴起于黄土高原的黄帝部落，黄土高原是华夏文明的起源。故此，在迎接皇帝驾临时，当地官员必须用黄土铺道，是古代中国一种最高迎宾礼仪。

如果说穹顶之下的黄土地是华夏儿女为获取生命存在和繁衍所需能量，世世代代用双手和汗水与自然界打交道的外部世界；那么各种潜入大地腹中的窑洞便成为他们从事家庭生活、社会生活，以及精神生活的内部世界。通常，每个靠崖窑的家庭都有一孔老窑洞，是祖辈留下来的最大家产，当儿子长大成人，就得考虑在旁边为其娶亲而另开一孔新窑。老窑洞一般都是家中老人和孩子们居住的地方，就像原始部落中的公共大房子，但也是全家人一起吃饭、议事的公共空间。吃饭时，老人背靠着墙盘腿坐在炕上，视为上座，其他人则围着炕桌边吃边唠家常（图 9-72）。当一代老人去世之后，他的长子会搬进这孔老窑洞里居住，又轮为新一代老人的生活模式。

在黄土高原上，地坑窑洞院人家一般最聚人气的时候是每年在农闲或春节时为孩子举办婚事。这一天，主人一般会在院子的某一处架起一种集蒸、煮、炒等多项功能于一体的排灶。热气腾腾的蒸汽裹挟着各种美食的香味弥漫了整个天井院，甚至飘荡于整个村落的上空，而其他几孔窑洞也转眼间成

图 9-73 甘肃省庆阳市农村在地坑院办喜宴

图 9-74 陕西省淳化县办喜事中的地坑院

图 9-75 陕西省淳化县窑洞里的流水席

了接待宾客，举办流水席的包间。这番场景，堪称世界上最为独特的一种乡村风俗文化风景和穴居文化（图 9-73～图 9-75）。

图 9-76　严冬季节陕北窑洞
里自弹自唱的自乐班

图 9-77　甘肃省陇东夏季地
坑院里上演的皮影戏

图 9-78　联合国教科文组织授予民间艺术大师称号的库淑兰

图 9-79　陕西省米脂县 1991 年峁墕塔村小学窑洞教室

　　几千年来，中国的传统农业基本上都是靠天吃饭。百姓们在祈求风调雨顺和五谷丰登的美好意愿下，默默地按照祖祖辈辈传承下来的，体现四季气候变化规律的农耕谚语进行生产劳动，以至于他们的精神生活内容也带有明显的季节性特征。黄土高原上的人们在忙完农活之后，他们的大部分时间都离不开冬暖夏凉的窑洞生活，特别是那种夜长昼短，气候寒冷和交通不便的偏远地区，人们几乎与外界没有交往。所以，每到寒风凛冽的冬天，黄土高原上的老窑洞就会成为村里一帮会吹拉弹唱的人进行自娱自乐的小天堂，全身心地投入到数千年发生过的历史故事的戏剧情节之中。在热气腾腾的土炕上，他们唱得满头大汗，将一曲曲陕北道情一直吼到快天亮。与此同时，挤满窑洞的热心观众在一旁不住地拍手叫好，恨不得自己也掺和几声（图 9-76）。

　　"忙罢节"或者叫"看忙罢"，是我国黄河中游地区自西周以来形成的，仅次于春节的一种祭祀天地、祖先和庆祝丰收的民间风俗活动。每到忙完夏收之后，家家户户用刚收获的新粮食做成各种美

食或面花，作为亲戚们之间互相探望和祝贺丰收的礼品。年景更好的话，村里人会凑份子请来常游走于在黄土高原上的皮影戏班子，在凉爽惬意的地坑窑洞院里架起台子，表演一场场连小孩也会跟着唱的皮影戏。他们以此来表达祝贺粮食丰收，感恩黄土地的恩赐，和祈求来年有个更好的收成（图 9-77）。

　　也正是在黄土高原上的一孔孔土窑洞里，有无数个像陕西省旬邑县富村的库淑兰一样普通的老太，她们从自己豆蔻年华的少女时期就已开始了剪纸艺术的创作活动，一代又一代地传递着古老的黄土地文化记忆，个个都堪称黄土高原上的民间艺术大师（图 9-78）。所以，黄土高原上的各种生土窑洞不仅仅是人们用以栖身和繁衍子孙的居住空间，聚落中的家族祠堂、土地庙、村公所，甚至是孩子们读书的教室等（图 9-79、图 9-80）。因此，中国黄土高原村落里的这些生土窑洞，同时也是一种储存黄土地古老文化记忆的容器，它不但关联着人与神之间的交流，而且孕育着人们的未来和希望（图 9-81）。

图 9-80　山西省临汾市某一村落里的窑洞关帝庙

图 9-81　甘肃省会宁县马家堡村建于 240 多年前接口窑式的伊斯兰教道堂

■3　洞穴崇拜与别有洞天

道教是华夏大地土生土长的古老宗教。作为一种文化现象，从起源到发展，中国道教清晰地延续着人类远古时期以来洞穴崇拜的宗教意识和文化理念。如果说黄土高原上发展至今的各种窑洞住宅延续了穴居时代最初为人类遮风挡雨，繁衍子孙的实用功能；那么华夏先祖历经上百万年洞穴生活体验所酝酿出的神灵意识、宗教思想和提升个体生命质量所信奉的修行理念，使洞穴文化意象的发展走向了它神性化的一面。首先，中国的原始宗教和其他大多数古老民族一样，普遍认为洞穴是诸神的诞生地和居住之所，而且与孕育生命的大母神精神相贯通，将洞穴看作人类生命的诞生地，使人们对大母神的崇拜也以洞穴为载体，成为象征生命万物的根源。

老子《道德经》第六章曰："谷神不死，是谓玄牝。玄牝之门，是谓天地之根。绵绵若存，用之不勤。"这里的"玄牝之门"便是一种对于大母神生殖崇拜的含蓄表达。后因老子被道家奉为教祖或"太上老君"，道教由此又被称为玄门，更加凸显其大母神崇拜的主体教义。其次，道家认为只有回归生命母体，回归生命的原初状态，才能实现其修道成仙的生命最高境界。道家这种修行思想的形成，使洞穴成为人们心目中从凡人转化为神仙的必由之处，具有提升生命质量和升华灵魂的功能。再者，受大量中国古代有关洞穴的鬼神传说、故事，以及文学艺术创作的普遍影响，洞穴意象在普通百姓的文化意识中又形成了一种独特的审美对象。

人类文明的开启主要以人类自身生命意识的悄然觉醒为起端，并逐渐上升为思考有关宇宙万物的存在方式和相互联系等世界观问题。道家将宇宙存在之本的感悟归结为一种充满生命能量，生生不息之大道，故而将其称之为"天道"。老子将这种"天道"看作"万物之母"，并遵循"道生一，一生二，二生三，三生万物"之永恒法则。虽然，道教兴起于东汉年间，并以老子的《道德经》为基本教义，然而其发展脉络还应以传说中，5000 年前发生的黄帝上崆峒山问道的重大事件为转折点，并

图 9-82　号称道教天下第一山的甘肃省平凉市崆峒山

图 9-83　明代戴进的《洞天问道图》

上推和贯穿于整个大母神时代，因而是继中国远古时期以来华夏民族文化智慧之大承者（图 9-82、图 9-83）。

图 9-84 青海省湟源县日月乡宗家沟传说中的"西王母室"山洞

图 9-85 马王堆 1 号墓出土的《升天图》帛画局部

大母神时代的人类将大地孕育生命万物的自然属性与自身繁衍后代的女性生理特征相联系，从其共同的化育生命的美德中探寻出对于大地与部落大母神崇拜之间的切入点。于是，山体中的岩洞、植物中的葫芦、炼丹炉，以及道教的建筑空间等成为道教文化中象征孕育生命的子宫，一种使人们回归生命本体，实现得道成仙的途径。例如，在《山海经》《淮南子》等古代典籍中，昆仑山被记述为华夏大地上的万山之祖，是众神聚会的地方，如佛教文化中的须弥山。一位被称为西王母的大母神就居住在昆仑山山脉中的一个洞穴里，因而与古希腊神话中的奥林匹斯山有着同等神圣的地位（图 9-84）。而且，其他神灵在各地的名山大川中均分别拥有自己理想的洞穴居处。

道家的神仙思想源自远古时期巫师盛行的大母神时代，人们相信巫师不但可以预测天气，还可以把握每个人命运的吉凶祸福。由于巫师一职意义重大，因而一般只能由部落高层或酋长亲自担任，或者因为某人的巫术高超而被推举为部落首领。例如，中国远古时期传说中的三皇五帝，其实他们个个都是能够施展巫术的高手。《国语》云："在女，曰巫；在男，曰觋。"说明巫师在大母神时期早已有之，并且最初掌握巫术的是女性，而男觋是男权社会之后的产物。传说在部落联盟时期的轩辕黄帝主要经过几次与蚩尤的斗法，才最终取得了胜利。而且，正当黄帝与蚩尤酣战至胜负难分的关键时刻，是女娲大母神助了黄帝一臂之力。说明，女娲大母神的巫术更高一筹。

商代以前的中国社会主要依靠巫术来安顿国家大事和统治民心，直到周代《尚书》所提到的"敬天保民""以德配天"等"以德治国"理念的出现，巫师在社会中的政治地位才逐渐失去了以往拥有的光鲜，秦汉时期被迫沦落为某些贵族生活中的坐巫或方士，甚至最终走向了民间的风水风俗生活。春秋战国之后，老庄思想的兴起使中国原始的巫术文化在知识结构上得到了极大优化和升级，在自然观、哲学观、健身养生、阴阳风水等方面得到了系统性长足发展，尤其是《山海经》《庄子·逍遥游》所提出的有关长生不老之术的神仙学说的产生，以及对于仙人、仙境和仙药等相关内容的文献描述。

在这种文化背景下，这些神仙观念与后来汉代天人感应之说相呼应，对于人们的精神世界和现实生活均产生了深刻而深远的影响。例如，秦始皇曾几番出巡和派遣徐福率数千童男童女出海寻找长生不老之药，汉代上流社会普遍形成的以追求神仙畅游为时尚的审美情调等，充分反映出中国古代这种十分广泛的思想意识。

道家所畅想的神仙之道的本质在于重生，重生的目的是在继承远古时代生命崇拜信念的基础上，憧憬如何使影响生命存在的各项物理要素达到最佳的结合状态，使个体生命的质量在整体上能够超越一般人生命的存在状态。这种修道成仙的过程，从追求生命长生、再生，最终达到永生（图 9-85）。中国古人在探索生命物质存在方式的过程中又产生了一种"气形"学说，例如《庄子·达生》中所云："天地者，万物之父母也，合则成体，散则成始。"可想而知，"气"在中国古人的物质世界的思想观念中是万物存在的最高形式和基本原初。西汉淮南王刘安在《淮南子·天文训》中讲："天坠未形，……故曰太始。太始生虚廓，虚廓生宇宙，宇宙生元气，元气有崖垠。清阳者薄靡而为天，重浊者凝滞而为地。"意思是宇宙在天地未开化之前，是一种混沌状的"太和元气"。

按照这种气形学说的宇宙物质观念，元气有轻重之别，质量轻者上升为苍天，沉重者下降为大地；上升者呈现为阳性，下沉者属阴性。那么结合人体生命的生与死现象，则被理解为气聚则生，气散则死。如《礼记·郊特牲》所讲的"魂气归于天，形魄归于地。"由此，道家将生命存在的方式理解为一种气与形相互依存的辩证关系，恰似房屋与主人之间的逻辑关系。如道教早期经典之作《西升经》所讲："形者，宅也；神者，主也。"道家因而认为，只有通过安神固形的道根与人根的性命双修，达到神形完美合一的境界，才能实现得道成仙和生命不死的修行目的，这便是中国道家以气功见长的缘故。与此同时，道家这种修行观念的形成，直接影响中国古代对于宗教建筑文化意象的追求，以及对于人居环境的营造理念。

象形字"仙"在《说文解字》中这样解释道："仙，长生仙去。从人从山。"《释名》又曰："老而不死曰仙。仙，迁也，迁入山也。故其制字人旁作山也。"由此可见，"仙"既属于一种体现道家生命境界的名词，也具有情态动词的性质。它给我们描述了一种道家为实现修道成仙之目的，洒脱离开世俗社会，回归大自然怀抱，走向名山大川的生动情景。《孔子家语》曰："不食者，不死而神。"意思是那种不食人间五谷杂粮，却能活得长久的人便是神仙。为此，庄子在他的《逍遥游》中提出："藐姑射之山，有神人居焉。肌肤若冰雪，绰约若处子。不食五谷，吸风饮露，乘云气，御飞龙，而游乎四海之外。其神凝，使物疵疠而年谷熟。"似乎进一步告诉我们，道家理想中的仙人是靠什么维持生命的，一个成仙的人在生命体征上有什么不同一般的表现。

道家的修道理念，很大程度来自老子所讲的"道生气化"和"长生久视"之类的修炼之法。由此可见，道家的生命观首先看中的是如何改变构成自身生命机体的，由内向外高度统一的"气质"。庄子在《逍遥游》中所描述的"肌肤若冰雪，绰约若处子"，以及我们常说的"仙风道骨"便是道家得道成仙后的生命表征。道家认为，这种"气质"的改变主要通过人与良好的生态环境进行生命能量的通畅交流，吸纳天地万物之精华，使人的个体生命与大自然进入异体同吸的境界，形与神达到高度统一的程度。即需要达到北宋思想家张载所阐释的"天人合一"的境界。

在道家看来，适合他们修行的生态环境是指那种远离人间烟火，奇花异草遍地，又便于获得炼丹所需的各种珍贵药材，以及水源纯净甘美，特别是那种山形地势和景观气质超凡脱俗的名山胜水。这便是道家所憧憬的"洞天福地"之仙境。东晋《道迹经》云："五岳及名山皆有洞室"，说明以洞室为主要条件的"洞天福地"仙境观念早已兴起。正如作为道家天下第一山，以布满许多岩洞而得名的甘肃平凉的崆峒山。同时说明，中国古人隐居山林、逍遥自在、与世无争、滋养形质、崇尚远古洞穴生活的修行方式由来已久。在汉代"天人感应"观念的影响下，仙境文化中的"洞天"更是强调那种能够与天地、人、神三界相通的山中洞室，一种天地万物的精气汇集于此的清虚灵境。故此，道家的仙境与其说山不在高，有仙则灵，倒不如说，有山洞则灵才是其中的第一要素。

从空间形态的文化意象来分析，"洞"与"空""无"的本质和意义相通，并以此被道家提升为一种形而上的哲学范畴。如北宋《云笈七签》中所云："元气于眇莽之内，幽冥之外，生乎空洞。空洞之内生乎太无，太无变而三气明焉。"说明"洞天"在道家的空间意象中被赋予了天地宇宙的概念，是元气的诞生之处，明显道出道家洞穴崇拜的原始宗教意识。有关"福地"，是指可供道家受福渡世，修成地仙的清净之地的一种环境概念。在道家的风水观念中，"福地"与选择"藏风聚水"的人居环境相关，说明良好的生态环境与"洞天"相配至关重要，是构成仙境文化不可缺失的两方面。唐代著名道士司马承祯在《上清天宫地府经》中，把天下适合道家修行的地方共归纳为十大洞天、三十六小洞天和七十二福地。基本反映了中国古代道教仙境文化发展的历史渊源和思想构成体系，以及全中国范围内与道教文化有着历史渊源的名山大川（图9-86、图9-87）。

史前洞穴考古发现的大量壁画、丧葬遗存、祭祀物品等说明，人类对于天、地、人神的世界观思考主要来源于自己对于洞穴生活的长期体验和感

悟，洞穴从而成为酝酿原始宗教的原址地。然而，在人类文明史上，原始洞穴封闭、内敛和昏暗幽深的空间形态特征却酝酿出两种不同的文化性格。一种是内向、含蓄，善于反躬自问和溯本求源，视回归为灵魂升华，将回归穴居看作可以进入灵魂崇高境界的，以道家思想为代表的东方文明思维模式和文化性格；另一种则造就出一种不安现状、向往洞穴之外自由，追求光明，以及将宇宙万物的生成和存在归结为主观臆造的西方文明思想体系。正如柏拉图的洞穴观念为代表，他将洞穴中的人看作牢笼中的"囚徒"，主张一种背向洞穴，迎着太阳，将洞穴生活的原始记忆看作身后黑暗的投影，表现出一种外向型的文化性格。

图 9-88 浙江省藏隐于雁荡山合掌峰中的"第一洞天"

图 9-89 雁荡山仙姑洞

正因如此，在中国古代的神话故事中，但凡历史上出现的世外高人、大神、大仙等似乎都来自某种偏僻险峻的山洞，那是一方令人无限遐想和充满精灵之气的山水圣地。这种人一旦决定涉足世俗社会生活，这一行为便会被普通人称作"出山"。然而，在西方人传统的神话世界里，洞穴更多被看作一种陌生而又恐怖的魔鬼居所，特别是后代西方文学作品中大多被描述为一种探险家的乐园。这种奇特的文化现象的确验证了《淮南子·诠言训》所言："同出于一，所为各异。"言下之意是，洞穴是孕育宇宙万物种类和使其分形之处。另外，在中国传统的文化思想中，儒家求圣，以追求完美道德为修身之本和人生价值的终极目标；而道家求真，以实现人的自然天性为最高诉求，从而构成了中国传统文化的两面性。所以，只有道家的精神世界属于一种继续以洞穴崇拜为本原文化，并以此不断进行文化思想体系的建构。

在道家的思想观念中，洞穴不但保存着人类原初文明最为纯真和美好的童年记忆和文化意象，也是后世人们在一个个风雨飘摇的时代能够继续保持独立人格和维持高尚情操的避风港。在此基础上，

道家从洞穴崇拜的原始宗教中又进一步将天地、人、神三界高度统一为一种"洞穴天地"的概念。即道家所感念的"洞穴母体"宇宙观。例如，西汉时的《紫阳真人内传》云："天无谓之空，山无谓之洞，人无谓之房也。山腹中空虚，是谓洞庭；人头中空虚，是谓洞房。是以真人处天处山处人，入无间，以黍米容蓬莱山，包括六合，天地不能载焉。"所以，道家仙境理念中的洞穴成为一种能够跨越三界，超越时空概念的神灵通道，仙居于此的人可以进入一种"洞中一日，世上千年"的超现实境界。可以说，道家神仙文化中的"洞穴天地"，如同当代科技文明在爱因斯坦相对论指导下的探索和发现，证实宇宙间存在的无限神秘的"黑洞"一样。在道家"洞穴"仙境文化的影响下，"别有洞天"成为中国文人对于美好风景和人文意境的极限表达，是一种无限抵达的精神境界（图 9-88、图 9-89）。

唐代诗仙李白在《山中问答》中表达了自己对于道家这种"别有洞天"意境的理解和想象。如："问余何意栖碧山，笑而不答心自闲。桃花流水窅然去，别有天地非人间。"虽然，李白诗中的"桃花流水窅然去"没有出现"洞府仙境"之类的字眼，但却是对东晋诗人陶渊明《桃花源记》中"别有洞天"意境的暗用，他将自己退隐的理想之所与陶渊明笔下藏于洞府之中的"桃花林"仙境巧妙地由流水暗接起来，从而产生了巨大的时空张力。

受道家仙境文化的广泛影响，在传统中国人的身上，特别是在传统知识分子的身上，不同程度地存在着神仙文化的性格基因。例如，西汉史学家刘向在他的传记性神仙谱系《列仙传》中，不但记述了黄帝、吕尚、王子乔、范蠡等地位崇高的人物得道成仙，而且讲述了许多来自社会不同阶层，甚至是补鞋匠和乞丐也能成仙的事迹。可以这样讲，如果没有道家神仙文化的滋养，后世中国就不可能出现唐诗宋词这样的文化盛世，以及高远雅致和超凡脱俗的浪漫主义文人情调。

如果说西汉史学家刘向通过他的《列仙传》向全社会灌输了一种人人可以得道成仙的信念，进一步营造出人人渴望成仙的社会文化氛围和心理结构，那么东晋道学家葛洪所著的志怪小说集《神仙传》则是通过讲述 92 位情节复杂、怪异和生动的如何成仙的神话故事，将道家所创造的洞穴仙境文化普及到了社会大众的世俗生活，而且使"洞天福地"的原形文化价值观念发生了重大转变。

随着这类文学作品的广泛传播和盛行，文学家笔下的亭台楼阁和奇花异草从而成为他们创造美好生存环境的一大愿景，也为现实生活环境中的建筑环境和园林艺术设计提供了创作灵感和精神要素。在这种洞仙文化意象的影响下，那些穷困潦倒、生计无望的书生们冥冥之中相信自己有朝一日也会坠入一种神仙洞府之类的仙境之中，去实现自己在现实生活中无法得到的一切，在精神方面从而有了一丝寄托（图 9-90）。与此同时，文人所向往的生活情调，又为道家所创造的神仙文化增添了许多浪漫主义的色彩。所以，在中国古代许多文人笔下的仙洞故事中常常有美色仙女与落魄的书生朝夕相伴，为其翩翩起舞，并一起享尽世间无法享受的奇珍异

宝。所以，道家所创造的洞仙文化理念在影响人们现实生活的同时，却又削弱了自身原始的宗教意义，从而转向了一种特殊的审美途径（图9-91）。

然而，道家这种"仙洞"文化意识之所以在魏晋南北朝时期迅速走向世俗生活，成为一种十分广泛的生活审美情调，不能简单归结为一批志怪小说的盛行和影响。首先，中国封建社会时期各朝各代的统治者为了树立自己神圣不可侵犯的帝王尊严，往往假借一些带有原始宗教气息的传奇、怪异事件为自己特殊身份的显现做铺垫，因而建立起了一种独特的充满巫术意识和志怪性事件的信史体系。例如，《史记·殷本纪》记载的简狄因吞玄鸟之卵而生商契，《诗经·大雅·生民》中所讲的姜嫄履迹而生后稷等传说，将一些关键性历史人物的出现说成是一种天意不可违的自然现象。因此，灵异和奇幻意识在古代中国有着非常肥沃的文化土壤和大众化心理结构。也正因如此，中国的传统文化更多成分地保留了人类穴居时代的原始基因。其次，中国从汉末期到魏晋南北朝期间，由于各种政治势力此起彼伏，政权更迭频繁，社会因而长期动荡不安，广大知识分子"治国齐天下"的社会报复随之灰飞烟灭，无以为望，从而促使了他们开始重新思考个体生命自身的存在价值。故此，追求自在自为、清静无为、远离现实纷争的思想意识成为中国传统文人身上普遍存在的一种文化性格。

这一时期，士大夫出身的陶渊明隐逸山野，过起了一种与世无争的田园生活，并通过他的代表作《桃花源记》给士大夫阶层的文人设想了一种自由、太平、安逸和祥和的理想生活方式和栖息环境，使深有体会的文人在精神上似乎有了归属之感。在此影响下，一种无拘无束、自由逍遥的仙游文化在文人间悄然兴起。另外，受大乘佛教人人皆可成佛的普世化修行观念和前世、今生和来世生命轮回观念的影响，中国传统文人开始醒悟到自身生命的价值还可以有多种方式去实现。在他们看来，一个人倘若不能达到道家的"天人合一"，得道成仙的终极境界，尚且可以释放自然生命之本性，在追求仙境之美的仙游生活中去实现个人生命的另一半价值。

于是，文人山水画、田园诗、游仙诗和私家园林等反映仙游文化思想之风兴起。然而，退隐后的陶渊明并没有像道家那样完全逃离人间烟火，在"洞天福地"的仙境中实现生命回归"洞穴母体"的仙人生活，而是在他的《桃花源记》中利用了一种与外界隔绝、自成天地的洞穴空间特征。将一种与当下社会样态完全不同的世俗生活，将一种生态环境优美、人人安居乐业、邻里和睦友善、自由平等，没有天灾人祸的理想社会，放进了一个巨大的洞穴中去实现。

陶渊明所创建的世外桃源是通过几个关键节点来展开他的理想世界的。一是通过一位渔夫在沿溪水划船时对一处山洞的偶然发现来表述自己远离现实社会、获得自得其所的迫切愿望（图9-92）；二是通过洞中别样的满处鲜花嫩草、自由飘落而不受损害的花朵等渔夫所见，来体现自己所期望的安静、单纯、仙境一般的栖息环境；三是通过对于令渔夫眼前一亮的整齐的房屋、阡陌纵横的沃土、绿植成荫、鸡鸣犬吠、忙忙碌碌而各有所为的男男女

图9-90　甘肃省平凉市崆峒山石刻拓片《刘阮天台遇仙》

图9-91　苏州网师园庭院中的仙洞景观

图9-92　广西阳朔县"世外桃源"景区有溪水穿过的溶洞

女，其乐融融的聚落生活氛围的描述，来表达一种自己对于祥和、安逸生活的渴望；四是通过渔夫受到洞穴内世外人家美酒佳肴，轮番热情款待的感受，来反映现实社会所缺乏的互敬、互爱和友善；五是通过渔夫与洞中百姓的交谈，了解到洞中人数百年来为躲避战乱而到此栖息的历史缘由，揭示了陶渊明对于远离纷争、退隐山野、自在自为的生活追求。

最后，陶渊明通过文人刘子骥到死也没能找到，渔夫向外界所泄露的那个有关洞穴之中存在的世外桃源，预示着自己的理想社会难以实现，隐约之中表现出一种格外复杂的内心世界。不言而喻，洞穴内的世外桃源成为人们无法抵近的精神享受，一幅引人入胜的画卷，一种供人们进行精神仙游的意境（图9-93）。自此以后，洞穴从道家原始的宗

图 9-93 网师园中的"云窟"圆门洞

图 9-94 苏州留园庭院小景

图 9-95 苏州私家园林中的漏窗

教崇拜中又以此转型为人们用以寄托理想和情操的载体,一种被人格化了的审美对象,使"洞天福地"的文化价值得以丰富和提升。

从空间形态特征讲,洞穴总是给人一种口小肚大的印象。这一自然现象正与大母神时代人类塑造的大母神形体意念相通。故此,中国原始的大母神崇拜文化理念又将洞穴崇拜进一步扩展到对于具有相似空间和体态特征的葫芦形体上,使葫芦成为象征道教文化身份的符号,"洞府天地"的仙境文化也随之衍生出"壶中天地"的概念。从道家的文化心理来分析,无论是"洞府天地",还是"壶中天地",道家的仙境理念本质就是假借"仙洞"或"葫芦"这一相对封闭的空间特征,和与外部世俗社会相独立的空间性质,来塑造自己意念中的理想世界,甚至建构起自己的时空模式。

所谓的"洞中一日,世上千年""山中无甲子"等观念说明,道家意识到对于时间与空间关系的掌控成为他们修道成仙成功与否的关键所在。所以,道家所设想的一系列修行方式和对环境要素的综合要求,就是希望通过摆脱客观世界中的时空关系和运行轨迹,按照自己的主观愿望对时间与空间的常规结构进行调整和缩放。只有如此,自己的个体生命才能真正进入到意念之中的"不死之乡"的仙境,最终实现自在自为的生命存在状态。道家这种有关宇宙、洞穴与"壶中天地"之间关系的思维模式,与"一沙一世界""一叶知春秋"之类充满哲学思辨的佛家禅语的内涵基本一致,这种思维模式常常被普通人称之为"以小见大"(图 9-94)。同样理由,"以小见大"成为中国传统园林景观设计中的一大基本理念,也是东方园林艺术与西方园林艺术风格迥异的一大根源所在(图 9-95)。

道家将自己修行的场所虔诚地认为是一种天地、人、神的交汇之处,也是一种能够超越世俗时空观念的地方。从道教起初对于自己进行传道和举行仪式场所的称谓可以看出,"靖""静""净"的含义构成了道教建筑环境的基本品质,并以此实现"长生久观"的修行目的。随着道家"洞天福地"仙境观念的形成和发展,道教所持有的建筑环境理念也影响人们对于世俗生活的人居环境的营造,并逐渐发展成为一种中国特有的建筑环境艺术设计的审美体系。

首先,"气形"与"天人感应"观念的结合,使道家选择的"洞天福地"环境,一定属于那种具备风水堪舆学说所讲的"藏风聚气"的各项自然条件。其次,对于充满道教仙境文化思想的中国传统园林设计来说,体现"藏风聚气"环境理念的核心就在于对"龙穴"地形地势的追求上,然后通过"堆山理水"的造园基本手法来展开环境艺术意境的系统化营造。再者,道家将回归自然、实现"天人合一"的理念看作人与自然环境相融的最高修行境界,从而使老子《道德经》第十八章中所云的"人法地、地法天、天法道、道法自然"最终发展成为中国传统人居环境和风景园林营造的基本原则(图 9-96)。

以老子的"道法自然"理念影响生命万物的天然属性为前提,通过虚实对比、疏密相间、曲径通幽、错落有致之手法,营造出清幽、含蓄、淡泊、

图 9-96　北京西山国家森林
公园人造瀑布景观

图 9-97　苏州沧浪亭葫芦形
门洞

图 9-98　苏州沧浪亭中的
石洞

虚灵，以及由生机勃勃的奇花异草等构成的，道家所表述的"洞穴仙境"的文化精神内涵，展现出大自然生生不息的生命活力。在空间组织方面，中国传统园林往往采用忽高忽低、时开时合、曲折多变、园中有园、层次丰富的空间关系和各种形式的门洞造型，体现出道家不断无穷尽的"别有洞天"的仙境文化（图 9-97）。另外，堆山作为中国传统园林艺术中的精华部分，成为道家营造仙境环境艺术的主要元素，特别是那些带有山洞的山体造型，具有风水堪舆术上的"点穴"意义。对于那些常常徘徊于"洞府"内外之间、半隐半退的士大夫文人来说，在自家园林中塑造的山洞景观，也不失为一种绝妙的精神补偿（图 9-98）。

堪舆术是指道家所擅长的相地术或称风水术，相当于现代建筑环境设计前对于项目场地所进行的实地考察和综合研究，目的在于做出科学合理的方案设计。即《说文解字》曰："堪，天道；舆，地道。"堪舆术主要包括对地脉、山形走势、水流走向等自然要素的综合分析，目的在于驱弊就利，营造出最佳的有利于人类生存的居住环境。道家的"气形"物质观念，形成了中国传统文化中"同出于一""万物一体"的哲学思想，如《庄子·齐物论》中的"天地与我并生，万物与我为一"，《黄帝宅经》对于人居环境的营造指出"以形式为身体，以泉水为血脉，以土地为皮肤，以草木为毛发，以屋舍为衣服，以门户为冠带"等理念。言下之意，自然山川、水流和土木与人体同为一种有机生命体。而道家所讲求的"藏风聚气"和"龙穴"，就

图9-99 堪舆术中宅居选址
的最佳穴位

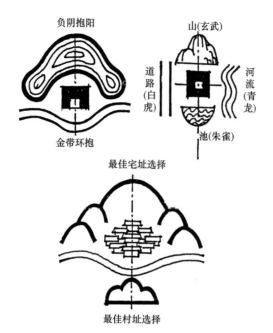

负阴抱阳

金带环抱

山（玄武）

道路（白虎）

河流（青龙）

池（朱雀）

最佳宅址选择

最佳村址选择

是寻找《黄帝宅经》中所指的符合最佳生存环境所需的各项自然要素及相互关系。

　　道家有关宇宙万物皆生于气的世界观，使"风"和"水"成为"生气"，成为营造这种理想环境的关键性要素。由于空气中的水分可以随风运行，"藏风聚气"的概念因而等于"藏风得水"。所以，风向与水源和地形、地貌之间的关系成为堪舆术中真正的考究对象，目的在于获得最具"生气"的生态环境。受人类穴居时代对于理想洞穴环境选择理念的影响，风水营造观念从而将最上乘的"藏风聚气"之处称之为"龙穴"，而"龙穴"传说是一种龙所栖居的洞穴，是指由山形地势相互作用而形成的聚集生命气息的地方。

　　在堪舆术中，风水师一般将山脉在大地上的走势和态势称为龙体，讲究远看气势恢宏，近观形态生动。这种观念起源于《易经·系辞》中所讲的"上古穴居而野处"和采集渔猎的穴居时代，是人类祖先在选择宜居洞穴和解决食物资源过程中所产生的，对于大山崇拜的原始宗教情节。所以，选择"龙穴"首先需要通过巡山，察看山脉形态的来龙去脉。因此，风水术将寻找和确定房屋基址或墓穴的具体位置之法称为"点穴"。而且，住宅用的基址被称为"阳穴"，墓穴位置被称为"阴穴"。"阳穴"讲究坐北朝南，有三面山体合围，呈现负阴抱阳的环抱之势；而"阴穴"对地形、坐向和周边水质、植被等系列要求，更能体现出道家所讲的生命回归"洞穴母体"，顺利获得生命重生的理念。

　　可以看出，风水堪舆之术的这些探索有利于人类生存的建筑环境观念，明显体现出人类原始的洞穴文化心理结构。在中国传统的环境艺术设计中，这种"龙穴"环境价值观念不但被运用在"阳宅"和"阴宅"的选址方面，而且被运用在聚落选址、城市规划，以及寺庙建筑环境的营造方面（图9-99）。

第十章

穴居文化的回归

人类文明就像一个不断发育和正在茁壮成长的小男孩。从四肢爬行、扶墙挪步，到活蹦乱跳；从稚童时的乖巧可爱、调皮捣蛋，到自觉身强力壮而变得不知天高地厚。人类文明自进入工业文明以后，似乎到了荷尔蒙过剩的青少年时期，凭借自身不断增长的技术力量而开始不断向大自然索取，用以满足自己日益膨胀和毫无节制的物质欲望。人类文明于是从弱小时对于大自然的敬畏和无限崇拜，逐渐走向了因自觉无所不能的技术文明而与大自然进行得寸进尺的对抗和挑战。与此同时，现代文明又因狭隘的集团和民族利益而使原本为人类生存发展起来的工具和智慧伎俩，一步步地变成了一种人类自相残害的凶器。在此背景下，一些备受良心折磨的知识分子开始觉醒和反思，希望通过重温人与自然的原始宗教情节，特别是以穴居时代的洞穴文化精神来唤醒人类对于大自然的尊敬，并以此找回人类文明童年时期的纯真和可爱。

建筑是人类文明的载体，是人类物质生活和精神生活的集中体现。当人类文明进入到以西方技术文明为主导的现代文明社会之后，技术与精神文明的发展到了一种严重失衡的程度，从而导致了各种文化价值观念的冲突和社会矛盾的激化，引起了有些睿智之士的深层反思，各种文化思潮也风起云涌。因此，有关反思社会文明意识和文化思想观念的建筑设计艺术思潮也从此进入到了一个前所未有的活跃阶段。为此，许多社会意识强烈的建筑设计师也希望借此能够解决一些社会问题和普通大众面临的精神生活问题。这种现象尤其体现在文化建筑方面，并因此出现了一批具有国际影响力的建筑大师和建筑艺术作品。

高迪（Antonio Gaudi）作为现代主义建筑之父，以其自身不幸的人生经历和动荡不安的社会现实，通过回归崇拜自然的原始宗教精神的心理来重新梳理人与自然的关系和现代文明的价值取向，从而在自己的心灵深处形成了一种远离世俗社会的，如同中国古代陶渊明笔下那种隐藏在洞穴内的理想世界。高迪的这种理想世界便是他为之顿悟而发出的"直线属于人类，而曲线归于上帝"的对于神界营造的无限感慨，一种以曲线为设计母语而建造的能够净化人类心灵，真正与上帝进行心灵对话，带有原始宗教生命崇拜意识的洞穴空间意象，从而形成了自己有机主义象征风格的建筑设计理念。

人类文明发展与生态环境的严重危机使人们在贪得无厌的物质欲望中终于觉醒，围绕环境问题的跨学科和综合性研究逐渐风起云涌，终于形成了能够与以西方文明价值观念为主导的现代技术文明相抗衡的生态文明的价值理念。然而，这种生态文明概念的主要思想内涵是一种越来越与中国传统有机文化思想体系相一致，甚至出现了用生命观念看待一切自然存在的与当代高科技相结合的生物中心主义者思想。我们看到，无论是天体物理学家的宇宙黑洞发现，还是生物学家预测的"宇宙细胞""光遗传"和"脑联网"实验等，好像越来越接近生命无处不在、永不消失的中国原始宗教精神，也好像回归到了人类穴居时代宗教起源时的那种质朴的文化语境。所以，从几位具有文化反思精神的现代主义建筑大师的作品中，仿佛看到了回归人类穴居时代的洞穴空间文化意象和象征原始宗教精神显现的洞穴之光。

在倾向于中国有机主义文化思想的生态文明观念和生命哲学的影响下，20世纪之后的建筑设计艺术不再成为一种个人风格的追求，而是一种与自然环境和谐共生的体验宇宙生生不息伟大精神的有机生命体，如同梅洛·庞蒂（Maurice Merleau-Ponty）感知现象学中所认为的那样，"世界的问题，可以从身体的问题开始"。而建筑对外的各种开口和建筑空间的闭合方式成为一种与自然环境进行能量交换和情感交流的生命语言。所以，洞穴空间的有机形态与洞穴之光成为众多建筑设计师进行建筑空间文化创意的灵感源泉。与此同时，建筑师在解决建筑与自然界冲突的过程中，又重新回到了嵌入大地的洞穴空间。在寻求精神寄托和实现自己在现实社会中无法实现的理想世界时，又好像重新回归到了大母神崇拜的容器创造时代。甚至，有些建筑师将整座建筑看作一种栖息于万花丛林中的动物，开始了仿生建筑的创造设计，而人类回归到了中国老子所憧憬的生命之初的母体之中。

■1 归于洞穴的文化反思

自远古人类第一次下意识捡起一支木棍或一块石头用以自卫开始，人类便开始了利用自然和工具的文明创造活动。随着远古人类身体结构的变化、对火的使用、脑容量的增加、语言的形成，以及灵魂意识的产生等，人类便有了与外部直观世界相对应的内心世界，并不断复杂和丰富。因此，人类文明的积淀和发展一直存在两个方面的向度。一是人类利用自身日渐灵便的肢体技能和日积月累的工具技术经验，向外部环境不断索取维持自身生存和繁衍后代所需的物质资源；二是在人与人和人与大自然打交道的过程中，不断萌发起反躬自问的内心活动。

图 10-1　第一次世界大战中的法军坦克

图 10-2　第一次世界大战出现的化学武器使上万只狗丧生

图 10-3　英国皇家空军第二次世界大战时期的轰炸机

图 10-4　第二次世界大战末美军向日本广岛投放的原子弹

在物质文明的创造方面，人类从石器文明、陶器文明、采集渔猎、农业革命、工业革命、机电革命、信息革命，直至今天日益发达的人工智能的科技革命，并且将永无止境地发展下去。

人类将这些认识自然世界，改造自然世界，不断更新和创造的技术手段统称为硬科学。人类通过硬科学的技术手段从自然环境中获取生活资源，来满足自己日益膨胀的物质欲望。在这些硬科学的支撑下，人类挑战自然的胆量越来越大，掠取物质财富的欲望越来越强烈。为此，人类又创建出奴隶社会、封建社会、资本主义、帝国主义、殖民主义、消费主义等与物质文明发展程度相匹配的社会形式、意识形态、政治经济文化，以及被称之为软科学的各项策略等。

人类技术文明的起初开始于从大自然中简单而直接地索取和利用，到后来逐渐改变自然物理属性和千方百计地创造和发明出能够提高掠夺自然资源效率的各种技术和器械，最终一步步地逼近自然生态环境难以承受的底线。进入工业文明社会以后，由于技术文明的不平衡发展，各种利益集团、国家与国家、民族与民族之间的竞争从最原始的争夺生存领地和土地资源，到石油资源、水资源等，最终演变到为争夺技术文明的话语权而不惜发动各种形式的战争。在战争手段方面，人类从最初一对一肢体接触的互相砍杀、一箭一镖地有限距离的射杀，发展到机关枪的成片扫射、航空炸弹的轰炸、核武器的瞬间毁灭、生化武器以及灭绝人性的基因武器等。技术文明从最初为人类生存服务和提高人类生存质量为目的，发展到了威胁整个人类和生命万物生存的地步。时至今日，技术文明在许多方面的发展已经严重背离了为人类谋福祉的初衷，成为一种悬在整个人类头顶之上的达摩克利斯之剑。

在资本主义向帝国主义的上升阶段，因经济技术发展的不平衡而造成了世界各列强国家之间在划分殖民地势力范围、重建国际新秩序和争夺世界霸权的过程中，终于爆发了人类文明史上的第一次世界大战。在同盟国与协约国两大阵营血与火的争斗中，造成了 3000 多万人的伤亡。而且，飞机、坦克、毒气弹等一大批新型大规模杀人武器在此期间大显身手，新科技已经变成涂炭生灵的恶魔（图 10-1、图 10-2）。没过几年，第二次世界大战又使 61 个国家和地区，20 多亿人口被迫卷入战火。战争波及亚、非、欧三大洲，造成了 9000 多万人的伤亡。与此同时，战争的残酷性又不断促进科学技术的突飞猛进，并被首先使用于制造杀人武器方面，特别是美国向日本广岛投放的仅仅 60kg 重的原子弹，使一座几十万人口的城市瞬间成为废墟（图 10-3、图 10-4）。在此期间，即使处在现代文明边缘地带的原始部落，也不难看见一件五花八门的现代化杀人武器。事实证明，人类 20 世纪的技术文明已经开始变成一匹使道德文明难以驾驭的脱缰野马。

18 世纪末与 19 世纪初正是世界多事之秋，西班牙出现了一位被誉为"上帝的工匠"的建筑设计天才——安东尼奥·高迪（图 10-5）。高迪的成长和活动年代正处于以上所讲述的新旧殖民主义者的实力重新洗盘、世界重遭瓜分、世界秩序重构之际，并由此爆发了第一次世界大战。在此期间，高迪所居住的巴塞罗那市充满着各种新思潮、革命家、分裂主义分子、无政府主义者，以及反教会激进分子等。与之相伴的还有市民罢工、武装起义与政府暴力镇压，以及剧场爆炸案等。

在此背景下，高迪对人类文明的发展现状和价值体系质疑，并深感迷茫。就高迪本身而言，其祖辈数代曾为锅炉匠，18 岁时自己如愿考进了巴塞罗那建筑学院，然而大哥、母亲、姐姐就在他入学后的两年内相继离世，迫使他在一边求学的同时，不得不担负起赡养父亲，抚养小外甥女的义务。此外，儿童时的高迪也极为不幸，自己因患风湿病而常常遭到同龄小伙伴们的排斥和冷落，幼小的心灵就已遭受到严重摧残。这些心理上的暗影使成年后的高迪数次恋情均以失败而告终，没能像一个正常男人一样成家立业、娶妻生子和养儿育女。最终，就在高迪出生后的 74 周年仅差 15 天之际，同时也正当巴塞罗那市市民用彩旗、鲜花，兴高采烈地准备庆祝有轨电车通车的那一天，这位建筑天才被一辆有轨电车撞倒了，并且再也没能起来。尤为凄惨的是，这位天才当时竟被误认为是一位失魂落魄的乞丐被置之不理，不幸成为工业革命产品的直接牺牲品。

冷漠而又残酷的社会现实使高迪从小养成了一种孤僻而异常平静的性格，特别是平时沉溺于观察和琢磨各种自然现象，在与万物通灵的境界中寻找自己的灵魂归宿和与之对话的语言。所以，高迪将自己生活中的一切不幸转化成为对大自然的热爱和崇拜，是大自然中的一草一木给予了他轻松、愉悦和精神上的慰藉，从而在内心世界为自己创建了一种与世隔绝，完全属于自己的洞穴空间一样的精神世界。例如，路边一只毫不起眼的小蜗牛，曾使他痴迷一整天去观察，似乎与之有道不完的肺腑之言。因此，自然界中的山洞、熔岩、骷髅、骨骼架、软骨片、鳞片、海螺、翅膀、花瓣、叶脉等被考古发现于穴居时代人类居住环境遗址的元素，往往成为高迪建筑设计艺术获得灵感的活水源头，并以此形成了他独特的象征主义建筑设计风格。

米拉公寓是高迪为富豪米拉设计的私人住宅，高迪通过借鉴甚至是仿生设计动物脊椎的骨骼结构模式，塑造出米拉公寓洞窟一样的建筑外观形体，迷宫一般流动性的岩洞空间形态（图 10-6）。与其说高迪建筑设计艺术中的文化符号来源于他对自然万物和自然景观的长期观察，倒不如说是他对于人类穴居文化的沉醉和精神回归。所以，凡是体验和观赏过高迪建筑作品的人都会意识到，无论从建筑的外观造型、空间形态、结构形体、装饰手法等都释放出，来源于人类穴居时代的文化密码和思想信息。从其众多建筑设计作品的文化意象表达可以看出，这位"上帝的工匠"犹如一位从地中海盆地旧石器穴居文化遗址中走出来的，浑身散发着史前文化信息的精灵，他的内心世界一直处于一种"万物有灵"和大自然崇拜的原始宗教意识。

高迪设计的建筑有一个最大特征，从建筑外观到室内空间都是以变幻无穷的曲线或曲面为主的设计语言与语汇，营造一种自由流动的洞穴空间形态意象。尤其是他倾注 43 年心血，至死也没能完

图 10-6 米拉公寓链状砖拱龙骨结构形成的流动空间

成的圣家族大教堂，彻底颠覆了欧洲天主教教堂建筑设计的传统理念。虽然高迪本人不是天主教教徒，甚至不属于其他任何宗教群体和派系，但是他所经历的残酷现实使他在灵魂深处形成了一种属于自己的宗教观念和神界意识，以及对于宗教文化精神的理解和阐释。在探索宗教建筑形象设计的过程中，那种灵魂与自然万物合为一体的心理结构，使高迪找到了真正与上帝进行对话的语言体系。即一种由螺旋形、锥形、双曲面、抛物线等变化整合而成的，表达一种回归穴居时代人类原始文明的宗教反思。

高迪呕心沥血，与孤独和寂寞作斗争，在探索属于自己心灵世界的建筑设计语言中发出了"直线属于人类，而曲线归于上帝"的由衷感慨。高迪对于建筑设计语言的重新认识和自我创造，一方面来自他努力摆脱现实生活造成的心理创伤和对理想世界的憧憬。在体验大自然之美的基础上，将现实生活中的世态炎凉、家庭不幸、爱情失落等心理创伤化作一条条神秘的曲线，创建一种源自万物有灵的原始宗教的洞穴文化意境。另一方面，他走出世俗世界，将社会精神与宗教精神相融合，通过对现代文明给人类带来的动荡不安、死亡、灾难等进行一系列的意象加密，以此重释出自己所理解的社会面貌和上帝精神。对于宗教建筑设计的社会功能，高

图 10-7 巴特罗之家中厅旋涡状的顶棚造型如岩洞空间

图 10-11 古埃尔领地教堂门廊

图 10-8 巴特罗之家岩洞与骷髅、人骨结合的建筑外观意象

图 10-9 巴特罗之家室内楼梯间

图 10-10 古埃尔公园主入口

对他本人内心世界的表达。从设计心理讲，崇拜生机盎然的自然世界和对穴居时代本原文化的追溯，构成了高迪独特的内心世界。

首先，高迪认为大自然中的直线是不存在的，说明他突破现有和传统建筑设计观念的约束，从自然现象中探索出自己的设计语言和语汇。其次，通过对生命万物的认识和理解，从中获取建筑结构形式和建筑形象的设计灵感，并借以表达自己对现实社会的观点。例如，以建筑造型怪异而闻名于世的巴特罗之家，他以中生代恐龙化石的躯体骨骼为原型，采用拱形仿生结构方法，从建筑外观造型、室内空间形态和门窗形式等方面，给人一种由岩洞、骷髅与骨骼构成的建筑文化意象（图10-7）。

从时代背景看，巴特罗之家位于巴塞罗拉市中心最繁华的大街上，是当时作为新兴资产阶级炫富和彰显自己社会地位的重要街区。高迪采用如此"冷艳"的建筑风格，在很大程度上也是一种对于残酷、冷漠的社会文化价值观念的生动揭示和控诉，也是他内心世界的一种展现。故此，面对魔窟般的建筑形象和空间形式，高迪却兴奋不已地称之为天堂一样的房子（图10-8、图10-9）。再如，古埃尔公园的大门口，被高迪设计成一种獠牙利齿、血盆大嘴的洞穴形式，说明洞穴意象对于高迪建筑艺术的影响和现实寓意（图10-10）。

显而易见，从建筑造型到空间形态，高迪对于米拉公寓和巴特罗之家之类居住建筑的设计，十分清晰地表露出沉积在他灵魂深处的穴居文化基因，以及从中获得的一系列设计灵感。概括地讲，激情饱满地对于穴居文化意象的追求，借以抒发自己的思想观念和审美取向，是高迪对于建筑文化创意的基本出发点和设计思维的源头。高迪这种沉醉于洞穴文化意境的心理特征，尤其体现在他对于宗教建筑文化形象的创造之中，全神贯注地追溯穴居时代宗教起源时期人类的文化心理状态。例如，高迪在设计古埃尔领地教堂时采用了非常原始的半竖穴空间形态，教堂正厅采用了一种非常独特的平缓的砖拱结构形式（图10-11）。为了营造一种形态自然、丰富多变的穹顶式洞穴空间，他事先用绳索做了一种倒置模型的装置，并对此种拱顶结构进行了静态和动态力学分析。

通过实验，高迪创造出了一种双向拱顶组合结构，随后将其运用到圣家族大教堂的穹顶结构上。

迪则从社会最底层黎民百姓的文化心理出发，试图为社会大众塑造一种象征公平、和谐的精神圣所，以自己独特的建筑形式和空间形体语言向上帝进行忏悔，唤醒普通大众的良知。

高迪有关"直线与曲线"的观念之说，既来源于他长期对自然万象的观察和体验，也来源于自己对世俗社会的批判，以及对当时宗教思想的反思。故此，高迪的建筑艺术是一种具有社会思想意识、原始宗教精神理念和审美观念的有机生命体，也是古埃尔领地教堂用于支撑正厅拱顶的四根大柱子是一种形状如刀劈斧剁般表面肌理的整块石料，与结构复杂、交织有序的一组组砖拱形成强烈对照。这种做法虽无任何特意的装饰迹象，却给人一种古朴自然的质感。这种材料与力学结构的逻辑关系，如同几朵连体的巨型大蘑菇，其中的菌盖、菌皱、菌柄和菌托等清晰可现，有机整合于一体，使人工砌筑的洞穴空间结构成为一种有机生命体，从而将宗教建筑的神秘性寄托于一种生气勃勃的自然物种的生长之势（图 10-12）。所以，有机生命体与原始洞穴意象的有机结合成为高迪宗教建筑艺术设计的一大创意思维方式，也是高迪独特的有机主义象征风格的建筑设计理念形成的思想源头。

图 10-12　古埃尔领地教堂正厅

高迪一生设计最伟大的建筑便是他从 1883 年开始接手的，即使自己离开人世，又被后人断断续续接手和建造至今的圣家族大教堂。这项工程坎坷经历的本身，似乎构成了延续高迪建筑设计艺术生命的一种独特方式。从整体看，宏伟的圣家族大教堂给我们展现的是一幅由山峰、山峦、洞穴与象征生命万物的动植物构成的自然世界的空间环境意境，是高迪借助自然景物、动植物生命结构形式，以及许多生命元素符号来表达自己的宗教思想观念，也是他象征主义建筑设计理念的集中体现（图 10-13）。圣家族大教堂的三个外立面被高迪分别寓意为耶稣诞生、受难和复活三个阶段的内容，而面朝太阳初升方向的教堂东立面，象征着耶稣的诞生和庆生故事，也是高迪本人为之呕心沥血完成的主要部分（图 10-14）。

图 10-13　圣家族大教堂东立面

圣家族大教堂每个方向的外立面各有 4 座 100多米的高塔，分别象征追随基督的 12 门徒，4 个福音传道者，以及圣母玛利亚，而教堂中央 170 米高耸入云的主塔则象征着耶稣本人。这些象征神灵的高塔通体布满了孔洞，由质朴自然的红色岩石雕琢和砌筑而成。整座建筑很少运用直线形建造语言，建筑材料有机随形使用，尽取自然山峰高耸之气势，巨大的建筑体量如同是用黏土手工捏塑的一座大气浑厚的雕塑群，给人一种虽为人作，宛若天成的自然品质感受。这便是高迪一贯信奉的，教堂建筑神圣而高贵的品质应以自然之美为真实的建筑美学观念，也是高迪通过回归自然生命和穴居时代文化心理，以实现自我救赎的宗教理念和建筑环境设计的意境追求。

圣家族大教堂从入口门洞到室内空间的塑造，均采用仿岩洞和仿生自然物形的造型设计手法，物形与材质有机结合，协调统一，尽显建筑材料的天然丽质和自然神韵，充分展示了高迪所追求的象征主义有机建筑风格。

图 10-14　圣家族大教堂东门洞

高迪设计的教堂内部空间非常独特，给人一种别有洞天的意境感受，从而与外部城市建筑环境形成了天壤之别和巨大的心理落差。高迪将建筑内部的柱网结构设计成为形象化的植物造型，使整个室内空间的界面完全消失在千变万化的树枝和树叶交织变幻的光影之中，形成了如中国东晋文学家陶渊明所描述的世外桃源的意境，道家神仙文化里所讲的"洞府天地"。

圣家族大教堂内部的柱子被高迪特别设计成一棵棵俊秀挺拔的高杆树，造型生动如天生地长。柱

图 10-15 圣家族大教堂室内大厅顶部

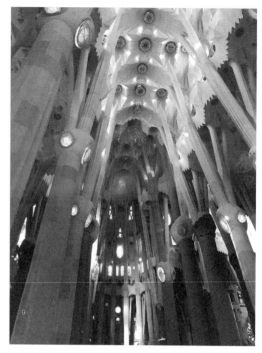

子上端枝繁叶茂的树冠与地面形成了一种特殊的天地关系，从建筑外部洞孔进入的自然光线透过这些树枝和树叶的空隙，使整个室内空间如阳光照射下的茂密森林，使人联想到一种与世隔绝、鲜花遍布、色彩斑斓、鸟语花香，生生不息的陶渊明笔下的"桃花源"。在喧嚣的城市空间，高迪通过自己这种象征主义的建筑设计语言，为巴塞罗那市民营造了一种与世俗社会形成鲜明对比的洞穴仙境，一处用以净化人类心灵，通向神界的神秘途径，也是他一直以来为自己创建的心灵世界和精神圣地（图 10-15、图 10-16）。

图 10-16　圣家族大教堂室内侧厅

■ 2　永恒的洞穴之光

图 10-17　天体物理学家史蒂芬·霍金

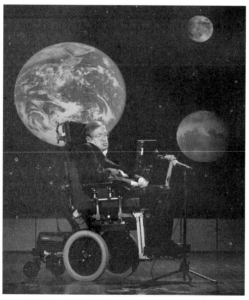

图 10-18　人类在 2019 年 4 月 21 日获得的首张黑洞天体的照片

　　空间的概念范畴很广，远远不止我们日常所讲的长、宽、高那种被简单几何化了的三维概念。它是一种空间与时间相互依存、不可分割的客观存在。按照现代天体物理学家研究形成的主流观点，宇宙诞生于 150 亿年前的一次大爆炸。正是这次大爆炸，基本奠定了我们地球人类现在所处的星际关系、物质形式，以及时间与空间交织在一起的宇宙空间模式。

　　宇宙大爆炸的这一瞬间被学者们称之为"奇点"，一个奇点的出现便是一个时空体系的开端。然而，人类很早以来就已开始了这一方面的思考，也是人类历史上所有文明思想体系建立的根基和必须首先需要做出的一种解答，更是许多有关开天辟地和各种版本的创造宇宙万物的神话传说产生的原因所在。

　　20 世纪有关宇宙空间的伟大发现，是一种通过广义相对论与量子力学结合而得出的有关创世纪的推论。著名天体物理学家史蒂芬·霍金（Stephen Hawking）所设想的无边界宇宙模型的产生，继而得出黑洞天体存在于宇宙的结论（图 10-17）。而且，人类终于在 2019 年 4 月 21 日获得了位于银河系中央，距离地球 5500 万光年，质量大约是太阳 65 亿倍的首张黑洞天体的照片（图 10-18）。

　　据了解，黑洞因其超大的质量而发射出超强度的吸引力，会使宇宙间任何接近它的物质，包括光和电磁波等，都无法逃脱。也就是说，黑洞之中储藏着自宇宙诞生以来的海量信息。所以，当我们获知黑洞所具有的这般魔力时，不由联想到《圣经》中《旧约·创世纪篇》所讲的，上帝说有光，于是便有了光的神性表述。由此可见，西方《圣经》里上帝的角色，就好像是这种宇宙黑洞中的洞主，他不但为宇宙苍生编制了空间秩序、白天与黑夜、光明与黑暗，而且为我们人类搭建起了苍天与大地。

有些学者认为，大爆炸之前的宇宙曾经是一种在体量上至大无外、至小无内，时间与空间归零，充满暗物质和暗能量的混沌状能量团。这一观点的奇妙之处竟与中国汉代《淮南子·诠言训》中所言的太乙概念——"洞同天地，浑沌为朴，未造而成物，谓之太一"极为相似。科学家断言，宇宙现在的质量96% 由暗物质和暗能量构成，是暗物质将宇宙中的一切物体黏合成一个有机整体。暗能量在消耗暗物质的同时，也驱动着整个宇宙永不停息地运动。此外，天文学家通过哈勃望远镜对于恒星的长期观察发现，有些恒星在缓慢地离开地球，而有些却在悄然地靠近。种种迹象表明，在暗能量的作用下，整个宇宙像一个在呼吸的巨大心脏，在膨胀与收缩中随机改变着地球与其他恒星间的距离，天文学家由此将这种现象称为"红移"。

据科学家推测，我们日常所说的看不见、摸不着的灵魂可能也属于一种特别形式的暗物质，同样也逃脱不了黑洞的视界和超强"魔力"的有效控制范围，也可能被黑洞吸入和储存起来。此外，科学家们还有一些大胆设想，宇宙中存在着一种和我们不属于同一个时空体系的时光隧道，它有时开启，有时闭合，如同一只在浩瀚大海中漫游着的大鲸鱼。据说，人类一旦进入这种时空隧道，遥远的过去不但可以重现，而且可以使我们瞬间进入一种未来世界，或者使一切处于一种相对静止或暂时定格的状态。也就是说，我们中的任何人将来都有可能与自己的祖先在这种时空隧道中相会，当然也包括当年那位从大树上跌落而死的"露西"老祖母。所以，中国道家得道成仙所讲的"洞中方一日，世上已千年"仙道境界，好像与这种时空隧道的状态十分接近，他们所憧憬的仙洞境界与这种时空隧道有着同样的性质。

然而，单纯依靠量子物理学是无法全面或者令人彻底信服地解释宇宙世界所发生的一切，特别是生命本质与宇宙存在方式之间的关系问题。例如中国著名学者余秋雨在《白莲洞》一文中谈及人类与洞穴之间的缘分时，曾经引用美国一家民意测验研究所在1987年对800万美国人进行的调查结果。调查显示，许多从死亡线上挣扎过来的病人回忆到，他们都曾经历过在朦朦胧胧之中被一股强劲的旋风吸入一个巨大而又深不探底的洞穴之中。而且，在飞向洞穴深处的过程中，当事人总觉得自己的身体被拉扯、挤压，同时洞内还不时发出许多嘈杂之声。[①] 不仅如此，我本人也有着类似的记忆。小时候因体弱多病，每次高烧严重时总会迷迷糊糊地感到自己被一种无名的吸引力所左右，随时都有掉入一种深洞的感觉。而且，总会让我感觉到天旋地转，最终从恐惧和无助的挣扎中被惊醒。

一位名叫罗伯特·兰札（Robert Lanza）的美国科学家试图将生物学与天文学相结合，试图以此

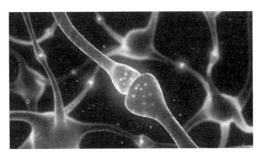

图 10-19　科技人员用激光光束改变小白鼠记忆细胞并重新编组

建立一种"宇宙新理论"，并断言："21世纪将是生物学的世纪，将从此前由物理学统治的世纪发生转折。"[②] 然而，这种被称为"生物中心主义"的主要观点，竟然与中国传统生命哲学中的有机文化思想相得益彰，甚至是如出一辙。也就是说，中国传统生命文化中的"生生世界"哲学观念也许将会一统宇宙理论研究，并通过新的研究成果使其得到进一步的充实和发展。罗伯特·兰札甚至预测，一旦人类以胚胎干细胞的形式发现"宇宙细胞"的存在，就会形成统一的宇宙理论，生物学因而必将成为人类文明最后一门学科。而且十分确信，目前研究有关人类基因组图谱系绘制的完成，标志着已经接近宇宙大爆炸之后的第一秒情况。[③]

生物中心主义者认为，人们一般所感知的死亡只是一种人体意识的幻觉和表象，但从量子物理学角度来分析，人死并不意味生命意义的真正终结。罗伯特·兰札甚至颠覆了以往人们所认知的宇宙概念，大胆认为是意识创造了宇宙，而非宇宙创造了生命意识。如此一来，罗伯特·兰札的观念好像又重新回归到了西方宗教中上帝创造世界一切的观点。在他看来，时间和空间完全可以剥离，当意识脱离一个时空体系后，则会作为一种类似于量子信息的暗物质还可以被另外一个时空体系所吸收，并会以另外一种面貌或形式继续存在下去。这种与道家通过意念掌控时间节奏，试图达到生命获得重生和永生的思维模式也是极其相近。根据这一概念，宇宙太空中应该漂浮着无数种生命意识的"碎片"，随时等候着与自己相匹配的时空载体进行对接，从而获得再一次的重生。

生物学家还发现，光线不但能够使人的神经元产生冲动，而且可以通过研制各种不同光敏通道来控制人的大脑意识，这项研究被生物科学家称之为"光遗传学"（图 10-19）。另外，除科学家通过量子物理学与生物学、光电技术等多门学科在研究证明人的意识作为一种暗物质存在外，电脑互联网与人的神经进行连接的"脑联网"实验也正在进行。而且有学者断言，"人脑/云接口"的脑机交互技术将会在未来几十年，给人类文明带来一种"智能核爆炸"式的革命，现已取得了一些巨大进展（图 10-20）。这一技术的基本原理是采用电脑图与经颅磁刺激相结合的办法，实现处于不同端口的人会共同分享意念，甚至可以将纳米机器人植入人体大脑，充当起联络员的角色。

按照宇宙大爆炸的"奇点定理"来理解，黑洞

①　余秋雨.《文化之旅》中《白莲洞》篇. 东方出版中心，2003。

②③　［美］罗伯特·兰札，鲍勃·伯曼. 生物中心主义. 朱子文译. 重庆出版社，2012 年，第 2 页。

图 10-20 人脑与电脑互联
进行试验的设备

既是一个新宇宙诞生的起点，也是一个旧宇宙走向终结的终点。当代科学这一宇宙生成模式的论述，好像早已被中国道家充满辩证思维的"阴阳鱼"图式所阐释的，周而往复与"生生之大道"的宇宙生命观所道破。按照生物中心主义理论来分析，作为一种宇宙间的暗物质，带有复杂思想意识的人类灵魂应该来往于不同体系中的时空之间，随着新旧宇宙时空体系的更替而循环往复地再现。这种宇宙物质的存在规律，如同生存在中国黄土高原上，世代栖身于生土窑洞里的黎民百姓。他们的肉体降落于生土窑洞之中，死后却又寄身于黄土地下的洞穴里，最终被宇宙间的暗能量所化解，与黄土地土壤融合为一体。同样原理，人类文明孕育于原始洞穴之中，终有一日也会与自己所依附的宇宙一起归于某一黑洞天体之中，以此等待下一个宇宙"奇点"的出现。从这一观点出发，中国黄土高原上的每一孔窑洞便成为如同脱胎于宇宙黑洞的"细胞空间"。

根据天体物理学家的分析和推论，宇宙中的黑洞并不完全黑暗，它属于一种与外界相对独立的有机空间形式。里面有被它吸入的光和无数个闪烁着的被称为暗物质的精灵，以及那种不断促使宇宙新陈代谢的暗能量。它们一起在继续酝酿着下一个新宇宙的诞生，重新建构着一种新的时空体系。因此，宇宙中的黑洞天体、自然界中的天然洞穴，以及人工开挖的窑洞，它们的存在有着相同的本质和人文意义，一起阐释着一种生生不息的天理和大道。即中国古代《周易·系辞下》所言的："天地之大德曰生。"宇宙中的黑洞在永不停息的运动中化生着新的生命万物，储存和保留着无数种来自不同时空体系、不同时代的生命密码和信息。所以，在人类心灵深处的潜意识中，宇宙只不过是更大的窑洞，洞穴和洞穴中的神灵之光，便是最能体现宇宙这一伟大价值的象征，是人类最崇高和最原始的精神符号和信仰象征。

其实，罗伯特·兰札坚信的生物学是人类文明的最后一门学科的观点，是一种用生命观念看待一切事物存在的思维模式。这正是中国传统文化自原始宗教诞生以来，一直以生命崇拜为最高价值观念来认知宇宙万物的一种有机整体的文化思想。在这种思维模式下，宇宙万物无论其大小和外在形式，均保持着宇宙生命不息的最基本特征和诞生之初的气韵。从宏观、中观到微观，均属于一种大宇宙与小宇宙和微小宇宙的母与子的繁衍关系。如同中国

道家所认为的，人与自然界都以五行八卦的图式存在着。所以，如果我们将生物中心主义观念与中国传统的有机文化思想相结合，便会形成一种人类文明、生命万物和宇宙世界的诞生，都以一种性质相同的神秘洞穴为载体的共识。

宗教建筑作为人类灵魂的寄宿之处和神的居所，从建筑空间、建筑造型、雕塑艺术、细部装饰，甚至于光影与声音，都在系统性地阐释着某一宗教的文化精神。所以，建筑设计师和工匠们从建筑环境的各要素出发，一直探索着如何营造一种能够让体验者感受到神界的真切环境和氛围。例如，在 20 世纪 60 年代末，埃及开罗莫卡坦村的基督教教堂被建造在山洞里，更能让信徒们体验到宗教的原始教义，拉近与上帝的距离（图 10-21）。

这种宗教建筑环境氛围来自设计者为之捕捉和展现的原始宗教最基本的文化信息，并为此所营造的人与神互动的语境。为此，不同时期和不同主张的设计师都有自己的突破点和所感悟出的建筑语言形式。例如，被誉为"上帝的工匠"的安东尼奥·高迪从自然崇拜和原始洞穴的空间意境中，发出了"曲线归于上帝"的适用于表现神性建筑的无限感慨。又如，现代主义建筑大师柯布西耶（Le Corbusier）在设计朗香教堂中又以体现"上帝之光"而著称于世，并使这座从废墟上重建起来的教堂成为全世界建筑师为之顶礼膜拜的圣地。然而，柯布西耶所捕捉和营造出的这种"上帝之光"，是一种能够唤醒人类穴居时代原始宗教诞生时的"洞穴之光"的文化记忆。

朗香教堂建在法国东部与瑞士边界仅几英里的一个小山顶上。这里曾是 13 世纪以来教徒们的朝圣地，原先的教堂因遭受法国大革命和第二次世界大战的毁坏而成为废墟。所以，当柯布西耶接手设计这项工程与高迪接手圣家族大教堂时有着非常类似的时代背景和复杂心理。面对现代技术文明给人类带来的灾难，柯布西耶在设计朗香教堂建筑时所表现出的建筑造型和空间意境，与他以往所崇尚的理性主义的秩序感形成了强烈对比，突然转向了一种富于想象力的，带有浪漫主义情调和扑朔迷离的神秘主义的思想倾向。而且，柯布西耶设计的朗香教堂完全背离了现存于世的任何教堂建筑给人们留下的一贯印象和风格倾向，更是背离了自己以往横平竖直的理性设计理念和语言形式。

在朗香教堂的设计中，柯布西耶采用了不规则的空间形态、粗大而笨拙的蟹壳形屋顶、质地粗糙和随机组合的混凝土墙体，给人一种近乎宗教建筑探索之初的石棚搭建建筑的原始印象，并且形成了一种雕塑感极强的体现古老宗教精神的气场。柯布西耶这种从追溯原始宗教精神境界而激发出的设计灵感，给人一种猛然脱离于当下时代背景，回归旧石器时代的巨大心理落差和视觉冲击之感（图 10-22）。如果说朗香教堂在探索建筑造型语言中体现出柯布西耶一种返璞归真的文化心理，追溯人类最初采用巨石搭建祭祀空间时那种崇敬、纯粹而又真诚的宗教文化精神，或者追念人类最早用作遮风挡雨的岩洞空间；倒不如说他通过建筑空间界面之间三十多厘米自然流露的透光缝隙、高低错落和形状大小各异的窗洞，以及一系列的彩色玻璃，

图 10-21　埃及开罗莫卡坦村 1969 年建于山洞的可容纳 2 万人的中东地区最大的基督教教堂，围绕中央讲坛的一圈圈座椅

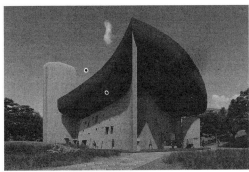

图 10-22　朗香教堂外观

图 10-23　朗香教堂内部界面之间的透光缝隙

是为了捕捉来自天庭，体现上帝无所不在和洞察一切的光芒和空间文化意境（图 10-23）。

　　如果我们将空间看作建筑的本质，那么光便是建筑空间的灵魂，特别是对于一座宗教建筑而言。所以，朗香教堂的建筑造型和空间形式设计几乎都是围绕着如何营造一种神圣的洞穴之光进行的。在对于朗香教堂室内光环境的营造中，柯布西耶主要通过对东面和南面两个立面墙上的窗洞进行精心布局和形式设计实现的。特别是将南面墙体设计成一种富于动感的陡然昂起的弧线形，从而将厚重和大悬挑的黑色屋盖高高顶起，产生了一种四两拨千斤的视觉效果。挺拔而又尖锐有力的墙头几乎将屋顶的拐角处刺穿，使笨拙的屋顶不再让人感觉到压抑。

　　教堂的入口被巧妙地安排在东南角，处于东面和南面两段墙体即将相交的间隙之处，这些独具匠心的设计为光线的意外进入和光影效果做好了铺垫（图 10-24）。另外，将受光面最强的南面墙体的厚度做得极其超常，目的是令采光窗的内外口径大小不一、形状不同，延长了外光进入室内的过程，造成一种神奇的"光隧洞"视觉效果，因而被称之为"光墙"。这些深邃的采光隧洞在彩绘玻璃的渲染

图 10-24　朗香教堂室内的"光隧洞"设计

图 10-25 彩绘玻璃渲染下的流光溢彩

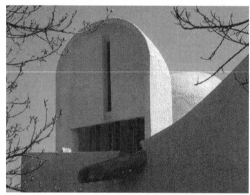

图 10-26 朗香教堂屋顶上的捕光塔

图 10-27 朗香教堂内肃穆的祈祷室

图 10-28 朗香教堂祈祷室上方的采光窗

不设门，一种由弧面形墙半围合而成的壁龛式的天井式空间，如同洞穴之中一处与上帝约会的神秘角落。与之对应的是高高伸出屋面的用于捕捉天光的半圆柱形塔（图 10-26）。

质地粗糙的混凝土墙容易产生漫照射和缓慢流动的光幕效果，使天窗进入的光线温柔而寂静地沿着墙壁缓缓落下。祈祷室的"井底"与采光天窗巨大的垂直落差使混凝土台面上的《圣经》、小十字架和蜡烛显得异常庄严和宁静，从而为忏悔者营造出单独与上帝对话的私密性空间（图 10-27）。抬头仰望，祈祷室采光井内部独特的光影效果，使天窗成为由光影编织出来的一副闭目沉思的耶稣面容（图 10-28）。

柯布西耶是日本著名建筑师安藤忠雄（Tadao Ando）崇拜的偶像。安藤忠雄作为一名自学成才、具有世界影响力的大师级人物，柯布西耶则是他从书本上结识的老师。如果说安藤忠雄受柯布西耶混凝土建筑表现语言的影响而最终赢得"清水混凝土诗人"的美誉，那么真正给安藤忠雄启迪的是他 26 岁那年用打工赚来的钱所进行的一次体验现代主义建筑的溯源之旅。安藤忠雄在朝拜朗香教堂时被柯布西耶营造的上帝之光所震撼，由此引起他对于建筑空间与光影关系的深层思考和探索，并在设计实践中融入了东方禅文化的哲学思想。朗香教堂与上帝进行对话的光影语言，与万神庙大穹顶中央的圆洞天窗具有同等意义和文化基因关系，它阐释着人类心灵深处生命文化的潜意识，体现出人类真挚的原始宗教情节。

在朗香教堂光影意境的启发下，安藤忠雄将西方宗教中洞穴空间与上帝之光之间所阐释的生命哲学，与空寂、凝思、冥想等日本禅文化中对于神性环境意境的理解相结合，从而设计出他的成名之作——光之教堂，一种东方哲学思想下的地域化基督教建筑。故此，安藤忠雄的光之教堂不同于朗香教堂那种以强烈而充满幻觉的光影效果和原始巨石建筑形体所产生的视觉震撼，而是采用极简和精致的能够体现日本民族文化性格的几何建筑形体，营造出冷静、肃然、抽象而又纯粹的内向型静思环境意境。

下，使教堂内部的环境氛围显得格外神秘和充满遐想（图 10-25）。

柯布西耶为追逐"洞穴之光"而设计的一系列窗洞形式，充满着很大的诱惑力。顺着这些"光隧洞"的光芒望去，会使人产生一种随时可以走近上帝的幻觉。此外，教堂内部的几个祈祷室被设计成

图 10-29 光之教堂大厅的落地"光十字"

图 10-30 光之教堂界面之间的光柔化

图 10-31 直岛地中美术馆外观鸟瞰效果

最为突出的是，光之教堂大厅的一整面墙体被一个顶天立地、左右贯通的巨型十字亮窗贯通，产生了一种奇特的室内光影效果。光之教堂这种十分夸张的落地式"光十字"亮窗，从心理上拉近了上帝与信徒之间的距离。通过十字形亮窗投射进来的光线与幽暗的室内空间形成强烈对比，营造出一种非常平和而寂静的氛围。它如同上帝展开两只巨大而无形的双手，抚摸着在场所有人的脸庞（图 10-29）。同时，这种神奇的光线使在场的所有人好像听到了上帝走近自己时轻盈的脚步之声。这种光环境的营造，体现出安藤忠雄一直所认为的人与自然、人与宗教平等的宗教观念（图 10-30）。

对于没有接受过系统建筑学专业教育的安藤忠雄来说，他的建筑艺术的嗅觉和设计灵感主要来源于他在东方哲学思想影响下的思维模式，对于各种建筑空间与自然环境要素之间有机关系的理解，以及本土文化精神在他内心世界中的激情涌动。尤其是安藤忠雄利用了原始洞穴那种独特的洞穴之光在人们心理上容易产生的潜意识反应的自然现象。所以，通过塑造建筑空间形态和形体对于光环境的精神意义追求，成为安藤忠雄建筑艺术设计的一大显著特征，同时也是他在解决建筑与自然环境之间的冲突时，实现建筑与自然环境相融共生的环境艺术理念，不断寻得在设计语言方面突破的主要途径。

安藤忠雄在设计直岛地中美术馆时，为了解决建筑如何融入自然环境，减少建筑形体对于自然环境地形地貌的冲击，他将70%的建筑体量设计隐藏于地下深处，然后采用多种几何形状的采光井和在山坡断崖面上的随机开口与外界环境进行对话（图 10-31、图 10-32）。这些特殊的采光形式，使美术馆的内部空间随着太阳光照角度的变化而形成一系列非同凡响的光影效果，一种步移景异的室内景观体系。这种地下空间给我最深刻的印象是，坐在休息室内一块白色的巨型鹅卵石上，体验一下坐井观天时对于洞穴之光的亲身感受（图 10-33）。所以，洞穴与上帝之光在宗教建筑中所蕴含的哲学思想，不但培养出安藤忠雄情感细腻、情节丰富的空间叙述语言体系和独特的景观设计意识，而且增进了他对于洞穴之光那种原始宗教环境氛围的追溯和向往，正如他后来在对日本北海道札幌一处大佛像的安置过程中所表现出的空间文化意识。

2016 年，安藤忠雄又诞生了一惊世之作。这部作品的出发点是如何以陵园墓地内的一座高大突兀，摆放了 15 年之久的 13.5 米高的大佛像为核心，将其改建成为该地区一种地标性的景观。故此，形象地称为"头大佛"项目。首先，安藤忠雄以含蓄的手法将这座大佛像隐藏于一座缓缓隆起的山包腹中，并为其打造一种顶部开有圆形天窗的地下穹庐形空间。然后，他将硕大的佛像头半隐半现地露出穹顶洞口，而被掩埋于山包下面和供奉佛像的穹庐

图 10-32 日本直岛地中美术馆走廊

图 10-33 作者本人在直岛地中美术馆休息室里"坐井观天"

图 10-34 日本真驹内泷野陵园大佛景观鸟瞰

图 10-35 具有"玄牝之门、天地之根"母穴大地艺术意象

图 10-36 从甬道进入隧道后看到的佛像局部

图 10-37 天光映衬下穹庐中的大佛

形空间成为一种形式独特的地下佛堂。

安藤忠雄这种采用洞穴式的覆土建筑安置大佛的空间创意，消解了人工构筑物与自然环境之间的对抗与冲突。以人工山丘与周边自然起伏变化的地貌相呼应，实现了他一直坚守的建筑与自然对话的环境艺术设计理念。而且，这种地下穹庐中的佛堂空间意象，也惟妙惟肖地体现出原始窣堵坡覆钵体背后深藏着的古印度教"太初之丘"或地母子宫孕育宇宙万物的世界观。在此基础上，安藤忠雄又在体现象征大地母体的土丘上，以露出穹顶的大佛头为圆心，一圈又一圈地向外扩散，栽植了 15 万株薰衣草。随着周而复始的季节变换，这种由地下穹庐佛堂、外部地形与植物三位一体构成的景观体系，营造出一种阐释生命轮回与永生的大地艺术景观（图 10-34）。

在进入穹庐形的地下佛堂前，安藤忠雄又做出了长近 40m 的甬道和一段光线昏暗的隧洞过渡，成为一种心理铺垫设计。在隧道洞口与外部地形的过渡设计中，安藤忠雄形象生动地表现出老子所讲的"玄牝之门、天地之根"的生命崇拜文化理念，一种步入母体子宫的空间意象（图 10-35）。用空寂、静谧、深邃等具有东方"禅"文化的诗意空间环境，传递出生生不息、循环往复的生命文化信息（图 10-36）。

此外，露出佛头的穹顶洞口与古罗马万神庙穹庐大厅引进光束的天窗具有同样的原始宗教意义。走过昏暗的隧道，穹庐内壁呈放射状光芒的凹槽在蓝天白云和阳光的映衬下，使佛像在一片神秘的光晕中豁然显现，而安藤忠雄在陵园墓地为酝酿佛像显现所做的环境意境营造，成为一种阐释佛教生命文化理念的大地景观艺术（图 10-37）。

故此，安藤忠雄将一种缅怀死者、祈祷亡灵的肃静而冷峻的场所，转化成为一种轻松体验生命轮回的宇宙空间模式。按照生物中心主义者的"宇宙新理论"来比喻，安置佛像的地下穹庐犹如宇宙空间的黑洞，它既是生命的终点，也是获得重生的起点。

■3 开口——建筑的生命语言

从自然界中寻找或根据现有条件动手开凿用于遮风挡雨的栖身洞穴，是人类从寻找天然洞穴转向人工创建穴居空间的一大进步。同时，人类祖先在进行这种减法建筑空间的创造过程中，他们的内心世界带有一种来自 300 万年洞穴生活环境的熏陶、积淀和传承下来的，穴居时代人类共有的许多情感基因和文化心理动因。根据荣格原型理论来分析，当洞穴作为一种现实中有形有状的实体空间时，人类可以赋予它这样或那样的实用功能。但是，如果它远离实用功能，逐渐成为人类心灵深处一种情感和精神寄托时，记忆中的原始洞穴可能被转换成为一种集体无意识中的光影意境，贯穿于洞穴空间中的一股神性感召力，或许成为一种能够让人的灵魂可以畅游，多重构成的空间文化图式。

由于原始洞穴在人类心灵深处的神性记忆，因而每当人们遇到与某些文化记忆中的洞穴空间形体和环境氛围接近时，总会产生一些类似的本能反应。这类被条件反射所唤醒的本能反应往往会被一些思想敏锐的建筑设计师所捕获，并予以发挥和利用，从而成为他们进行建筑造型设计和空间创意的灵感火花点，这可能就是人类建筑艺术不断发展的一大内在动因。

在建筑艺术观念日新月异的今天，好多个人设计风格突出、创新意识旺盛的世界级建筑大师，似乎都与这种善于挖掘积淀在人类心灵深处的原始文化意象和文化信息关系密切。因此，凡是能够引起大众心理波动，在情感上迅速与大众产生共鸣的建筑艺术，大多是由于潜伏于人类心灵深处的某些原始意象和记忆信息被唤醒。这可能是 20 世纪现象学创始人胡塞尔（Edmund Gustav Albrecht Husserl）所意识到的，回归事物本身理念的缘故。

路易斯·康（Louis Isadore Kahn）是美国现代主义建筑大师之一，由于他对建筑本质的理解和设计实践作品曾经一度影响世界建筑发展的方向，因而被推崇为一代宗师。作为来自爱沙尼亚的美国移民，路易斯·康具有古典主义和浪漫主义的双层思想背景，并且能够将东西方哲学，甚至是将中国古代的老庄学说融入自己的现代主义建筑设计观念之中，因而又被尊称为建筑界的"诗哲"。

在设计理念方面，路易斯·康深受柯布西耶的影响，坚信建筑形体应该为营造光环境服务，在建筑空间与光影关系的辩证中探寻着建筑艺术设计的真谛。在建筑空间的创意方面，对于光意境的追求犹如古罗马万神庙建筑中的穹顶空间与来自洞顶中央的天光，具有一种非常原始的与上帝对话的神圣功能。这是路易斯·康为之超越物质与技术的精神支柱，也是他的建筑作品能够引起广大受众情感共鸣的内在魅力（图 10-38）。故此，如何在建筑环境意境中经营自然光线，创造神话般的光环境，成为培养路易斯·康建筑设计天赋的主要根源。在此基础上，由于路易斯·康对于古代建筑遗址的偏爱和热衷于对人文历史的深入研究，其建筑意象总是给人一种静谧、空灵、神秘和充满遥远回忆的空间意境，从而在现代主义大师林立的时代形成自己独特的精神面貌（图 10-39）。

遗存于现代建筑设计中的洞穴文化心理便是在建筑形体上不同部位和不同方式的开口，当建筑界面上的开口产生一定深度的视觉效果时，就会成为一种洞穴空间的意象。从文化心理来分析，建筑形体上各种开口形成的虚空部分，如同生命机体中需要与自然界进行交流的"窍口"。这些"窍口"既有气候交换之口、能量交换之口，也有情感表达之

图 10-38　耶鲁美术馆楼梯区屋顶

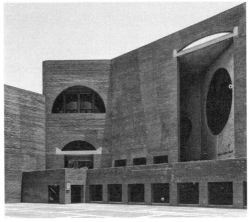

图 10-39　路易斯·康设计的艾哈迈德巴德印度管理学院建筑外观

图 10-40　孟加拉国国家会议中心外观开洞

图 10-41　孟加拉国国家会议中心内部多层次洞穴意象

图 10-42　肯尼迪表演艺术中心镶嵌式天窗所产生的光带

于他来说就是建筑空间的灵魂，对于光的追求往往使他带有原始宗教的崇拜意识，也是他表达与神灵对话的媒介语言。为此，他将建筑结构和空间的形式看作创造光的"诗学"。因此，对于建筑对外开口的大小、形式、深度，以及部位等都是经过他的精心设计，用来调节和控制进入建筑室内空间的每一丝自然光线。所以，路易斯·康的建筑设计艺术主要采用几种典型的几何图形的开口来塑造建筑外观，并在与建筑结构的结合中营造出诗意般的光空间环境（图 10-40）。例如，路易斯·康在设计孟加拉国国家议会中心的室内空间时，重复和多层次运用的半圆形开口，营造出一种气氛宁静、内涵丰富、历史深远的洞穴空间的文化意象（图 10-41）。

斯蒂文·霍尔（Steven Holl）是美国当代建筑大师。作为一位建筑现象学的代表人物和设计践行者，霍尔将建筑看作一种超物质和超功能的精神"场所"。在他看来，场所因人的参与而产生意义，并在建筑环境艺术的设计中起着决定意义。霍尔接受梅罗·庞蒂感知现象学中身体与世界同质，身体是进入世界的入口等知觉思想的观念，并将亲身体验和知觉作为建筑文化创意的思维源头。因此在他认为，20 世纪以来的建筑成就已不再是任何形式或设计风格的形成，而是建筑设计进入到一种思维境界。

霍尔所赞成的身体与世界同质的生命知觉观念，与中国 2000 多年前《庄子·齐物论》中所阐述的"天地与我同一，而万物与我为一"的生命哲学观念如出一辙，而身体作为人进入世界入口的观念又与中国道家所讲的"魂"与"魄"的生命结构力不可分。据了解，霍尔本人还对中国的《易经》有所研究，并将其思维方式运用于建筑设计的创意之中。由此可见，霍尔的建筑现象学是将建筑与人的关系提升到一种有机生命整体的高度，建筑成为人类灵魂的居所。在设计实践中，霍尔根据场所的自然和人文环境来探索最恰当的建筑构造形式，将体验者的行为、视觉、听觉等诸多知觉因素融入建筑空间形态和光环境的营造中，使人的生命机体在与空间环境的互动中体验到自身获得关照的知觉感受（图 10-42）。为此，霍尔在实践中不断探索，并创立了自己的"多孔性渗透"的建筑空间理念。

霍尔的"多孔性渗透"建筑是一种通过多方位和多角度的开孔方式，达到与自然环境保持充分交流的开放性空间的概念，为的是自然光线和清新空气最大限度地光顾室内空间。这种多方位开孔可以在建筑内部形成一种连续性的空间，达到室内外之间的互相渗透，以此起到使体验者的身心与环境氛围互动的作用。这种空间塑造得益于一种非常原始的减法空间建造原理的启示，设计者的心理一直保持着挖掘洞穴时的空间创造意识。因此，霍尔的"多孔性渗透"建筑空间，不由使人们联想到土耳其帕多基亚地区原始而又古老的地下洞穴式的城市空间形态。

霍尔设计的美国爱荷华大学视觉艺术大楼是一座单体四层楼建筑，内部需安置各个门类的艺术学科。为了充分利用自然光线，霍尔将工作室设计成开放式的阁楼空间组合方式。在与建筑多方位的对

口等，几乎符合任何有机生命体的生理征兆。具备如《庄子·应帝王》所讲的"人皆有七窍，以食、听、视、息"等生理机能之概念。另外，中国汉语中的"开窍"一词通常是指那种在瞬间思路通畅和某种意念猛然显现的灵机反应或顿悟。因此，"开窍"一词非常适合用于描述路易斯·康在建筑设计中的运用各项开口，创造建筑环境意象的匠心意识。

我们从路易斯·康的许多作品和文献资料中可以看出，建筑空间创意的设计灵感主要体现在他对于建筑空间光影变幻的意境追求方面。因为，光对

图 10-43　美国爱荷华大学视觉艺术大楼建筑鸟瞰

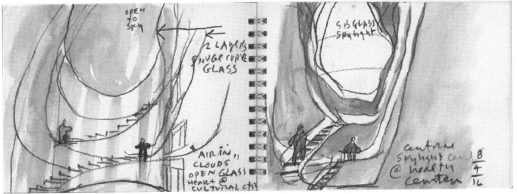

图 10-44　霍尔的爱荷华大学视觉艺术大楼建筑空间创意手稿

外开口相互联系的基础上，他通过开放式的楼梯间的大尺度开口形成一种天井式的共享空间。这种如同顶部通天光的巨大岩洞空间一样的共享空间，使不同楼层间院系学生们的活动清晰可见，为不同专业的学生互动和交流营造出便利条件。在此基础上，工作室之间的玻璃隔断保持着内部空间的视觉流畅，在多视角自然光线照射下的连续性空间层次显得更加丰富（图 10-43）。

霍尔在建筑设计中对于自然光线灵活运用的兴奋程度，源自于他自幼年时期对于自然光线的迷恋和细腻观察，也出自他后期对于光的各种存在方式和变化规律所进行的潜心研究。从心理结构看，霍尔对于自然光线诗意般的激情表现，好像首先将自己看作一位被长期囚禁在昏暗洞穴之中渴望获得自由和阳光的远古人类，对于阳光、空气和生机盎然的外部世界充满着无限遐想，从而使自己迸发出一种强烈的对于光的表现欲望。因此，在他的建筑空间序列设计中，是一种洞穴之中由自然光线引导下

图 10-45　美国爱荷华大学视觉艺术大楼室内共享空间

的交通路线、一种在光影变幻中的室内景观体系（图 10-44、图 10-45）。在这种柏拉图式的洞穴心理结构中，他将自然光线看作自由的象征，是他理解空间的最好媒介，并将其看作营造建筑空间最理想

图 10-46　芬兰赫尔辛基当代艺术博物馆室内空间

图 10-47　美国麻省理工学院西蒙斯学生公寓室内

图 10-48　霍尔与妻子一起在美国莱茵贝克镇设计的 Ex of In 住宅

的物质材料。正如他在一些场合所讲的，自己一直是在用光造房子。

赫尔辛基当代艺术博物馆主要由 25 个画廊构成，室内展示空间采光基本上利用了自然光线，因而成为霍尔灵活运用自然光线和"多孔性渗透"建筑设计理念的经典之作。霍尔根据该地区阳光常年日照的角度和气候特征，为捕捉自然光线而设计成一种独特形式的建筑形式，使体验者在室内能够亲切体验到自然光线随着时间和气候变化而发生的奇妙变化，甚至能够从地面上的投影中使观者体验到天空漂浮着的云姿（图 10-46）。

概括地讲，霍尔的"多孔性渗透"建筑空间常常采用多视角、多方位、有机形体的洞穴式开孔，往往构成一种多重组合关系的动态空间体系，特别是无限可能地利用光的感染力，为体验者营造出一种特定氛围的心理空间（图 10-47、图 10-48）。然而，霍尔的"多孔性渗透"式空间概念的前提，就是在设计师本人的内心世界里预先有一种神话般洞穴空间的光影环境的意境。

阳光、风和水是人类在选择适合居住的天然洞穴时必须考虑的最基本要素，也是人类祖先几百万年穴居生活总结出的基本经验。阳光，是指洞穴的主入口必须朝阳，便于采光和让温暖的阳光更多地照射进洞穴里；水，是指用于选择居住的洞穴应该临近的水源，便于生活取水；风，是指洞穴内部的空间格局应该保持空气循环畅通，有利于保持洞内空气干爽和清新。纵观人类建筑发展历史，无论建筑形式还是环境营造理念如何演变，都无法回避这些最基本的环境要素。所以，阳光、风和水对于一位成功建筑设计师来说，永远是他们面对的重要问题，也是发挥他们设计才能和智慧的重要环节。正因如此，日本著名建筑设计师安藤忠雄不但将这三大元素看作建筑环境设计的本质，而且成为他体现东方文化思想的着眼点。

以自学成才著名的安藤忠雄虽然没有接受过正统的专业教育，但是他曾耗时七年周游世界，亲自考察、体验和学习世界各地的建筑文化遗产，分析和研究现代主义建筑成功与失败之处，特别是对一些现代主义建筑大师作品的研究。安藤忠雄在结合日本传统建筑环境营造理念的基础上，将建筑环境对于人性的关怀寄托在如何与大自然相融合共处，重新回到大自然怀抱的观念上，因而一直致力于如何减少建筑、人与自然环境之间对立和冲突的设计探索活动。

在设计实践中，安藤忠雄将人与大自然之间纷繁复杂的各种关系高度概括为对于光、风、水几大元素的关系处理上，也就是重新回归到人居环境最原始而又本质性的生存问题上。故此，如何以光、风和水几大元素为媒介实现人与自然和谐共生，建筑与自然环境进行亲切对话，成为激发安藤忠雄建筑环境设计艺术的灵感源泉。安藤忠雄这种对于建筑环境的本质性认识，我们可以从他在中国上海保利大剧院的建筑环境规划和建筑空间的创意设计方面得到深刻体会。

上海保利大剧院的主体建筑首先被设计成一种长宽各 100m、高 34m，三维界限于天地间的一种长方体。这块玲珑剔透、轻盈爽朗，外部包裹着双

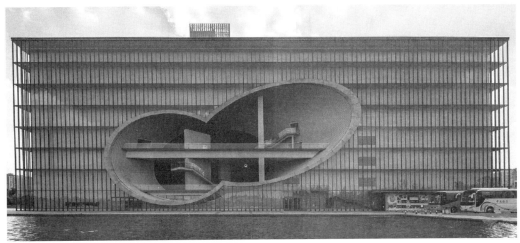

图 10-49　上海保利大剧院
外立面奇异的洞穴式开口

图 10-50　上海保利大剧院门厅内部

图 10-51　上海保利大剧院
内部圆筒形洞穴走廊

图 10-52　上海保利大剧院
半露天剧场

图 10-53　上海保利大剧院
门厅内部

层玻璃幕墙的几何块体好像漂浮于一片开阔的水面上，在水光天色的映衬下显出一种含蓄内敛、端庄大方的气质，与水中微波荡漾的倒影一起沉浸在一种亲昵交流的语境之中（图 10-49）。大剧院内部设有交响音乐厅、话剧厅、歌剧厅、歌舞厅、戏曲厅、综艺厅，以及咖啡厅等功能区，而且需要具备国际水准的音响环境效果。

面对如此之多的功能要求和复杂的空间关系，安藤忠雄则高度概括地通过几道穿插交错的圆筒形洞穴空间和圆筒形垂直竖穴将它们组织起来，而许多辅助性的功能和过渡空间都是在这些管状空间的交错和碰撞中意外实现的，从而形成一种层次丰富、转换微妙、步移景异，如万花筒般变幻莫测的动态有机空间体系（图 10-50、图 10-51）。

建筑外观的设计成为保利大剧院最具表情和魅力的表现，也是由几道圆筒形洞穴在交汇和碰撞中意外构成的各种曲面形动态空间。每处圆筒形洞穴之间的交叉处和形成的端口，都会给人一种惊奇或偶然性的洞穴空间的心理体验。例如，入口大厅、观众厅、开放式天井院、半露天剧场，以及利用不同方位对外开放的马蹄状切口洞穴，特别是当这些圆筒形洞穴伸及与建筑外立面相碰时，被垂直切割后形成的造型独特的洞穴式出入口门洞、窗洞、观景台，甚至是一种亲水露天剧场，以及由此产生出妙不可言和变化多端的光影效果（图 10-52、图 10-53）。

这种由一组圆筒形洞穴倾心编织起来的大剧院空间序列，同时也成为整个建筑空间良好的空气循环、观景和交通体系，而贯穿于建筑外立面的每

图 10-54 明珠美术馆"卵"形穹顶和空间

图 10-55 书店与美术馆模型置于卵形空间之中的装置

图 10-56 矶崎新 1962 年设计的空中城市作品模型

图 10-57 矶崎新设计的卡塔尔国家会议中心

个马蹄形的洞口不但成为建筑与外部环境对话的表情窗口，而且成为上海保利大剧院建筑的一大形象特征。

安藤忠雄在设计保利大剧院建筑环境时所表现出的，是一种在心灵深处人与自然碰撞、相融合回归原始洞穴的文化心理。在东方传统哲学思想的影响下，安藤忠雄从"直观"与"内省"的东方禅文化心理出发，直接运用原始而又纯粹的洞穴空间语

言，生动地阐释了光、风和水自然要素与建筑环境之间的关系。所以，安藤忠雄在建筑环境设计艺术方面的魅力在于，那种对现代清水混凝土纤柔若丝般的情节和带有肌理的几何学设计语汇表达出人与自然相融共生，这么一种古老而又原始的生命文化议题，以及由此而产生的巨大审美张力。

安藤忠雄曾分别以光、水和风自然界三大元素为主题，出色实现了他的"教堂三部曲"宗教建筑设计，即光之教堂、水之教堂和风之教堂。然而，光在他的建筑空间环境营造中成为最具生命力的表现元素和最能激发他空间创意的灵感来源，因而光之教堂成为安藤忠雄最著名的一座教堂建筑设计。正是由于这一文化心理，安藤忠雄在为上海设计的明珠书店和美术馆空间环境中，因为对于光环境方面的成功和出色设计，又获得了"光的空间"的美誉。在"光的空间"的创意设计中，安藤忠雄以孕育和象征生命的"卵"为意象作为空间文化主题和两大功能区域间的关联，在书店与美术馆之间插入了一块卵形的穹顶空间做过渡，从而营造出一种以生命宇宙为文化主题的体验性空间（图 10-54、图 10-55）。

在大众文化心理中，人们往往将许多美好愿望与古老的生命崇拜文化联系在一起。除了我们在传统文化中常见的象征孕育新生命的卵、传播生命的花蕾、中国道家崇拜的葫芦外，大树崇拜在中外传统文化历史上也占据很大比例。2010 年 11 月底，在中国上海浦东由日本建筑大师矶崎新（Arata Isozaki）精心设计的喜玛拉雅中心举行了落成典礼。这项作为证大集团精心打造的面积为 18 万平方米的建筑，是一项旨在体现中国当代文化创意产业精神的综合项目。喜玛拉雅中心的内部设有美术馆、剧场、艺术酒店、多个影院、精品展示中心等功能区，是一种高品质和综合性的精神体验场所。业主以"喜玛拉雅"为项目名称，不在于追求建筑物体量上的高大上，而是借此象征精神上的高度，希望它成为传播中国文化艺术的高端平台。

作为该项目的设计师，矶崎新与黑川纪章和安藤忠雄一起被并称为日本建筑界三杰，一直致力于研究东西方建筑文化之间的对话途径，探寻未来建筑领域的全球化价值观念。由于第二次世界大战和广岛原子弹爆炸给少年时期的矶崎新在心灵深处造成了严重创伤，因此他对于由冷冰冰的钢筋混凝土构筑起来的现代城市景象深感恐惧，并在 20 世纪 60 年代以"空中城市"为课题进行过设计研究，以新陈代谢主义观念的设计实践而著名。

面对人地关系紧张的现代文明社会，矶崎新受中国传统木构榫卯建筑和树的有机生长特征启发，曾经尝试设计了一些"空中城市"之类的概念性方案，而这种城市均由树状单元组成（图 10-56）。时至今日，大树或树林成为他在建筑设计创意中最具灵性的文化符号（图 10-57）。

矶崎新在上海为证大集团设计的喜玛拉雅中心明显带有"空中城市"的理想痕迹。他通过异形建筑外观和 5300m² 的屋顶空中花园来实现他的"现代立体山水园林"建筑环境理念。从设计表达方面来分析，矶崎新一直致力于东西方文化结合，特别是进行与日本本土文化相融合的手法主义设计探

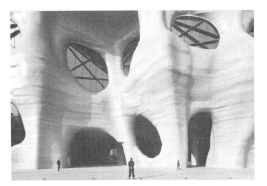

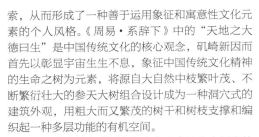

索，从而形成了一种善于运用象征和寓意性文化元素的个人风格。《周易·系辞下》中的"天地之大德曰生"是中国传统文化的核心观念，矶崎新因而首先以彰显宇宙生生不息，象征中国传统文化精神的生命之树为元素，将源自大自然中枝繁叶茂、不断繁衍壮大的参天大树组合设计成为一种洞穴式的建筑外观，用粗大而又繁茂的树干和树枝支撑和编织起一种多层功能的有机空间。

如果说这种充满活力和来自大自然生命气息的洞穴化的森林意象寓意着中国传统文化的主体价值观念，那么矶崎新运用汉字的间架结构和构件组织和编辑而成的两侧裙楼外观网格装饰面，则展现出中国传统文化端庄正气的高贵气质（图 10-58、图 10-59）。

此外，建筑广场前 1800m² 用于种植麦子、水稻和有机蔬菜的田地，又进一步揭示了"采菊东篱下，悠然见南山"中国传统文化性格中高远雅致和亲近自然的另一特征。这些便是矶崎新在设计喜玛拉雅中心，实现自己心目中"现代立体山水园林"

理念过程中所要表达的，对于中国传统文化丰富内涵的理解和诗意性表现。然而，喜玛拉雅中心的建筑环境设计更让我们领会到，由山洞、稻田和大森林三大元素构成的隐藏在矶崎新内心世界中的穴居时代的人居环境理念。

洞穴、生命之树和象征五谷丰登等的田园地景构成了"喜玛拉雅中心"建筑环境完整的文化形象，特别是在中国传统文化具有生命象征意义的大树在矶崎新心灵深处有着非同一般的人文情节。正如他在设计卡塔尔国家会议中心时又以两棵相互交织在一起的大树作为整个建筑外观的主体造型和屋顶支撑，其灵感来自伊斯兰有关圣树的神话传说。然而，矶崎新在设计喜玛拉雅中心的建筑环境中，虽然以森林意境为灵感，采用了雕塑一般的造型语言，将建筑造型、结构力学、空间形态等与树木的生长姿态、树与树之间的交织方式和光影效果结合在一起，最终却营造出一种洞穴空间意象更加明显的神秘世界（图 10-60、图 10-61）。

■ 4　穴居文化的心理回归

自 2010 年开始，美国著名导演杰弗瑞·卡洛夫（Jeffery Karoff）拍摄了一部名为《洞穴挖掘者》的纪录片，并获得了 2014 年奥斯卡奖提名。该片记录了一位年近八旬的孤寡老人波莱特（Ra Pauletter），他倾注 10 年心血和所有精力，在一只小黑狗的陪伴下，推着一辆独轮小推车，一铲一铲地为自己在一个偏僻的砂岩峭壁处，挖掘出一个令人叹为观止的地下洞穴式的"华丽宫殿"（图 10-62）。

波莱特在开始动工时已是 67 岁的老人，年轻时他曾经历过读大学时被开除，在海军服役时因"聚众闹事"被开除，从此过着居无定所，靠搭便

图 10-63 工作中的波莱特
老人

图 10-64 洞穴顶光下的光
影效果

图 10-65 洞穴内充满生机
的浮雕效果

图 10-66 洞穴宫殿内砂岩
质地的质感

图 10-67 带有女阴崇拜的
壁龛

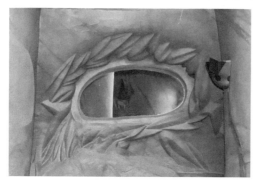

车浪迹全美国的惨淡人生。在颠沛流离的生活中，波莱特曾经做过清洁工、邮递员、保安、农民，以及驾驶挖掘机等五花八门的工作。波莱特出生于美国西南部新墨西哥州的里奥阿里巴郡。该地区人员构成复杂，种族矛盾尖锐，加之毒品泛滥、抢劫、自杀等暴力和犯罪事件司空见惯，因而每年都有许多人死于各种非命。然而，让人惊讶的是，深陷如此境地和社会环境的一位老人不知出于何种动机，已近古稀之年的他竟做出如此大胆的，甚至是异想天开的人生选择，单凭一己之力去实现如此宏伟的设想，而且由此激发他成为一位才华横溢的雕刻艺术家和穴居建筑师。

在达成这一心愿的十年期间，波莱特老人与外界少有往来，每天只身带着自己那只小黑狗，推着装满工具的独轮车，徒步走向 2km 之外，那个自己为之憧憬的"洞穴宫殿"（图 10-63）。据说，他在做挖掘机驾驶员的工作中突发奇想，有了这种通过挖掘洞穴来实现自己精神家园的强烈愿望。为此，他尝试着在一处峡谷地带完成了一座命名为"心房"的洞穴，而且在当地曾获得意外的轰动。从心理结构来分析，波莱特是在大地体内为自己开辟一种能够远离世俗社会干扰，净化心灵，获得精神慰藉和实现自身生存价值的神圣之所（图 10-64）。

所以，他所创造的地下宫殿没有受到任何已有形式的影响，完全出于有感而发和自己精神世界的需要。波莱特老人精心打造的洞穴内部的每一处角落和装饰图案，都是在探索一种如何利用洞穴空间形体和自然光线来营造自己的"世外桃源"，抒发自己的人生感悟，并将砂岩质地的艺术塑造力发挥到了极致。

砂岩属于一种沉积岩，主要由各种砂粒胶结而成，具有防潮、防滑、吸音、吸光和屏蔽有害辐射等天然属性，因此在砂岩地质条件下开凿的洞穴空间具有冬暖夏凉、寂静安神的微气候特征。安身于这种环境质量的人会有一种与自然融为一体，感受大地呼吸的知觉体验。所以，进入波莱特老人开凿的洞穴会感到奇迹般的安静，与纷乱嘈杂的外界形成巨大的心理落差。洞穴中央粗大的浮雕立柱被他命名为"人类慈善之树"，反映了当下文明因缺乏人与人之间的互爱而造成严重的社会心理缺失，也表达出波莱特老人为自己打造这种洞穴式地下宫殿的心理动机（图 10-65）。

在洞穴内的关键部位和空间转换处雕满了枝叶繁茂、盘根错节的树木，以及鲜花和漂浮着的云朵，波莱特老人显然是在通过表现生机勃勃的自然世界来解脱自己一生的孤独和凄凉。这种将自身生存价值寄托于自然万物的行为，与高迪在设计圣家族大教堂时的内心世界有着类似的宗教情结。洞穴宫殿的内部由一道道形体圆润的拱券门洞和变化多端，充满弹性和韵律的弧线形体语言构成了一种流动性的有机空间，在缕缕阳光的照射下显得陌生而又极其神秘，特别是在光影变化中砂岩质地的空间形体显得白皙光润，有着如同女性肌肤一般的质感（图 10-66）。所以，进入波莱特老人的洞穴宫殿有种回归母体，获得重生的心理感受（图 10-67）。

无独有偶，中国云南有位名叫罗旭的草根艺术家，虽然他的人生没有波莱特老人那么凄惨，但也丰富到了近乎传奇的程度。生于 20 世纪 50 年代中期的罗旭仅有初中文化程度，16 岁那年做了陶瓷厂工人，21 岁时成为一名建筑工，23 岁起又想起当一个艺术家，但却三次艺考未果。激愤之下，他请长假离开单位，开始自谋生路。离开建筑队后，他本想靠养长毛兔发财，但因管理不善而血本无归。在而立之年时，罗旭有幸进入县文化馆成了一名美工，并认识了中国著名的雕塑艺术家钱绍武先生，有机会进入中国最高美术学府中央美术学院进修，但又因忍耐不住贫穷而再次从文化馆辞职。

从此以后，他如万花筒一样不断变换着社会角色，如从董事长、总经理、舞台编导、餐厅老板，到大厨，甚至是当代艺术家等。然而，当所有下海经商发财的努力和希望均以失败而告终的情况下，罗旭把自己的人生感触和沉闷久矣的激情最后都被集中到了一块近 20 亩的土地上。因而对于他来说，就是自己人生奋斗的最后一块阵地。1996 年，罗旭竟从儿子一幅涂鸦式的蚁巢画得到了启发，用红砖堆筑起了一群造型怪异，起名为"土著巢"的建筑群，但由此在艺术界成为以怪才著称的名人。

罗旭建造的"土著巢"如二十多尊挤在一堆冲天竖立的乳房，这种意象和气势不由让人联想到古罗马人崇拜的"百乳之神"——阿尔忒弥斯女神（图 10-68）。阿尔忒弥斯女神是从大母神时代延伸下来的一个生殖崇拜神话，据说她是一位能够保佑妇女多生子女，减少生育时的痛苦，保护母子平安的多乳之神（图 10-69）。当然，对于这位文化程度不高的民间艺术家来说，自己当时不可能有如此广博的世界历史知识，尤其是这一西方古老的神话传说，而是将自己一生骚动不安的激情转化成一种物质化的情感意象，表达出他内心一直燃烧着的一个个欲望。

如果说能生能养的阿尔忒弥斯女神浑身长满了乳房，那么罗旭那堆好似从大地长出来的红砖乳房是对承载万物和化育生命的大地母亲的形象化赞美。由于罗旭那涂鸦式的建筑设计方案让建筑设计单位望而生畏，都不敢接手，所以他索性亲自动手建造。施工时，罗旭用白石灰撒线定位，手持竹竿比比画画，或者是口传身教，硬是和 300 多个农民工一起堆筑起了这么一座庞然大物。在整个工程的建造中，他想象中所要实现的建筑空间每进行一步，都是在挑战建筑及结构规范的底线。然而，他凭借自己的直觉和在陶瓷厂做砖箍窑时所掌握的穹顶重心在砖砌跨空结构中的力学原理和建造经验，硬生生地用 30 万块红砖像蚂蚁筑巢一样建起了一座内部如迷宫的红色城堡，因而被人们称为"土著巢"。

罗旭所建的"土著巢"也像从大地上自然生长出的一簇大蘑菇，是由二十多个体量大小、高低、胖瘦和形态各异，相互拥挤在一起的穹庐结构的建筑群。这堆构筑物错综复杂的拱券和穹顶结构的难度与安东尼奥·高迪设计的古埃尔领地教堂相比，有过之而无不及。"土著巢"内部一组组砖拱券不断繁殖和多重组合，形成了如万花筒般不断变换的连续性洞穴空间。这种"土著巢"中每一单元的穹庐空间都是由红砖叠涩之法砌筑而成的，而在穹顶中央的收口处自然形成了一个个椭圆形采光窗洞，进入室内的天光使这种一层层叠涩砌筑的洞壁呈现出神秘的肌理和光晕（图 10-70）。

图 10-68 罗旭的"土著巢"建筑鸟瞰

图 10-69 阿尔忒弥斯白乳女神像

图 10-70 "土著巢"建筑空间形体

图 10-71 "土著巢"建筑群
富有女性人体韵味的外观

在建造过程中，罗旭给建筑工人最大的技术指导便是选定每座穹顶的重心点和跨度大小。每竖一根竹竿就是一座穹顶筑起的重心点，也预示着一个天光的入口位置。这种没有经过精确计算和无视建筑技术规范约束，只关注空间组合方式和光线，或者仅凭建造者主观意象和施工者以往建造经验完成的构筑物，呈现出一种自由生长的有机态势。然而，罗旭所追求的那种充满弧线韵律和曲面围合节奏感的空间形体语言，可能源自自己潜意识中原始的生殖崇拜，因而使整个建筑的形体特征表现出鲜

图 10-72 在艾哈迈达巴德
为侯赛因设计的"洞穴画
廊"的建筑外观及入口

图 10-73 "洞穴画廊"内部
展览大厅的空间形态

明的大母神人体意象（图 10-71）。

相比而言，如果说波莱特老人采用减法建造手法，将自己心灵深处的精神世界化作一种魔幻般的洞穴宫殿；那么罗旭则是在地表之上用红砖堆塑起了自己理想的洞穴王国。

2018 年，已是 91 岁的印度建筑师巴克里希纳·多西（Balkrishna Doshi）荣获建筑界的"诺贝尔奖"（第四十届普利兹克奖）。出身于印度传统大家族的多西自幼深受古印度哲学、神话、宗教思想、诞生庆典，以及丧葬礼俗的熏陶和感染，对于生命存在的哲学有着亲身体验和更深意义的思考，因而是一位印度传统文化意识积淀深厚的建筑师。然而，多西又是现代主义建筑先驱者柯布西耶建筑思想的直接受教者，一直从事着将以柯布西耶为代表的西方现代主义建筑思想、材料技术与印度本土自然气候和人文历史相结合，新地域主义的建筑设计实践活动。

在此双重思想的架构下，多西的建筑不是一种单纯的由物质构造而成的空间形式，而是一种在自然气候、地理条件和文化思想多重影响下人的生命

意义的延伸，因而属于一种有机整体文化思维模式下的环境设计概念。多西的建筑艺术是一种超越单纯物质功能，运用现代材料和技术阐释人类生命哲学和精神世界的诗意篇章。故此，当离开老师柯布西耶的工作室后，年仅 28 岁的多西很快成立了自己的环境设计工作室（Vastu-Shilpa）。

多西对于建筑本质的理解首先思考的是如何超越一般物质概念的精神内涵，并怀着宗教般的虔诚去看待自己将要设计的每座建筑。1991 年，多西应邀印度现代绘画大师侯赛因（Maqbul Fida Husain）之托，为他设计一座展示自己作品的个人画廊。有关这座画廊的建筑造型和空间创意，竟然是多西在梦中得到一个有关"龟王"的古老神话故事的启示。传说中通过搅动乳海，为众神提供甘露，保持长生不老的毗湿奴是"龟王"的化身。面对艾哈迈达巴德所在地每年高达 50℃的夏季高温，多西的思路不由回归到当地原住民原始的半地下式民居空间的建造形式，并邀请原住民帮忙施工，最终成功打造出一种洞穴式展览空间的画廊。

该洞穴式画廊的顶部设计，得益于印度古代支提窟顶部造型的启发，地表上一个个大小和高低不一，自由组合的龟壳状的乳白色壳体结构充满了动感，犹如一群趴在沙滩上孵卵的海龟，使建筑与地形结合得生动自如，形成一种充满孕育生命的气场（图 10-72）。采用洞穴式的展览空间，一方面可以消解现代建筑几何形三维界面在视觉上产生的彼此对立的生硬之感，形成一种各功能区自然转换和流动的有机空间形态。另一方面，侯赛因被誉为印度的毕加索，他的艺术作品很多灵感来自旧石器洞穴壁画的启发（图 10-73、图 10-74）。因此，将这种

具有原始社会旧石器时代艺术风格的绘画作品展陈
在这种洞穴式的空间环境中，更能体现出它的文化
历史底蕴，有利于作品与展示空间的环境互动。

　　这座洞穴画廊采用的地下空间还可以应对当
地酷热的夏季气候，一种潜入地下和有利于空气
良性循环的空间形式，可以起到天然空调的作用
（图 10-75）。地面之上高低错落的一个个穹顶外壳
上贴满了具有隔热和反射阳光照射的马赛克装饰
面，龟裂纹的马赛克拼贴使"龟王"的建筑文化形
象活灵活现。所以，用于展示大师作品的地下空间
成为毗湿奴"龟王"的腹腔，实现了洞穴画廊与绘
画大师侯赛因作品完美结合的建筑文化创意，也凸
显出本土建筑文化的地域特色。画廊内部空间的构
成方式在消解现代建筑直线与直角生硬的界面关系
的基础上，所有支柱也被塑造成不规则状的，类似
于巨兽骨头的有机形体，甚至地面处理也突破了常
见的水平形式，从而构成了与室外景观地形相呼应
的自然景观特征。

　　多西根据室内空间形态和功能划分，在系列性
的穹顶设计中，采用了不同角度和方位的采光孔，
因而使进入洞穴内部的自然光线只能让人在有限时
间内看清部分作品。据说这种独具匠心的采光设计
还能让观赏者准确觉察到时间变化，造成了每天只
有在特定时间段才能观赏到某一件作品，形成一种
令人匪夷所思的动态化的观展效果，一种充满灵性
的空间意境。此外，随机而又低调的洞口造型，化
解了建筑与外部环境之间的对抗力，显得亲切、自
然、朴实和原生态。

　　1981 年，多西成立了自己的设计事务所，并起
名为"桑珈"。从其取义讲，多西的建筑设计理念
在于营造能够唤起体验者的心灵记忆和思想共鸣的
环境意象。多西从支提窟拱券形的洞穴空间中获得
了自己最为擅长的建筑空间语言，在结合当地气候
特征，采用开放式和动态空间形态的基础上，进行
以拱券洞穴为基本空间语言的多层次空间构建。在
抬高与下沉、开敞与收敛、明亮与隐晦的空间属性
的对比和编辑中，这种空间设计使远古的神性洞穴
空间不断释放出新的精神内涵，以此实现了自己所
追求的建筑环境共鸣理念（图 10-76）。

　　所以，多西在设计他的"桑珈"工作室空间环
境中，首先通过下沉式空间的入口方式表达出原始
穴居的文化底蕴，内部空间吸取了印度佛教庙堂建
筑部分下沉和局部抬升的常见方式，一处空间结束
的同时又成为另一空间的开始，处处体现出古老石
窟寺负建筑空间的特征。其次，独特的采光方式与
蕴涵佛教文化气息的空间形态相结合，营造出浓厚
的古印度宗教文化氛围的动态空间（图 10-77）。

　　与现代令人窒息的钢筋混凝土建筑林立和充满
几何形体建筑的现代化城市相比，一种自然有机、
与环境融为一体，散发着原始文明文化信息的洞穴
空间，好像又使人回归到了万物有灵、生命崇拜的
远古社会，并为我们解脱陷入众多困惑已久的现代
文明提供了一种喘息途径。所以，当人们反思环境
危机、人地危机，千城一面、缺乏人性关怀的现代
主义建筑运动中，一些从东方文明有机文化思想体
系中获得启发的建筑师们从尊重自然规律出发，赋
予建筑生命意识，发展起了试图与自然环境和谐共

生的有机主义建筑思潮和设计实践活动。

　　有机主义建筑的主要代表人物是美国建筑大师
弗兰克·劳埃德·赖特（Frank Lloyd Wright），因
受中国古代哲学家老子以"道法自然"为思想核心
的有机整体的哲学思想影响而形成的一种建筑设计
思维方式，故此冠以"有机建筑"为名。有机整
体的哲学概念是将构成生命宇宙的天、地和以人为
代表的生命万物统一看作一个生命整体，而有机建
筑的设计实践就是从遵循自然规律和现象中获得灵
感，因地制宜，将建筑形式、空间形态与外部环境
视为一个完整和不可分割的有机整体来进行设计和
建造，使其成为一种如天生地长的有机生命体。

　　有机主义建筑的进一步发展就是把建筑本身看
作一种扎根于一方水土，会呼吸、有情感、有精神

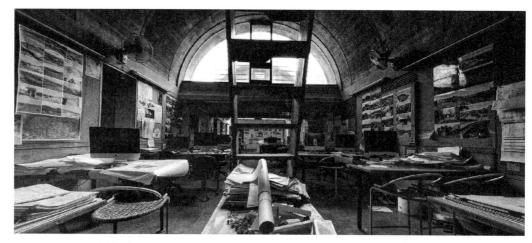

图 10-77 "桑珈"工作室洞穴式的室内空间

图 10-78 赛诺西设计的俯卧在大地上的动物形体的有机建筑

图 10-79 赛诺西设计的半掩在土壤里的洞穴空间示意图

图 10-80 有机形态的洞穴室内空间与户外景观

图 10-81 进入洞穴内温柔的天光

筑物形体依循自然地貌和生态环境的气候特征，犹如一种生存力极强的动物活动于地表与土壤之间。在此基础上，赛诺西还发挥一些植物有利于人体健康的天然因素，利用树木花卉设立绿色屏障来过滤有害光线的照射和阻挡沙尘和噪声对居住空间的袭扰，并确保室内空气的清新和适宜的湿度与温度。为此，赛诺西还尝试着在建筑形体的外表附着一层培植土，种植一些如皮肤一样的草类植物，营造出一种隔热保温、冬暖夏凉的宜居性微气候环境，使其常温维持在 18～23℃（图 10-79）。

赛诺西设计的仿生有机建筑在自然地貌中半隐半显，如同在花草丛中爬行蠕动的某种动物。露出地面长条状的窗户与户外绿色屏障和草坪似乎使人伸手可及，满眼的绿色给人一种迎面即将扑来的亲切感受（图 10-80）。洞穴式的空间形体模糊了室内墙壁和天花板之间一般采用的垂直交接的界面关系，并且在大理石粉末和白色水泥喷涂后显得浑然一体。

蜿蜒回转的有机空间形体，使人如同行走于动物胴体内的肠道或器官之中。所以，生活在这种洞穴空间，好像实现了中国老子所讲的回归母体的生命雏形，达到了自然生命的最高境界。另外，这种流线型的建筑形体和流畅贯通的动态空间在外部保温处理的情况下，可以形成通风良好、循环自由，一种相对湿度保持在 40%～70% 的室内气候环境，属于一种人类最佳的宜居气候指标（图 10-81）。

面貌的有机生命物种，从自然界各种生物形态、生命特征和生存方式中获得设计智慧，甚至发展到仿生建筑设计。例如，墨西哥著名建筑师贾维尔·赛诺西（Javier Senosiain）是一位以仿生建筑造型和洞穴空间设计与实践著名的有机主义建筑设计师。赛诺西设计和建造的有机建筑常常以蛇、鲨鱼、蜗牛、鲜花等有机生命体为创意原形，使建筑成为生态环境中生存的一分子（图 10-78）。

为了化解建筑与自然环境的冲突和对抗，赛诺西所设计的有机建筑克服了一般现代主义建筑四平八稳的静态和极端理性的空间模式，从而转向了塑造一种流动性和连续性的洞穴式有机空间。这种建

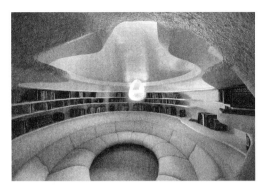

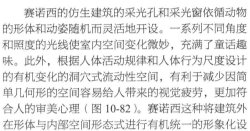

　　赛诺西的仿生建筑的采光孔和采光窗依循动物的形体和动姿随机而灵活地开设。一系列不同角度和照度的光线使室内空间变化微妙，充满了童话趣味。此外，根据人体活动规律和人体行为尺度设计的有机变化的洞穴式流动性空间，有利于减少因简单几何形的空间容易给人带来的视觉疲劳，更加符合人的审美心理（图 10-82）。赛诺西这种将建筑外在形体与内部空间形态式进行有机统一的形象化设计，按照有机生命模式所采取的这种半地下洞穴空间形态，从本质上拉近了人与自然万物间的距离，从环境伦理上阐释出人与生命万物和谐共生的生态文明理念。赛诺西的这种仿生建筑思维模式，使人联想起文明之初人类与自然动物通过在土壤中挖掘洞穴，探寻栖身之所时的共同心理和寻求生存途径的本能反应（图 10-83）。

第十一章

源自洞穴的灵光

人类对于精神境界的追求从未止步。特别是20世纪中期以来，人类社会面临着物质文明与精神文明发展严重失衡，生态危机、能源危机以及信仰危机等多重危机的严峻挑战。从各种著名的文化类建筑设计的思维模式来审视，洞穴之光、洞穴空间，以及在极端气候条件下洞穴对于人类生命庇护的天然属性，不但是现代人类希望重新获得自然之神的宗教关怀，将其看作为自己营造精神殿堂的空间文化原型，而且是为迎接未来更加残酷的生存环境，探索新领域生存方式的理想途径。

从许多现代著名建筑师和当代艺术家的杰出作品可以看到，由洞穴空间与洞穴之光构成的空间环境氛围依旧是最能体现人类宗教精神和唤起人类神圣意识的两大基本环境要素，也是人类一直在为之探索神性建筑空间和获取营造精神环境氛围的灵感源泉。为此，阿根廷建筑师通过算机精确计算和空间模拟技术来建造一种让阳光在洞穴空间中能够再现耶稣受难时的历史记忆，阐释一种本原宗教文化精神。

这种以光线运行为语言形式，表达宗教心理的空间创意与新石器时代马耳他岛上的原住民用巨石打造的"太阳神殿"的意识有着本质上的联系。同样，出于一种特殊的宗教义化心埋，美国当代艺术家詹姆斯·特瑞尔（James Turrell）迷恋于一种以空间与光线为素材进行艺术创作，在远离人类现代文明干扰的火山口和戈壁荒漠之中，打造一种用以体验上帝创造宇宙世界时的原初景象。

我们现代人类所从事的各类艺术活动大多源自穴居时代的原始宗教，崇高、神圣和心无旁骛的精神诉求是其文化之本色。所以，人们常将这些美术馆、音乐厅、博物馆等具有高品质精神享受和陶冶情操的社会公共场所称为"艺术殿堂"。当那些原本脱胎于礼制社会时期的宫殿建筑走向自我发展的历程后，建筑设计师为了找回它所应有的文化本色而越来越走向了洞穴空间的意象。

这种在设计师心理普遍存在的情感动机和审美取向，就是需要拉开与物欲横流和精神价值缺失的现代世俗社会的距离。正如现代建筑之父高迪在自己的内心世界里形成了一种自成天地，与外部世界相隔的洞穴一样的灵魂栖息之所。例如，我们从建筑师西泽立卫（Nishizawa Ryue）与女艺术家内藤礼（Rei Naito）合作建造的丰岛美术馆中体会到，一种源自洞穴空间与大母神崇拜的原始宗教文化心理。

世界当代建筑设计发展的主流意识告诉我们，一位优秀的设计师不再看重对于某种固有形式或者风格、这个主义或者那个主义艺术思潮的追求，而是进入到一种更深层次的环境文化意识的思考，一种体现本原文化精神的探索，尤其表现在对于文化类型建筑的形式和空间文化的创意方面。例如，我们从活跃于世界建筑界的"时尚女魔头"扎哈·哈迪德（Zaha Hadid）的建筑作品中体会到，她从地域性自然景观中提取设计语言和环境意境，从溪流在岩洞中穿过时的环境意象中获取营造艺术画廊空间环境的设计灵感；从追求天然洞穴中天然、纯真的声响环境现象中，启发她建造出挑战世界建筑技术极限的岩洞式空间形态的广州大剧院。这种空间环境意识，不由使人回想起穴居时代人类祖先在原始洞穴中"击石拊石，百兽率舞"时的精神生活。同样心理，日本建筑师伊东丰雄（Toyo Ito）从中国道家"壶中乾坤大"的仙道思想中，又滋生出追求"声音的涵洞"的台中大都会歌剧院的空间设计理念。

现代文明给人类造成的最大缺失便是人人因受困于各种利益的争夺而使自己生命的自然属性丢失。亲近自然，弥补人性的缺失因而成为当代人类最迫切的心理诉求。所以，让人性回归一些天然属性，让精神重温一下荒野，不仅仅是普通人的心理需要，而且是哲学家与心理学家研究达成的共识。所以，在斯里兰卡南部海岸一块远离人类文明的荒野飞地，在原始森林中人可以与野生动物和睦相处，一帮设计师用竹编杧泥塑等方法建遣出了一种岩洞式的空间意象的度假旅馆。在与世隔绝的沙漠中，南非设计师设计建造了一座如织雀巢穴一样的住宅。在一处人迹罕至和原生态的山巅，韩国建筑师金灿中建起了一座试图将蓝天、大海、山水、森林与星空揽入人们心灵世界的蜂巢式的休闲度假酒店。

洞穴作为承载人类文明古老文化记忆的一大容器，其特殊的空间形态和形体语言往往使人联想到祖先神灵、神话故事，以及本民族悠久的历史，给人一种容纳、涵养、神秘、神圣等文化意象，因而在历史博物馆的建筑空间中成为一种跨越时空、物界，连接过去与未来的设计流行语言。

因此，法国建筑师让·努维尔（Jean Nouvel）利用"沙漠玫瑰"花瓣生长的构造语言，采用倾斜、穿插、高低起伏的界面关系营造出总让人感到随处意外的岩洞式的空间关系和梦幻般的光影效果。营造出与达芝·米斯菲尔洞穴一样神奇的卡塔尔国国家博物馆。再如，美国著名女建筑师珍妮·甘（Jeanne Gang）利用岩洞空间形态将两种不同时期或不同功能的建筑融为一体。特别有意义的是，当人类文明如今面临各种危机，越来越多的科学家将人类命运都不约而同地寄托于未来的火星移民计划。而且，被认为最为理想和行之有效的设计方案，大多以一种崭新的洞穴形式和空间结构为基本思路，好像又使未来人类要从穴居生活重新开始。

■ 1 光的宗教体验

宗教起源于人类在天地万物间的生命体验，源于人类面对各种自然现象的困惑和不解。人类因困惑而苦思，因不解而产生神秘之感，因神秘而滋生敬畏和崇拜意识，由此形成一种特殊的文化心理结构。所以，人类从生命体验中诞生的宗教理念需要在不断的行为体验中获得感受和在精神上的延展。为此，人类逐渐产生了借助图腾、绘画、建筑、诗歌、音乐、舞蹈、文学、礼仪、服饰、器物等阐释这种神秘意识和特殊心理的诸多表达形式，以及由这些物质和非物质元素构成的用于体验的人文环境。

然而，过于抽象的神秘无法唤起普通大众的心理共识和激发他们为之持之以恒的精神依托，而往往需要某些特殊形式的心理暗示。例如，释迦牟尼在菩提树下得道坐化后，菩提树成为佛教文化传播之初最为显著的心理暗示和意识导向，并以此为精神支柱进行不断演化、丰富成系列性的修行理念和崇拜仪式。但是，究其对人类更为原始和最为普遍性的宗教心理暗示来说，莫过于穴居时代在人类心灵深处积淀形成的，对于光明的追求和向往，以及以光明为象征的神灵的存在和宗教的本源文化精神。

光在西方宗教中具有非常特殊的意义，正如《旧约·创世纪》篇中所记述的那样，上帝在创造时空宇宙时，首先创造了光。所以，光不但承载着上帝精神，象征着上帝的存在，而且光的本身就是上帝存在的化身。在西方宗教文化中，以光为载体进行的宗教体验成为一种超越文字、绘画、音乐等任何非自然媒介，能够与众生进行灵魂对话和开化众生心智的最佳途径。正因如此，耶稣在《圣经》里开导世人时所讲，他是世界之光，跟着他绝不会在黑暗中行走，必然有生命之光。故此，西方宗教建筑无论从空间形态、绘画、雕塑，尤其是彩绘镶嵌玻璃艺术，都是围绕着营造一种神圣的光环境，而进入教堂的信徒首先感受到的就是能够给予他们一种浸透心灵的光环境场所。所以，每当人们步入高迪设计的圣家族大教堂时，不由联想到远古时期人类祖先生活过的神秘洞穴。洞穴里仿佛丛林繁茂、鲜花遍布、彩蝶飞舞、鸟语花香，一种与人类现代文明大相径庭的纯净世界。故此，透过一面面绚丽多彩的彩绘玻璃，一缕缕明媚的阳光好似从树叶与树枝的缝隙间洒落到花草丛中，到处是色彩斑斓和生命繁盛的景象，从而进入到一种极度平静和祥和的境界之中。此情此景，会使每一位心系神灵的人感受到自己与宇宙万物融为一体，由此获得心灵上的开悟。

埃罗·沙里宁（Eero Saarinen）是一位来自北欧的美国著名建筑师，他通过营造一束神性的洞穴光束，在麻省理工学院的核心区域成功创建出一块安静的神圣空间，这便是由他设计的麻省理工学院小教堂（图11-1）。

该教堂首先从视觉上给人一种原始的半下沉式空间体验。建筑外观是一种用红砖砌筑的简洁至极的垂直竖立的圆筒造型，使人联想到新石器时代

图11-1 在白桦林陪衬下的麻省理工学院小教堂建筑外观

图11-2 小教堂祈祷大厅中光束与祭坛

的陶器。在圆筒柱体与地坪相接的部分，沙里宁设计了一系列与白色底层错层的组合拱券，使整个建筑有了几分飘然上升之感。在一片白桦林的陪衬下，一圈水景又将小教堂与周边环境含蓄地拉开距离，为室内环境的营造做出一番闹中取静的铺垫（图11-1）。这些做法与周边建筑风格多样和气氛喧闹的大环境形成了强烈对比，使教堂的内部陡然转入了一种神圣而安详的隐秘性空间。

沙里宁的建筑设计习惯以变化多端和流动感强烈的有机空间形态著称，然而在设计麻省理工学院小教堂时突然变得异常平和，甚至显得异常凝重。小教堂简洁而单纯的空间形式，好像是对古罗马万神环境意境的极端概括，他在环境设计上所做的一切铺垫好像最终都是为了从穹顶天窗引入的一束神圣光束，以及与这束光相对应的地面祭坛。

小教堂室内圆筒状的围壁对外不设窗口，因而室内空间如洞穴一般幽暗，唯有穹顶中央的天光显得格外明亮，从而使从天窗投下的自然光线将祭坛照耀得玲珑剔透，有种直接与天庭对接的空间意境。为了增强这束光线在整个空间中的神圣感和主导作用，沙里宁又用细若蚕丝的金属线将无数个金属片串起来，如瀑布一般垂落下来，形成了一种有精灵不断闪烁的光柱。

在这种圣洁而又充满幻想的光柱下，洁白的大理石祭坛温润如玉，整个室内环境肃穆寂静，不由使人对于天国充满了遐想（图11-2）。为了获得更加安静的室内环境，特别是将这束光柱衬托得更为醒目，室内墙壁被设计成一圈连续外凸的扶柱形式，以及采用色调沉稳、质地粗糙和不断外凸的陶砖，体现出一种沧桑而质朴的宗教文化情节。

在营造宗教建筑神圣的光环境方面，有位名叫 Nicolás Campodonico 的阿根廷建筑师，他利用

图 11-3 圣伯纳德小礼拜堂采光窗及自然环境（Nicolás）

图 11-4 圣伯纳德小礼拜堂环境总平图

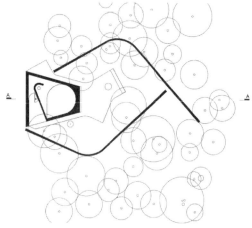

图 11-5 圣伯纳德小礼拜堂采光窗外的横杆与立杆（Nicolás）

图 11-6 在小礼拜堂的室内曲面墙上形成的十字架投影（Nicolás）

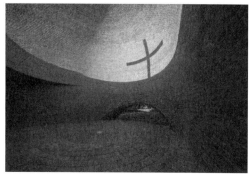

阿根廷潘帕平原科尔多瓦省东部一片光照条件良好的乡村旷野地带，设计了一座名为圣伯纳德（San Bernardo）的小礼拜堂，因其成功的光影表现而引起建筑界的关注，并获得光影教堂的美誉（图 11-3）。

与沙里宁设计的小教堂相比，这位阿根廷建筑师创造性地利用了自然界的光影变化规律，将象征天主教的十字架符号设计成为一种动态化的体验性光空间。他通过光影在时空中的变化将耶稣受难的

过程生动地演绎出来，用洞穴式的空间形态与太阳光线的时空对话唤起人们古老的宗教文化记忆，复活了穴居时代人类在产生太阳崇拜时的情景和心理感受。

该小礼拜堂选址在一片乡间树林的边缘处。建筑主体的受光面被设计成一种大角度斜切面形式，然后在斜面墙体上采用满弓大窗的方法来迎接阳光（图 11-4）。采光窗的外部分别设有一条水平横杆和一根垂直立杆，但两者相互分离。随着午后阳光照射角度的变化，暖暖的阳光先是将水平横杆的投影显现在室内墙面上，并随着夕阳西下悄然移动着。当太阳光线倾斜到一定角度时，那根立杆的投影也逐渐显现而出，并最终与横杆投影一起交汇而呈垂直相交之形。在礼拜堂室内东面一段曲面形的墙面，最终出现了一个完整的十字架投影图形（图 11-5、图 11-6）。

据说基督耶稣受难的那一天，先是背着一条横木杆艰难地走向受刑的地方，然后被钉在刑场上事先准备好的一根立柱上，由此构成一个耶稣被钉在十字架受难时的历史场景。圣伯纳德小礼拜堂就是这样一改以往宗教符号在教堂建筑设计中的固定表示方式，将建筑室内空间形态与太阳光照在时间中的光影变化相关联，用动态性的自然光线来阐释宗教符号所包含的历史和文化内涵，使时光成为《圣经》的朗诵者。

以此理念，这座小礼拜堂通过面向太阳敞开的满弓大窗，将太阳光照所引起的每一刻光阴变化，都一一捕捉到设计师特意为此设计的室内空间之中，使这座建筑面积仅为 $92m^2$ 的小礼拜堂成为这一过程的记录仪和储存器。从太阳初升到夕阳西下，那一对在室外悬置的横杆与立杆投影在礼拜堂内壁上每日都在演示着十字架的构建和分离过程。年复一年、日复一日地向每一位体验者暗示着耶稣受难时的历史情景，营造出一种动态化的昭显基督教教义的神圣场所（图 11-7）。因此，礼拜堂室内每一次十字架光影图形的完形，都象征着一次耶稣苦难情景的重现，使体验者在精神上获得一次升华，心灵上得到一次润泽。

为了通过利用自然要素与建筑空间形态之间的互动和交流，完成宗教精神表述的设计理念，设计者从室内空间形态到室外综合环境，从概念性的手绘草图到模拟性的实物模型，都进行过多次推敲和推演，并对小礼拜堂所在地特定日期的日光环境进行准确推算。为了让外部自然光线通畅而又饱满地灌入室内空间，空间构造采用了当地被称为"半橘子"式的古老的砖籍窑拱券结构和砌筑工艺。主体空间在吸收古罗马万神庙穹顶空间结构的基础上，将直径 6m 的圆筒状剖面与两侧垂直墙体进行相切对接，并向西延伸，使其成为半球体穹顶的有机组成部分。

为了营造理想的室内光环境效果和宗教建筑外观的文化气质，设计者对砌筑材料和工艺也进行了一番认真思考和精心组织，最终采用了双层砌筑的古老工艺。一方面，建筑外观材料采用了从当地 100 多年前的房子上拆下的历史感十足的红砖，保持了建筑性质与外部自然气候环境在时空中的默契对话；另一方面，建筑内侧的砌筑采用了崭新的红

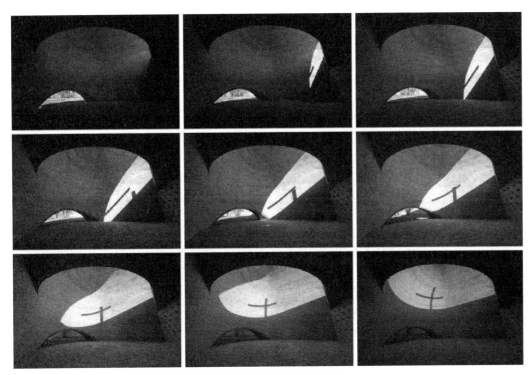

图 11-7 圣伯纳德小礼
拜堂室内空间与自然光线
的对话，以及在光影变化
中的十字架图形构成过程
（Nicolás）

砖，富有韵律的砖砌曲面空间形体和鲜艳的红砖为
自然光线的注入做好了环境铺垫。另外，小礼拜堂
严谨有序的砌筑工艺、转换优美的曲面组合与放射
状的地面红砖铺装浑然一体，在自然光线的渲染下
形成一种温馨而富有幻想的洞穴空间文化意境。

　　如果说光是构成西方体验性宗教建筑空间的
主要元素，油画家以光为辅助性表现手段来进行主
题性绘画创作，或者用以抒发对大自然诗意般的赞
美，那么美国人詹姆斯·特瑞尔却在终生以光为本
体进行着艺术创作。特瑞尔通过表现光与空间在观
者视觉中的转换和变幻来探索人们的心理反应，启
发大家不断获得对世界更新的认知，促进人们在形
而上的思考。因此，他被人们称赞为近半个世纪以
来最具影响力和最为神秘的艺术家之一。

　　特瑞尔生于美国洛杉矶一个基督教贵格派家
庭，自幼与祖母一起经常参加贵格派的宗教活动，
并关注于宗教方面的冥想与科学之间的联系。在艺
术创作中，特瑞尔一直以光为主题进行艺术创作，
将光看作能够洞察一切的上帝之眼，从自然科学、
天文学、物理学、建筑学以及神学等方面获取创作
灵感，努力追求自然现象以外的光环境视觉效果和
心理体验。因此，他的作品往往给人一种超越一般
时空概念，跨越民族文化和地域文化的光之世界，
特别是天地之初神话故事所描述的那种神秘意象，
并试图以此唤醒潜藏在人们心灵深处的原始宗教意
识，或者是原始宗教本来的精神面貌。为此，他本
人被人们称为"光之魔术家""光之雕塑家"，甚至
是人们印象中的光之神形象。

　　特瑞尔之所以对光表现得如此痴迷，与他自己
基督教贵格派的家庭宗教氛围有着直接关系。贵格
派认为每个人的身上都存在着"内心灵光"，人人
都可以借助这种"灵光"去辨别真理，接近上帝，
在生活中得到正确的人生导向。因此，基督教贵格
派的人每次在参加集会时，所有人都会静心闭目，

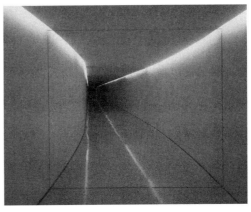

图 11-8　詹姆斯·特瑞尔的
《内在方式》装置艺术

虔诚等待，祈祷这一束光芒走进自己的心灵世界。

　　在基督教宗教文化中，光对于基督教信徒来
说，象征着来自上帝的福音和启示。同时，光是耶
稣基督精神的高度概括、抽象化的形象，也是引起
众信徒心理共鸣，传递基督教教义的使者。因此，
特瑞尔的光空间装置艺术品都是在借助现代科学技
术手段与心理学知识，营造出自己思想意识中一种
具有神秘主义的宗教性体验空间（图 11-8）。

　　特瑞尔经常采用单色光来统摄整个空间，从视
觉上造成三维空间界面的逐渐消解，使人们从心理
上产生一种变异的平面感知效果。这种幻觉颠覆了
人们原本从二维向三维变换的知觉意识，反而将三
维空间魔化为一种一维化的平面，近乎东方宗教中
"万物归一"的哲学思想。例如，他通过"光与空
间"装置艺术过滤掉五彩缤纷的现实世界，运用单
一色调的光环境，从感官上为我们构建起一种超凡
境界的安静与平和，使观者进入一种充满诗意的心
灵世界，从而使人们在幻觉中进入到一种超越一切
已有概念的无限空间（图 11-9）。

　　受贵格派"内心灵光"理念的影响，童年时的

图 11-9 詹姆斯·特瑞尔的《呼吸光》装置艺术

图 11-10 亚利桑那州死火山口遗址

图 11-11 改造后的亚利桑那州死火山口

图 11-12 罗丹火山口圆厅局部

图 11-13 罗丹火口山其中之一内部

特瑞尔每当进入宗教气氛浓厚的漫长会面仪式时，那种让空气几乎凝固和宇宙几乎停止运转的心理感受，总会让他产生一种要揭掉屋顶的欲望和冲动。希望以此能够看到时光变换中的天空和从天际间进入的天光，让天光带着自己的灵魂进入一种无限遐想的漫游状态，从而唤起了他潜意识中原始的在洞穴中企盼光明的心理。因此，特瑞尔的许多以"天光"为主题的作品都设有一个圆形或方形的天窗，体现出他内心神秘的宗教意识。通过这种天窗，可以使他联想到大海上的天空、沙漠之上的天空、冬天里的天空，以及任何一处能够远离人类文明的天空。

为此，特瑞尔曾经连续飞行七个月，往返于洛杉矶与太平洋海岸之间，祈望寻找到一个能够表达他这一宗教世界的地方。最终，他找到了位于美国亚利桑那州北部佩恩蒂德沙漠中的一处名叫罗丹的

死火山遗址，并于 1977 年买下了它，打算将其改造成为自己的一种裸眼天文馆和"收藏"天空的美术馆（图 11-10）。从此以后，特瑞尔把主要精力都放在了对于这座火山口的改造上，且一晃干了 45 个年头（图 11-11）。

罗丹火山包括相对高度超过 100m，两座具有 40 万年沉寂历史的火山口，以及周边大片彩色鲜艳的原始沙漠地貌。这里壮美至极如天地形成之初，嫣然一方天造地设的大地艺术景观。改造后的火山口地下的中央是一个带有圆形天窗的椭圆形洞穴式空间，窗外辽阔的苍穹呈弧线形展开，有利于观察天际间的星辰变幻和天光的灌入，更便于特瑞尔从中获得创作灵感（图 11-12）。在此基础上，特瑞尔又以中央厅室为核心朝 4 个方向修建了地下隧道，将四个地下洞室串联在一起，总长达 260m 有余。

昏暗的地下洞穴与天窗处进入的天光形成强烈对比，容易产生视觉上的许多幻觉，每天演绎着光与空间之间的互动和变换，并由此诱发体验者产生丰富的联想，使体验者徜徉于具有几十万年时空张力的火山口之下（图 11-13）。而且，忽明忽暗的地下隧道和洞穴空间使体验者有种遁入地心和误入时

图 11-14　罗丹火山口通向
圆厅的隧道内部

图 11-15　罗丹火山口观象
椭圆形厅一角

图 11-16　观象厅天窗与天梯

空隧道的奇妙感受（图 11-14）。与此同时，进入罗丹火山口的地下洞穴，也使人有种虽身处地心，内心却包罗万象的宏大联想。

罗丹火山口下修建的几个地下洞室的顶部均开有椭圆形天窗，很容易使体验者与人类洞穴时代的空间意象和古罗马万神庙穹顶上圆洞天窗投下的神圣天光联想在一起（图 11-15）。在远离城市污染和人迹罕至的沙漠空旷地带，空气清洁，光线穿透力强，可以让人更加清晰地观测到天际间的斗转星移和风云变幻等在一般情况下难得一见的自然气象，更多了解到大千世界的奥妙。如此特殊的综合环境可以使体验者亲切体会到光作为自然界中人类获取知觉的主要媒介，比任何形式的知觉介质都容易在人们的心理上造成游离于现实以外的感受，从而使体验者获得前所未有的和在现实生活中无法实现的心理快感。

在火山口下这种格外寂静和适合冥想的洞穴空间里，大漠里的天光让人会觉得非常接近西方宗教中所描述的那种来自天庭的上帝福音与启示、东方佛教里所说的使人获得心灵开悟的灵光，特别是基督教贵格派所信仰的与上帝进行对接的内心灵光。所以，在天光投射下的中央椭圆形洞室里，一副通向天窗，用于观测的梯子，犹如基督教神话中那个通向天庭或灵光，进入宇宙灵魂世界的天梯（图 11-16）。

■2　洞穴的殿堂

殿堂原指古代建筑群中的主体建筑，或者属于礼制级别中非常之高的建筑。它不但在建筑体量、建筑形式上非常突出，而且在建筑空间的组合关系中占据着非常重要的位置，给人们留下了象征崇高身份或特殊政治地位的固有印象。虽然这种高规格的礼制建筑已经从现代文明社会的价值体系中失去了它的现实意义，成为一种供现代人类观赏和文化历史研究的物质遗产。但是，殿堂作为一种象征尊贵和社会荣耀地位的文化概念，却一直在人们的心理形成了一种极为稳固的文化意象，并在不同领域

图 11-17 赖特 1947 年设计的美国纽约古根海姆美术馆建筑外观

图 11-18 美国纽约古根海姆美术馆建筑室内共享空间

图 11-19 图鲁姆生态度假区 IK LAB 画廊入口

功能的建筑设施，最早与古希腊时期供奉众神神像的神庙有关，与中国古代的祖庙和祖祠也有些类似的功能。

然而，直到 16 世纪意大利佛罗伦萨市政府将美第奇家族后人捐赠的一处行政建筑物，改造成为以收藏欧洲文艺复兴时期大量绘画和雕塑杰出作品闻名于世的乌菲齐宫的出现，才标志着真正意义上的美术馆诞生。随着民主思想的普及和发展，起先那种仅限于社会特定人群和上流社会享受的皇家美术馆逐渐向全社会开放，从而最终演变成为供社会大众有权享受艺术盛宴的精神圣殿。例如，法国巴黎卢浮宫美术馆、比利时皇家美术馆、英国皇家美术馆、荷兰莫瑞泰斯皇家美术馆等。这些历史悠久和世界著名的美术馆起先就是从一些封建君主退位以后的宫殿建筑演变而来的，艺术品起初就被陈设于这种传统殿堂的建筑之中。换言之，美术馆一开始就是殿堂的化身。

20 世纪以后，随着展览方式的变化和功能需要的发展，美术馆建筑逐渐从传统宫殿的建筑形式中独立出来，从文化属性上也逐渐走向了自行发展的道路，甚至成为一种引领世界建筑思潮和探索新建筑理念的设计艺术领域。由于美术馆之类的文化性建筑与社会大众的精神生活关系越来越密切，因而使许多建筑师往往因为一座令人耳目一新的美术馆设计，从而奠定了自己在建筑设计领域的光辉形象和专业地位。

同样理由，一座成功的美术馆设计可能成为一座城市文化形象的标志，或者原本一座普通城市可能因为一座杰出的美术馆而闻名于世。例如，坐落于美国纽约第五大道的古根海姆美术馆，是由美国最伟大的建筑师弗兰克·劳埃德·赖特于 1947 年设计的，成为纽约市著名的地标性建筑（图 11-17、图 11-18）。再如，西班牙毕尔巴鄂原本一座业已衰败的工业城市，因其著名的古根海姆美术馆而获得新生。

古根海姆基金会成立于 1937 年，是目前世界上首屈一指的全球性私人经营现代艺术品的文化投资集团。该基金会以纽约古根海姆美术馆为总部，拥有美国拉斯维加斯、西班牙毕尔巴鄂、意大利威尼斯和德国柏林四处分馆。在纽约古根海姆美术馆建成 70 年之后，它的创始人佩吉·古根海姆（Peggy Guggenheim）的曾孙圣地亚哥·罗姆尼·古根海姆（Santiago Rumney Guggenheim），在位于墨西哥加勒比海岸尤卡坦半岛的图鲁姆生态度假区，与自学成才的建筑师乔治·爱德华多·内拉·斯特克尔联手，建造了一座形式非常独特的名为 IK LAB 的画廊，使古根海姆美术馆系列又增添一新成员（图 11-19、图 11-20）。

创办图鲁姆生态度假区的业主是一位非常认真的生态主义践行者。他用捞捞水上飘来的木材建造房屋和木栈道，从不破坏岛上任何一棵正在生长的树木。虽然，度假区在建成初期没有任何娱乐设施，只限于接待环保主义者，酒吧是唯一有电源的地方，然而要求造访的客人应接不暇。

洞穴作为人类原始而又历史遥远的居住空间，给现代人造成了对于洞穴怀有神秘、好奇和窥探欲望极强的文化心理，而藏匿于图鲁姆丛林中的 IK

的文化语境中得到了不断繁衍、拓展，以及在文化意义和内涵上的转移，尤其表现在那种脱离世俗物质概念的精神生活方面。

在当今文明社会，殿堂虽然作为一种原有的社会权威性建筑身份已不复存在，然而更多地指向了一些人们主观意向的事物，成为一种理想的心理境界。例如，一对恋人的理想归宿就是共同步入婚姻的殿堂。在精神文化方面，我们也常常将艺术领域里具有一定威望和影响力的学府、美术馆、大剧院等推崇为艺术家的殿堂。例如，美术馆作为以艺术品收藏、艺术品展示等供人们享受视觉美感为特殊

LAB 美术馆正是这么一种造型独特，用藤条编织而成的，令人神往的"树洞"一样的体验性空间，一种用藤类树木编织而成的洞穴式艺术圣殿。IK LAB 美术馆梦幻般的空间创意和构造形式充满了猎奇、想象和幻想，与创始人佩吉·古根海姆本人一样充满了传奇色彩。所以，与其说设计师异想天开的空间创意是处于一种对于神奇空间形态的追求，倒不如说是人类内心普遍存在的原始洞穴的文化意象成为设计师获取灵感的来源。

图 11-20　IK Lab 美术馆室内空间

该美术馆在整体上架空于地面，近乎沿着周围树冠的高度搭建起来的一种巨型巢穴（图 11-21）。IK LAB 美术馆在设计和建造中尊重度假区创始人的环保原则，始终怀着对自然环境的敬畏与崇拜之心，建筑主材因而以当地木质材料为主，尽最大努力降低对周围生态环境的不良影响。这种采用藤条和树枝编织而成，随机调整高度和跨度，充满流动感的拱券形有机空间形态，使观者如穿行于美妙的童话世界。漂浮于丛林间与树梢的 IK LAB 美术馆在阳光和天光的照耀下，它的结构骨骼显得格外清晰，由疏密有致和充满自然韵律的藤编形体犹如一种自然生长的生命体。外部的自然景色在藤条编织的缝隙间婆娑闪动和若隐若现，渗入室内的阳光斑驳陆离，使进入者的心情随之荡漾起伏，飘然若仙（图 11-22）。

图 11-21　图鲁姆丛林中的 IK LAB 美术馆室内

去过 IK LAB 的人都会体验到，整座美术馆的结构形式和材料运用都是在编织一种空中飘浮的巢穴，而间或采用的混凝土流线型的室内浏览坡道上下起伏，犹如一条当空飘舞的丝带，蜿蜒盘绕于洞穴一样的室内空间。混凝土在这里一改它以往给人冰冷僵硬的表情印象，显得异常温顺而充满活力。美术馆的建筑形体上留有一个个口径大小不一，依循空间形体组合和设置的编织圆洞作为与外部景观互动的窗口，和天光倾泻的主要入口。编织的建筑形体外部用了一种可以回收利用的玻璃纤维对其进行包裹，以防风雨，而外观倒像一种怪异的巨型蚕茧。同时，整个美术馆的内部更像一种半透明的天然洞穴。

图 11-22　IK LAB 美术馆室内一角

编织和搭建美术馆的材料原汁原味地保持了它们在自然生长中所形成的姿态和淳朴气质，与液体流动状的抛光水泥装饰带形成强烈对比，并增强了连续而流动性的空间形态。甚至，美术馆室内的桌椅家具也是一种由抛光水泥预制的有机形状，与拱券形空间形体有机结合为一体，家具造型犹如涌入洞穴内的水流和卷起的浪花在瞬间凝固时的状态（图 11-23）。

特殊的气候条件和材料构成，使 IK LAB 美术馆要求参观者赤脚步行来体验。室内地面和坡道由凉爽柔润的抛光水泥面与温馨舒适的藤纤维贴面自然转换，相得益彰，让参观者在微妙的细节变化中亲切体验到设计师独具匠心的营造理念，也使原生建筑材料的自然野趣与建造者精致细微的匠心之间形成的一种感情细腻的对话（图 11-24）。

IK LAB 美术馆出乎人们想象的设计和建造方式，主要在于设计师遵循当地业主先入为主的环境保护理念，因地制宜，就地取材，用当地特有的藤类木条编织出一种有机空间形态的洞穴式艺术殿堂，是当代艺术思想与乡土建筑语言的完美结合。

图 11-23　室内家具造型与空间形体材料构成

图 11-24　藤编穹顶与贴有藤纤维的抛光水泥盘旋坡道

图 11-25　位于日本濑户内海海岸的丰岛美术馆景观环境

图 11-26　丰岛美术馆洞穴式展览空间

图 11-27　依偎于山丘脚下的丰岛美术馆

里逃出来的小精灵。例如，中国唐代山水田园诗人韦应物对于秋天里的水珠在《咏露珠》一诗中赞美道："秋荷一滴露，清夜坠玄天。将来玉盘上，不定始知圆。"可见，水珠出没的姿态生动神秘，没有定式和常态概念，可随机自我完善。也许正因如此，日本当代女艺术家内藤礼与有史以来最年轻的普利兹克奖获得者西泽立卫合作，创建了一种水珠下的洞穴艺术殿堂，而这座殿堂里的主角正是一颗颗演绎生命宇宙生生不息之伟大的水珠。

与其说建成后的丰岛美术馆迄今只展出了一件作品，倒不如说这座美术馆是为了展示这一部作品而特意建造的。所以，丰岛美术馆的建筑环境设计与这件艺术作品的思想内涵密不可分。可以说，只有这样的建筑形式才能使这件艺术品的思想内涵完美地表达出来。

内藤礼创作的这件著名作品名为《母体》，是一件带有时间叙事性的，以表述生命来自大地之母的宏大题材的装置艺术。它的灵感来自丰岛美术馆建筑原址地面上原有的一孔泉眼。这孔小泉眼在不经意间会涌出一滴水珠，却又间或性消失。这里每一颗冒出的水珠如同一个鲜活的小生命诞生，并相继不断，生生不息。形成了一种令人肃然起敬的生命从最初涌现，在间断中又不断获得重生，最终达到永生的生命存在的境界。面对这一自然景象，内藤礼联想到了人的生死轮回，与孕育生命的伟大母体，或者承载和化育生命万物的大宇宙。

对于表达如此宏大而又神圣的主题，内藤礼与西泽立卫一起将丰岛美术馆的主体建筑空间打造成一种长轴约40m×60m的山坡地形建筑，整间内部空间不存在任何支撑柱体，被整体浇筑成一种超薄壳体的扁平穹庐形建筑空间，被创意为一种外观呈水珠形体的洞穴空间形态（图11-26）。这种将生命崇拜与洞穴空间相联系的艺术创作心理，正是埃利希·诺伊曼在《大母神——原型分析》一书中所认为的，女性是生命的容器，圣殿是洞穴的延伸这一生命崇拜的文化观念。[①]

美术馆建筑造型充分表现出水珠有机随机和自觉变换自身生存姿态的天然属性，是一种彰显阴柔之美的，与自然环境融为一体的天生地造之物（图11-27）。展示大厅穹庐状的顶中央和接近地面的一侧各开有一口椭圆形孔洞，而顶中央的圆孔口径很大，约13m，确立了在室内空间场所中的视觉中心。一方面，这种孔洞可作为混凝土壳体结构浇筑完成后用以挖取水珠形模型胎土的出口；另一方面，在增强建筑造型灵动之感的基础上，可作为与外部环境互动的窗口，形成一种天井式的空间意境，将自然景观纳入到室内空间的视野。

进入室内空间的感受使人似乎忘记了它是一处美术馆建筑。弧线形的空间关系使天地浑然一体，呈现出一种广阔无垠的宇宙生境，建筑造型与空间形态共同阐释着大自然的壮阔和作品《母体》化育生命的精神内涵。因为，通过天井可以领略到天际间的日月星辰、风云变幻，聆听来自大自然的风声、雨声、鸟语之声，以及海浪涌动时好似宇宙发

因此可以说，这座美术馆的建筑本身就是一件当代艺术品。

与此相比，如果说 IK LAB 美术馆属于一种适应热带雨林气候，用天然木质材料编织而成的半透明状洞穴空间；那么日本丰岛美术馆则是在日本濑户内海附近岛屿上塑造了一大一小的两滴虽不透明，但却倍感灵动，在草丛中随风欲动的巨型水珠。从环境关系上讲，它完全属于一种自然环境与气候变化的结晶体（图11-25）。

水是生命存在的前提，水珠天生丽质，具有生命与希望的象征意义，更是一种富有诗意的大自然造化之物。形成水珠的原因和方式很多，但它总是一种低调谦逊，善于自觉调整自身存在方式和姿态，不在乎自己身处何处的自然之物，好似从天庭

①　[德] 艾利希·诺伊曼. 大母神——原型分析. 李以洪译. 东方出版社，1988年，第292页。

出的呼吸韵律，好像天地间任何细小的声音都会在这里被捕捉到（图11-28）。

走进丰岛美术馆就是进入崇拜生命女神的圣殿。从通向美术馆精心设计的景观路径到步入展示大厅后所采取的体验方式，使人能体会到一种庄严而带有宗教般神圣意义的礼仪。在与外部环境的关系上，沿途蜿蜒起伏的山路与满目生机的原野，以及蓝天白云、无边的大海、郁郁葱葱的松树林等一系列自然元素，一起为造访者酝酿出一种虔诚的即将朝拜生命圣殿的心境，使人感到会过滤掉每一位造访者源自尘世间的一切浮躁和尘埃。为了体验到作品的深层内涵，进入美术馆内需要换上室内专用的拖鞋，而进入展厅后首先被感动的便是巨大的天井下空旷如野，天地亲和，一种与大自然融为一体的洞穴空间。

穹庐形的室内大厅酝酿出日本禅文化所追求的寂静和冥想，好像使人所有的知觉机能顿时被提升到了极限的程度。天地万物发出的任何信息似乎都被纳入到这一水珠内的洞穴宇宙世界。施工精湛的自流平水泥地面涂有一层防水胶，从泉眼里冒出的水珠从有形到无形、从融合到分离，最终流回到另外一小洞之中，像精灵一样在地面上缓慢蠕动着，演绎着宇宙化育生命之道（图11-29）。水珠这些变幻微妙的过程看似漫不经心，却是艺术家与建筑师一起对地形进行精心设计和计算机模拟的结果。

不吸水的地面可以让刚出洞的水珠保持自己玲珑剔透的身姿处于灵动之中，同时又用小圆球和小伞盖控制着水珠冒出的节奏和运动的速度。一颗颗大小不一、星星点点的水珠如自由散漫的白色玻璃球，伴随着吹入洞内的微风慢悠悠地顺着地形滚动，并逐渐汇聚于一体，回到它们原来的出处。如此过程，循环往复，永不停息。与此同时，一条悬挂于穹顶椭圆形天井檐口的飘带随风而起，如同一条仙女随身舞动的飘带，召唤着水珠的滚动和变化（图11-30）。所以，面对如此深切、生动，让人无限静思和遐想的洞穴空间，感动着每一位体验者的视觉、听觉，甚至是皮肤对于温度和湿度的知觉。在此意境中，有些体验者选择了如日本禅者一样就地打坐，进入到冥想的灵魂世界。有些激动者甚至趴在地面上，聚精会神地观察着水珠的变化，似乎进入到与万物一体的境界。

洞穴空间神秘和富于幻想的意象特征一方面符合艺术家崇尚自由和超凡脱俗的创作心理；另一方面穴居时代更是人类创造一切文化艺术的历史源头。故此，作为艺术的殿堂，当美术馆建筑自脱离传统宫殿式建筑，走向自我发展之路后，思维敏捷的建筑师越来越多地将理想的艺术殿堂放在了对于原始穴居文化意象的溯源和挖掘上，并为一些大型文化建筑空间的设计不断探索出新的创意理念。而且，人们对于艺术殿堂空间意象的这种心理认同，打破了一切地域文化、民族意识、宗教理念，以及政治观念的局限，不再像传统建筑设计那样将洞穴意象淹没于各种构造手法的装饰和隐喻之中，而是以纯粹的洞穴空间形式还原于自然形态的景观体系之中，并以此挖掘出更深层次的人文含义，实现人与自然环境和谐共生的文明价值。

美术馆建筑设计这种发展现象说明，人类似乎

图11-28 昭示风在运行的飘带

图11-29 用以控制水珠活动的小圆球

图11-30 穹庐形的室内空间

有着强烈的回归洞穴崇拜的共同文化心理，并转化成为一种前所未有的审美时尚。所以，在当代人们的建筑审美观念中，洞穴已不再是一种原始、蛮荒与落后的象征，一种本源文化的记忆，而是一种可以让人们灵魂升华的空间意境。此外，在现代建造技术和建筑材料的帮助下，特别是当代计算机辅助设计技术十分发达的基础上，洞穴式空间的艺术殿堂越来越有魅力，更能体现当代艺术家创作的思想特征，更能满足各类当代艺术作品的展览需要，甚至本身已经发展成为一种纯粹的空间体验艺术。

2018年，在中国北部湾秦皇岛市昌黎县一段的海岸沙滩上，一座由OPEN建筑事务所建筑师李虎和黄文菁主持设计，隐埋于海岸沙丘里的一座当代美术馆建成，故而被称作沙丘美术馆。沙丘美术馆所包括的接待厅、展厅、咖啡厅、社区活动等一系列复杂功能，均被设计成一种由钢筋混凝土浇筑而成的形态各异，相互贯通的洞穴式空间序列，一种形式独特的内向型建筑空间形态（图11-31、图11-32）。

据说，得此创意的最初，竟是建筑师李虎从小孩挖沙的游戏中得到的启发。在沙土中掏挖洞穴，是我们每个人在孩提时都比较喜欢的动手游戏。也许，这便是人人普遍带有的由洞穴文化基因形成的天性。这里的沙丘海岸，是千百年来由滦河水裹挟的泥沙堆积和季节性大风推移形成的一种独特的自

图 11-31 沙丘美术馆剖面
图（OPEN 事务所图）

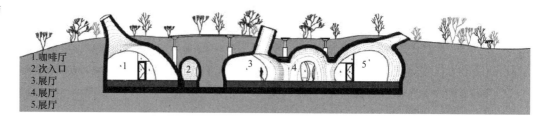

1.咖啡厅
2.次入口
3.展厅
4.展厅
5.展厅

图 11-32 沙丘美术馆剖面
图（OPEN 事务所图）

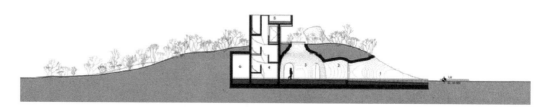

图 11-33 沙丘美术馆覆沙
土后鸟瞰照（©吴清山）

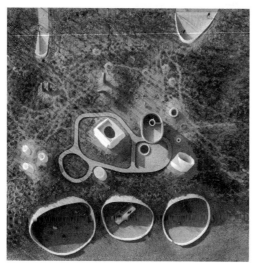

图 11-34 沙丘美术馆"细
胞状"空间模型（©吴清山）

图 11-35 沙丘美术馆主入口（OPEN 事务所图）

沙丘美术馆的建筑面积有 930m²，有 7 个室内展厅和 3 个户外展厅，以及接待厅、咖啡厅、活动厅、观海平台等几大功能区，均被设计成一种连续性和流动性的洞穴空间序列。这些大小洞穴式空间在平面布局上被设计者称为"细胞状的连续空间"，从空间组织形式的意象构思上被设计师看作一种构成有机生命体的器官（图 11-34）。

为了获得生动的洞穴式空间体验，美术馆浏览路线在顺应曲面建筑形体变化的基础上，设计师对于地面标高也进行了随机性的细微性起伏变化的处理。该美术馆虽为一种覆土式的单层建筑空间，却给人一种灵活多变的跃层式空间感触。按照建筑师李虎所说的，自己始终贯彻着小孩挖沙掏洞时的游戏心理在创造空间。在室内光环境的设计方面，从光线进入室内的方向、角度、强弱，光影效果，到季节性的变化，都经过了设计师一番精心考虑和较为精确的计算机模拟计算。故此，这些作为营造美术馆特定场所的各项要素，从入口门洞到每处功能空间始终体现出设计师旨在创造别有洞天的空间心理。

沙丘美术馆的主入口被设计得低调而又隐蔽，进入敞口式的门洞后要经过一段比较漫长和光线昏暗的隧道式门道，含蓄中带有某些神秘气息（图 11-35）。到达接待厅后，视界一下子变得豁朗起来，让造访者感到一种先抑后扬的情绪波动（图 11-36）。主展厅为异形平面，自由流畅，与其他功能区之间过渡自然，曲线形转换，基本代表了

然地貌。为了保护好这种原生地貌的形态特征，洞穴空间的组合与形体高度规划基本遵循了原来地形起伏变化的自然韵律和基本特征。所以，在混凝土浇筑完成之后，他们又被重新回填上沙土，并种植上刺槐、紫穗槐等耐旱型植物，最终与周围生态环境达到和谐一致（图 11-33）。

图 11-36　沙丘美术馆主入口过厅

图 11-37　沙丘美术馆主展厅（◎吴清山）

图 11-38　贯通相邻空间的各种门洞（◎吴清山）

图 11-39　二号展厅顶部采光窗看到的丰富关系（OPEN 事务所图）

图 11-40　室内展厅与咖啡馆、室外展台之间的光影关系（OPEN 事务所图）

整个美术馆空间语言的形态特征。主展厅高高的穹顶三扁而四不圆，如自然洞穴般圆浑而天然野趣。自然光线从穹顶最高处的椭圆形天窗处泻下，在曲面形的洞壁上形成微妙的光晕和明暗变化。从形成的光环境氛围来观看，主展厅从穹顶圆洞进来的光束与古罗马万神庙里的穹顶圆洞之间，还真有些在文化心理上的呼应（图 11-37）。

　　沙丘美术馆的观赏路线设计没有像一般美术馆那样有着明显的功能划分和循环廊道，而是像地下迷宫一样随机进出于多向联通的门洞之间。这种流线安排的弊端往往会导致游览者有时遇到死胡同，只能另找新的入口，然而人们会在下意识中走向沙丘顶部的观景平台，从而成为另外一种观赏景致的收获。所以，一个个形态各异的门洞构成了将展厅、咖啡厅、卫生间等功能区关联在一起的室内景观体系的节点。当造访者游走于这些光线暗淡的门洞与陡然明亮的展厅之间时，好像特意在体验艺术家在创作过程中的心理感受和思绪变化。同时也会感到，这种美术馆的空间环境变化本身也成为一种艺术体验（图 11-38）。

　　顶部采光是整个沙丘美术馆光环境设计中最具匠意的部分，因而也是最能打动造访者心里的地方。由于每个展厅的空间大小、穹顶高度和在整个空间关系中的位置不同，从而形成了各种形态的穹顶和获取洞穴天光的不同角度，以及由此而产生出总是意外感觉的光影环境（图 11-39、图 11-40）。例如，门厅右手一侧的第一个展厅，立面墙与顶面之间采用了曲面形的模糊过渡，形成了一种似是而非的穹顶形象，并在这种穹顶的中央做了一个下垂式的木桶状聚光筒，距地面仅一人多高，给人一丝原始宗教的心理体验（图 11-41）。

　　在设计过程中，由于建筑师一直努力使沙丘美术馆成为一个真正的曲面建筑，整个建造过程因而都是在围绕着如何运用现浇混凝土工艺来塑造理想建筑空间和形体的问题。因为对于异形室内空间和曲面建筑形体来说，模板工师傅的技术无论怎么高超，都无法做到与施工图准确无误的程度。然而，正是这种手工误差反而成为一些不可预见效果出现的来源，也为施工人员提供了自主发挥的空间。该项目的支模工作据说是由当地有造船经验的工匠承担的，定型模板是用小木条拼装起来的。浇筑成形后的混凝土表面因此留下了木板条机理和在手工拼装中的痕迹，意外构成了沙丘美术馆一种独特的光环境氛围和建筑形体与质感（图 11-42）。

■ 3　洞穴与山谷的联想

扎哈·哈迪德是出生于伊拉克的英国籍建筑师，一位实践主义与未来主义的探索者，也是一位另类的解构主义者。扎哈因其富有张力、流动感强烈的建筑个性语言和在建筑设计实践中的大胆尝试，从而在建筑界赢得了一个"时尚女魔头"的称号，并且成为首位获得普利兹克奖的女性建筑师。虽然，扎哈早期深受"至上主义"理念和先锋派建筑思想的影响，善于灵活运用几何构成的方法进行空间语言的探索，出现了如德国维特拉消防站之类的具有明显解构主义建筑特征的作品。但是，随着她对于建筑与环境关系的更加关注，逐渐转向了有机主义建筑的研究和设计实践，最终形成了自己独特的建筑设计思维方式和设计方法，因此她否认自己是一个解构主义者。

此外，扎哈还善于尝试运用具有变数的新媒介，不断追求新生事物和坚信自我思维不断更新的强势性格和优势，这一点倒是继承了解构主义者勇于挑战西方传统哲学思想体系的精神特点。正如当她在谈到自己设计实践中的感受时所讲的那样，永远不知道自己下一个作品会是什么样子的。所以，扎哈经常以特立独行的个性不断翻新着自己的内心世界，以超现实主义的思维方式不断突破传统建筑观念的束缚，通过多方位和跨界知识对建筑空间与

结构方式进行深入理解，并以独特而又大胆的创作方式对建筑的本质不断进行着新的阐释。

扎哈的有机主义建筑思想主要体现在建筑与环境互动的设计理念上。她从研究大自然各种现象之间的关系中捕捉设计灵感，希望通过更多途径和方式实现人与自然之间的互动关系，并将自己的诗意性情感融入建筑环境的设计艺术之中。自 20 世纪 80 年代开始，扎哈多次往来于中国，对于中国传统文化思想有一定程度的认识和理解，特别是受到中国传统山水园林艺术营造理念的影响，在建筑环境设计中的思维方式因而与中国老子"道法自然"的哲学观点有着异曲同工之妙，从而设计出具有生命意识和情感特征的建筑结构和空间艺术形态。

扎哈的建筑设计作品从最初追求视觉上的冲击力和挑战自然地貌的创作意识中，逐渐转向了从自然地貌中寻找与之能够对话的建筑形体和空间形态语言。例如，在设计迪拜朱美拉花园多功能共生塔的建筑方案中，她从项目所属地的地形地貌和沙漠性气候的地域特征中，探索出具有自然属性的结构形式与空间形态，从连绵起伏和动态化曲线形的沙丘地貌中获得了景观空间形态和建筑形体的设计灵感，阐释着人与自然、建筑与自然环境的共生关系（图 11-43、图 11-44）。自 20 世纪末以来，计算机数字化辅助设计技术的迅猛发展又使扎哈的设计作品赋予了极强的科技感和未来意识，同时又为她开辟了更加大胆的创作空间。

如果说高迪从崇拜自然的设计实践中领悟到了直线属于人类、曲线归于上帝专用的感慨，那么扎哈设计作品中那种富有灵性和充满活力的曲线，则成为她在构建建筑与自然环境、人与建筑空间之间的新型关系，以及憧憬未来的探索中得到了前所未有的艺术升华。扎哈作品的创意原型往往来源于自己对自然环境的深入观察和认真研究，她从山脉、洞穴、河谷、沙漠、树林等自然景观及要素中提取设计语言，从项目基地地发现建筑与自然环境和谐共生的结构方式与空间形体语言。

在设计方法中，扎哈通过抽象化的概括、类比等方式，从自然景观的体系中提炼出能够体现其本质性的视觉要素，借助自然景观中的形象语言和空间意象将现代主义建筑从"以人为本"的功能主义

图 11-43　迪拜朱美拉花园
的多功能共生塔方案

图 11-44　酒店大堂室内透
视效果图

中解脱出来，营造一种融入艺术家审美意识品质与诗情画意的城市山水景观体系之中。

从扎哈的建筑设计的心理结构来分析，正如英国艺术评论家约翰·伯格（John Berger）所讲的："设计既是我们观察世界和感知世界的工具和方法，也是我们观察世界和感知世界的产物。"[①] 故此，我们从扎哈的众多建筑环境的设计意识中可以真切体验到山谷、河流与洞穴等一种源自自然景观和洞穴空间形态的意象。例如，我们从扎哈设计的上海凌空 SOHO 的空间形态中体验到大山一样的气势和山涧之中寂静流淌着的溪流，也可以从北京东二环银河 SOHO 的空间形态中领略到中国黄土高原上的层层梯田、地形等高线、圆浑的山峁和蜿蜒曲折的山谷河流等自然地貌的景观意象和自然造化之神韵（图 11-45、图 11-46）。

扎哈建筑设计给人的整体印象是，善于创造性地运用丰富多变的曲线组合，编织出富有张力和流动感极强的空间形态和流体状的建筑体形，营造出具有中国传统诗意山水意象中的城市景观建筑环境。然而，建筑之本在于塑造空间，空间形态与结构形式之间的逻辑关系应该是一种由内而外的建构过程。扎哈从构成主义结构与空间关系的观念，和英国建筑联盟学院"建筑图像派"的传统观念中探索出自己的设计方法，运用激情饱满和舒畅欢快的曲线编织出情态丰富的空间形态，特别是以某种洞穴意象而体现出随机而流动的曲线结构语汇。

在为 Roca 乐家卫浴设计的伦敦艺术廊项目中，扎哈结合产品性能和设计艺术品位，从岩石形态在历经溪流长期冲击过程中被塑造的这一自然现象获取灵感，采用动静相宜的曲线形象语言，创意性地将流动中的水姿转化成一种构建空间的形体语言，将展示、会议、休息、阅览等功能区组织成为一种连续而又自由流动的岩洞空间序列（图 11-47、图 11-48）。从建筑形体、空间形态到装饰机理，伦敦艺术廊给人带来的是一种来自自然界山谷里的清新，似乎聆听到了潺潺不息的溪流之声（图 11-49、图 11-50）。

广州歌剧院是扎哈在中国第一个真正实现的建筑设计作品。对于该项目设计的概念形成，扎哈首先联想到一种从天然山洞里发出的自然、纯真和清晰的声响，从淳朴的自然声学现象中获取灵感和意境追求。从文化艺术的起源讲，人类的一切艺术创造活动都是从穴居时代开始的，天然洞穴不但为人类祖先提供了遮风挡雨的生存空间，而且是人类文明史上最原始的"音乐厅"或"歌剧院"。

人类祖先在天然洞穴中过着围篝火而眠的居住生活，从事着"击石拊石，百兽率舞"（《尚书·益稷》）的精神活动。因此，天然洞穴特殊的空间形态和物理环境使日久天长生活于这种空间环境的人类祖先，自然而然地养成了一种听觉美感的品质和敏锐度，摸索到空间形态与声音之间互动变化的规律和原理，最终构成了人类在声环境知觉生理基因中的重要部分。所以，扎哈的广州歌剧院建筑设计从营造山洞空间的意识展开，似乎属于一种源自人

① 李砚祖. 外国设计艺术经典论著选读. 清华大学出版社，2006 年，第 86 页。

图 11-45　扎哈设计的上海凌空 SOHO 一角

图 11-46　扎哈设计的北京银河 SOHO

图 11-47　扎哈设计的 Roca 乐家卫浴伦敦艺术廊岩洞式门洞

图 11-48　Roca 乐家卫浴伦敦艺术廊岩洞式的展示空间

图 11-49 Roca 乐家卫浴伦敦艺术廊带有水花意象的流动空间

图 11-49 Roca 乐家卫浴伦敦艺术廊带有水花意象的流动空间

图 11-50 Roca 乐家卫浴伦敦艺术廊流动形态的展示空间一角

图 11-51 广州歌剧院室内空间主观赏面角度的洞穴空间意象

图 11-52 歌剧厅室内二三层分割处理的效果

图 11-53 广州歌剧院跑马廊

（图 11-51）。为了追求理想的洞穴意境和自然纯真的天籁之音效果，广州歌剧院的结构设计因而成为一种当时世界上最为复杂，找不到任何可以用以参照的歌剧院建筑。歌剧院的室内是一种由甜缓优雅的曲线编织而成的流动性洞穴空间，一条条曲线将室内空间的所有界面完整地转换成一个如同天然洞穴的有机形体，并在墙壁上特意做出了一道道形态如行云流水一般的凹凸机理。为了实现扎哈设计的这种如捏塑橡皮泥一样任意变化的室内空间形体，本项目首次在中国使用了许多新型材料和 3D 打印技术，使整个室内空间如梦幻般变幻无穷，真正实现了扎哈所坚持的超现实主义设计理念。

为了保证歌剧厅室内曲线形的洞穴空间形态完美的视觉效果不受破坏，扎哈特别反对音乐厅通常采用的声音反射挂板的做法。为解决这一问题，室内空间在采用不对称构造、流线型界面形体和富有动感的凹凸肌理的基础上，还特意采用了澳大利亚奥克兰大学声学专家哈罗德·马歇尔（Harold Marshall）提出的一套独特的"双手怀抱"式的声学方案。即将二层和三层观众看台分割成三大部分，使它们相互交叉如同人的双臂环抱在一起，并以二三层观众席与舞台旁边设计成具有反射板性能的墙壁（图 11-52）。

扎哈所追求的这种梦幻般的洞穴空间是由 67 个不规则三角形和四边形平面组合而成，因此导致了整座建筑没有一面与地面垂直的墙面和一个垂直的柱体。建筑外观造型是由一块块随意倾斜的玻璃和角度各异的钢架组建而成，它们之间需要任意组合，倾斜交错，并且没有任何一组规格相同的截面。正因如此，整个歌剧院室内空间中的任意部分都会给人一种自然界的山洞与山谷的体验（图 11-53～图 11-55）。而且，为了实现扎哈与自然

类穴居时代对于音乐环境意境之美的追溯。

广州歌剧院建筑总面积 7.3 万 m²，内部功能设有歌剧厅、实验剧场、三个排练厅、当代美术馆、多功能厅，以及票务中心、餐厅等配套设施。歌剧厅包括 1687 个观众座位、117 个乐池座席

图 11-54　广州歌剧院楼梯间

图 11-55　广州歌剧院一角

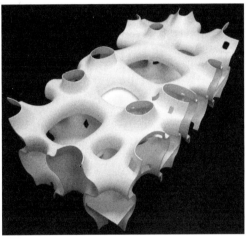

图 11-56　台中大都会歌剧院"声音的涵洞"三维模型

图 11-57　台中大都会歌剧院建筑环境模型

景观互动的设计理念，在材质构成和光影效果方面也做出了特别的系统化设计，使室外景观的元素能够渗透到建筑形体和室内空间之中。

建成后的广州歌剧院很快成为广州市一大地标性建筑，因为其独特如天外之物的建筑造型和别有洞天的室内空间关系。它不但征服了中国普通老百姓的眼球，而且也让扎哈迅速走上了中国建筑家的心理神坛。然而，就在扎哈胜利中标广州歌剧院后的第二年，在另一个类似项目的设计招标中却败给了日本当代建筑师伊东丰雄，就像她在伊东丰雄获得普利兹克奖后的第二年才获此殊荣的命运一样，总是比伊东丰雄迟缓一步。伊东丰雄中标的项目是中国台湾地区的台中大都会歌剧院，有趣的是他的歌剧院设计方案也是从一种连续流动性的洞穴空间形态出发，并以"壶中居"为初始设计理念。

伊东丰雄的"壶中居"空间创意概念，与中国仙道思想中以小观大的"壶中乾坤"或"壶中天地"有着内在联系，因而紧紧抓住了中国传统文化精神的一大人文特征。在此概念的延伸下，伊东丰雄又进一步提出了"声音的涵洞"空间设计理念，因而最终以全票通过的评审结果赢得了这次竞标。与扎哈相比，伊东丰雄对于中国传统文化思想有着更深的造诣，并善于从中获得设计和创意灵感。例如，他又从中国古代文人墨客经常举行诗意唱酬的一种游戏和雅事中，参悟出一种"曲水流思"的设计思维方式。伊东丰雄之所以引此典故，意在说明自己一生不断探索和设计创新的智慧均来源于大自然，如同从永不枯竭的河流中经常掬起思想和灵感。

伊东丰雄的"壶中居"概念与中国传统文人追求超凡脱俗的浪漫主义情调有关，意指中国道家所向往的"洞府天地"的仙境生活。例如，唐代诗仙李白在《下途归石门旧居》一诗中写道："余尝学道穷冥筌，梦中往往游仙山。何当脱屣谢时去，壶中别有日月天。"另外，葫芦在中国古代常常作为方便随身携带的盛酒容器，在传统生命崇拜的文化思想中又是孕育生命的母体象征。

因此，伊东丰雄以此作为歌剧院的空间文化设计母题，有着鲜明的葫芦形壳体空间的意象。伊东丰雄以葫芦形壳体内部变化微妙的曲面形空间形态为原型，进行水平与垂直、上与下、前与后，以及左与右等多维度不断分形、复制、衍生、繁殖、弯曲、变异等空间拓扑手法，使歌剧院的建筑空间演化为一种连续而流动的洞穴空间体系，以实现自己所提出的"声音的涵洞"概念，成为一种类似于有机生命的腔体空间形态（图 11-56）。

位于中国台湾的台中大都会歌剧院内设大剧场、中剧场、实验剧场，以及餐饮区、文创衍生品店、工作室、小沙龙等配套功能区。对于这些庞杂的功能系统，伊东丰雄采用 3D 建模软件对其进行互联、拉伸和扭曲，使它们相互贯通为一种序列性的三维曲面空间形体，希望让美妙的声音能够流动到大剧院的每个角落。即塑造成一种像蚁巢一样通道的声学传播系统——"声音的涵洞"。歌剧院的建筑外观采用一种极简的长方形几何体形式，在建筑外立面形成了有许多向外随机开放的葫芦形壳体的孔洞，犹如被对半剖切开的葫芦瓢（图 11-57）。

这些长方形几何体向外开放的有机形状的洞穴

图 11-58 建成后的台中大都会歌剧院外观局部

图 11-62 台中大都会歌剧院室内洞穴式过厅

图 11-59 台中大都会歌剧院洞穴式的室内流通空间

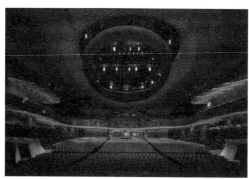

图 11-60 台中大都会歌剧院大剧场室内空间

图 11-61 台中大都会歌剧院二楼剧院外"翩翩"彩绘廊道

如同人的听觉、嗅觉或呼吸系统的器官孔，与外界保持着一种互动交流的状态，给人一种风声、雨声、声声丁耳的动态环境氛围（图 11-58）。这些相互贯通的涵洞式空间组织方式，可以让光线、空气和声音在此欢快地流动，使每一位进入这种洞穴中的造访者成为壶中生命之流的因子。而且，构成这种八面灵通如人体器官的洞穴空间体系，在形体结构上没有一处是完全重复的，均处于一种整体有机的变化之中，总是给人一种别有洞天之感（图 11-59）。在此基础上，对于构成歌剧院户外环境的绿化、水景、路径和广场等组织方式和规划形式，伊东丰雄继续沿用了曲线形的语言形式，使这些景观元素有机契合、动态优雅、自由流畅，与室内空间相呼应，彼此交融，相互贯通为一个有机整体。

台中大都会歌剧院的室内空间可以概括为人类穴居时代两种穴居空间形式。其中，大剧场 2014 座、中剧场 800 席、小剧场 200 席，这三个剧场空间相当于三个空间体量不等的竖穴式空间，被镶嵌于这些纵横交错的洞穴式通道的网络之中，而各功能空间既独立，又彼此关联（图 11-60）。故此，整个大剧院的内部空间犹如一种变幻莫测的洞穴迷宫。首先，入口门厅让人体验到的是一种被剖切开了的巨型葫芦壳体。通过一道道形态各异的门洞游走于一种无比奇妙的洞穴世界里，而一架步行楼梯从洁白的洞壁上穿洞而过，或盘旋于洞穴之中（图 11-61、图 11-62）。

大剧院的一楼是一种流动感很强和连续性的曲线形有机空间，这种洞穴一样的空间有一条溪流延伸到户外，售票、衍生品店、休息等功能区随机自由分布于此，而三个竖穴式的剧场空间分别镶嵌于二楼与六楼之间、二楼与四楼之间、一楼与地下二

图 11-63 台中大都会歌剧院室内与户外景观相通的水景

图 11-64 台中大都会歌剧院大剧场前厅

图 11-65 台中大都会歌剧院五楼的梦幻剧场

图 11-66 融入剧院设计元素的光影环境

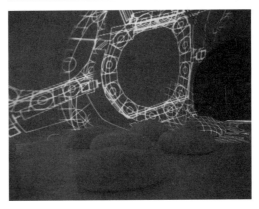

图 11-67 融入手工编织建筑模型的光影环境

楼之间（图 11-63）。此外，剧场前厅的宽高比被特意收拢得悬殊，成为一种十分高耸和狭窄的尖拱洞穴，让人觉得顿时大气磅礴，亢奋而激动起来，犹如一部正在演奏的大型交响乐突然被拉向了高潮（图 11-64）。

洞穴作为一种自然界存在的负空间形式，既有含蓄内敛和自成天地体系的空间属性，也有某种与外界进行沟通、交流的独特方式。台中大都会歌剧院处于高楼林立的城市重要区域，一种对外布满孔洞的建筑形象显得轻盈、灵动，因而容易与周边城市景观和谐相处。另外，伊东丰雄的"曲水流思"创作思维方式，也是一种在城市文脉主义设计思想上的体现。他将自己的建筑设计看作在文化历史长河的漩涡中营造的场所，既拥有自身存在的价值，又融入不断流动着的文化历史的长河之中。所以，他反对单纯依靠技术征服自然的做法，努力探索一种容易被自然环境所接纳的建筑设计艺术。他的建筑作品因为善于采用界面模糊的有机空间形态，将流动性的空间形态融入建筑结构之中，因而呈现出一种具有鲜活生命意识的建筑文化意象。

伊东丰雄曾经在建成后不久的台中大都会歌剧院五楼，以"自然、流动"为主题举办过一场建筑设计观念展。他通过运用 360 度环景投影、剧院设计创意过程中的手编模型、歌剧院设计中的特色元素等，生动演示了他在这座歌剧院设计过程中如何处理科技与艺术、文化理念与建筑形式等问题，以及如何将自己概念性的创意转化为一种建筑空间语言体系等。这种多媒体与装置艺术相结合，被称为伊东丰雄的梦幻剧场设在该歌剧院五楼一个洁白的洞穴式空间的大厅，里面摆满了许多雪白的松软如发面团一样的懒人沙包（图 11-65）。

造访者在进入大厅后，可以随意地或坐，或卧，或靠在这些沙包上，完全沉浸在一种由多媒体营造出的光影幻觉之中，体验着由无数条白色曲线编织而成的洞穴或涵洞一样的空间意境，以及不断流动和变幻的抽象符号。最终，人们不知不觉地进到伊东丰雄以"壶中居"为主题所创造的，梦幻般的洞穴空间的意境之中（图 11-66、图 11-67）。

■4 洞穴之尊

人类先后经历了自生自灭的普通生物时空、自觉顺应季节气候的农耕时空、极限追逐剩余价值的机器工业化时空，以及即将由互联网编织起来的万物共联的电子信息化时空。我们这种由互联网、手

图 11-68 斯里兰卡荒野海岸帐篷旅店鸟瞰照

图 11-69 酒店主体巨型鹅卵石的建筑形态和巨大的拱形开口

机、飞机、汽车等技术手段构建起来的，越来越走向极端精致化的当代文明的时空模式，使人类已经成为难以自拔的技术文明的附庸或寄生品；而由玻璃、LED灯、空调、钢筋混凝土等人工材料建造起来的当代城市环境，使人类的自然属性几乎消失殆尽。在此背景下，人类不但是以前所说的由经济和政治构筑起来的复合体，而且是高科技魔杖下的严重失意者。总而言之，人的异化已经成为人类当代文明价值体系制造的一大悲剧。

所以，如何让人的肉体走近自然，恢复一些生物属性，让精神回归一下原始和荒野，不仅是当代普通人存在的心理需要，哲学家和心理学家探讨达成的共识，而且是当代建筑环境设计艺术文化价值取向的一种趋势。故此，一些采用天生地长，充满乡土气息，追求石器时代原始穴居的建筑空间和环境意象竟而成为当下人类一种审美时尚，让精神回归荒野成为我们当代文明社会普遍存在的文化心理，一种使我们渴望摆脱经济、政治和高科技奴役，获得快感的一种高贵享受。

斯里兰卡荒野海岸帐篷旅店，是一个由来自荷兰、英国和斯里兰卡的建筑师和室内设计师一起倾力打造的五星级生态旅游度假酒店。它坐落于斯里兰卡南部与雅拉国家公园毗邻的海岸沙地上，属于一处旱地原始森林的边缘地带。海岸线沿岸散布着一堆堆形态各异的巨石，耳旁不时回荡着印度洋波涛拍打海岸之声，俨然是一处存在于人类现代文明世界之外的飞地（图 11-68）。

雅拉国家公园是斯里兰卡第二大国家自然保护区，也是许多珍稀野生动物的乐园。为了保持项目基址地原始地貌和生态环境的荒野意境不受破坏，设计师们从自然环境的元素中寻找着建筑设计的形体语言和空间环境的语汇，以岩石形为原型的有机建筑造型和洞穴式的空间形态作为主体意象，采用土生土长的天然材料，营造出一种回归石器时代洞穴生活的环境氛围，与当代文明的城市生活环境形成一种巨大的时空落差。为的是让造访者获得一种时空倒流的心理体验。

这座荒野酒店的主体建筑是用竹子编织起来的一组巨型卵石造型，36 个蚕茧形状的白色帐篷一组组地分布在幽静的丛林之中。每组蚕茧形帐篷的摆布与水池构成了数个巨大的豹爪脚印的图形，以此告诫造访者这里同时也是豹子的家园，或者告诉来访者自己将与豹子等动物生活在一起（图 11-69）。设计师们还将帐篷特意安置在动物们平时来饮水的地方，而帐篷外的高脚观景平台成为游客与野生动物可以和睦亲近之处，呈现出人与生命万物和谐共生的美好景致，从而凸显出这座特色酒店以原始"荒野"为环境主题的特色创意。

巨型卵石一样的酒店建筑造型与海岸沙坡上的岩石块景观元素相呼应，延续着项目地自然环境中的景观元素构成体系。建筑结构在采用当地传统茅草屋建造方式的基础上，巨大的连续拱券成为一种与室外景观保持关联的开放性的空间特征（图 11-70）。设计师们所采取的这些环境营造理念，目的在于让造访者能够体验到当地独具特色的自然生态环境和淳朴而原始的人文景观，以荒野的环境意境来唤醒人类的自然意识，抚慰被当代文明异化了的精神状态。

斯里兰卡荒野酒店的设计创意，与佩吉·古根海姆的曾孙在墨西哥加勒比海岸上所建的 **IK LAB** 画廊，植物编织与水泥塑形结合的做法有些类似。主体建筑的大穹顶采用了网状竹编成的壳体网架结构，外表采用回收来的柚木板加工成的瓦片，一层压一层地安装上去，而内部一些建筑部件和家具造型，以及部分装饰部位则采用了当地传统的泥砖塑形的手法（图 11-71）。对外开放的一个个巨大的拱券和逐渐收拢的网格状穹顶结构形成一种流动感强烈的洞穴空间，室内地面将外部自然地貌的沙地也延伸了进来，甚至让室外的水景也从室内穿堂而过。

穹顶形结构严谨有序的竹编肌理与有机形状的泥塑装饰，和泥砖构筑物造型形成一种虚实对比，从而营造出一种十分原始的洞穴室内环境意象（图 11-72）。用于维护竹编壳体结构外表的柚木瓦片，在年复一年的风吹雨淋和烈日暴晒中留下了岁月的痕迹，质地和成色与长满苔藓的岩石十分相似，因而使建筑与基址周边的自然环境融为一体。这些外观如巨型卵石的建筑造型相互关联或穿插在一起，内部则形成一种你中有我的连续性洞穴空间。在此基础上，根据功能所需的开放性和私密性程度，依次构成了接待厅、餐厅、咖啡厅、图书阅览室等酒店室内空间序列，以及空间尺度的大小和逻辑关系（图 11-73）。

原汁原味和连续性的原生态景观品质与石器时代的洞穴空间意象，始终贯穿于整个酒店室内外建筑环境的设计之中。这种连续性的充满原始荒野格调的景观设计不但体现在室内外空间关系的相互渗透上，各空间之间在流动中的细微起伏变化的地面标高上，而且体现在地面景观石的摆布方式上，给人一种旧石器时代原始部落栖息地的真实感受（图 11-74）。

在综合环境氛围的营造方面，设计师们一方面将施工现场挖掘出的砾石用作园路的道牙、室内构筑物的材料或空间中的转换与过渡上，甚至被用来打制成系列性的雕塑陈设物。另一方面，从建筑材料、室内装饰，到陈设物品也尽可能地就地取材，或者从自然景观的元素中提取造型设计语言形式，从而更进一步地使内外景观环境的品质达到有机统一。例如，室内所采用的野趣横生的树根形吊灯、竹筒装置的钟乳石吧台灯、黏土砖砌筑的服务台，以及泥砖座椅等一系列家具的设计和制作（图 11-75、图 11-76）。

在营造洞穴空间意象方面，一是穹庐形的竹编空间和各功能间的转换关系构成一种流动性的洞穴有机空间形态，使造访者在行进中处处体验到洞穴空间的亲切感受；二是通过四周超大尺度的落地拱券门洞和局部作为衬托的泥塑壁龛造型设计，从视觉形象上给造访者一种整体的洞穴空间印象；三是在室内装饰的材质纹理和器物造型等细部设计上，给体验者营造出生活在岩洞空间的亲切感触。例如，酒店住宿登记台闪闪发光的石英石背景墙面、

图 11-70　竹网结构外挂柚木瓦片而成的卵石形质地效果

图 11-71　酒店入口宾客接待处

图 11-72　酒吧与餐厅通过一座泥砖小桥相连

图 11-73　酒吧柜台上方的竹子吊灯将空间印象雕刻的更加深刻

图 11-74　对外开放的餐厅与外界的分界只是简单的石块摆列

图 11-75 室内大厅野趣横生的树根吊灯

图 11-76 酒吧厅黏土砖砌筑的座椅

图 11-77 洗手间卵石形状的镜片

图 11-78 Porky Hefer 设计的 The Nest 私人住宅鸟瞰照

图 11-79 纳米比亚境内的大型织雀巢穴

采用施工现场砾石砌筑的酒吧台，尤其是卫生间盥洗台墙面上特意设计的卵石形镜子等环境细节，使体验者获得一种十分真切的回归穴居时代的感受（图 11-77）。

当人类走出天然洞穴，探索新的居住方式时，还有一种在气候潮湿或出于安全原因的情况下，又重新选择了一种脱离于地面的在树上筑巢的树居生活。即《孟子·滕文公》云："下者为巢，上者为营窟。"然而，尝试巢居的人们也因各地气候环境和物质条件不同，或因最初受到洞穴空间模式的启发因素不同而最终形成自己的房屋建造方式。

2019 年，南非设计师波基·赫弗（Porky Hefer）在纳米比亚的沙漠里设计了一种造型独特的巢居住宅，并荣获"Wallpaper 2019"最佳私人住宅设计作品大奖。一年一度的 Wallpaper 奖是由英国著名设计杂志 Wallpaper 组织和发起来的，被业内奉为建筑界的奥斯卡奖。波基·赫弗设计的这座有机形状的巢穴（The Nest）私人住宅处于一个与世隔绝的地方，完全采用当地乡土建筑材料和传统房屋的建造工艺打造而成（图 11-78）。

作为这所巢穴住宅的设计师，波基·赫弗是一位涉猎范围较广的跨界设计师。他曾长期就职于广告公司的创意工作，善于从非洲本乡本土的自然现象中获取设计灵感，尤其是从织雀筑巢的方式中领悟到创造三维有机形态的公共艺术和家具设计艺术的思想。织雀又名编织鸟，以在动物界中高超的筑巢技能而惊动人类，是动物界中最出色的编织建筑工程师。织雀通常以草筋、草叶、树纤维等材料，将自己的房屋建造在树梢或屋檐等远离地面的高处。

织雀属于群居鸟类，具有很强的社会化意识，少则几十只，多则数百只居住在一起。据说，在纳米比亚一些地区发现有可容纳 500 只鸟欢聚一处，重达近千公斤的巨型编织鸟巢。织雀编织的大型巢穴功能极其完善，内部不但设有数目众多的小单间，而且还配有夫妻用房，营造出一种数代织雀欢聚一堂的空中大聚落，空间构成如迷宫一般复杂。非洲是织雀的大本营，其活动区域昼夜温差大，但织雀建造的巢穴结构巧妙，具有隔热抗寒和防雨等功能（图 11-79）。

从非洲许多地区的传统民居建造方式可以看出，非洲原住民的祖先在走出天然洞穴后，或许由于受到诸如织雀之类动物建造巢穴原理的启发而创建起自己的居住空间。稍加观察便可看出，非洲大陆随处可见的织雀巢穴给非洲人祖先带来的启发最为明显。同样理由，设计师波基·赫弗通过对于非洲织雀筑巢方式的认真观察和分析研究，常常采用树枝、树皮纤维、干草、皮革等天然材料，手工编织出一系列有机形状，或者是仿生动物造型的创意性休闲家具（图 11-80、图 11-81）。

在处处充满现代工业制品的今天，波基·赫弗所创造的这种独具创意的编织家具，透显出大自然的野趣和清新，甚至发展成为一种当代装置艺术品，也给我们的日常生活带来了一股来自大自然的清新（图 11-82）。虽然，波基·赫弗没有学习建筑学的阅历，然而由于他长期从事广告创意工作，善于联想和模仿，以及特立独行的文化艺术性格等，

图 11-80 波基·赫弗编织的树上巢穴

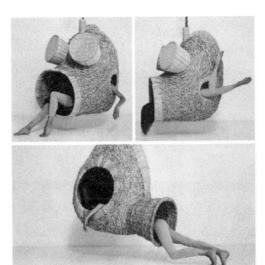

图 11-81 波基·赫弗设计的适应各种休闲动姿的编织吊床

图 11-82 波基·赫弗设计的巢穴式吊床

图 11-83 巢穴私人住宅入口外观

像非洲原始居民一样在织雀编织巢穴的构造方式与天然洞穴空间的意象中，探索出创建自己理想居所的方法。所以，他所设计和建造的巢穴私人居所，表现出充满原始洞穴空间的想象力和类似织雀编织巢穴一样的智慧，如同他平时所创作的一系列编织家具和装置艺术品，表现出一种来自大自然的野趣和自由气息。

波基·赫弗设计和建造的这栋巢穴住宅，以当地茅草和石材为主材，倾注了自己对于非洲故乡的深厚情感，因此呈现出鲜明的地域性自然人文的乡土特质。例如，质地温馨而细密的房屋外表材料是来自 480km 之外，纳米比亚北部的赞比西河流域里的芦苇，并与当地的石材、木材一起，完全是由当地工匠手工制作和采用传统工艺建造的。同时也可以看到，波基·赫弗设计的建筑造型是他最为迷恋和认真观察的，对于有机生长的巨型织雀巢穴的形态追求。该房屋外观厚实而毛茸茸的芦苇包裹面与房屋根部裸露的砾石砌筑的墙体有机结合，相得益彰（图 11-83）。

这栋巢穴住宅选址在一个远离人类现代文明的荒野地带，即使距离它最近的城镇，少说也有125km 之遥，几乎处于一个原生态的自然环境之中。所以，在自然气候的综合作用下，波基·赫弗的巢穴住宅与周围环境已融为一体。质朴浑厚的建筑形态带有几分如长毛绒动物玩具一样的萌气，犹如从附近山体延伸出来的一部分，或者是由这里的一块块砂石和一草一木糅合在一起的有机生命体（图 11-84）。所以，建成后的茅草巢穴住宅从整体外观上如同一块表面上长满苔藓的巨石，而对外联系的门洞和窗洞又给人一种山体中的岩洞印象。

建筑形式是实现室内空间形态的外在表现。波基·赫弗从织雀编织巢穴中所获取的真正灵感，是一种由茅草编织而成的温馨舒适、充满童话情调和诗意意境的洞穴式室内空间，并将这一概念始终贯彻于整个建筑环境的设计和建造之中。所以，这栋巢穴式住宅的室内空间被塑造成曲面形体的一种有机空间形态，很少出现一处直棱直角的界面关系。这栋住宅的建筑空间主要由三间两室的套房组合而

图 11-84 巢穴住宅外观局部

图 11-85 起居室下沉式圆
形沙发

图 11-86 巢穴住宅卧室

图 11-87 卧室一角的家具
陈设

成，最具设计匠心的是起居室采用了一种嵌入地板的下沉式圆弧形沙发和围绕沙发外圈而形成的环形流动空间，在使这种洞穴式有机空间层次丰富的

基础上，也为朋友聚会营造出一种轻松愉悦的氛围（图 11-85）。

建筑形体均采用赞比西河流域的芦苇草和传统工艺建造而成，不但使室内空间具有一种富于触摸感的古老记忆，而且具有隔热保温、精心安神的心理医疗功能（图 11-86）。不但如此，该巢穴住宅所有的室内家具和装饰元素也出自当地工匠的手工制作，并从当地自然环境的典型要素中寻找出趣味性的造型，试图找回人类被现代文明稀释了的自然属性。例如，卧室内啄木鸟造型的壁灯（图 11-87）。

"奢野酒店"是近些年快速兴起的一种休闲、度假式酒店，它真实反映了当代文明背景下人们渴望亲近大自然的心理特征。此处的"野"是指那种极少有人类文明染指，原始而荒野的自然环境；"奢"，特指那种能够挣脱急功近利和物欲横流的现实世界，将人与自然的完美结合视为最尊贵的精神享受，是现实生活中一般人难以体验到的一种高质量人生。故此，相对于当代高度程序化，高速运转和各种白热化竞争的文明社会而言，"野"与"奢"概念的矛盾构合，表达了当代社会人们以荒野为崇高意境，返璞归真的一种审美价值取向。从本质上讲，"奢野酒店"的出现与古老的自然疗法理念有着很深的渊源，是从影响人类生存质量相关的空气、阳光、水等自然要素出发，营造一种有利于人类恢复身心健康的综合性人居环境。自然疗法虽起源于 18、19 世纪西方世界的替代医学，直至 19 世纪才得以应用，然而它更符合中国古代修身养性的有机生命观念。

KOSMOS 是韩国著名建筑设计师金灿中在韩国东部海域的郁陵岛上，成功打造的一座设计意识极为前卫的休闲度假酒店，并以此在世界建筑界很快声名鹊起。KOSMOS 出自古希腊语，意思为宇宙，金灿中利用锥子山顶一侧的狭窄地带，从宇宙星辰运行的弧线形轨迹中获得建筑与自然环境相融共生的设计灵感和建筑造型语言（图 11-88）。

自古以来，朝鲜半岛与代表世界东方文明思维模式的中国传统文化有着千丝万缕的联系，有着共同的宇宙世界观和价值观念。所以，受中国传统文化阴阳五行思辨中的气形学说和藏风聚气的风水学说影响，金灿中所创意的 KOSMOS 酒店，希望它成为一种能够集天地宇宙之灵气，吸日月之精华的有机生命体（图 11-89）。为此，他不但对于岛屿上的生态环境进行过一番认真分析和研究，而且还借助天文台设备认真观测日月运行的轨迹变化和规律，从阴阳五行中金、木、水、火、土的构成关系中去思考建筑空间的组合方式，使其成为一种"聚自然之灵气"的容器。

金灿中对于 KOSMOS 酒店的选址，首先怀揣虔诚的崇拜自然的宗教心理，为使自己的建筑能够与大自然高度融合，尽可能避免与自然环境发生冲突。郁陵岛属于一座火山，它与锥子山一起形成于亿万年前，本身汇集了天地万物之灵气。郁陵岛地势险峻，远离现代文明污染，森林覆盖面积多达67%。故此，这里空气清洁，植物繁盛，蓝天、大海、日月星辰等自然景象在此显得格外亲近，不愧为一处风水学说中理想的，五行俱全的修身养性之

图 11-88 韩国建筑师金灿中在郁陵岛上设计的度假酒店选址环境

宝地。

　　KOSMOS 酒店曲面形的壳体造型洁白优美，栩栩如生如降落在山上的白色大鸟或漂浮着的几朵白云。曲线形的建筑造型充满着灵动之感，空间组合在旋涡状的动态中呈转换状态，形成了以"金、木、水、火、土"五大自然元素为主题的几种客房，从不同方位将自然景观呈献给前来休闲度假的每一位房客，让他们每日在不同时间里尽可能体验到大自然气韵之所在（图 11-90）。

　　KOSMOS 酒店建筑作为一种在设计理念中，能够实现聚集天地宇宙之灵气的"容器"，金灿中除了选择一处人迹罕至、风景如画的原始生态环境，对其周边地形地貌进行认真考察和因地制宜地利用外，如何设计出一种能使建筑形式与大自然气韵相投，将人与天地万物的亲密共生和紧密联系于一体的建筑空间形态，才能真正体现出他独具匠心的创意之处。如果说，在探索建筑形式与自然环境进行能量和气韵交流的设计语言中，金灿中采用了与自然环境可以进行轻松对话的曲线语言，使建筑成为在蓝天、大海、山水、森林和星空之间的海鸥、白云、贝壳或白帆等自然之物。那么，他在采用曲线编织这种有机建筑形体的语汇中，生动有趣地实现了可使居住在 KOSMOS 酒店建筑空间中体验到的，中国道家修道成仙所憧憬的"神仙洞府"的理想意境。

　　KOSMOS 酒店建筑形体采用了钢筋混凝土超薄壳体结构。金灿中充分发挥了这种结构形式在空间建构中灵活多变的特点，从而打造出一种连续性拱券结构的，近似蜂巢一样的双层窑洞空间（图 11-91）。这种结构方式可塑性强，可以通过自由调整曲面的转换方向、角度和跨空尺度，以及宽高比例关系等，形成一种更加流畅而丰富多变的有机空间形态。比一般砌体结构打造的拱券或穹隆形跨空结构更具表现力和一体化成形等造型优势，因而使建筑形体更具生命特征（图 11-92）。

　　金灿中根据建筑功能需要和户外自然景观体系的变化特征，打造出一种洞穴中有洞穴、洞上有

图 11-89 KOSMOS 建筑外观局部

图 11-90 KOSMOS 酒店旋涡状的建筑形体鸟瞰

图 11-91 KOSMOS 酒店连续洞穴式的客房外观

图 11-92　KOSMOS 酒店每个单元外的露台

图 11-93　KOSMOS 酒店餐厅

图 11-94　KOSMOS 酒店客房卧室

图 11-95　桑拿房室内

图 11-96　游泳池与户外景观

洞等，多方位与室外自然景观亲切互动的有机空间体系。在室内外景观相互交流和渗透的基础上，又使一些人造景观形态顺应于自然景观肌理的地形变化。例如，餐厅超高和尖拱形式与仅供 10 人左右进餐的狭长空间形成强烈对比，通顶的落地玻璃窗将室外一座山峰的自然景观纳入室内空间的视野，令就餐者心旷神怡（图 11-93）。此外，他根据室内空间私密性程度的需要，又采用不同的材料构成和采光形式，营造出不同情调和意境的洞穴空间（图 11-93～图 11-96）。

■5　洞穴的未来

庇护人类祖先的原始洞穴是承载人类文明记忆的一大容器，而形成洞穴空间的形体、随机转换成的曲线形视觉语言和流动性的有机空间形态等自然造化之神力，在展示自然宇宙自在自为，不断造化万物的内在动力的同时，也显示出大自然在时空运行和变幻中所产生的地域性地理环境的空间秩序、地貌形态，甚至是一种气质与气势。而且，这些自然地理特征也往往成为造就某一地区地域人类文化性格和身份认同观念的主要成因。因此，自然宇宙在造化万物的同时，也进一步造化出不同地域的人类文化属性。例如，2019 年 3 月，由法国建筑大师让·努维尔主持设计的卡塔尔国家博物馆正式向外开放。这是一种带有浓厚沙漠地区自然风貌和充满地域性文化记忆的洞穴天地。

让·努维尔从波斯湾地区沙漠中一种名叫"沙漠玫瑰"的硫酸钙结晶体的自然生长规律和形状特征中获取建筑形式和结构设计灵感，使建筑形象如天生地长地展现出卡塔尔独特的自然面貌和人文历史，再一次展示出他在建筑艺术设计创意中不受任何已有风格约束，充满未来意识，但却善于从"文脉主义"思维模式中不断吸取营养和创作灵感的思想性格（图 11-97）。卡塔尔国土以荒漠为主，沙漠地表之下的盐水层中常有一种以含水硫酸钙为主要成分的燕尾双晶复方晶体结构。这是一种由许多花瓣状结晶体彼此交织和不断滋生而成的簇拥状物种，因其外形酷似玫瑰花朵而被赋予"沙漠玫瑰"之美称。

让·努维尔不但从这一自然界的物形中获得建筑造型的形式语言，而且从其结晶体的发育规律中得到了建筑结构形式的启发。卡塔尔国家博物馆占地 5.2 万平方米，共 11 个展馆，整座建筑被设计成一种由许多面积大小和曲率不同的花瓣状的片岩层层叠放和相互穿插而成的巨型"沙漠玫瑰"花朵，将建筑的墙体、柱体、楼板等结构因素潜移默化地隐藏在这些花瓣造型构筑物的有机关系之中，而建筑空间与自然光线是在这种看似随意生长的花瓣的空隙间得以巧妙实现的，由此获得丰富多彩、变化无穷和自由转换的洞穴式空间和微妙的光影效果。这些由一片片"沙漠玫瑰"花瓣搭建起来的建筑外表面被附了一层逼真的砂岩质地和色调的综合附着材料，建筑如从沙漠里长出来的"沙漠玫瑰"，与卡塔尔的自然环境和人文景观进行着亲密对话（图 11-98、图 11-99）。

这种采用一种名为 UHPC 超高性能混凝土预制的"沙漠玫瑰"花瓣造型所构建起来的 11 个展厅，成为一种绵延 1.5km 的连续性的岩洞空间，叙述着卡塔尔的历史起点、生活习俗和国家建设发展状况。博物馆的内部空间继续沿用了"沙漠玫瑰"花瓣的构造语言，运用各种倾斜、穿插、高低起伏的界面关系营造出总是让人感到随处意外的，空间变化和梦幻般的光影效果。室内地面是沙漠色调带有小颗粒砂石的抛光混凝土，立面是浅灰色岩石色调的涂料，天花板是片岩状拼装纹理的微孔石膏板，给人一种神秘的天然岩洞的感官意象（图 11-100）。

图 11-97　沙漠中的"沙漠玫瑰"

图 11-98　卡塔尔国家博物馆建筑外观局部

图 11-99　一楼咖啡厅室内

图 11-100　大厅上方夹层的咖啡厅设计方案

图 11-101　卡塔尔国中心的
"光之洞"

图 11-102　博物馆商店"光
之洞穴"意象设计方案

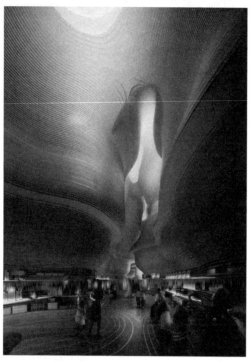

图 11-103　商店内部岩洞式
的空间与展架、展柜的有机
关系

图 11-104　数控裁切工艺打造的精致的曲线空间形体空间效果

如果说让·努维尔从"沙漠玫瑰"的自然现象中获得了博物馆建筑造型和岩洞式的空间形态，生动展示了卡塔尔的自然地貌特征；那么，由高田浩一事务所设计的博物馆室内空间则以卡塔尔神奇的达艾·米斯菲尔洞穴为灵感，展开了对于卡塔尔文化历史的深入叙说。

达艾·米斯菲尔洞穴位于卡塔尔国的中心地带，属于一种纤维状石膏晶体矿物质的天然洞穴。该洞穴深达 40 多米，因洞内散发着神奇的月光色磷光而被称为"光之洞"（图 11-101）。高田浩一事务所的设计师通过对当地人进行深入交流和采访，"光之洞"成为他们进行创意思维的源头。这一主题性创意还在于呼应让·努维尔建筑设计的基本造型语言，将卡塔尔人难忘的历史发生地转化成一种洞穴式的体验性空间，尤其表现在他们对于博物馆内不同专卖性商品商店的室内设计方面（图 11-102）。

博物馆商店的室内设计采用了 3D 建模技术和数控裁切工艺，为体验者打造了一种严丝合缝的超现实主义的有机洞穴空间意境（图 11-102）。商店内部空间设计将立面墙体、立柱、顶部，以及展示架和展柜等全部转化为一种由曲线与曲面结合的岩石洞穴，从而将具有地域特色的自然和人文有机结合在一起，达到建筑室内外设计语言的统一（图 11-103）。

室内装修的主材是在 3D 建模基础上再进行数控裁切的木板，优美的洞穴曲面形体全部由这些裁切好的木板层层堆叠而成。整个室内装修共使用裁切木板 4 万块，全部由意大利木匠大师克劳迪奥·德瓦托（Claudio）和他的团队在意大利进行加工，然后再由他的工人们来到多哈施工现场进行手工拼装，并且做到天衣无缝的精确程度（图 11-104）。

高田浩一事务所的室内设计创意就是以卡塔尔著名的"光之洞"的空间意象为原型，将自然历史的景观引入室内环境，打造一种能够体现千年文明历史灵魂的卡塔尔沙漠文化形象（图 11-105）。所以，书店室内的空间形态与光线相互作用，将达艾·米斯菲尔洞穴的自然风范表现得淋漓尽致。例如，从各种形状开口进入的自然光线，使洞穴式的室内空间形体随着日光照射角度的改变发生着妙趣横生的变化，而镶嵌在曲线形展架边檐的 LED 灯带和其他位置的泛光灯、点状筒灯，进一步将发着磷光的达艾·米斯菲尔洞穴内的景致生动地表现出来（图 11-106）。

从卡塔尔国家博物馆建筑设计的创意思维方式可以看出，建筑大师让·努维尔的建筑设计语言充满了探索性和未来感。他不但从具有地域性自然环境特征的洞穴空间形态中吸取了建筑空间设计灵感，而且探索出能够表达卡塔尔未来发展的文化精神。在人类文化的记忆里，洞穴不但作为承载人类原始文明记忆的容器，同时作为一种自然界存在的相对独立的空间形式，具有容纳、涵养、回忆、神秘、神圣等文化属性，而作为从构成洞穴空间的弧线形、曲线形，以及曲面形的形体语言中，往往给人一种悠远、想往、疏导、顺畅、抚慰、舒缓、互通、沟通、通感、想象、联想、感想，以及容易产生未来想象力的心理反应。故此，在当代建筑及空间设计的创意中，作为洞穴空间形体的弧线和曲线形语言，不但会在大众心理产生一种原始文化意象，而且成为一种跨越时空、物界，连接过去与未来的文化心理符号。

理查德·吉尔德科学、教育和创新中心（简称"吉尔德中心"）是由美国著名女建筑师珍妮·甘主持设计的，属于美国自然历史博物馆的扩建和改建项目。美国自然历史博物馆始建于 1869 年，是迄今全世界规模最大的自然历史博物馆，馆内陈列有来自世界四大洲在天文、矿物、古生物、古人类和现代生物五大方面的标本。其中，它在古生物和古人类学方面的标本收藏居于世界各大博物馆之首。

新设计和建造的"吉尔德中心"在完善原博物馆在科学教育、研究、展示功能的基础上，着眼于创建一种能使观众身临其境体验到，一般情况下人们无法用肉眼看见的微观生命界，并通过一系列的实验室、教室、图书馆和沉浸式剧场等设施了解人们赖以生存的自然界，以及人类对其正在进行科学研究的状况。即让公众体会到该博物馆主席埃伦·富特（Ellen Futter）在介绍该项目新闻发布会上所提及的气候变化、物种和栖息地丧失等现状，特别是对于威胁人类健康，日益紧迫的环境问题。

这项扩建和新建项目的建筑面积多达 2.1 万 m^2，需要将原博物馆 25 个连续性的，分别建于 19 世纪末和 20 世纪之初不同风格的建筑联系和融合为一体，使整个博物馆建筑群在哥伦比亚大道上形成一个崭新的入口和一种沿东西轴线延伸的蜿蜒通道，

在空间功能上起到引导和连接原博物馆历史的作用（图 11-107）。

珍妮·甘在概念设计中从天然洞穴的空间意象和丰富变化的岩洞形体中获得灵感，试图通过其独

图 11-105　商店室内木板堆叠而成的曲面形体与光线变化

图 11-106　商店展架檐口的 LED 灯带

图 11-107　珍妮·甘新设计"吉尔德中心"与原博物馆建筑造型之间的关系

图 11-108 "吉尔德中心"
入口大厅

对于已经发生、正在发生和未来将会发生的各种自然现象的好奇之心。尤其重要的是，这种连续性的动态形体结构形成了一个个形态自然，别具一格的龛穴式展示空间。在与各种高科技多媒体技术的结合中，数以百万计的生物标本被生动有趣地展现在公众的眼前（图 11-109）。

由此可见，洞穴空间这种自由流动的空间形态和连续性的动态建筑形体在此项目的设计中，不但体现出它善于与其他建筑形式相融的视觉语言特征，而且在文化心理上往往成为一种能够关联历史，搭接现在与未来的特殊性能，因而在许多文化建筑中成为许多建筑师们觉相采用的一种建筑形象和空间形态的语言形式。例如，美国 Trahan Architects 建筑事务所在设计路易斯安那州博物馆和体育名人堂中，运用曲面形的洞穴空间形体语言将两座不同性质和不同时代面貌的建筑糅合为一体，形成一种历史悠久，文化内涵丰富，具有时空对话情态的建筑空间意象。

该项目坐落于路易斯安那州纳基托什谷地的边缘，是一处十分古老的纳契托什定居点。方案设计需要将博物馆与体育名人堂两个各自独立的机构统合为一体，将一座现代体育馆建筑与 19 世纪法院建筑整合在一起，营造一种具有一流水准的展览和公众体验性空间。设计师在空间创意的设计时，从纳基托什谷地的自然地貌中获取灵感和意象语言，采用参数化设计技术，在一个十分简约的几何箱体空间内创造出一种耐人寻味的岩洞式有机空间体系。

该博物馆的内部空间以不规则形态的岩洞为入口，浑厚的曲线形空间形体与建筑外观整齐的横向木格栅形成强烈的虚实对比，体现出鲜明的地域性自然和人文特征，使博物馆展示在蜿蜒曲折的洞穴空间内进行着自然与人文，历史、现在与未来的时空对话，成功打造出一种生动有趣的体验性空间（图 11-110、图 11-111）。建筑内部空间形体在曲线形语言与富有节奏感的折线形语言的转换中，使公众在行进中能够体验到与体育运动相关联的兴奋感

特的肌理变化和韵律将地球地质变化的自然魅力生动展现给公众。在整个博物馆建筑的空间关系中，这个"吉尔德中心"被珍妮·甘设计成一种气势宏伟的有七层楼高的洞穴式共享大厅。一道道自然光线从一个个形状各异的洞口倾泻而入，与自由流畅的动态有机建筑形体一起营造出一种跌宕起伏，处处给公众以意外感受的空间变化。洁白和变幻无穷的混凝土浇筑体与丰富的天光交织辉映，使整个建筑空间充满着无限遐想和神秘色彩，使观者体验到自然世界的过去、现在和未来（图 11-108）。

珍妮·甘采用这种自然有机，连续性的动态形体结构，一方面对于原博物馆庞大复杂的空间关系起到疏导作用，形成一种良好的通风和采光条件；另一方面，神秘而原始的洞穴意象也为公众酝酿出

图 11-109 "吉尔德中心"
生物展厅

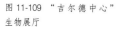

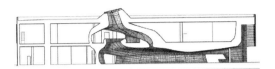

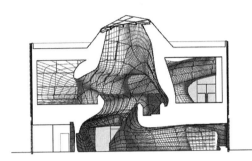

图 11-110　路易斯安那州博物馆和体育名人堂建筑剖面

图 11-111　路易斯安那州博物馆和体育名人堂岩洞形入口

和节奏感（图 11-112、图 11-113）。

　　我们所赖以生存的地球曾多次发生生物大灭绝的不幸事件，一方面是由于地球本身在地质和大气环境所引发的翻天覆地的变化。例如，全人类目前正在经历着新冠肺炎病毒的威胁，可能与大气环境变暖，造成上古时代某些致命病毒复活有关；另一方面也来自地球以外某些不期而遇的突然侵袭，从而给地球上的生命物质带来了灭顶之灾。因此，我们人类文明的发展随时都会面临难以预测的各种威胁，国际上也由此诞生了许多专门应对这种危机的科研机构，一直探索着如何使人类在遭遇重大不测的灾难时能够继续生存下去。或者，采取一些特殊方法，将人类已经获得的文明成果储存起来，为未来留下记忆。在这种背景下，火星移民计划之说因而在近些年风生水起，并为此设计出许多五花八门的方案。有趣的是，这些充满幻想的设计方案在应对陌生星球极端气候环境方面，科学家们大多以创造一种更加新颖的洞穴形式和空间结构为基本思路，好像又使我们要从穴居生活重新开始。

　　据相关报道，美国国家航空航天局通过发射的火星勘测轨道器拍摄到，火星上一个直径大约35m，深约28m的巨型洞穴的照片。通过热成像显示说明，该洞穴内部的温度变化在白昼与夜晚之间显得相对稳定，存在一种相对稳定的微气候环境，也许会为人类移居火星后的生存和生活带来一线希望。为此，德国一家公司 ZA 设计了一套较为细致的"火星移民洞穴"的实施方案。该方案计划先将机器人送到火星，将火星上的岩石加工成一种纤维状的建筑新材料，对于火星上的天然洞穴进行空间和功能上的改造，使其成为一种适合人类在火星上进行长期生活的生存空间（图 11-114、图 11-115）。

图 11-114 "火星移民洞穴"
方案的结构形式示意图

图 11-115 "火星移民洞穴"
的内部空间设计效果图

参考文献

［1］ 王晓华. 生土建筑的生命机制［M］. 北京：中国建筑工业出版社，2010.
［2］ 杨鸿勋. 中国古代居住图典［M］. 昆明：云南人民出版社，2007.
［3］ 李允鉌. 华夏意匠［M］. 天津：天津大学出版社，1992.
［4］ 王贵祥. 东西方的建筑空间［M］. 天津：百花文艺出版社，2006.
［5］ 靳之林. 生命之树［M］. 桂林：广西师范大学出版社，2002.
［6］ 吴庆州. 建筑哲理·意匠与文化［M］. 北京：中国建筑工业出版社，2005.
［7］ 侯继尧，王军. 中国窑洞［M］. 郑州：河南科学技术出版社，1999.
［8］ 成复旺. 走向自然生命［M］. 北京：中国人民大学出版社，2004.
［9］ 吴良镛. 人居环境科学导论［M］. 北京：中国建筑工业出版社，2001.
［10］ 唐君毅. 中国文化之价值精神［M］. 南京：江苏教育出版社，2006.
［11］ 王怀义. 中国史前神话意象［M］. 北京：生活·读书·新知三联书店，2018.
［12］ 荆其敏，张丽安. 中外传统民居［M］. 天津：百花文艺出版社，2004.
［13］ 侯幼彬. 中国建筑美学［M］. 哈尔滨：黑龙江科学技术出版社，1997.
［14］ （美）霍尔姆斯·罗尔斯顿. 哲学走向荒野［M］. 长春：吉林人民出版社，2000.
［15］ （美）刘易斯·芒福德. 城市发展史［M］. 北京：中国建筑工业出版社，2005.
［16］ （法）梅洛·庞蒂. 感知现象学［M］. 北京：商务印书馆，2001.
［17］ （法）勒·柯布西耶. 走向新建筑［M］. 西安：陕西师范大学出版社，2004.
［18］ （英）戴维·皮尔逊. 新有机建筑［M］，南京：江苏科技出版社，2003.
［19］ （德）艾利希·诺伊曼. 大母神——原型分析［M］. 北京：东方出版社，1998.
［20］ （德）哈拉尔德·韦尔策. 社会记忆［M］. 北京：北京大学出版社，2007.
［21］ （美）阿诺德·伯林特. 环境美学［M］. 长沙：湖南科学技术出版社，2006.

| 后记

  2020年8月9日是个非常特殊的日子，一是这一天恰逢我的生日，二是历经数年辛苦，我的这部拙著终于在此日画上了最后一个句号，因而权当我为自己准备的一份贺礼。回味这一沉甸甸的劳动成果，心中多有感慨。为此，平日除了必须尽职学校安排的教学任务外，数年来一直是"我自乐此，不为疲也"地沉浸在自己所痴迷的"洞穴世界"之中，特别是在写作后期所遭遇的新冠疫情，与外界几乎没有什么接触。越是在此时，更加感谢恩师张绮曼先生对我的培养和在写作之中的大力支持，通过微信和电话给予的指导。借此机会，也特别感谢每次外出考察，一直陪伴我左右的附中老同学张鹏俊、为我提供图片资料的齐爱国师兄，为此书设计封面的我的研究生慕青同学，以及平时帮我处理资料的女儿王昕。

  由于此书涉及内容十分广泛，资料匮乏，本人学识有限，加之是在断断续续的工作之余完成，因而难免存在一些问题。故此，敬请各位读者批评指正和谅解！

2020年8月9日于古城西安